非金属矿物精细化加工系列

非金属矿物

精细化加工技术

杨华明　杜春芳　张　毅　编著

化学工业出版社
·北京·

非金属矿物材料与高新技术和新材料产业、传统产业升级以及生态环保等产业密切相关，其不仅广泛用于建材、冶金、化工、交通、机械、轻工等传统产业领域，而且在电子信息、生物医药、新能源、新材料、航空航天等高新技术产业领域有广阔的潜在市场；同时，又是环境保护、生态建设的高效、廉价材料。精细化加工是非金属矿物材料开发、利用的主要发展方向，非金属矿精细化加工理论目前已越来越成为人们关注的重点与热点。

　　本书以非金属矿物的精细化加工为主线，全面、系统论述了非金属矿物精细化加工的基本内容，涉及非金属矿物的选矿提纯技术、超细与分级技术、颗粒形状处理技术、改性及改型技术以及非金属矿物精细化加工技术的应用等。

　　全书内容丰富、实用性强，可供广大从事非金属矿物材料、无机非金属材料、复合材料以及矿物加工、非金属矿深加工和化工、环境工程等科研技术人员参考，也可供大专院校无机非金属材料、矿物材料等相关专业师生作为教学参考书或教材。

图书在版编目（CIP）数据

　　非金属矿物精细化加工技术/杨华明，杜春芳，张毅
编著． —北京：化学工业出版社，2018.9
　　（非金属矿物精细化加工系列）
　　ISBN 978-7-122-32438-2

　　Ⅰ.①非… Ⅱ.①杨…②杜…③张… Ⅲ.①非金属
矿物-加工 Ⅳ.①TD97

　　中国版本图书馆 CIP 数据核字（2018）第 135275 号

责任编辑：朱　彤　　　　　　　　　　　　文字编辑：李　玥
责任校对：边　涛　　　　　　　　　　　　装帧设计：刘丽华

出版发行：化学工业出版社（北京市东城区青年湖南街 13 号　邮政编码 100011）
印　　装：高教社（天津）印务有限公司
787mm×1092mm　1/16　印张 15　字数 403 千字　2020 年 1 月北京第 1 版第 1 次印刷

购书咨询：010-64518888　　　　　　　　　售后服务：010-64518899
网　　址：http://www.cip.com.cn
凡购买本书，如有缺损质量问题，本社销售中心负责调换。

定　　价：88.00 元　　　　　　　　　　　　　　　版权所有　违者必究

　　非金属矿物是地球上占绝对优势的矿物种类，人类生活、居住的各个方面均离不开非金属矿物及其加工的产品。对非金属矿物的性质及其性能的深入研究，并运用新的技术手段对非金属矿物进行精细化加工，以及对非金属矿物及其矿物材料进行分析与表征，是现代科学技术发展的必然要求和发展趋势。

　　这套"非金属矿物精细化加工系列"丛书围绕非金属矿物精细化加工过程的主要环节，从非金属矿物的矿物学特性、检测分析、深加工技术及其工程装备等角度，系统介绍了非金属矿物精细化加工的重要内容。该丛书各分册内容主要如下：丛书之一《非金属矿物加工理论与基础》介绍了非金属矿物超细与提纯加工过程涉及的表面化学原理；丛书之二《非金属矿物精细化加工技术》介绍了代表性非金属矿物精细化加工的基本技术原理，如选矿提纯、超微细与分级、颗粒形状处理、表面改性及结构改型技术，以及相关技术的应用等；丛书之三《非金属矿物加工设计与分析》介绍了非金属矿物精细加工过程涉及的主要实验设计方法及检测分析方法，重点介绍了典型非金属矿物的相关表征测试结果；丛书之四《非金属矿物加工工程与设备》介绍了与非金属矿物精细化加工过程相关的主要机械设备及其基本构造、工作原理和应用特点等，并简要介绍了精细化加工的工艺设计及设备选型的原则与思路等。

　　整套丛书融合了与非金属矿物加工相关学科的基础理论知识，汇集了国内外同行在非金属矿物加工领域的研究成果，从非金属矿物精细化加工的基础理论、技术、工程设备到检测分析，整体系统性强，可供从事非金属矿物加工研发及生产的工程技术人员参考。

中国工程院　院士
中 南 大 学　教授

2017 年 12 月 19 日

《非金属矿物精细化加工技术》是"非金属矿物精细化加工系列"丛书之一。

非金属矿物是与人类生产、生活密切相关且是人类最早利用的地球矿产资源。在人类发展的历史长河中，非金属矿物的加工利用对人类社会文明进步的贡献是不可低估的。非金属矿物材料是指以非金属矿物和岩石为基本或主要原料，通过深加工或精加工制备的、具有一定功能的现代新材料，如各类环保材料、电功能材料、保温隔热材料、摩擦材料、建筑装饰材料、吸附催化材料、功能填料和颜料等。与传统无机材料相比，非金属矿物材料更加注重矿物本身的结构和性质，以最大限度地发挥天然矿物材料的性能优势为目的。随着现代材料结构向多元化、功能化、生态化和智能化发展，非金属矿物材料也逐渐成为现代材料科学的重要组成部分，成为与材料相关的众多工业领域和相关学科关注的热点与焦点。伴随着社会经济的发展，对材料化学成分、结构性能、节能环保等要求的不断提高，非金属矿物材料的加工技术必须更加精细化、功能化和绿色化，这就要求从事非金属矿物的研究人员应对非金属矿物的精细化加工和功能化改性技术进行更加深入、系统和具体的研究与探索。

本书以非金属矿物的精细化加工为主线，全面、系统地介绍了非金属矿物加工技术的基础理论知识。全书共分7章，第1章主要介绍了非金属矿物精细化加工的基本内容、加工特点以及发展趋势；第2章介绍了非金属矿物的选矿提纯技术，包括重力选矿、浮选、磁选、电选、湿法化学提纯以及微生物选矿等；第3章主要介绍了各种超细粉碎、分级以及分散技术的基本原理和应用特点；第4章主要介绍了具有特殊形态非金属矿物的晶形保护；第5章、第6章主要介绍了非金属矿物各种表面改性及改型技术的基本原理及特点；第7章主要介绍了以上各类非金属矿物精细化加工技术在实际工业生产中的广泛应用和应用实践。本书可供广大从事非金属矿物材料、无机非金属材料、复合材料以及矿物加工、非金属矿深加工和化工、环境工程等科研技术人员参考，也可供大专院校无机非金属材料、矿物材料等相关专业师生作为教材参考书或教材。

该丛书由杨华明任主编，陈德良、张向超、杜春芳和欧阳静任副主编。本书由杨华明、杜春芳、张毅编著，杜春芳和张毅负责整理和修改。

由于编著者水平有限，书中可能存在疏漏和不足之处，敬请广大读者批评指正。

编著者
2019 年 5 月

CONTENTS 目 录

第3章　非金属矿物的超细与分级技术　　101

第1章
绪 论

1.1 现代产业发展与非金属矿

非金属矿是与人类生产、生活密切相关的矿产资源之一，也是人类最早利用的地球矿产资源。在人类社会文明进步的历史长河中，非金属矿扮演着极其重要的角色。从最初使用的石斧、石刀到现在以各种非金属矿物为原料制造的无机非金属材料、复合材料等新材料，人类在利用非金属矿物资源方面走过了从简单利用到初步加工后利用再到深加工和综合利用的漫长历程。非金属矿加工利用技术的每一次进步都伴随着人类科学技术的发展。同时，人类科学技术的每一次革命都促进非金属矿加工利用技术的发展。虽然在很长一段时期内金属材料的使用逐渐增多，而且大大超过了非金属材料，但是随着近代工业革命的兴起、科学技术的迅猛发展，金属在许多领域的使用受到了限制，而非金属材料因其自身具有的优良性能（如高强度、耐高温、质轻、耐磨等）再次受到人们的关注，并广泛应用到社会各个行业领域。有专家断言：一个国家非金属矿物加工利用的水平反映了这个国家现代工业发达的程度。

1.1.1 传统产业与非金属矿

在科技快速发展的当代社会，一些传统产业（如冶金、建材、机械、化工、轻工、能源等）要想在竞争中立于不败之地，必须大量引进新技术和新材料，进行技术革新和产业升级。这些技术革新和产业升级与非金属矿的精细化加工产品密不可分，如高分子材料（塑料、纤维、橡胶等）的技术进步以及功能性高分子基复合材料的兴起需要大量超细高岭土、活性碳酸钙、滑石、云母、针状硅灰石、二氧化硅等功能填料；造纸工业的技术进步则需要数以百万吨计的高纯、超细的重质碳酸钙、滑石、高岭土等高白度非金属矿物颜料和填料；冶金工业的技术进步和产业结构调整需要高性能的以蓝晶石、红柱石、硅线石等为原料的高铝耐火材料和以镁（菱镁矿）和碳（石墨）为原料的镁碳复合材料；防辐射及腐蚀、道路发光等特种涂料以及汽车面漆等高档油漆需要高品质的超细和高白度重质碳酸钙、珠光云母、超细二氧化硅及高白度煅烧高岭土、着色云母、针状超细硅灰石、有机膨润土等非金属矿物颜料、填料和增黏剂；石化工业的技术进步和产业升级需要大量具有优良活性和选择性及特定孔径分布的沸石和高岭土催化剂、载体以及以膨润土为原料的活性白土；新型建材和环保、节能产品的开发需要高纯度、高品质的石膏板材、花岗岩、大理岩板材、异形材，以及以石棉、硅藻土、珍珠岩、蛭石等为原料的泡沫石棉、硅藻土、膨胀珍珠岩、膨胀蛭石等石棉制品和保温隔热材料等；机电工业的技术革新和汽车工业的产品升级需要大量高品质的柔性石墨密封材料、石棉基板材和垫片、石墨盘根，以及以针状硅灰石、海泡石、石棉、水镁石纤维等非金属矿为基料的摩擦材料。因此，传统产业的技术进步和产业升级是目前我国非金属矿深加工技术和产业发展的主要机遇之一。

1.1.2 高新技术产业与非金属矿

随着新材料及新技术的不断开发和应用，以信息、能源、生物、电子、航空航天、海洋开发为主的高新技术产业将不断发展壮大。这些高技术和新材料产业与非金属矿物原料或矿物材料密切相关。例如，微电子及信息技术产业需要高品质的石英、锆英石、石墨、云母、高岭土、金红石等非金属矿物；新能源开发需要大量石墨、重晶石、膨润土、石英等；生物领域方面则与硅藻土、凹凸棒石、珍珠岩、高岭土、沸石、膨润土、蛋白土、麦饭石、海泡石等密切相关；航空航天新技术及新产品开发需要石墨、石棉、云母等；而硅线石、石英、氧化硅、石榴石、蛭石、蓝晶石、石膏、珍珠岩、石棉、硅灰石、硅藻土、叶蜡石、金刚石、石墨、云母、高岭土、滑石、方解石、红柱石、菱镁矿等与新材料技术及其产业有关。因此，新材料及高新技术的开发是目前非金属矿深加工技术和产业发展的重要机遇之一。

1.1.3 环保产业与非金属矿

环境保护和生态建设是人类未来生活面临的两个重大挑战，它直接关系到人类的生存和经济社会的可持续发展。随着人类环保意识的增强和全球环保标准及要求的提高，环保产业将成为21世纪最重要的新兴产业之一。应用研究发现，一些矿物材料具有环境修复（如大气、水污染治理等）、环境净化（如杀菌、消毒、分离等）和环境替代（如替代环境负荷大的材料）等功能（表1-1）。许多非金属矿物，如沸石、硅藻土、海泡石、膨润土、凹凸棒石、坡缕石、蛭石等经过加工（选矿提纯、表面改性和复合整形）具有选择性吸附有害及各种有机和无机污染物的功能，而且这些非金属矿物原料易得、单位处理成本低、本身不产生二次污染，故在环境治理和改善生态平衡方面得到了越来越多使用。因此，环保产业是目前我国非金属矿深加工技术和产业发展的重要机遇之一。

表 1-1　非金属矿物在环保工程中的应用情况

治理范围	功能	非金属矿物应用情况
大气污染	中和	石灰石、菱镁矿、水镁石等碱性矿物用于中和可溶于水的气体，这些有害气体多为酸酐
	吸附	沸石、坡缕石、海泡石、膨润土、高岭土、白云石、硅藻土等多孔物质制作吸附剂吸附如 NO_x、SO_x、H_2S 等有毒有害气体
水污染	过滤	石英、尖晶石、石榴石、海泡石、坡缕石、膨胀珍珠岩、硅藻土及多孔 SiO_2、膨胀蛭石、麦饭石等用于化工和生活用水过滤
	控制 pH 值	白云石、石灰石、方镁石、水镁石、蛇纹石、钾长石等用于清除水中过多的 H^+ 或 OH^-
	净化	明矾石、三水铝石、高岭土、膨润土、沸石等用于清除废水中的 $H_2PO_4^-$、HPO_4^{2-}、HO_4^{3-} 和重金属离子 Hg^{2+}、Cd^{2+}、Pb^{2+}、Cr^{3+}、As^{3+}、Ni^{2+} 等
放射性污染	过滤	石棉用作过滤清除放射性气体及尘埃
	离子交换	沸石、坡缕石、海泡石、膨润土等用作阳离子交换剂净化被放射性污染的水体
	吸附固化	沸石、坡缕石、海泡石、膨润土、硼砂、磷灰石等可对放射性物质永久性吸附固化
噪声	隔声	沸石、浮石、蛭石、珍珠岩等轻质多孔非金属矿产可生产用于保温隔热、隔声的建筑材料

1.2 非金属矿精细化加工的基本内容

非金属矿精细化加工的目的是通过一定的技术、工艺、设备生产出满足市场要求的具有一定粒度大小和粒度分布、纯度或化学成分、物理化学性质、表面或界面性质的粉体材料以及一定尺寸、形状、力学性能、物理性能、化学性能、生物功能等的功能性产品。

非金属矿的精细化加工内容主要包括两个方面：①粉体的制备与处理技术；②材料的加工与复合技术。

1.2.1 粉体的制备与处理技术

粉体的制备与处理技术是指通过一定的技术、工艺、设备生产出满足市场要求的具有一定粒度大小和粒度分布、纯度或化学成分、物理化学性质、表面或界面性质的非金属矿物粉体材料或产品。

（1）选矿提纯技术 选矿提纯技术是指利用矿物之间或矿物与脉石之间密度、粒度和形状、磁性、电性、颜色（光性）、表面润湿性以及化学反应特性对矿物进行分选和提纯的加工技术。根据分选原理的不同，可分为重力分选、磁选、电选、浮选、化学选矿、光电拣选等。

绝大多数非金属矿物只有选矿提纯以后其物理化学特性才能充分发挥。非金属矿的选矿提纯目的在于满足其在相关领域的应用，如耐火材料、石英玻璃、涂料、油墨及造纸填料和颜料、有机/无机复合材料、高技术陶瓷、微电子、生物医学、环境保护、光纤、密封材料等现代高技术和新材料。其主要研究内容包括：①无机非金属矿的选矿提纯原理和方法涉及的非金属矿物包括金红石、硅灰石、云母、氧化铝、石英、蓝晶石、红柱石、硅藻土、石墨、膨润土、伊利石、石榴子石、氧化镁、硅线石、石棉、高岭土、海泡石、凹凸棒土等；②微细颗粒提纯技术和综合力场分选技术；③适用于不同物料及不同纯度要求的精选提纯工艺与设备；④精选提纯工艺过程的自动控制等。它涉及矿物加工、晶体学、流体力学、颗粒学、高分析化学、表面与胶体化学、无机化学、有机化学、化工原理、岩石与矿物学等诸多学科。

非金属矿物材料选矿提纯的一个重要特点是，其纯度除化学元素和化学成分要求外，部分矿物还要考虑其矿物成分（如硅藻土的无定形二氧化硅的含量、高岭土的高岭石含量、膨润土的蒙脱石含量）、结构（如鳞片石墨）、晶形（如云母、硅灰石）等。

（2）粉碎分级技术 粉碎分级技术是指通过机械、物理和化学的方法使非金属矿石粒度减小和具有一定粒度分布的加工技术。根据粉碎产物粒度大小和分布的不同，可将粉碎与分级细分为破碎与筛分、粉碎与分级、超细粉碎与精细分级，分别用于加工大于 1mm、10~1000μm 及 0.1~10μm 等不同粒度及其分布的粉体产品。

粉碎分级是以满足应用领域对粉体原（材）料粒度大小及粒度分布要求的粉体加工技术。其主要研究内容包括：①粉体的粒度、物理化学特性及其表征方法；②不同性质颗粒的粉碎机理；③粉碎过程的描述和数学模型；④物料在不同方法、设备及不同粉碎条件和粉碎环境下的能耗规律、粉碎及分级效率或能量利用率及产物粒度分布；⑤粉碎过程力学；⑥粉碎过程化学；⑦粉体的分散；⑧助磨剂的筛选及应用；⑨粉碎与分级工艺及设备；⑩粉碎及分级过程的粒度监控和粉体的粒度检测技术等。它涉及颗粒学、力学、固体物理、化工原理、物理化学、流体力学、机械学、岩石与矿物学、晶体学、矿物加工、现代仪器分析与测试等诸多学科。

（3）表面改性技术 表面改性技术是指用物理、化学、机械等方法对矿物粉体进行表面处理，根据应用的需要有目的地改变粉体的表面物理化学性质（如表面组成、结构和官能团、表面润湿性、表面电性、表面光学性质、表面吸附和反应特性等）的加工技术。根据改性原理和改性剂的不同，表面改性技术可分为物理涂覆改性、化学包覆改性、沉淀反应改性、机械力化学改性、胶囊化改性等。

表面改性是以满足应用领域对粉体原（材）料表面性质及分散性和与其他组分相容性要求的粉体材料深加工技术。对于超细粉体材料和纳米粉体材料表面改性是提高其分散性能和应用性能的主要手段之一，在某种意义上决定其市场的占有率。其主要研究内容包括：①表面改性的原理和方法；②表面改性过程的化学、热力学和动力学；③表面或界面性质与改性方法及改性剂的关系；④表面改性剂的种类、结构、性能、使用方法及其与粉体表面的作用机理和作用模型；⑤不同种类及不同用途无机粉体材料的表面改性工艺条件及改性剂配方；⑥表面改性剂的合成和表面改性设备；⑦表面改性效果的表征方法；⑧表面改性工艺的自动控制；⑨表面改性后无机粉体的应用性能研究等。它涉及复合材料、生物医学材料、胶体化学、有机化学、无机化学、高分子化学、无机非金属材料、高聚物或高分子材料、化工原理、颗粒学、表面或界面物理化学、现代仪器分析与测试等诸多相关学科。

(4) 脱水干燥技术　脱水干燥技术是指采用机械、物理化学等方法脱除加工产品中的水分，特别是湿法加工产品中水分的加工技术。

脱水干燥技术其目的是满足应用领域对产品水分含量的要求以及便于储存和运输。因此，脱水干燥技术也是非金属矿物材料必需的加工技术之一。脱水干燥包括机械脱水（离心、压滤等）和热蒸发（干燥）脱水两部分。非金属矿物粉体材料干燥脱水的特点是，部分黏土矿物材料（如膨润土、高岭土、海泡石、凹凸棒土、伊利石等）及超细非金属矿物材料的水分含量高、机械脱水难度大，干燥后团聚现象严重。因此，常规的机械脱水方式难以有效脱水，一般采用压力脱水方式，特别是对于酸洗或漂白后的非金属矿物材料还须在压滤过程中进行洗涤。为解决干燥后粉体材料，尤其是超细粉体材料的团聚问题，一般采用流态化干燥方式或在干燥设备中或干燥后设置解聚装置。非金属矿物粉体材料脱水干燥技术的发展趋势是提高效率、降低能耗、减少污染和恢复原级粒度或提高粉体粒度还原率（降低团聚率）。

(5) 产品成型技术　产品成型技术是指采用机械、物理和化学的方法将微细或超细非金属矿物粉体加工成具有一定形状、一定大小且粒度分布均匀的非金属矿物产品的深加工技术。其目的是方便超细非金属矿物粉体材料的应用，减轻超细粉体使用过程中的粉尘飞扬和提高其应用性能。其主要研究内容包括成型工艺和设备。对于非金属矿物粉体材料，尤其是微米级和亚微米级的超细粉体材料直接在塑料、橡胶、化纤、医药、环保、催化等领域应用时，不同程度地存在分散不均、扬尘、使用不便、难以回收等问题。将其成型后使用是解决上述应用问题的有效方法之一，尤其适用于用作高聚物基复合材料（塑料、橡胶等）填料的非金属矿物粉体材料，如碳酸钙、滑石、云母、高岭土等，一般做成与基体树脂相容性好的各种母粒。

1.2.2　材料的加工与复合技术

(1) 加工技术　非金属矿物材料的加工技术主要包括物理加工技术和化学加工技术两种。物理加工技术内容包括：各种非金属矿物材料的结构与性能；非金属矿物材料的制备工艺和设备；原（材）料配方、制备工艺等与非金属矿物材料结构和性能的关系；非金属矿物材料制备工艺的自动控制等。它涉及材料学、材料加工、材料物理与化学、固体物理、结构化学、高分子化学、有机化学、无机化学、电子、生物、环保、机械、自动控制、现代仪器分析与测试等学科。

非金属矿物材料的化学加工技术是以非金属矿产品为原料或主要对象，通过对矿物分子结构的改变，提取某种有用元素或化合物的加工技术。如用含钡矿物重晶石生产钡盐系列产品；用含铝矿物铝土矿、高岭土等生产氯化铝、硫酸铝、氧化铝等；用含硅矿物如石英、硅藻土制备白炭黑、沉淀二氧化硅和硅酸钠等。

非金属矿物材料的化学加工技术一般包括热化学加工、湿法分解或浸取、过滤分离、溶液精制、结晶、干燥、粉碎等工序。其中，热化学加工可分为煅烧、焙烧、熔融等；湿法分解或浸取是利用酸、碱、盐类溶液在水热条件下提取固体物料中有用组分的过程，一般伴有化学反应。

(2) 复合技术　复合技术又称物料配方复合技术，是指根据最终产品功能需要的原料配方或配制技术，是非金属矿物材料或制品的核心技术之一。它包括不同化学组成、结构、颗粒形状非金属矿物之间的配合或复合，即无机/无机复合；非金属矿物原料与有机物或有机高聚物的复合，即有机/无机复合等。非金属矿物材料或制品种类繁多，涉及的领域非常广泛，按其功能可分为：热学功能材料（如保温节能材料、高温耐火材料、隔热和绝热材料、导热材料等）、光功能材料（如光导材料、荧光材料、聚光、透光、感光、偏振材料等）、电磁功能材料（如光导材料、磁性材料、半导体材料、压电材料、介电材料、电绝缘材料等）、结构或力学功能材料（如新型建材、高级陶瓷结构材料、高级磨料、摩擦材料、减摩润滑材料、密封材料等）、催化材料、吸附材料、吸波与屏蔽材料、颜料、黏结材料、生物医学功能材料、流变材料、装饰材料等。不同材料的原（材）料配方不同，因此，非金属矿物材料配方技术涉及面广，如矿物加工、材料加工、无机非金属材料、高分子材料、新型建材、化工工程、机械、电子等，是一种多学科的综合。以功能化为核心，以环境友好为导向将是非金属矿物材料配方技术发展的方向。

（3）加工工艺与设备　加工工艺与设备是指非金属矿物材料或制品的成型、固化、煅烧、表面修饰等工艺与设备，是制备非金属矿物材料或制品的关键之一。非金属矿物材料或制品的种类很多，一般来说，不同种类和不同用途的非金属矿物材料或制品的生产方法不同，工艺也是千差万别，较为共性的加工技术有成型与固化技术和煅烧技术。提高工艺性能、优化操作参数、降低设备能耗是非金属矿物材料或制备工艺与设备未来发展的主要方向。

1.3　非金属矿精细化加工特点

由于非金属矿物应用的多样性，与金属矿物及燃料矿物的加工相比，非金属矿物精细化加工具有以下特点。

① 非金属矿物选矿的技术指标在很多情况下，不是其中的某种有用元素，而是某种化学成分或矿物成分，如膨润土的蒙脱石含量、硅藻土的无定形二氧化硅含量、高岭土的高岭石含量、石墨的晶质（固定）碳含量、蓝晶石的氧化铝含量等。

② 结构特性是非金属矿物的重要性能和应用特性之一，在加工中应尽量保护矿物的天然结晶特性和晶形结构。如鳞片石墨、云母的片晶要尽可能地少破坏，因为在一定纯度下，颗粒直径越大或径厚比越大，价值越高；硅灰石粉体的长径越大，价值越高；海泡石和石棉纤维越长，价值越高等。

③ 非金属矿物的磨矿分级不仅仅是选矿的预备作业，它还包括直接加工成满足用户粒度和颗粒形状要求的粉磨、分级作业以及超细粉碎和精细分级作业。

④ 表面和界面改性是非金属矿物加工最主要的特点之一。它是改善和优化非金属矿物的应用性能、提高其附加值的主要深加工技术之一。

⑤ 非金属矿物粉体材料脱水的特点是，部分黏土矿物材料（如膨润土、高岭土、海泡石、凹凸棒石、伊利石等）及超细非金属矿物材料的水分含量高，机械脱水难度大，干燥后团聚现象严重。因此，常规的机械脱水方式难以有效脱水，一般采用压力脱水方式，特别是对于酸洗或漂白后的非金属矿物材料还必须在压滤过程中进行洗涤。为解决干燥后粉体材料，尤其是超细粉体材料的团聚问题，一般要在干燥设备中或干燥后设置解聚装置。

1.4　非金属矿精细化加工发展趋势及研究热点

1.4.1　非金属矿精细化加工发展趋势

随着非金属矿在人类生产与生活中扮演着越来越重要的角色，要求非金属矿的深加工更加精细化，包括超细化、高纯化、晶体化、功能及复合化、特殊形态化。

(1) 超细化　非金属矿的超细化是非金属矿深加工的重要组成部分。矿物颗粒的大小直接影响其使用效果，这是因为随着非金属矿物粒度的减小，矿物的比表面积增大，其表面活性得到改善，使得非金属矿物的功能特性得到充分发挥。非金属矿的超细化能促使矿物活性度增高，从而加快各项物化反应，增强颗粒之间的结合力，加快矿物颗粒之间的融合，有利于复合材料的增强，拓宽其应用领域。矿物颗粒加工深度与应用范围的关系见表1-2。

表 1-2　非金属矿物颗粒加工深度与应用范围的关系

产物粒级	超细粉碎($<10\mu m$)	胶体材料($<1\mu m$)	超微颗粒($<0.1\mu m$)
应用范围	优质填料、涂料、矿物颜料、填充料、化工、陶瓷材料、悬浮体材料	催化剂、高性能涂料及颜料、矿物胶黏材料、精细陶瓷、活性材料	精细陶瓷、磁性、电子、光学材料、催化剂、生物材料、传感器材料

近年来，对非金属矿物超细化的研究已从微米级逐步进入到纳米级。纳米粒度范围的非金属矿由于纳米效应而具有一些特殊的功能特性，使得非金属矿物颗粒应用领域渗透到高新技术产业中，如微电子信息、航天航空、生物、环保等领域。

以非金属矿为原料制备纳米材料，体现高新技术与传统产业的结合，对促进我国传统非金属矿产业结构的调整、提高行业整体水平、改善企业的经济效益具有十分重要的意义。

(2) 高纯化　任何一种非金属矿都有其特定的矿物晶相和化学组成，膨润土主要矿物晶相为蒙脱石，理论结构式为 $(1/2Ca,Na)_x(H_2O)_4\{Al_{2-x}Mg_x[Si_4O_{10}](OH)_2\}$；高岭土主要矿物晶相为高岭石，理论结构式为 $Al_4(Si_4O_{10})(OH)_8$。但由于在原岩形成过程中其他元素参与及后期受热液蚀变及风化作用的影响，非金属矿除含有主要晶相矿物成分外，还含有如石英、氧化铁等杂质，这样使得非金属矿的物理化学特性不能充分体现，势必会影响其应用效果。因此，非金属矿的精选提纯是其深加工的一项重要内容。在未来社会发展中，无论是新兴的高技术和新材料产业，还是传统产业，都将对非金属矿物材料的纯度提出更高的要求，那么非金属矿物的精选提纯技术难度也将随之增加。两种或多种综合力场精选提纯技术（重力、离心力、磁力、电力、化学力等）的结合将是未来非金属矿物高纯化的主要发展趋势，涉及的非金属矿物包括石英、高岭土、膨润土、滑石、云母、硅藻土、金红石、硅线石、硅灰石、海泡石、伊利石、凹凸棒石、蓝晶石、红柱石、萤石、石墨等。

非金属矿物的高纯化除能提高其本身物理化学特性外，还可以扩宽应用领域及产生巨大增值。纯度为 99.98% 的 ZrO_2 价格为普通耐火材料的 300 多倍，是电子材料的 50 多倍。$BaSO_4$ 含量大于 99% 的重晶石可以广泛应用于导电塑料、导电橡胶和导电涂料等，同时在航天航空、通信技术及精密电子等高新技术领域也得到应用。

(3) 晶体化　在合适的地质背景（一定的温度、压力状态，一定的化学组分浓度）及自然条件（有溶洞和裂缝）下，就有可能发育出矿物晶体。纯的矿物晶体将充分发挥其物理化学特性，并广泛应用于社会的各个行业领域中。所以单晶化的作用，能够实现各种矿物特有的声、光、电、磁、热等特性，使之在工农业及军事高技术领域中发挥巨大作用。天然矿物晶体是不可再生的宝贵资源，在实际使用过程中常因原料资源匮乏而受到限制，故合成各类人工矿物晶体是非金属矿物加工的另一个发展方向，如人造水晶、人造宝石、激光晶体及非线性光学晶体、热电晶体、闪烁晶体等的合成。

(4) 功能及复合化　新型非金属矿物材料的开发，主要是靠矿物与矿物、有机与无机、活化与改性等一系列工艺过程来制备复合矿物材料，赋予其功能特性，故功能化和复合化是人们对材料性能追求的结果，也是高新技术发展的需求。功能是材料的核心，科学技术的进步和产业结构的调整需要各种各样的功能材料，复合的目的是人为地赋予材料独特的新功能（不是单一功能的简单加和），改进传统功能。因此，复合化是非金属矿物深加工的关键，而功能化是非金属矿物深加工的目的。对非金属矿物的复合通常采用的方法就是表面改性，如膨润土经无机或有机试剂改性后就可以形成膨润土矿物凝胶和有机膨润土，从而使膨润土凝胶具有触变、增稠、抗盐、抗酶、耐酸碱稳定性好等优点；海泡石、凹凸棒石等黏土矿物采用有机试剂改性后，可以显著提高它们的吸附性、脱色力、分散性，广泛应用于水污染治理中。各种非金属矿物材料（产品），特别是深加工产品，无论是填料、颜料、涂料以及橡胶、塑料，还有改性用的润湿剂、润滑剂、分散剂、复合剂、偶联剂、酸碱调节剂等，都是复合化的过程，是非金属矿物材料的终结过程，也是非金属矿物材料用途的落实、价值的体现，是制品研制使用的基础。

（5）特殊形态化　非金属矿物种类繁多，形貌结构各异。由于非金属矿物自身形貌结构对其应用性能和应用价值影响很大，故在非金属矿物的精细化加工过程中要特别注意对其形貌结构的保护。纤维结构是非金属矿物特殊形貌结构中比较典型的一个例子，它赋予非金属矿物高的机械强度。具有纤维结构的非金属矿物有石棉、水镁石纤维、海泡石纤维、硅灰石及石膏纤维等。据报道，纤维的抗拉强度可达到 4000kPa，远超过钢丝的拉伸强度（2300kPa），故非金属矿物的纤维化也是一项重要的深加工技术。

除纤维结构外，片（层）状和多孔状是非金属矿物具有的另两种特殊形貌结构，片（层）状非金属矿物包括如高岭土、滑石、叶蜡石、云母、膨润土、绿泥石、蛭石、伊利石以及蛇纹石等一些层状硅酸盐矿物；多孔状非金属矿物包括如沸石、海泡石、凹凸棒石、硅藻土、蛋白土等。特殊的形貌结构赋予非金属矿物特定的应用领域，管状高岭土较片状高岭土黏结性好，但反光性不如片状高岭土，故管状高岭土多用于陶瓷，而片状高岭土则多用于造纸工业。高纯片状高岭土，其平滑度、反光性和印刷性等在造纸工业中是十分重要的指标。多孔状非金属矿物由于其本身天然孔道结构，故比表面积大，可作为催化剂或催化剂载体应用于化工及环保等领域。

1.4.2　非金属矿精细化加工研究热点

非金属矿物材料具有原料资源丰富、生产成本低、环境负荷小、生态效益高等优势，故其应用领域遍及国民经济的多个生产行业。当前非金属矿物材料研究主要包括以下几个热点领域。

（1）高技术矿物材料　高技术矿物材料指在航天航空、军工、电子信息、能源等及极端条件下使用的矿物材料，如高纯石英材料、高纯石墨材料、高纯高岭土等。

（2）纳米矿物材料　纳米矿物材料指具有纳米孔径结构、纳米层间距离、纳米网状结构、纳米纤维、纳米丝、纳米棒状结构、纳米颗粒结构的一类非金属矿物，如沸石、海泡石、硅藻土、高岭土、石墨、石棉、纳米二氧化硅、纳米氧化铝等。

（3）环境矿物材料　环境矿物材料指对自然界产出的天然岩石和矿物直接或进行加工后能改良环境的一类矿物材料，如沸石、海泡石、膨润土、高岭土、坡缕石等。

（4）生态矿物材料　生态矿物材料指用于生态保护及节能降耗等方面的一类非金属矿物，主要涉及非金属矿尾矿、尾渣的开发利用及节能降耗矿物新材料的开发，如高岭土尾矿、煤矸石及粉煤灰的综合利用，开发混凝土掺和料、石膏胶凝材料、保温隔热材料等以及煤矸石发电等。

现代高新技术和新材料的发展是以较高科技含量和适应社会发展需求为前提的，非金属矿物材料也不例外，只有功能突出、环境友好、性价比高的能满足相关应用领域技术进步和产业发展需求的非金属矿物材料和产品才可能赢得稳定的市场。因此，不断发掘和提升非金属矿物产品的功能和应用特性，才能促进相关应用领域的技术进步和产业发展。

第2章
非金属矿物的选矿提纯技术

2.1 概述

人们生存的自然界中蕴藏着丰富的矿产资源，尤其是非金属矿物更是比比皆是。如何让非金属矿物为人类所用，首先就要对非金属矿物进行选矿提纯处理。选矿提纯就是利用非金属矿物自身的物理或化学特性，通过各种选矿提纯设备将非金属矿物中人类有意利用的目标矿物筛选出来，达到有用矿物与脉石分离以及有用矿物含量相对增加、纯度相对提高的过程。

选矿提纯技术是实现非金属矿有效利用的重要加工技术之一，是保证非金属矿自身性质得以发挥而进行的选别、纯化、提取过程，是非金属矿深度综合利用的必要过程和手段。

2.2 选矿技术基础

2.2.1 选矿概念

矿物在工业上通常被分成金属、非金属和可燃性矿物三大类。矿物在长期的地质作用下，可以形成相对富集的矿物集合体。通常我们把在现有技术条件下可以开采、加工、利用的矿物集合体叫作矿石，否则就称为岩石。矿石和岩石的划分，并不是一成不变的，因为随着科学技术的发展和经济条件的许可，岩石可能成为矿石；同样，脉石矿物也会随着技术和应用场合的发展变化而变化，所以区分岩石和矿石需要从技术、经济等多方面综合分析。地壳中具有开采价值的矿石积聚区，通常称为矿床。矿石由有用矿物和脉石矿物组成。能为国民经济利用的矿物，即选矿所要选出的目的矿物，叫有用矿物；目前国民经济尚不能利用的矿物，叫脉石矿物。除少数富矿外，目前我国非金属矿物的品位（即矿石中有用成分含量的百分数）都较低，绝大多数非金属矿都需要加工后才能利用，选矿就是主要的加工过程。非金属矿物资源绝大多数都是多种矿物共生，不经过选矿提纯是无法直接利用的。图 2-1 所示为选矿在矿产资源中的关系。

选矿就是将矿石中有用矿物与脉石矿物分离，除去有害杂质，使之富集和纯化的一门技术科学。它是对有用矿物的精选过程，经过长期发展，"选矿"已不能涵盖众多新涌现出来的技术和方法所依赖的学科基础和学科领域，其研究的对象比传统选矿学科更广、更深。

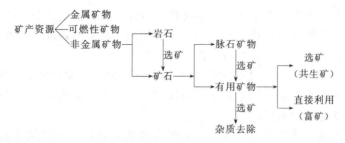

图 2-1　选矿在矿产资源过程中的关系

就非金属矿物原料的整个加工过程而言,选矿是介于采矿与化工、冶金之间的学科。一般来讲,非金属矿物加工成各种功能材料,需经过初加工、深加工和制品加工 3 个阶段。初加工是指传统的矿物机械加工,目的是为材料工业部门提供合格的原料矿物(包括颗粒粒级和有用矿物品位合格)。深加工是指根据用户或制品使用环境对其物理性能及界面特性的要求对初加工后的原料矿物进一步精细化加工的过程,它是相对初加工的加工处理程度而言的。制品加工是指利用初加工或深加工后的矿物为主要原材料,与其他无机或有机材料复合,通过各种工艺手段制成不同形态的结构材料或功能材料的加工过程。尽管化学选矿等一些新方法已属于深加工阶段技术,但就选矿的主要方法而言,选矿基本上仍属于初加工阶段技术。

2.2.2　选矿方法

固体非金属矿物都具有一定的晶体结构和物理化学性质。在非金属矿物原矿中,有用成分和无用脉石经选矿过程之所以能彼此分离,其基本依据是不同非金属矿物的物理、化学性质以及表面的物理化学性质存在一定差异。非金属矿物的物理、化学性质哪方面存在差异决定了选用何种方法对非金属矿物进行选矿提纯。与非金属矿物选矿直接有关的矿物性质主要有密度、磁性、导电性、润湿性等。与以上 4 种矿物性质相对应的 4 种非金属矿物选矿提纯方法分别为重选法、磁选法、电选法和浮选法,其中浮选法应用最广。重选法广泛地应用于非金属矿中石棉、金刚石、高岭土等矿物的分选。磁选法多用于黑色金属和稀有金属的分选,在非金属选矿中主要用于从非金属矿物原料中除去含铁杂质,同时还可用于净化生产、生活用水以及重介质选煤中磁铁矿的回收。电选法主要用于非金属矿石(如煤粉、金刚石、石墨、石棉、高岭土和滑石等)的分选,也可用于有色金属矿石和稀有金属矿石、黑色金属(铁、锰、铬)矿石的分选。上述 4 种选矿方法只能使有用矿物与脉石矿物或者使不同的有用矿物之间达到机械分离,并不改变矿物本身的物理性质和化学性质,统称为机械选矿法。除机械选矿法外,还有化学选矿法及其他特殊选矿法。化学选矿法指利用矿物和矿物组分之间化学性质的差异,采用化学方法改变矿物组成,然后用相应的方法使有用组分富集的选矿方法,包括化学沉淀法、离子交换吸附法、焙烧法、浸出法、溶剂萃取法、离子浮选法、活性炭吸附法、电沉积法等。其他选矿法有摩擦选矿、形状选矿、硬度选矿、油膏选矿、磁流体选矿等。各种选矿方法有时单独使用,有时几种方法联合使用。

在选矿实践中,往往还采取人为的方法来扩大非金属矿物物理、化学性质的差异,以提高分选效率,如用磁化煅烧的方法改变矿物磁性;用酸和盐类处理矿物表面,选择性地改变矿物的导电性;用各种浮选药剂改变矿物的自然润湿性等。除此之外,矿物的形状、粒度、硬度、颜色、光泽等也往往成为某些特殊选矿方法的依据。

2.2.3　选矿作业过程

选矿是一个连续的生产过程,它由一系列连续的作业组成。不论选矿方法和选矿规模及工艺设备如何复杂,一般它都包括以下 3 个最基本的作业过程。

(1) 选别前的准备作业　准备作业包括洗矿、破碎、筛分、磨矿和分级，其目的是使有用矿物与脉石矿物以及多种有用矿物之间分离，为后续的选矿提纯做准备。准备作业根据需要有时也包括物料分成若干适宜粒级的准备工作。

(2) 选别作业　选别作业是选矿过程的关键作业，也是主要作业，它根据矿物的不同性质，采用一种或几种选矿方法，如重选法、磁选法、电选法、浮选法等对目标矿物进行选矿提纯的过程，这是本章论述的重点内容。

(3) 产品处理作业　该作业主要包括精矿脱水和尾矿处理。精矿脱水通常由浓缩、过滤、干燥 3 个阶段组成，其中干燥阶段根据实际情况决定是否需要。尾矿处理通常指尾矿储存、综合利用和尾矿水处理等过程。矿石经过选别作业后，通常得到精矿、尾矿和中矿。精矿是原矿经过选别作业后，得到的有用矿物含量较高、适用于冶炼或其他工业部门需求的最终产品。尾矿是原矿经过选别作业后，得到的有用矿物含量很低，一般需要进一步处理或目前技术经济上不适合进一步处理的矿物。中矿是原矿经过选别之后，得到的半成品（或称中间产品），其有用矿物的含量比精矿低，比尾矿高，一般需要进一步加工处理。人们把对矿石进行分离与富集的连续加工的工艺过程称为选矿工艺流程，如图 2-2 所示。

2.2.4　选矿技术指标

为确定选矿的效果及效率，常采用一些技术指标进行衡量，这些技术指标包括产品的品位、产率、选矿比、富矿比、回收率、选别效率等。

(1) 品位　品位是指矿物原料及选矿产品中有用成分含量的质量分数。原矿、精矿和尾矿品位的高低，分别表示原矿的贫富、精矿的富集和尾矿的贫化程度。通常用 α、β、δ 三个希腊字母分别表示原矿、精矿和尾矿的品位。

(2) 产率　产率是指产品质量与原矿质量之比的百分数，它以希腊字母 γ 表示。产品的质量以英文字母 Q 表示。前者为相对量，后者为绝对值。尾矿产率与精矿产率的关系为

$$\gamma_{\text{尾矿}} = 100\% - \gamma_{\text{精矿}} \qquad (2\text{-}1)$$

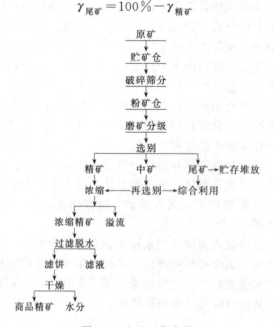

图 2-2　选矿工艺流程

(3) 选矿比　选矿比是指原矿质量与精矿质量之比。它表示选出 1t 精矿需处理几吨原矿。

(4) 富矿比　富矿比是指精矿品位（β）和原矿品位（α）之比。它表示精矿中有用成分

含量比原矿中有用成分含量提高的倍数。

（5）回收率 回收率是指原矿或给矿中所含被回收的有用成分在精矿中回收的质量分数，用 ε 表示，以此来评价该有用成分的回收程度。

精矿的实际回收率：

$$\varepsilon_{实际}=\frac{\beta Q_{\mathrm{K}}}{\alpha Q_{\alpha}}\times100\% \tag{2-2}$$

精矿的理论回收率：

$$\varepsilon_{理论}=\frac{\beta(\alpha-\delta)}{\alpha(\beta-\delta)}\times100\% \tag{2-3}$$

式中　α——原矿或给矿品位；

　　　Q_{α}——原矿质量；

　　　Q_{K}——精矿质量；

　　　δ——尾矿品位；

　　　β——精矿品位。

回收率包括选矿作业回收率和选矿最终回收率。由于取样、分析及矿浆机械流失等原因，计算出的理论回收率和实际回收率往往不一致。

（6）选别效率 人们用精矿中有用成分回收率与脉石回收率之差来衡量选别作业效果的好坏，即选别效率，以 V 表示。

$$V=\frac{\varepsilon-\gamma_{\mathrm{K}}}{1-\dfrac{\alpha}{\beta_{纯}}}\times100\% \quad 或 \quad V=\frac{\beta_{纯}(\beta-\alpha)(\alpha-\delta)}{\alpha(\beta-\delta)(\beta_{纯}-\alpha)}\times100\% \tag{2-4}$$

式中　$\beta_{纯}$——有用矿物的纯矿物品位；

　　　γ_{K}——精矿产率。

理想的选矿就是将原矿中的有用成分全都回收到精矿中去而不回收脉石，然而实际过程是做不到的，选别效率则是表示选别效果好坏的综合指标。

2.2.5 非金属矿物选矿特点

对于非金属矿物来说，纯度在很多情况下是指其矿物组成，而非化学组成。有许多非金属矿物的化学成分基本接近，但矿物组成和结构相差甚远，因此其功能和应用领域也就不同，这是非金属矿物选矿与金属矿物选矿最大的区别之处。与金属矿物的选矿相比，非金属矿物选矿的主要特点如下：

① 非金属矿选矿的目的一般是为了获得具有特定的物理化学特性的产品，而不是矿物中的某些有用元素。

② 对于加工产品的粒度、耐火度、烧失量、透气性、白度等物理性能有严格的要求和规定，否则会影响下一级更高层次的应用。

③ 对于加工产品不仅要求其中有用成分的含量要达到要求，而且对其中杂质的种类及其含量也有严格要求。

④ 非金属选矿过程中应尽可能保持有用矿物的粒度与晶体结构的完整，以免影响它们的工业用途和使用价值。

⑤ 非金属矿选矿指标的计算一般以有用矿物的含量为依据，多以氧化物的形式表示其矿石的品位及有用矿物的回收率，而不是矿物中某种元素的含量。

⑥ 非金属矿选矿提纯不仅仅富集有用矿物，除去有害杂质，同时也粉磨分级出不同规格的系列产品。

⑦ 由于同一种非金属矿物可以用在不同的工业领域，而不同工业部门对产品质量的要求又有所不同，因此往往带来非金属矿选矿工艺流程的特殊性、多样性和灵活性。

2.3　重力选矿技术

2.3.1　概述

密度是指单位体积矿物的质量，它是重力选矿的依据。重力选矿又称重选，就是根据矿粒间密度的差异，在一定的介质流中（通常为水、重液或重悬浮液及空气）借助流体浮力、动力及其他机械力的推动而松散，在重力（或离心力）及黏滞阻力作用下，使不同密度（粒度）的矿粒发生分层转移，从而达到分选的目的。在重选过程中，矿粒之间的密度差异越大越易于分选，密度差异越小则分选越难；粒度和形状会影响按密度分选的精确性。因此，在分选过程中，应设法创造条件，减少矿粒的粒度和形状对分选结果的影响，以使矿粒间的密度差异在分选过程中能起主导作用。

2.3.2　基本概念

2.3.2.1　矿粒的基本物理性质

（1）矿粒密度　矿粒密度指单位体积矿粒的质量，以 δ 表示。

$$\delta = \frac{m}{V} \tag{2-5}$$

密度单位在 CGS 制中是 g/cm^3，在国际单位制中是 kg/m^3。

（2）矿粒重度　矿粒重度指单位体积矿粒的质量（重力），以 γ 表示。

$$\gamma = \frac{G}{V} \tag{2-6}$$

重度单位在 CGS 制中为 dyn/cm^3，在国际单位制中为 N/m^3。

$$1dyn/cm^3 = 10N/m^3。$$

在实际使用中，重度还有一种工程单位为 g/cm^3，它与其他单位的换算关系为

$$1g/cm^3 = 980dyn/cm^3 = 9800N/m^3$$

（3）矿粒相对密度　矿粒相对密度是指矿粒质量与同体积 4℃ 的水质量之比，是无量纲量，也曾称为矿粒比重。现在国家标准中统一规定称为相对密度，比重一词不再使用。

矿粒密度和重度，两者不仅在意义上不同，而且在同一单位制中，数值和单位也各不相同。密度为 $1g/cm^3$ 的矿粒其重度为 $9800N/m^3$。它们之间有如下关系：

$$\gamma = \delta g \tag{2-7}$$

式(2-7)中由于重力加速度 g 随地球表面位置而异，故物体的重度 γ 也因此而改变，但其密度 δ 在任何环境中都一样。密度是表征矿粒性质最基本的物理量。只有矿粒的密度以 g/cm^3 为单位、重度为工程单位 gf/cm^3 时，两者的数值才相同。故实践中常用测量矿粒重度的方法来间接地求出矿粒的密度。下面是测定矿粒重度的几种主要方法。

① 对粒度较大的矿粒，称量矿粒在空气中及水中的质量，用式(2-8)求得：

$$\gamma = \frac{G}{(G-G_0)/\gamma_{水}} \tag{2-8}$$

式中　G——矿粒在空气中的质量，g；

G_0——矿粒在水中的质量，g；

$\gamma_{水}$——水的密度，约为 $1g/cm^3$。

② 对粒度小的矿粒，使用比重瓶测定，用式（2-9）计算：

$$\gamma = \frac{G_2}{(G_1 + G_2 + G_3)/\gamma_{水}}$$ (2-9)

式中　G_1——比重瓶加满水时，比重瓶和水的总质量，g；

　　　G_2——试样在空气中的质量，g；

　　　G_3——先将试样加入瓶中，然后将比重瓶加满水称重，瓶、水、试样的总质量，g。

（4）矿粒粒度　矿粒粒度是矿粒外形的几何尺寸，是矿粒大小的表征。选矿中常用的粒度表示方法有以下两种。

① 上下限粒径表示法　某一物料全部通过筛孔为 d_1 的筛子，全部通不过另一个筛孔为 d_2 的筛子，则以 $-d_1 + d_2$ 来表示某一较宽粒度级别的物料粒度，可简写为 $d_1 \sim d_2$。

② 平均粒径表示法　某一物料全部通过筛孔 d_2 的筛子，则以 $(d_1 + d_2)/2 = d_{平均}$ 来表示某一较窄粒度级别的物料粒度。

2.3.2.2　矿粒受力分析

重选过程都需在介质中进行。矿粒在介质中沉降时，受到两个力的作用：①矿粒在介质中的重力，在特定的介质中，对特定的矿粒，其重力是一定的；②介质的阻力，它和矿粒的沉降速度有关。矿粒沉降的最初阶段，由于介质阻力很小，矿粒在重力作用下作加速沉降。随着沉降速度的加快，介质阻力增加，矿粒沉降加速度随之减小，最后加速度就减小到零。此时矿粒就以一定的速度沉降，这个速度叫沉降末速。沉降末速受很多因素影响，其中最重要的是矿粒的密度、粒度和形状，介质的密度和黏度。在特定的介质中，矿粒的密度和粒度越大，沉降末速就越大。若矿粒的粒度相同，密度大的沉降末速就大。

重选过程中不仅需在介质中进行，而且需在运动的介质中进行。因为分层是矿物分选的基础。只有在运动的介质中，紧密的床层（由矿粒组成的物料层）才能松散，分层才能进行。同时借助运动的介质流，将已分选出的产物及时移出，这样选矿过程才能连续有效地进行。重选过程中矿粒的基本运动形式是在介质中沉降，重选介质的运动形式有如下几种。

（1）垂直运动　垂直运动包括连续上升介质流，间断上升介质流，上升、下降交变介质流。

（2）水平运动　水平运动包括倾斜较小的斜面介质流。

（3）回转运动　回转运动包括不同方向的回转介质流。

2.3.2.3　等降比

矿粒在沉降过程中，某些粒度大、密度小的矿粒往往会与粒度小、密度大的矿粒以相同的速度沉降，这种现象称为等降现象。密度和粒度不同但具有相同沉降速度的矿粒称为等降颗粒。例如，粒度较小的大密度颗粒 d_3 与粒度较大的小密度颗粒 d_1 以相同的速度沉降，则 d_1 和 d_3 称为等降颗粒；$d_1/d_3 = L$，称为等降比。可见，重选时的矿粒粒度将影响矿粒按密度分层、分选的效果。为使矿粒尽可能地按密度分选，重选前必须将矿石进行充分破碎，使有用矿物达到单体解离，减小进入重选的最大粒度。筛分和分级可将矿粒分为各种粒级，以便分别进入不同的重选作业。由等降比概念可知，在重选时粒级越窄，粒度对重选效果影响越小，矿粒按密度分选就越精确，同时能提高重选机械的生产能力，减少有用矿物再分选过程中的泥化。

2.3.2.4　矿浆浓度

矿浆浓度是表征矿浆稀稠程度的物理量。它是各种重力选矿过程中主要的操作因素之一。矿浆浓度在重力选矿中常用质量浓度和体积浓度两种方法表示。

（1）质量浓度　通常以矿浆中固体颗粒质量分数来表示质量浓度，表示式如下：

$$c = \frac{G_{固}}{G_{浆}} = \frac{G_{固}}{G_{固} + G_{介}} \times 100\%$$ (2-10)

式中　$G_浆$、$G_固$、$G_介$——矿浆、固体颗粒及分散介质的质量。

（2）体积浓度　通常以矿浆中固体颗粒的体积占整个矿浆体积的百分数表示体积浓度。它不受矿粒密度影响，能较好地表征矿浆中固体颗粒的稠密程度，在重力选矿中最为常用，表示式如下：

$$\lambda = \frac{V_固}{V_浆} = \frac{V_固}{(V_固 + V_介)} = \frac{G_固}{G_固 + \gamma V_介} \times 100\% \qquad (2\text{-}11)$$

也可用松散度 θ 表示：

$$\theta = \frac{V_介}{V_浆} = \frac{V_介}{V_介 + V_固} = (1-\lambda) \times 100\% \qquad (2\text{-}12)$$

式中　λ——矿浆固体颗粒的容积浓度，%；

　　　　θ——矿浆固体颗粒的松散度，%；

　　　$V_浆$——矿浆的体积；

　　　$V_固$——固体颗粒的体积；

　　　$V_介$——分散介质的体积。

2.3.2.5　重力选矿工艺分类

根据介质运动形式和作业目的的不同，重选可分为分级、洗矿、重介质选矿、跳汰选矿、摇床选矿、溜槽选矿、离心选矿等几种工艺方法。前两类属于选别前的准备作业，后五类属于选别作业，各种工艺方法的特点见表 2-1。各种重选过程的共同特点是：①矿粒间必须存在密度的差异；②分选过程在运动介质中进行；③在重力、流体动力及其他机械力的综合作用下，矿粒群松散并按密度分层；④分层好的物料，在运动介质的作用下实现分离，并获得不同的最终产品。

表 2-1　重力选矿工艺分类

工艺名称	分选介质	介质的主要运动形式	适宜的处理粒度/mm	处理能力	作业类
分级	水或空气	沉降	0.074	大	准备作业
洗矿	水	上升流，水平流，回转流	0.075	小	准备作业
重介质选矿	重悬浮液或重液	上升流，水平流或回转流	2～70(100)	最大	选别作业
跳汰选矿	水或空气	间断上升或上下交变介质流	0.2～16	大	选别作业
摇床选矿	水或空气	连续倾斜水流或上升气流	0.04～2	小	选别作业
溜槽选矿	水	连续倾斜水流或回转流	0.01～0.2	小	选别作业
离心选矿	水	回转流	0.01～0.074	小	选别作业

2.3.3　影响重选技术指标的主要因素

在重选提纯过程中，影响重选指标的因素主要有矿物密度、粒度及形状，分选介质，设备类型及操作条件等。

2.3.3.1　矿物的密度、粒度及形状

重选是依据矿石中各矿物间密度的不同来进行分选提纯的，所以各矿物间密度的差值是影响和决定重选分离指标的重要因素，即有用矿物和脉石矿物间密度差值越大，越可获得较好的重选指标且分选容易。矿物粒度在影响重选指标中属可调节的矿石性质之一。重选有效的处理粒度范围为中细粒级，在保证有用矿物和脉石矿物能达到单体解离的情况下，其破碎粒度越粗越好，这时既可有较大的重选设备选择余地，又可获得较好的重选指标。一般来讲，重选工艺对微细粒级矿物选别效果较差，但随着重选设备性能的改进与提高，对微细粒物料的重选效果也有很大改善。如矿泥精细摇床和离心选矿机的研制，使得重选有效分选粒度下限达 $10\mu m$，且选矿效率大大提高。矿物粒度影响重选的另一方面是入选矿物粒度级别的宽窄。重选是矿物

颗粒在介质中依自身的重力而分层分离的。在介质（如水）中，同一粒度密度大的颗粒较密度小的颗粒有较大的重力；不同粒级下情况则又不同，如小密度大颗粒和大密度小颗粒会出现相同的沉降分层效果（尤其在垂直重力场中），此时就会发生分层混杂。为避免这种现象，常采用分级后窄级别物料的分别重选，这样有益于获得较理想重选指标。此外，颗粒的形状不同在介质中的沉降末速不同，也对重选效果有一定影响。

2.3.3.2　分选介质

重选介质虽然是一种外界因素，但对重选指标的影响同样是值得关注的。矿物颗粒在介质内依靠浮力和阻力的推动而运动，不同密度和粒度的颗粒由于产生不同的运动速度和轨迹而分离。介质既是传递能量的媒介又担负着松散粒群和运输产物的作用。重选介质有空气、水、重液或重悬浮液，最常用的是水。在缺水地区或针对某些特殊原料，如石棉的分选则可用空气，即风力选矿。重液是密度大于 1 的液体或高密度盐类水溶液，价格昂贵；重悬浮液是由密度高的固体微粒与水组成混合物，此时称为重介质选矿。一般来讲，在其他条件相同时，重选指标随介质密度的增大而变好，顺序为重介质＞水介质＞空气。采用重介质可获得较好的重选指标，尤其对处理矿物密度差值较小的矿石，效果更明显。在采用重介质进行分选时，如能很好地控制重介质密度，其分选精度（密度差）可达 0.02。重介质的采用虽然能较大程度地改善重选效果，但选矿成本也随之相应增加，因此，在水介质能满足重选指标要求情况下，尽量不采用重介质。

2.3.3.3　设备类型及操作条件

对给定矿物进行重选，设备的合理选型及操作的适当控制是获得较好重选指标的重要因素之一。设备类型不同，操作条件也不同。重选过程中涉及的不同工艺设备，其操作因素分述如下。

（1）跳汰机　影响跳汰选矿指标操作因素有冲程、冲次、冲程冲次组合，给矿浓度，筛下补加水，床层厚度以及处理量等。

① 冲程和冲次　水流在跳汰室中上下运动的最大位移称为水流冲程。水流每分钟循环的次数称为冲次。冲程和冲次决定了水流的速度和加速度，能够直接影响到床层的松散和分层状态及水流对矿粒的作用，以致影响到分选效果。冲程、冲次要根据矿石性质确定：矿石粒度大、密度大及床层厚、给矿量大，采用大冲程相应地冲次要减小；当矿石粒度小、床层薄时则应用较小的冲程和较大的冲次。

② 给矿浓度　给矿浓度是决定入选物料在跳汰过程中水平流动速度的因素之一，一般不超过 20%～40%。

③ 筛下补加水　筛下补加水可以调节床层的松散度。如处理窄级别物料时，适当增大筛下水，以提高分层速度；处理宽级别物料时则需相应减少筛下水，降低上升水流速度，避免大密度的细粒物料被冲到溢流中去。

④ 床层厚度　床层可以分成上、中、下 3 层。最上层为轻矿物流动层，最下层为重矿物沉降层，中间层为连生体或过渡层。床层的厚度直接影响跳汰机产品的质量和回收率。一般来说，处理密度差大的物料，床层要薄些，以加速分层；处理密度差小的物料或要求高质量精矿时，床层要厚些。当处理细粒物料，同时又是筛下排矿时，需在筛上铺设人工床层。人工床层的粒度应该为入选矿石最大粒度的 3～6 倍，比筛孔大 1.5～2 倍，密度接近或略小于重矿物密度。当处理易选矿石时，人工床层要薄。当处理低品位矿石时，人工床层应该厚些。

⑤ 处理量　一般来说，应在保证精矿品位和回收率的前提下，尽量提高处理量。但当处理量超过一定的范围时，有用矿物在尾矿中的损失会增加。当精矿品位要求高时，处理量要相应降低。

（2）摇床　影响摇床选矿指标的操作因素有冲程、冲次，冲洗水量及床面横向坡度，给矿性质等。

① 冲程、冲次　摇床的冲程和冲次共同决定着床面运动的速度和加速度，即矿粒在床面上的松散、分层及选择性运输。为使床层在差动运动中达到适宜的松散度，床面应有足够的运动速度；从产物分选来看，床面还应有适当的正、负加速度之差值。冲程、冲次的适宜值主要与入选物料粒度的大小有关。冲程增大，水流的垂直分速以及由此产生的上浮力也增大，保证较粗较重的颗粒能够松散。冲次增加，则降低水流的悬浮能力。因此，选粗粒物料用低冲次、大冲程，选细粒物料用高冲次、小冲程。除了入选物料粒度外，摇床的负荷及矿石密度也影响冲程及冲次的大小。床面的负荷量增大或矿石密度大时，宜采用较大的冲程和较小的冲次，其组合值要加大；反之，则采用较小的冲程和较大的冲次，其组合值要减小。

一般来说，对于粗粒颗粒（0.074～2.0mm），冲程可以在 15～27mm 之间调节，冲次控制在 250～280 次/min。对于矿泥，冲程为 11～13mm，冲次为 350～360 次/min。

② 冲洗水量及床面横向坡度　冲洗水由给矿水和洗涤水两部分组成。冲洗水的大小和坡度共同决定着横向水流的流速。横向水流大小，一方面要满足床层松散的需要，并保证最上层的轻矿物颗粒能被水流带走；另一方面又不宜过大，否则不利于重矿物细颗粒的沉降。冲洗水量应能覆盖住床层。增大坡度或增大水量均可增大横向水流。处理粗粒物料时，既要求有大水量又要求有大坡度，而分选细粒物料时则相反。处理同一种物料时，"大坡小水"和"小坡大水"均可使矿粒获得同样的横向速度，但"大坡小水"的操作方法有助于省水，不过此时精矿带将变窄，而不利于提高精矿质量。因此，用于粗选的摇床，宜采用"大坡小水"的操作方法；用于精选的摇床，则应采用"小坡大水"的操作方法。

对于不同物料的坡度可以采用下列数值作为参考：小于 2mm 的粗粒颗粒用 3.5°～4°；小于 0.5mm 的物料用 2.5°～3.5°；小于 0.1mm 的细粒物料用 2°～2.5°；对于矿泥（0.074mm）采用 2°左右。应当注意的是，坡度的选择要与水量很好地配合起来。

无论哪种操作方法，肉眼观察最适宜的分选情况应是：无矿区宽度合适；分选区水流分布均匀且不起浪，矿砂不成堆；精选区分带明显，精选摇床分带尤应更宽。

③ 给矿性质　给矿性质包括给矿的粒度组成、给矿浓度和给矿量等。

给矿量和给矿浓度变化将影响物料在床面上的分层、分带状况，因而直接影响分选指标，因此给矿量和给矿浓度在生产操作中应保持稳定。当给矿量增大时，矿层厚度增大，析离分层的阻力也增大，从而影响分层速度；同时，由于横向矿浆流速增大，将会导致尾矿损失增加。如果给矿量过少，在床面上难以形成一定的床层厚度，也会影响分选效果。适宜的给矿量还与物料的可选性和给矿的粒度组成有关。当给矿粒度小、含泥量高时，应控制较小的给矿浓度。在摇床选矿中，正常的给矿浓度一般控制在 15%～30%。

（3）螺旋选矿机　影响螺旋选矿机选矿指标的因素主要有给矿量、给矿浓度和冲洗水量。给矿浓度一般控制在 10%～35%，过高或过低均会使回收率下降。改变给矿体积对分选指标的影响与改变给矿浓度大体相同。加少量冲洗水可有效地提高精矿质量且对回收率影响不大，一般为 0.05～0.2L/s。

（4）离心选矿机　影响离心选矿机分选指标的因素包括设备结构参数与工艺参数两方面。

① 设备结构参数　设备结构参数主要指转鼓直径和长度以及转鼓坡度。

转鼓直径主要影响处理量：直径大的，选别面积大，处理量高。转鼓长度主要影响回收率：增大转鼓长度，可使矿粒沉降时间延长，回收率升高。转鼓坡度直接影响矿浆在离心选矿机的流速，从而影响精矿产率：坡度大，精矿产率小，精矿品位高，精矿回收率低。但坡度过大，则矿浆流速太快，精矿难以沉积在鼓壁上，起不到分选作用；反之，如果坡度过小，虽然精矿产率变大，回收率升高，但精矿品位降低，由于流速小使得处理量下降。

② 工艺参数　影响离心选矿机分选指标的工艺参数主要有给矿粒度、给矿体积、给矿浓

度、给矿时间及转鼓转速等。

一般来说，当离心选矿机的给矿粒度上限大于 $74\mu m$ 时，精矿冲洗很困难，影响选别指标。因此，离心选矿机比较有效的粒级回收范围是 $10\sim37\mu m$。具体分选过程中，应根据矿石性质以及对选矿产品的要求确定最适宜的给矿粒度。

离心选矿机的给矿体积大小影响到鼓壁上流膜的状况。给矿体积太大，流速过快，精矿产率和回收率下降，而精矿品位和尾矿品位上升。故给矿体积不能太大，否则会造成分选效果低，甚至起不到分选作用。

给矿浓度的大小直接影响离心选矿机的生产能力，也同时影响选别指标。给矿浓度增高，精矿产率和回收率增加，但精矿品位下降。适宜的给矿浓度要根据矿石性质以及对产品质量的要求来具体决定。

离心选矿机在连续给矿过程中，尾矿品位随给矿时间的延长而增高，直到瞬时尾矿品位升高与给矿品位接近为止，这时只是简单的运输而不是分选。因此，给矿时间要适当。给矿时间过长，回收率低；给矿时间过短，精矿品位低，设备有效利用时间少，处理能力低。

转鼓转速增加，使颗粒惯性离心力增大，床层趋于压实，分选较难进行；同时还会造成重矿物的沉积量增加，回收率增加，但精矿品位下降。

2.3.4　基本原理

重选是根据不同矿物之间密度的差异，在一定的介质流中（通常为水、重液或重悬浮液），借助流体浮力、动力或其他机械力的推动而松散，在重力（或离心力）及黏滞阻力作用下，使不同密度（粒度）的矿物颗粒发生分层转移，从而达到有用矿物和脉石分离的提纯方法。重选的实质概括起来就是松散→分层和搬运→分离过程。置于分选设备内的散体物料，在运动介质中，受到流体浮力、动力或其他机械力的推动而松散，被松散的非金属矿粒群，由于沉降时运动状态的差异，不同密度（或粒度）颗粒发生分层转移。就重选来说，就是要达到按密度分层，通过运动介质的作用达到分离。其基本规律可概括为松散→分层→分离。重选理论研究的问题，简单地说就是探讨松散与分层的关系。松散和搬运分离几乎都是同时发生的。但松散是分层的条件，分层是目的，而分离则是结果。

在重选作业中，有用矿物和脉石间密度差值越大，分选越容易；密度差值小，分选则越困难。判断矿石重选难易程度可依下列准则：

$$E = (\delta_2 - \rho)/(\delta_1 - \rho) \tag{2-13}$$

式中　δ_1、δ_2、ρ——轻矿物、重矿物、介质的密度。

依 E 值可将矿石的重选难易程度分为 5 级，见表 2-2。重选提纯是处理粗粒（＞25mm）、中粒（2～25mm）和细粒（0.1～2mm）矿石分选的有效方法之一。

表 2-2　矿石重选难易度

E 值	＞2.5	1.75～2.5	1.5～1.75	1.25～1.5	＜1.25
难易度	极容易	容易	中等	困难	极困难

由于重选一般在垂直重力场、斜面重力场和离心重力场中进行，故本节重点介绍这 3 种力场中的重选原理。

2.3.4.1　垂直重力场中矿物粒群按密度分层、分离原理

矿物粒群按密度分层是重选提纯的实质，而就分层过程及原理而言，主要有两种理论体系：一种为动力学体系，即在介质动力作用下，依据矿物颗粒自身的运动速度差或距离差发生分层；另一种为静力学体系，即矿物颗粒层以床层整体内在的不平衡因素作为分层根据。两种体系在数理关系上虽尚未取得统一，但在物理概念上并不矛盾且相互关联。

（1）矿物颗粒按自由沉降速度差分层　在垂直流中矿物颗粒群的分层是按轻、重矿物颗粒的自由沉降速度差发生的。所谓自由沉降是单个颗粒在广阔空间中独立沉降，此时颗粒只受重力、介质浮力和黏滞阻力作用。据此在紊流即牛顿阻力条件下（Re 为 $10^3 \sim 10^5$），球形颗粒的沉降末速为

$$v_{on} = 54.2 \sqrt{\frac{\delta - \rho}{d}} \tag{2-14}$$

式中　v_{on}——牛顿阻力下的颗粒沉降末速，cm/s；

　　　ρ——介质密度，g/cm^3；

　　　δ——球形颗粒的密度，g/cm^3；

　　　d——球形颗粒的粒径，cm。

在层流绕流条件下（$Re < 1$），即斯托克斯黏滞阻力，微细颗粒的沉降末速为

$$v_{os} = 54.5 d^2 \frac{\delta - \rho}{\mu} \tag{2-15}$$

式中　μ——流体的动力黏度，0.1Pa·s。

对不规则的矿物颗粒，引入球形系数（同体积的球体表面积和矿粒表面积之比）或体积当量直径 d_V（以同体积球体直径代表矿粒直径）加以修正，则式(2-14) 和式(2-15) 同样适用。式(2-14) 和式(2-15) 表明，矿物颗粒粒度和密度对沉降速度均有影响，这样就会有小密度的大颗粒和大密度的小颗粒沉降速度相同的可能。为此引入了等降比的概念，即要使两种密度不同的混合粒群在沉降（或介质相对运动）中达到按密度分层，必须使给料中最大颗粒与最小颗粒的粒度比小于等降颗粒的粒度比。据此，得出牛顿阻力条件下等降比：

$$e_{on} = \frac{d_1}{d_2} = \frac{\delta_2 - \rho}{\delta_1 - \rho} \tag{2-16}$$

式中　d_1、d_2——轻、重矿物的粒径，cm。

　　　δ_1、δ_2——轻、重矿物的密度，g/cm^3。

斯托克斯阻力条件下等降比为

$$e_{os} = \frac{d_1}{d_2} = \left(\frac{\delta_2 - \rho}{\delta_1 - \rho} \right)^{\frac{1}{2}} \tag{2-17}$$

由此可见，重选矿物颗粒粒度级别越窄，则分选效果越好。当重选矿物密度符合等降比的条件时，则矿粒群在沉降过程中按矿物密度分层，即大密度矿粒沉降速度大，优先到达底层；小密度矿粒则分布在上层，从而实现矿物分层、分离。

（2）矿物颗粒按干涉沉降速度差分层　重选矿粒群粒级较宽时，即给料上下限粒度比值大于自由沉降等降比时，矿物颗粒群则按干涉沉降速度差分层。固体颗粒与介质组成分散的悬浮体，导致颗粒间碰撞及悬浮体平均密度的增大，相应降低了个别颗粒的沉降速度。通过研究细小颗粒在均一粒群中的干涉沉降，则可得出适用于斯托克斯阻力范围内的矿物颗粒干涉沉降速率公式：

$$v_{ns} = v_0 (1 - \lambda)^n = v_0 \theta^n \tag{2-18}$$

式中　θ、λ——矿粒群在介质中的松散度、容积浓度；

　　　n——反映矿粒群粒度和形状影响的指数。

球形颗粒在牛顿阻力条件下 $n = 2.39$，在斯托克斯阻力下 $n = 4.7$。在斯托克斯阻力条件下的干涉沉降等降比为

$$e_{hss} = \left(\frac{\delta_2 - \rho}{\delta_1 - \rho} \right)^{\frac{1}{2}} \times \left(\frac{\theta_2}{\theta_1} \right)^{2.35} = e_{os} \left(\frac{\theta_2}{\theta_1} \right)^{2.35} \tag{2-19}$$

在牛顿阻力条件下干涉沉降等降比为

$$e_{hsn} = \left(\frac{\delta_2 - \rho}{\delta_1 - \rho}\right) \times \left(\frac{\theta_2}{\theta_1}\right)^{4.78} = e_{on}\left(\frac{\theta_2}{\theta_1}\right)^{4.78} \tag{2-20}$$

式中　θ_1、θ_2——等降的轻矿物局部悬浮体的松散度和相邻的重矿物局部悬浮体的松散度。

两种颗粒混杂且处于等降状态下，轻矿物的粒度总是大于重矿物，即 $\theta_1 < \theta_2$，所以 $e_{hs} > e_o$，即干涉沉降等降比 e_{hs} 始终大于自由沉降等降比 e_o。随粒群松散度增大，干涉沉降等降比降低，但以自由沉降等降比为极限。干涉沉降条件下可以分选较宽级别矿物颗粒群。

以上观点属动力学体系范畴，下面简单介绍静力学分层原理。

（3）矿物颗粒按悬浮体密度差分层　不同密度的矿物粒群组成的床层可视为由局部重矿物悬浮体和轻矿物悬浮体构成。在重力作用下，悬浮体内部存在静压强不平衡，在分散介质的作用下，轻、重矿物分散的悬浮体微团分别集中起来，由此导致矿物颗粒群按轻、重矿物密度分层。局部轻矿物和重矿物悬浮体的密度分别为

$$\rho_{su_1} = \lambda_1(\delta_1 - \rho) + \rho \tag{2-21}$$

$$\rho_{su_2} = \lambda_2(\delta_2 - \rho) + \rho \tag{2-22}$$

轻矿物悬浮体与重矿物悬浮体互相以所形成的压强相作用，相互有浮力推动。如果 $\rho_{su_1} < \rho_{su_2}$，则 $\lambda_2(\delta_2 - \rho) > \lambda_1(\delta_1 - \rho)$，发生正分层（重矿物在下，轻矿物在上），整理得

$$\frac{\lambda_1}{\lambda_2} < \frac{\delta_2 - \rho}{\delta_1 - \rho} \tag{2-23}$$

式(2-23) 右边反映重矿物颗粒下降趋势，左边反映浮力强弱的指标，两种悬浮体的容积浓度比值应有一定的限度；当 $\lambda_1/\lambda_2 > (\delta_2 - \rho)/(\delta_1 - \rho)$ 时，出现反分层，重矿物在上、轻矿物在下；当 $\lambda_1/\lambda_2 = (\delta_2 - \rho)/(\delta_1 - \rho)$ 时，不分层。

（4）不同密度矿物粒群在上升流中分层　对各自粒度均一的混合粒群，当两种矿物的粒度比值大于自由沉降等降比时，在上升水流作用下，轻矿物粗颗粒的升降取决于重矿物组成的悬浮体的物理密度。

发生正分层的条件为

$$\delta_1 < \lambda_2(\delta_2 - \rho) + \rho \tag{2-24}$$

分层转变的临界条件为

$$\delta_1 = \lambda_2(\delta_2 - \rho) + \rho \tag{2-25}$$

随着上升水流的增大，重矿物扩散开来，它的悬浮体密度减小，则出现分层（反分层）转变时的临界上升水速为

$$u_{cr} = v_{o2}\left(1 - \frac{\delta_2 - \rho}{\delta_1 - \rho}\right)^{n_2} \tag{2-26}$$

式中　v_{o2}——重矿物颗粒的自沉降末速度；

n_2——重矿物干涉沉降公式中的指数常数。

密度不同的矿物粒群实现按比重分层，上升介质流速 u_a 必须限定在如下条件：

$$u_{min} < u_a < u_{cr} \tag{2-27}$$

式中　u_{min}——使矿粒群松动混合的最小上升流速。

许多轻、重矿物粒度较大时的分层，接近此分层原理。

上述所讲几种矿物粒群的分层原理，虽然形式上各不相同，但本质上是相关的。由自由沉降到干涉，只是由于颗粒周围矿粒群的存在而使整个悬浮体的密度比单一介质增大，静的浮力作用补偿了流体的动压力。而按悬浮体密度分层则是一个极端的理想状态，即当流体和床层颗粒间相对速度为零时，只剩下轻矿物悬浮体和重矿物悬浮体之间的静力作用。按重介质分层是按悬浮体密度分层的一个特例，即轻矿物颗粒与重矿物组成的悬浮体密度相接近。

在重选提纯的生产中，分层多发生在干涉沉降和重介质作用之间。当重选矿物密度差较大

且界限明显时，可不分级；当矿物间密度差不是很大或有连生体时，应根据分选时介质流速的大小适当分级；若是为避免微细颗粒矿物损失，分级提纯更有必要。应用垂直重力场分选原理的主要设备有跳汰选矿机、重介质选矿机等。

2.3.4.2　斜面重力场中矿物粒群按密度分层、分离原理

采用斜面流进行选矿由来已久，但多以厚水层处理粗、中粒矿石为主。现在大量的斜面流选矿则是以薄层水流处理细粒和微细粒矿石，称流膜选矿。处理细粒级的流膜具有弱紊流流态特征，如摇床、螺旋选矿机属于此类；处理微细粒的流膜则多呈层流流态。

斜面流分选是指借水流沿斜面流动从而使有用矿物和脉石分离。和垂直流一样，斜面流也是一种松散矿物颗粒群的方法，水流的流动特性对矿物颗粒的松散—分层有重要影响。水是借自身重力沿斜面从上到下而流动，其流态仍有层流和紊流之分，其判据为雷诺数 Re 的大小。

$$Re = \frac{Ru_{\text{mea}}\rho}{\mu} \tag{2-28}$$

式中　R——水力半径，以过水断面积 A 和湿周长 L 之比表示，即 $R = A/L$，当水层厚度相对于槽宽很小时，水力半径接近于水深 H；

u_{mea}——斜面水流的平均流速；

ρ——介质的密度；

μ——介质的动力黏度。

表示层流与紊流界限的雷诺数与转变条件有关。一般情况 $Re \leqslant 300$ 和 $Re \leqslant 20 \sim 30$（薄水层，厚度为几毫米）为层流流动，$Re \geqslant 1000$ 为紊流流动。处理粗、中、细粒矿石斜面流水流仍可保持独立的流动特性，此时式(2-28)中的 ρ、μ 及 u_{mea} 应以水流计算；处理微细粒级的矿浆已具有统一的流动特性，应采用矿浆计算。

(1) 层流斜面流的流动特性和松散作用力　层流中流体质点均沿层运动，层间质点不发生交换。水流（或矿浆）速度沿深度的分布可由层间黏性摩擦力与重力分力的平衡关系导出。在某流域面积为 A 的两层面之间，黏性摩擦力按牛顿内摩擦定律计算：

$$F = \mu A \frac{\text{d}u}{\text{d}h} \tag{2-29}$$

式中　$\dfrac{\text{d}u}{\text{d}h}$——沿流层厚度方向的速度梯度；

μ——介质的动力黏度。

在距底面 h 高度以上的水流重力沿斜面的分力为

$$W = (H - h)A\rho g \sin\alpha \tag{2-30}$$

式中　H——斜面高度；

α——斜面倾角；

ρ——介质的密度。

当水流进行等速流运动时，存在着 $F = W$ 的关系，即

$$\mu A \frac{\text{d}u}{\text{d}h} = (H - h)A\rho g \sin\alpha \tag{2-31}$$

由此得

$$\text{d}u = \frac{\rho g \sin\alpha}{\mu}(H - h)\text{d}h$$

对式(2-31)进行积分，即得微层流速 u 随高度 h 而变化的关系式：

$$u = \frac{\rho g \sin\alpha}{2\mu}(2H - h)h \tag{2-32}$$

当 $h = H$ 时，即得表层最大流速 u_{max} 为

$$u_{\max} = \frac{\rho g \sin\alpha}{2\mu} H^2 \tag{2-33}$$

水速相对于表层最大流速的变化为

$$\frac{u}{u_{\max}} = 2\frac{h}{H} - \left(\frac{h}{H}\right)^2 \tag{2-34}$$

式（2-34）表明，层流斜面流水速沿速度的分布为一条二次抛物线，平均流速为

$$u_{\mathrm{mea}} = \frac{\rho g \sin\alpha}{3\mu} H^2 = \frac{2}{3} u_{\max} \tag{2-35}$$

故知层流的平均流速为其最大流速的 2/3。

在层流斜面流中，流体质点均沿层面运动，没有层间质点交换，矿物粒群主要靠层间斥力而松散。即悬浮体中固体颗粒不断受到剪切方向上的斥力，使粒群具有向两侧膨胀的倾向，其大小随剪切速度增大而增加，当斥力大小足以克服颗粒在介质中的重量时，则矿物颗粒呈松散悬浮态，如图 2-3 所示。

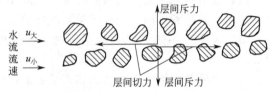

图 2-3　巴格诺尔德层间剪切和层间斥力示意图

研究得出，随着颗粒在剪切运动中接触方式的不同，切应力的性质也不同。在速度梯度较高时，上下层颗粒直接发生碰撞，颗粒的惯性力对切应力的形成起主导作用，此时属于惯性切应力，计算公式如下：

$$T_{\mathrm{in}} = 0.013\delta(zd)^2 \left(\frac{\mathrm{d}u}{\mathrm{d}h}\right)^2 \tag{2-36}$$

式中　T_{in}——惯性切应力，N/m；

　　　　z——悬浮液的线性浓度，其定义为单位体积内固体颗粒的总线性长与松散后间隙性长增大值之比。它与容积浓度的关系为

$$z = \frac{\lambda^{\frac{1}{3}}}{\lambda_0^{\frac{1}{3}} - \lambda^{\frac{1}{3}}} = \frac{1}{\left(\frac{\lambda_0}{\lambda}\right)^{\frac{1}{3}} - 1} \tag{2-37}$$

式中　λ_0、λ——床层松散后、自然堆积时的容积浓度。

当剪切速度较小或固体浓度较低时，颗粒相遇后通过水膜发生摩擦，流体的黏性对切应力的形成起主导作用，此时属于黏性切应力，计算公式为

$$T_{\mathrm{ad}} = 2.2 z^{\frac{1}{3}} \mu \frac{\mathrm{d}u}{\mathrm{d}h} \tag{2-38}$$

巴格诺尔德提出了无量纲 N 作为切应力性质的判断准则，表达式为

$$N = \frac{\delta(zd)^2 \left(\frac{\mathrm{d}u}{\mathrm{d}h}\right)^2}{z^{\frac{3}{2}} \mu \frac{\mathrm{d}u}{\mathrm{d}h}} = \frac{z^{\frac{1}{2}} \delta d^2 \frac{\mathrm{d}u}{\mathrm{d}h}}{\mu} \tag{2-39}$$

试验得知，当 $N \leqslant 40$ 时，基本属于黏性切应力；当 $N \geqslant 450$ 时，基本属于惯性切应力。在这两者之间为过渡段。随着 N 值的增大，惯性切应力所占比例增大。

层间斥力 P 随切应力 T 的增大而增大，两者之间存在一定的比例关系：

完全属于惯性剪切时 $T/P = 0.32$

完全属于黏性剪切时 $T/P = 0.75$

在层流条件下，欲使床层颗粒群松散悬浮，需增大速度梯度以使层间斥力超过颗粒群在介质中的重力，即 $P \geqslant G_{0h}$，其中 G_{0h} 为高度 h 以上颗粒群在介质中所受的重力，按式（2-40）计算：

$$G_{0h} = (\delta - \rho) g \cos\alpha \int_h^H \lambda \, dh \tag{2-40}$$

若已知 $h \sim H$ 高度内固体的平均容积浓度为 λ_{mea}，式(2-40) 为

$$G_{0h} = (\delta - \rho) g \cos\alpha (H - h) \lambda_{mea} \tag{2-41}$$

可见，矿粒的密度越大，浓度越高，为了使床层松散所需的层间斥力就越大。将分选槽面进行剪切摇动，提高速度梯度是增大层间斥力的良好办法。

床层在剪切斥力作用下松散后，颗粒便根据自身受到的层间斥力、重力和床层机械阻力的相对大小而发生分层转移。这种分层基本不受流体动力影响，故仍属于静力分层。它不仅发生在极薄的层流流膜内，而且也出现在弱紊流流膜的底层，通常称为"析离分层"。重矿物颗粒具有较大的斥力和重力压强，因而在摇床中首先转移到底层，轻矿物被排挤到上层。在同一密度层内，较粗颗粒尽管对细颗粒有较大层间压力，但细颗粒在向下运动中所遇到的机械阻力却更小，因而分布到了同一密度的粗颗粒层的下面。在粒度上的这种分布与动力分层恰好相反。但在给料粒度差不多大或颗粒微细时，粒度的分布差异往往不明显，而只表现为按密度差分层。

（2）紊流斜面流的流动特性和紊动扩散作用　紊流的特点是流场内存在大小无数的旋涡，流场内指定点的速度和方向时刻都在变化着，故只能用时间的平均值表示该点的速度，称为"时均点速"。由于流体质点在层间交换的结果，使得流速沿深度的分布变得比较均匀。

对于紊流的速度分布，一般采用指数式这种简单的描述方法进行表示：

$$u = u_{max} \left(\frac{h}{H} \right)^{\frac{1}{n}} \tag{2-42}$$

式中　$1/n$——指数系数，取决于流动雷诺数和槽底粗糙度。对于平整底面，当 $Re > 50 \times 10^4$ 时，$n = 7 \sim 10$；在重选粗粒溜槽中水流的平均速度为 $1 \sim 3 m/s$ 时，$n = 4 \sim 5$；处理细粒级的弱紊流流膜，$n = 2 \sim 4$。

$$u_{mea} = \frac{n}{n+1} u_{max} \tag{2-43}$$

故知平均流速与最大流速之比为 $n/(n+1)$。

式(2-42) 常用来表示较强紊流的流速分布，对于弱紊流则偏离较大。这是由于弱紊流流膜存在较明显的不同流态层所致。在紊流的最底部受固定壁的限制，仍有一薄层进行层流流动，称为层流边层。

在强紊流中，它的厚度常以几分之一至几十分之一毫米来度量，故一般可忽略不计。但在薄层弱紊流中，边层厚度则有不容忽视的比例。在它上面是一过渡层，接着便是紊流层。这样便形成了弱紊流的三层结构。一般来说，紊流层一旦形成，总是要占据大部分厚度。过渡层的厚度很薄，一般也计入层流边层内。

因此，用分析法求得层流边层厚度 σ 计算式如下：

$$\sigma = N \frac{\mu}{\sqrt{\rho \tau_0}} = N \frac{\nu}{v_r} \tag{2-44}$$

$$\nu = \frac{\mu}{\rho}, \quad v_r = \sqrt{\frac{\tau_0}{\rho}} \tag{2-45}$$

式中　τ_0——层流边层界面切应力，N/m^2；

ν——流体的运动黏度，m^2/s；

v_r——切应力速度，反映底部流体切向摩擦阻力大小的量，m/s；

N——普兰特准数，无量纲，在重力场中取 10.47。

紊流层内的流速分布，对数曲线分布式为

$$u = \frac{v_r}{K} \ln \frac{h}{\sigma} + u_\sigma \tag{2-46}$$

式中　K——紊流系数，或称卡尔曼准数，在重立场厚水层中约为 0.4；

　　　h——自底面算起的层面的高度；

　　　u_σ——层流边层界面的流速。

在层流边层内流速分布仍遵循层流公式(2-32)。考虑到 $h < \sigma$，数值很小，忽略括号内 h。

$$u = \frac{\rho g H \sin\alpha}{\mu} h \tag{2-47}$$

式(2-47) 表明层流边层内速度分布近似为一直线。经过过渡层面与紊流层的对数曲线相连接，式(2-47) 微分形式为

$$\frac{\mathrm{d}u}{\mathrm{d}h} = \frac{\rho g H \sin\alpha}{\mu} \tag{2-48}$$

层流边层内切应力遵循牛顿内摩擦定律：

$$\tau_0 = \mu \frac{\mathrm{d}u}{\mathrm{d}h} \quad \text{或} \quad \tau_0 = \rho g H \sin\alpha \tag{2-49}$$

$$v_r = \sqrt{\frac{\tau_0}{\rho}} = \sqrt{gH \sin\alpha} \tag{2-50}$$

层流边层厚度的计算公式为

$$\sigma = \frac{N\nu}{v_r} = \frac{N\nu}{\sqrt{gH \sin\alpha}} \tag{2-51}$$

当 $h = \sigma$ 时：

$$u_\sigma = N\sqrt{gH \sin\alpha} = Nv_r \tag{2-52}$$

经过代换，紊流层的流速分布计算式为

$$u = \frac{1}{K}\sqrt{gH \sin\alpha}\left(\ln \frac{h}{\sigma} + KN\right) \tag{2-53}$$

将层流边层内流速分布视作对数曲线起始段，则整个流层的平均速度简化为

$$u_{mea} = \frac{1}{K}\sqrt{gH \sin\alpha}\left(\ln \frac{H}{\sigma} + KN - 1\right) \tag{2-54}$$

实测表明，上述流速分布计算式比指数方程式更为准确。

在紊流斜面流中，水流各层间质点发生交换形成的扰动是松散床层的主要作用因素，称作"紊动扩散作用"。将槽内某点的瞬时速度分解为沿槽纵向、法向和横向 3 个分量，每个方向上的瞬时速度偏离时均速度（在法向和横向为零）的值称为瞬时脉动速度。对松散床层来说主要是依靠法向的瞬时脉动速度。它的时间均方根值称为法向脉动速度。

$$u_{im} = \sqrt{\frac{1}{T}\int u_y' \mathrm{d}t} \tag{2-55}$$

式中　u_y'——法向瞬时脉动速度；

　　　T——时间段长。

法向脉动速度 u_{im} 随水流的纵向平均流速增大而迅速增大，具体关系式为

$$u_{im} = mu_{mea} \tag{2-56}$$

式中　m——比例系数。

根据科学工作者在光滑的粗粒溜槽中的测定，m 值随水流平均速度的变化关系如图 2-4 所示。槽底粗糙度增加，m 值亦增加，在摇床上分选时 $0.1\mathrm{m/s} \leqslant u_{mea} \leqslant 0.39\mathrm{m/s}$，此时 $0.07 \leqslant m \leqslant 0.15$。

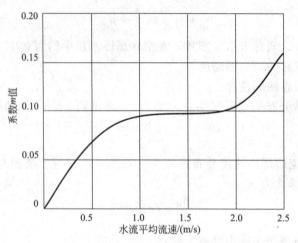

图 2-4　m 值随水流平均流速的变化关系

斜面流中所有矿物质点均存在法向脉动速度，且沿水的深度分布，下部脉动速度较强，上部逐渐减弱，矿粒群在紊流斜面流中借法向脉动速度维持松散悬浮，反过来颗粒群又对脉动速度起着抑制作用，因而矿浆流膜的紊动度总是要比清水流膜弱，这种现象称为颗粒群的"消紊作用"。

在紊流矿浆流的底部，固体颗粒浓度较大，流速显著降低；往上走流速则急剧增大，到顶部流速甚至可以超过清水斜面流的流速。但矿浆流的流速分布仍遵循对数关系式：

$$\frac{\mathrm{d}u}{\mathrm{d}h} = \frac{v_r}{K} \times \frac{1}{h} \tag{2-57}$$

由于粒群的消紊作用，层间速度梯度增大，在式(2-57)中表现为 K 值随浓度的增大而减小。

矿浆斜面流的平均流速在浓度较低时仍接近清水斜面流的流速，但随着浓度增大则急剧降低。

斜面流矿物分选有两种方法：一是厚层紊流斜面流处理粗、中粒矿物；二是薄层层流或弱紊流处理微细粒矿物，一般多为后者。

① 厚层紊流斜面流矿物分选原理　厚层紊流斜面流主要处理粗、中粒（$d > 2\mathrm{mm}$）的矿石。矿物粒群（床层）借助水流的紊动扩散作用而松散，轻、重矿物沿斜面槽向下运动，在自身重力作用下，重矿物沉至槽底而留在槽内，轻矿物则排出槽外，实现轻、重矿物分离。矿物颗粒沿槽运动速度 v 表示为

$$v = u_{dmea} - \left[v_0^2 (f\cos\alpha - \sin\alpha) - fu_{im}^2 \right]^{\frac{1}{2}} \tag{2-58}$$

式中　v——颗粒运动速度；

　　　v_0——颗粒自身沉降末速；

　　　f——颗粒与底面的摩擦系数；

　　　α——斜面倾角；

　　　u_{im}——法向脉动速度；

　　u_{dmea}——在颗粒直径范围内水流平均速度。

一般讲斜度不大，$\alpha < 6°$，$\sin\alpha \approx 0$，$\cos\alpha \approx 1$，则

$$v = u_{dmea} - f^{\frac{1}{2}} (v_0^2 - u_{im}^2)^{\frac{1}{2}} \tag{2-59}$$

矿物颗粒运动速度取决于自身沉降末速 v_0、摩擦系数 f、法向脉动速度 u_{im} 和水流平均速度 u_{dmea}。重矿物在 v_0 较大或在粒度较小时的 u_{dmea} 不大，因而有较小的运动速度。轻矿物颗粒则相反，或因 v_0 较小或 u_{dmea} 较大而移动速度较大，使两种矿物分离开来。那些粒度细

小的轻矿物和微细的重矿物颗粒则在跳跃中或连续悬浮中被排出槽外，法向脉动速度限定了重矿物的粒度回收下限。刚能使颗粒启动的水流速度称为冲走速度 u_0。当取 $v=0$ 时，u_{im} 相对 v_0 很小，可忽略不计，冲走速度 u_0 的近似公式为

$$u_0 = v_0 \sqrt{f} \tag{2-60}$$

表 2-3 列出了几种矿物的滑动静摩擦系数 f 值。

表 2-3　几种矿物在不同表面上的滑动静摩擦系数

矿物	铁		玻璃		木材		漆布	
	水中	空气中	水中	空气中	水中	空气中	水中	空气中
赤铜矿	0.58	0.53	0.88	0.36	0.81	0.67	0.82	0.73
白钨矿	0.66	0.53	0.80	0.57	0.78	0.70	0.73	0.71
赤铁矿	0.66	0.34	0.86	0.47	0.80	0.67	0.75	0.74
石英	0.67	0.37	0.80	0.72	0.60	0.75	0.80	0.78

在紊流斜面流中按颗粒的运动速度差分选是很不精确的，故粗粒溜槽只可作为粗选使用，而且回收率也不理想。

② 薄层弱紊流（层流）矿物分选原理　呈弱紊流流动的矿浆流膜，厚度在数毫米到数十毫米之间，多用于处理颗粒尺寸小于 2mm 的细粒级矿石。颗粒在流膜内呈多层分布，经过粒群的消紊作用，底部层流边层增厚，颗粒大体呈沿层运动，称为"流变层"。流变层以上旋涡即形成和发展。在紊动扩散作用下，矿粒群被松散并向排矿端推移，这一层称为悬移层。悬移层以上脉动速度减弱，只悬浮少量微细颗粒，称为表流层或稀释层。矿粒在紊动扩散作用下松散悬浮的多层分布结构如图 2-5 所示。

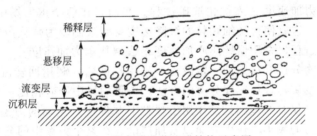

图 2-5　弱紊流矿浆流膜结构示意图

在斜面底部，形成一定厚度的层流边层，颗粒沿层运动即流变层，在这里矿物颗粒形成松散整体，借助层间斥力维持悬浮，轻、重矿粒局部悬浮体的密度不同造成内部静压强不平衡，$\lambda_2(\delta_2-\rho) > \lambda_1(\delta_1-\rho)$，发生相对转移造成轻、重矿物的分层。重矿物进入底部沉积层，相对轻矿物则保持在流变层，同时迎接由上部悬移层下来的重矿物，重新组合分层。底部沉积层中轻、重矿物紧密靠拢，形成 $\lambda_2=\lambda_1$。矿物则依有效密度差来分层，因 $(\delta_2-\rho) > (\delta_1-\rho)$，则重矿物在下，轻矿物在上，该层是按密度分层的最有效区域。保持该层具有一定的厚度和剪切速度，对提高重矿物的回收率和品位有重要意义。稀释层中悬浮的微细颗粒不再能够进入底层，故该层的脉动速度决定了分选粒度下限，为 $30 \sim 40 \mu m$。进入悬移层的矿物颗粒，在旋涡扰动下不断上下运动，重矿物下沉被底部流变层容纳，剩下的轻矿物则悬浮在该层中。如同在上升水流中一样，颗粒呈"上细下粗、上稀下浓"分布。

薄流层层流中矿粒的分选过程与弱紊流基本相同，只是其松散层间斥力、回收粒度下限较低。层流矿浆流膜基本不存在紊动扩散作用，故适于处理细粒级（<0.1mm）矿石。流膜很薄，一般只有 $1 \sim 2mm$，离心流膜的流动层甚至低于 1mm，但仍可将其分为上部稀释层、中间流变层和底部沉积层 3 层。在理论上，层流的表面应是平整如镜的，但实际上受表面张力的影响，层流表面经常要生成一系列的鱼鳞波。它的作用深度虽不大，但足可将 $10 \sim 20 \mu m$（按

石英计）颗粒悬浮起来。这就决定了在重力场中回收粒度下限很难低于 $10\sim20\mu m$。

流变层的作用与上述弱紊流中的相同，但是由于流变层浓度较低，故它的最有效分选区还是在靠近下部较高浓度区，有时特殊地称之为推移层。推移层的下面即是沉积层，微细颗粒与槽面间往往具有较大黏结力，故沉积层通常是不流动的，这就造成了矿浆流膜分选经常是间断作业。

流膜选矿中，通过控制操作条件［如给矿体积、给矿浓度、槽底倾角、槽面振动强度或移动速度（如皮带溜槽）等］改变流膜的流动参数，包括紊动性、矿浆黏度、速度梯度及流变层厚度等，从而影响分选指标。增大给矿体积或减小浓度，将增加矿浆流动的紊动性并提高速度梯度和减小流变层厚度，结果导致精矿品位提高而回收率下降；反之，减小给矿体积或增大浓度，又将因流速降低和矿浆黏度增大而减小速度梯度和脉动速度，并使流变层增厚，结果造成回收率提高而精矿品位下降。槽面的振动强度和移动速度大小亦受这些因素影响。处理细粒级的弱紊流流膜，自身已具有足够的流动速度，故在固定的槽面上也可获得相当好的分选结果。面对矿泥溜槽，因流膜的自然流动速度太低，剪切速度梯度不足，而常常得不到好的分选指标，采用机械方法强制床面作剪切振动，现已证明是提高分选效果的良好手段。

斜面流依流速在沿程是否有变化分为等速流和非等速流；而就沿程某一点的流速是否随时间而变化又分为稳定流和非稳定流。目前重选中应用较多的是等速流选矿。应用斜面流分选的设备主要有溜槽、螺旋选矿机、圆锥选矿机、摇床等。

2.3.4.3　离心重力场（回转流）中矿物颗粒按密度分层、分离原理

从颗粒在流体介质中的自由沉降可知，其沉降末速 v_0 除与颗粒及介质的性质有关外，还与重力加速度 g 有关。所以，不仅可以通过改变介质的性质来改善选矿过程，还可以通过提高作用于颗粒上的重力加速度 g 来优化选矿过程。然而，在整个重力场中，重力加速度 g 几乎是一个不变的数值，这就使得微细颗粒的沉降速度受到限制。为强化微细颗粒按密度分选和按粒度分级及除尘的过程，采用惯性离心加速度 a 去取代重力加速度 g。

离心重力场中矿物分选是指借助一定设备产生机械回转，利用回转流产生的惯性离心力，使不同粒度或不同密度矿物颗粒实现分离的方法。与重力场中选矿相比，在离心力场中选矿并没有什么原则性差别，仅有的差别只是作用于颗粒上并促使其运动的力是离心力而不是重力。在离心力场中，离心力的大小、作用方向以及加速度、在整个力场中的分布规律都与重力场有所不同。在重力场中，颗粒在整个运动期间，在介质中所受的重力 G 及重力加速度 g 都是常数；而离心力场中矿物颗粒的加速度是惯性离心加速度 a，这里的加速度随转速而变化，且远大于重力加速度。通常把离心加速度与重力加速度的比值称为离心力强度 i 或离心分离因素，$i=\omega^2 r/g$。离心力强度一般为 $10\sim100$，因而显著地加速了微细颗粒的重力分选过程。矿物颗粒的回转运动方法有两种：一种是矿浆在压力作用下沿切线进入圆形分选容器中，迫使其进行回转运动，如水力旋流器；另一种是借回转的圆鼓带动矿浆作圆周运动，矿浆呈流膜状同时相对于鼓壁流动。在回转流中矿物颗粒的分级和分选，除以离心力代替了重力外，其分层和沉降原理和重力场相同，这里只进行简要说明。

作回转运动的矿物颗粒在径向受两个力的作用：一个是颗粒的离心力；另一个是介质浮力，或称向心力（$P_r=\pi d^3\rho\omega^2 r/6$），那么颗粒在回转流中除去浮力后的离心力 P_0 表示为：

$$P_0=\pi d^3(\delta-\rho)/6 \tag{2-61}$$

式中　P_0——矿物颗粒所受离心力；

　　　d——颗粒直径；

　　　δ、ρ——颗粒和介质的密度。

当 $\delta>\rho$ 时，在离心力作用下，颗粒将沿径向向外运动，向鼓壁方向沉降。当颗粒的离心力和阻力构成平衡且当 $Re<1$ 时，微细粒矿物颗粒多采用斯托克斯公式计算沉降末速，离心

沉降末速 v_{0r} 表示为

$$v_{0r} = d^2(\delta - \rho)\omega^2 r / 18\mu \tag{2-62}$$

式中　　v_{0r}——离心沉降末速；

　　　　　r——回转半径；

　　　　δ、ρ——颗粒和介质的密度；

　　　　　μ——悬浮液的黏度。

　　这里的离心沉降末速不再是常数，不仅随 $\omega^2 r$ 大小而变化，而且随颗粒所在位置不同而不同，且与回转流的流动特性相关。由于颗粒沉降末速增大，故适用的颗粒下限粒度比重力场中减小。

　　当处于 $Re > 1$ 的沉降条件下，离心沉降末速仍可按重力沉降公式得出，只是将式中 g 换以 $\omega^2 r$ 而已。由式(2-62) 可知，矿物颗粒的沉降末速与其质量和粒度有关，回转力场不仅可以实现按密度分层分选，也可以按粒度进行分级。这样当转速适当时，重矿物沉降至筒壁，小颗粒随悬浮液排走，实现分选或分级。

　　利用离心力进行分选的重选设备主要有离心选矿机、水力旋流器、旋分机等。

2.3.5　跳汰选矿

2.3.5.1　跳汰分选分层过程

　　跳汰选矿是重力选矿的一种方式，主要指物料在垂直升降的变速介质流中，按密度差异进行分选的过程。跳汰时所用的介质可以是水，也可以是空气。以水作为分选介质时，称为水力跳汰；以空气作为分选介质时，称为风力跳汰。目前，生产中多以水作为分选介质，故本节内容仅涉及水力跳汰。

　　跳汰分选可分成两个基本过程：①物料在脉动水流作用下基本按密度分层；②已分层产品的分割和分离。不同密度组成的物料经跳汰后，在床层中按密度由低到高自上而下分布。

　　采用跳汰方法实现矿物分选分层过程如图 2-6 所示。下面以跳汰机工作过程为例讲述跳汰选矿。被选物料给到跳汰机筛板上，形成一个密集的物料层，这个密集的物料层称为床层，如图 2-6(a) 所示。在给料的同时，从跳汰机下部透过筛板周期地给入一个上下交变水流，物料在水流的作用下进行分选。首先，在上升水流的作用下，床层逐渐松散、悬浮，这时床层中的矿粒按照其本身的特性（矿粒的密度、粒度和形状）彼此进行相对运动进行分层，如图 2-6(b) 所示。上升水流结束后，在休止期间（停止给入压缩空气）以及下降水流期间，床层逐渐紧密，并继续进行分层，如图 2-6(c) 所示。待全部矿粒都沉降到筛面上以后，床层又恢复了紧密状态，这时大部分矿粒彼此间已失去了相对运动的可能性，分层作用几乎全部停止，如图 2-6(d) 所示。只有那些极细的矿粒，尚可以穿过床层的缝隙继续向下运动（这种细粒的运动称为钻隙运动），并继续分层。下降水流结束后，分层暂告终止，至此完成一个跳汰周期的

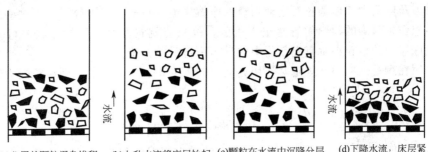

(a)分层前颗粒混杂堆积　(b)上升水流将床层抬起　(c)颗粒在水流中沉降分层　(d)下降水流，床层紧密，重颗粒进入床层

图 2-6　跳汰分选分层过程

分层过程。物料在每一个周期中，都只能受到一定的分选作用，经过多次重复后，分层逐渐完善。最后，密度低的矿粒集中在最上层，密度高的矿粒集中在最底层。

上述跳汰分选分层过程中很明显地忽略了中等密度矿粒的运动过程。应用马尔可夫链理论建立的跳汰分层过程的数学模型告诉我们，跳汰分层过程中最先形成的是由中等密度物料组成的中间层，然后形成轻密度层和重密度层；中等密度物料的分布要比轻、重密度物料的分布要分散得多；各分层的形成过程是同性粒群的分布中心不断向自己平稳位置移动的过程，开始时分层速度最高，随着床层上的物料接近平稳分布，分层的速度越来越慢。跳汰实践表明，当中间密度物料较多时，分选变得困难。中间层的形成，阻挡了其他密度物料的运动；另外，中间层的分布比较分散。因此，中间密度物料多时，分选变得困难。

物料在跳汰过程中之所以能分层，起主导作用的是矿粒自身的性质，但能让分层得以实现的客观条件，则是垂直升降的交变水流。在跳汰机入料端给入物料的同时，伴随物料也给入了一定量的水平水流。水平水流虽然对分选也起一定的作用，但它主要是起润湿和运输的作用。润湿是为了防止干物料进入水中后结团；运输是负责将分层之后居于上层的低密度物料冲带而走，使它从跳汰机的溢流堰排出机外。

跳汰机中水流运动的速度及方向是周期变化的，这样的水流称为脉动水流。脉动水流每完成一次周期性变化所用的时间即为跳汰周期。在一个周期内表示水速随时间变化的关系曲线称为跳汰周期曲线。水流在跳汰室中上下运动的最大位移称为水流冲程。水流每分钟循环的次数称为冲次。跳汰室内床层厚度、水流的跳汰周期曲线形式、冲程和冲次是影响跳汰过程的重要参数。

除此之外，在跳汰分选过程中还应注意床层的密度。从床层的密度可知：①反映了床层内轻、重产物的密度分布规律；②与溢流堰对应处的床层密度反映了溢流产品中错配物的含量，同样也反映了溢流堰下部将被当作重产物排走的部分中、轻产物的含量（由于床层始终在上下跳动，并且溢流堰分割床层是在床层跳起的膨胀期，所以实际的分选层位在溢流堰下方，位置＝溢流堰高度－床层振幅）；③能代替浮标反映沿床层高度的密度变化，或者叫作某一高度时密度的变化。

2.3.5.2　跳汰分选分层机理

关于跳汰分选分层机理，前人曾作了大量研究，提出了不少理论见解。到目前为止，虽没有建立起完整周密的理论体系，提出的理论见解对松散分层的机理认识也不尽相同，但总的来说，关于跳汰分选分层机理的种种假说可概括为两大类：一是从个别颗粒的运动差异（速度、加速度）中探讨分层原因，即动力学观点；二是从床层整体的内在不平衡因素（位能差、悬浮液密度差等）中寻找分层依据，称为静力学观点，现分别简述如下。

(1) 动力学观点认识分层机理的过程　在垂直交变流中，床层中的颗粒所受到的作用力有颗粒在介质中的重力、介质阻力、介质被带动作加速运动的附加惯性阻力、介质本身作加速运动的附加推力及床层中其他颗粒对运动颗粒的摩擦碰撞——机械阻力等。由于这些力的作用关系复杂，要想作出明确的数学解答是很困难的，故只能就它们对分层的影响进行一些定性分析。下面就床层中的矿粒在垂直交变流中的受力进行简单分析。

针对作用在颗粒上的力，规定其作用方向以向下为正、向上为负，则颗粒受力情况可表述如下：

$$\frac{\pi d_V^3}{6}\delta\frac{dv}{dt} = \frac{\pi d_V^3}{6}(\delta-\rho)g - \phi d_V^2 v_c^2 \rho \pm \frac{\pi d_V^3}{6}\rho u - j\frac{\pi d_V^3}{6}\rho\frac{dv_c}{dt} \qquad (2\text{-}63)$$

式(2-63)只表示某单个矿粒在垂直方向上的受力情况，但是也可以将它视为某种同一性质矿粒的运动微分方程式，可用来分析跳汰床层的分层机理。若以 $m = \frac{\pi d_V^3}{6}\delta$ 除式(2-63)两

侧，便可得到单位质量矿粒的运动微分方程式，即

$$\frac{\mathrm{d}v}{\mathrm{d}t}=\frac{\delta-\rho}{\delta}g-\frac{6\phi v_{\mathrm{c}}^{2}\rho}{\pi d_{\mathrm{V}}\delta}\pm\frac{\rho}{\delta}u-j\,\frac{\rho}{\delta}\times\frac{\mathrm{d}v_{\mathrm{c}}}{\mathrm{d}t} \tag{2-64}$$

从式(2-64)可以看出，在垂直交变介质流中，矿粒运动的加速度主要是由 4 种加速度组成（除机械阻力以外）。式(2-64)右边第一项是矿粒在水介质中的重力加速度，即初加速度；第二项是由介质阻力引起的介质阻力加速度；第三项是由介质加速度所引起的惯性阻力加速度；第四项是因矿粒加速运动，引起其周围部分介质也作加速运动而导致的附加惯性阻力加速度。此式较全面地考虑了各种动力学因素的影响，因而可视为动力学分层机理观点的代表。但该式明显有以下 3 个方面的缺陷：①忽视了床层悬浮体内压力变大这个重要因素；②没有注意由于床层悬浮体密度增大，运动颗粒所受浮力也增大这一事实，公式中介质密度仍取为1；③以水流速度（即使是颗粒间隙的平均流速）和加速度表征介质阻力或附加推力的作用是不够确切的，因为颗粒间隙的水速分布是很不均匀的，比实际作用要大得多。

现对式(2-64)右边各项分别进行简单讨论。

第一项，是与矿粒及介质密度有关的重力加速度项，其值不仅与矿粒粒度及形状无关，而且与介质的运动参数也无关，由此可知该项属于静力学因素。入选矿粒之间密度差越大，物料越易选。如果增大介质密度，也可使轻、重矿物颗粒间的初加速度的差值变大。所以说在跳汰周期内，如能使该项成为主导因素，则床层会更容易按密度进行分层。

第二项，是矿粒与介质间产生相对运动时的阻力加速度，它不仅与矿粒及介质的密度有关，而且还与矿粒的粒度及形状（反映在阻力系数 ϕ 中）有关；同时还与相对速度的平方成正比。故 v_{c} 越大，阻力加速度也越大，导致矿粒的粒度及形状这一影响因素趋于主导地位，此现象必然影响按密度分选的效果。可见，在跳汰分选中应尽量减小相对运动速度 v_{c}，由此削弱粒度及形状的不利影响。在一个跳汰周期中，只有当水流自上升转变为下降的阶段 v_{c} 才较小，此时床层也最松散，故应尽量延长这段时间。

第三项，反映了介质的加速度对矿粒的影响。可以看出，当介质密度一定时，该项仅与矿粒的密度 δ 有关。当水流在一个跳汰周期加速上升（上升初期）时，介质加速度的作用方向向上，故该项为负值。因此，介质加速度将促使低密度矿粒比高密度矿粒更快地上升，这对按密度分层有利。当水流作负加速度上升（即上升末期）时，u 作用方向向下，式中该项取正值。此时，u 将促使低密度矿粒比高密度矿粒的上升速度更快地减小。显然，这对按密度分层不利，故在跳汰机中应尽量减小上升水流的负加速度。同理，当水流作正加速度下降时，该项在公式中取正值，同样 u 将促使密度低的矿粒比密度高的矿粒下降得更快，这也不利于分层，故应尽量减小下降介质流的正加速度。当下降末期介质作负加速度下降时，u 作用方向向上，$\rho u/\delta$ 在式(2-64)中取负值，这促使密度低的矿粒比密度高的矿粒下降速度减小得更快，显然有利于分选，故应设法增加下降介质流的负加速度。总之，$\rho u/\delta$ 这一项在公式中为负值时，对分选有利；为正值时，对分选不利。

第四项，反映了附加质量惯性阻力对矿粒运动的影响，其影响仅与颗粒密度有关，与粒度及形状无关。该项对低密度矿粒的影响要大于对高密度矿粒的影响。在水流上升初期和水流下降末期，附加惯性阻力所产生的加速度使低密度矿粒上升比高密度矿粒快，而下降又比高密度矿粒慢，这对分层有利。而在水流上升末期和下降初期，附加惯性阻力所产生的加速度，使低密度矿粒比高密度矿粒提前开始上升转为下降或具有更快的下降趋势，这对分层不利。基于这种情况，要求水流在上升初期要加速快升，上升末期及下降初期应从缓而行，下降末期要加快减速。总之，对跳汰过程中颗粒运动微分方程式的分析，可重点归纳为以下两点。

① 矿粒运动状态除和密度有关外，还与粒度及形状有关，而粒度及形状的影响仅体现在介质阻力加速度（即第二项）上，其数值与相对速度的平方成正比。因此，在跳汰过程中，尽

量减小矿粒与介质之间的相对运动速度是至关重要的。

② 介质的运动状态（速度和加速度）对矿粒的运动或者说对床层的分层有重要影响。因此，只有选择恰当的水速 u 及加速度 u'，才能为按密度分层创造有利的条件。

（2）静力学观点认识分层机理的过程　相关静力学分析涉及跳汰能量论、概率统计模型、跳汰悬浮模型。

① 跳汰能量论　跳汰能量论是 1947 年德国学者迈耶尔首先得出的。由物理学理论可知：对一个系统来说，稳定态的能量最低；系统中各组元间的约束较弱时，系统可自发地从非稳定态向稳定态转变；当系统中各组元间的约束较强时，系统只有在外界力的作用下才可能实现从非稳定态向稳定态的转移。对跳汰床层系统来说，在未按密度分层时，床层系统重力势能较高。在脉动水流作用下，床层的重力势能将减小，直至最低，最终床层将按密度分层，重产物在下层，轻产物在上层，这就是跳汰能量理论的基本点。

利用能量理论研究分层时，床层位能降低的速度就是床层分层的速度。位能的大小取决于床层重心的位置，分层后的位能越接近最小位能，分选效果越好。实现最佳分选时固体颗粒分层前后床层位能的变化如图 2-7 所示。若取床层的底面为基准面，基准面的面积为 A，床层分层之前的位能 E_1 可用床层重心 O 至底面的距离乘以床层的总质量来表示，即

$$E_1 = \frac{h_1 + h_2}{2}(m_1 + m_2) \tag{2-65}$$

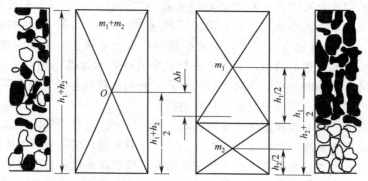

图 2-7　实现最佳分选时固体颗粒分层前后床层位能的变化

m_1、m_2—床层内轻、重物料的质量；h_1、h_2—床层内轻、重物料的堆积高度；Δh—h_1 与 h_2 的差值

床层分层之后的位能 E_2 为

$$E_2 = \frac{h_2}{2}m_2 + \left(h_2 + \frac{h_1}{2}\right)m_1 \tag{2-66}$$

分层前后位能的降低值 ΔE 为

$$\Delta E = E_1 - E_2 = \frac{1}{2}(m_2 h_1 - m_1 h_2) \tag{2-67}$$

床层是自然堆积而成的。设自然堆积时的轻物料与重物料的容积浓度分别为 λ_1 和 λ_2，轻、重物料的密度分别为 δ_1 和 δ_2，介质密度为 ρ，则可得

$$m_1 = A h_1 \lambda_1 \delta_1 \quad m_2 = A h_2 \lambda_2 \delta_2 \tag{2-68}$$

将式（2-68）代入式（2-67）中，得

$$\Delta E = \frac{1}{2} A h_1 h_2 (\lambda_2 \delta_2 - \lambda_1 \delta_1) \tag{2-69}$$

由于在分层过程中，床层内轻、重物料各自的数量不发生变化，式（2-69）中的 $(A h_1 h_2)/2$ 为定值，而且当分层过程可以发生时，ΔE 必定为正值。因此，也就存在着：

$$\lambda_2 \delta_2 > \lambda_1 \delta_1 \tag{2-70}$$

由此可见，从位能分层的观点来说，床层在跳汰过程中，由不同密度颗粒所组成的粒群其散密度 $\lambda\delta$ 的不同是分层的基本依据，散密度高者处于最底层。粒群的散密度是矿粒的密度 δ 与粒群在自然堆积状态时的固体容积浓度 λ 的乘积，而 λ 又是矿粒形状及粒群粒度组成的函数。所以，跳汰分层的结果，不仅取决于矿粒的密度，而且还与矿粒形状及粒群粒度组成有关。在自然堆积时，粒度相同而密度不同的两种矿粒其 λ 是相同的。因此，分层结果必然是高密度矿粒位于下层，低密度矿粒位于上层。在自然堆积时，若密度相同而粒度不同的两种矿粒，大粒度者 λ 较高，故分层结果必然是粒度大的位于下层，粒度小的位于上层。在实际跳汰过程中，虽然原料中各矿粒在粒度上的差别很大，但是各个密度级的粒度组成基本上是相近的。因此可以认为，矿粒将比较严格地按密度分层。根据位能假说，跳汰时在床层中如果人为地加入一些高密度细矿粒（在分层过程中可充填到重矿粒床层的空隙中），则可提高重矿粒床层的容积浓度，从而导致分层前后床层位能差值的增大，因而可以加速分层过程和提高分层效果，该方法就是重介质跳汰。

分层的位能学说完全不涉及流体动力学因素的影响，只就分层前后床层内部能量的变化，说明了分层的趋势，因而属于静力学体系学说。除了跳汰，所有其他重选分层过程皆可用此学说予以解释，故现常将迈耶尔的位能学说视作重选分层的基本原理。但重选过程离不开流体松散，则流体动力对颗粒运动的影响就不可避免，故迈耶尔学说只是一种理想的情况。也就是说，能量模型不能解释整个跳汰周期中的全部现象。它研究的仅仅是经过一定时间之后的跳汰床层状态。

② 概率统计模型　床层中固体颗粒在脉动水流作用下按密度分层是一种必然趋势，但由于固体颗粒在互换位置时，颗粒间的碰撞和摩擦等一些随机因素以及颗粒形状、粒度的影响，再加上脉动水流作用既有使固体颗粒分层的有利一面，又有使分层后的固体颗粒重新混合的不利一面，使固体颗粒按密度的分层遵循一定的概率统计规律。1959 年维诺格拉道夫等根据数理统计规律导出了跳汰过程的分层公式，在分选时间 t 内，轻、重物料进入各自产物中的量为

$$Q=Q_0(1-e^{-kt}) \tag{2-71}$$

式中　Q——进入产物中的轻物料量或重物料量；

　　　Q_0——入料中的轻物料量或重物料量；

　　　k——系数，与入料性质及水流的脉动特性有关。

式(2-71)表明分层效果的好坏不仅与入料性质和水流的脉动特性有关，还与分选时间有关。时间越长分选效果越好，实际跳汰过程与理想过程的差距总是存在的。

③ 跳汰悬浮模型　该模型把床层看成是由固体颗粒和介质组成的准均匀重悬浮体；轻重物料按该准均匀重悬浮体的物理密度进行分层，轻物料集中于上层，重物料则集中于下层；认为水的脉动运动起到稳定重悬浮体和减小固体颗粒间运动阻力的作用。该模型把跳汰床层比作准均匀悬浮液是极粗略的近似，虽然悬浮模型没找到固体颗粒按密度分层的基本原则所需要的科学依据，但这方面的工作一直在继续着。

离心跳汰是把普通跳汰离心化，用离心力场代替重力场进行轻重矿物颗粒分选的选矿技术。矿物的组成是复杂的，有时所要回收的矿物的嵌布粒度很细，磨矿细度要求绝大部分为 $-74\mu m$。事实上对于 $-74\mu m$ 矿粒，由于黏滞阻力增加，沉降速度下降，轻、重矿粒沉降速度差减小，在普通重力场中很难甚至不能选别。在这种情况下，需要把重选设备"放入"离心力场中，用比重力大得多的离心力代替重力强化选别。在离心力场中，由于作用在矿粒上的离心力几十甚至百倍于重力，足以克服在重力场中相对很大的黏滞阻力，增加矿粒沉降速度及轻、重矿粒沉降速度差，使得在重力场中不能分选的细粒矿物得以分选。

跳汰分选法的优点在于：工艺流程简单，设备操作维修方便，处理能力大，且有足够的分选精确度。因此，在生产中应用很普遍，是重选中最重要的一种分选方法。

2.3.6 重介质选矿

重介质选矿适用于分离密度相差很大的固体颗粒。在重力选矿过程中，通常都采用密度低于入选固体颗粒密度的水或空气作为分选介质。重介质是指密度大于 $1g/cm^3$ 的重液或重悬浮液流体。固体颗粒在重介质中进行分选的过程即称为重介质选矿。

2.3.6.1 重介质选矿机理

重介质选矿法是当前最先进的一种重力选矿法，通常也被认为是最有效的重力分选方法之一。它的基本原理是阿基米德原理，即浸在介质里的物体受到的浮力等于物体所排开的同体积介质的重量。因此，物体在介质中的重力 G_0 等于该物体在真空中的重量与同体积介质重量之差，即

$$G_0 = V(\delta - \rho_{su})g \quad 或 \quad G_0 = \frac{\pi d_V^3}{6}(\delta - \rho_{su})g \tag{2-72}$$

式中　V——物体的体积，m^3 或 cm^3；

　　　d_V——物体的当量直径，m 或 cm；

　　　δ——物体的密度，kg/m^3 或 g/cm^3；

　　　ρ_{su}——介质的密度，kg/m^3 或 g/cm^3；

　　　g——重力加速度，m/s^2 或 cm/s^2。

固体颗粒在介质中所受重力 G_0 的大小与颗粒的体积、颗粒与介质间的密度差成正比；G_0 的方向只取决于 $\delta - \rho_{su}$ 值的符号。凡密度大于分选介质密度的固体颗粒，G_0 为正值，固体颗粒在介质中下沉；反之，G_0 为负值，固体颗粒上浮。

在重介质分选机中，固体颗粒在重介质作用下按密度分选为两种产品，分别收集这两种产品即可达到按密度选矿的目的。因此，在重介质分选过程中，介质的性质（主要是密度）是影响分选效果的最重要的因素。

虽然固体颗粒在分选机中的分层过程主要取决于固体颗粒的密度和介质的密度，但是当分层速度较慢时，往往有一部分细粒级颗粒在分选机中来不及分层就被排出，降低了分选效率。同时，分选机中悬浮液（重液）的流动和涡流、固体颗粒之间的碰撞、悬浮液对颗粒的运动阻力和颗粒的粒度、形状等因素的影响，都会降低分选效果。

2.3.6.2 重介质必须满足的条件

在重介质分选中，作为重介质必须满足以下几个条件。

① 理化性质稳定，可适用于大多数常态环境，特别是能抗击洗选过程中各种理化条件下的侵蚀、腐蚀、摩擦、碰撞、浸泡的损害。

② 密度较大，一般应不小于 $3.5g/cm^3$。

③ 可研磨性好，粒度应小于 $150\mu m$。

④ 可回收反复使用，且回收工艺简单，成本低廉。

⑤ 在水中悬浮性好，悬浮液性质稳定、均衡。

⑥ 对人及自然环境无害。

2.3.6.3 重介质的分类

重介质有重液与重悬浮液两类。其中，重液属于稳定介质；重悬浮液属于不稳定介质。

（1）重液　重液包括一些密度高的有机液体或无机盐类的水溶液，是均质液体，可用有机溶剂或水调配成不同的密度，在很长的时间内能保持自己的物理性质。

① 有机溶液　用于分选的密度范围为 $0.86 \sim 2.96g/cm^3$，通常使用的有四氯化碳，密度为 $1.6g/cm^3$；四溴乙烷，密度为 $2.96g/cm^3$；二溴乙烷，密度为 $2.17g/cm^3$；五氯乙烷，密度为 $1.678g/cm^3$；三氯乙烷，密度为 $1.452g/cm^3$；三溴甲烷，密度为 $2.81g/cm^3$。

此外，还有苯、二甲苯等，它们具有稳定性好、黏度低、密度配制和调整容易等优点。但它们价格昂贵、不易回收、多数有毒，所以在工业上不易采用，通常用于实验室浮沉试验。

② 矿物盐类的水溶液　矿物盐类（如氯化锌、氯化钙）易溶于水，可用于分选。但氯化锌腐蚀性强、价格贵，所以多用于实验室浮沉试验。氯化钙无腐蚀性、价格较低，可用于工业生产，但其密度为 $2g/cm^3$，所以配制的水溶液密度低于 $1.4g/cm^3$，有效分选密度只能控制在 $1.4\sim1.6g/cm^3$ 范围内。

（2）重悬浮液　重悬浮液包括风砂介质和矿物悬浮液。

① 风砂介质　它是利用气流使固体粒子形成悬浮体（流态化床层），用以进行干法重介选（或称空气重介选）。通常采用 $0.18\sim0.55mm$ 的砂粒为介质，一些国家已制成气-砂分选机进行试验。

② 矿物悬浮液　矿物悬浮液是由密度大的固体微粒分散在水中构成的非均质两相介质。矿物悬浮液与重液不同，它属于粗分散体系。固体微粒为分散相，水为分散媒介。高密度固体微粒起着加大介质密度的作用，故称为加重质。加重质粒度一般为 $75\mu m$ 的颗粒占 $60\%\sim80\%$，能够均匀分散于水中。此时，置于其中的较大矿粒便受到了像均匀介质一样的增大了的浮力作用。密度大于重悬浮液密度的矿粒仍可下沉，反之则上浮。因重悬浮液具有价廉、无毒等优点，在工业上得以广泛应用。目前所说的重介质选矿，实际上就是指重悬浮液选矿。

在选择加重质时，应注意粒度和密度的综合要求，既要达到悬浮液的密度及悬浮液的稳定性，又要保证较好的流动性（黏度不能高，体积浓度应控制在一定范围内）。加重质粒度越粗，沉淀速度越快，黏度越低，则稳定性不好；加重质粒度越细，沉淀速度越慢，稳定性好，但黏度增加，介质流动性差；加重质密度越高，使得一定密度的悬浮液体积浓度越低。因此，应尽可能选择加重质的密度、粒度组成以及悬浮液体积浓度综合指标最佳的方案。

工业上所用的加重质因要求配制的重悬浮液密度不同而不同，常用的加重质有硅铁、方铅矿、磁铁矿、重晶石、高炉灰、黄铁矿、石英、黄土、浮选尾煤等。此外，还可用选矿厂的副产品如砷黄铁矿、黄铁矿等作为加重质。下面主要介绍硅铁、方铅矿和磁铁矿 3 种加重质。

① 硅铁　选矿用的硅铁含 Si 量为 $13\%\sim18\%$，这样的硅铁密度为 $6.8g/cm^3$，可配制密度为 $3.2\sim3.5g/cm^3$ 的重悬浮液。硅铁具有耐氧化、硬度大、带强磁性等特点，使用后经筛分和磁选可以回收再用。根据制造方法的不同，硅铁又分为磨碎硅铁、喷雾硅铁和电炉刚玉废料（属含杂硅铁）等。其中喷雾硅铁外表呈球形，在同样浓度下配制的悬浮液黏度小，便于使用。

② 方铅矿　纯的方铅矿密度为 $7.5g/cm^3$，通常实际使用物为方铅矿精矿，铅品位为 60%，配制的悬浮液密度为 $3.5g/cm^3$。方铅矿悬浮液用后可用浮选法回收再用。但其硬度低，易泥化，配制的悬浮液黏度高，且容易损失，因此现已逐渐少用。

③ 磁铁矿　纯磁铁矿密度为 $5.0g/cm^3$ 左右，用含铁量 60% 以上的铁精矿配制的悬浮液密度最大可达 $2.5g/cm^3$。磁铁矿在水中不易氧化，可用弱磁选法回收。

从选矿生产的角度来看，配制的重悬浮液不但应达到分选要求的密度，而且应具有较小的黏度及较好的稳定性。为此，选择的加重质应具有足够高的密度，且在使用过程中不易泥化和氧化，来源广泛，价格低廉，便于制备与再生。

2.3.7　风力选矿

风力分选（简称风选）是最常用的一种固体颗粒分选方法。从物理学可知，在真空中，性质不同的物质运动状态完全相同，因此在真空中不可能依据它们的运动状态差异使它们彼此分离。但在介质中则完全不同，由于介质具有质量和黏性，对性质不同的运动物质产生不同的浮力和阻力（介质动力）。因此，性质不同的物质将出现运动状态的差异，可借此将它们分离，且在一定的范围内，介质的密度越大，这种差异越显著，分选效果越好。风选是重介质分选其中的一种。重介质分选所用介质可分为水、重介质和空气，风选所用介质为空气。

在静止介质中，任何物质都同时受两个力的作用：浮力和重力，分别用 P 和 G 表示。根据阿基米德定律，浮力 P 的大小等于物体排开的同体积介质的重量，即

$$P = V\rho g \tag{2-73}$$

式中 P——浮力，N；

V——固体颗粒的体积，cm^3；

ρ——介质密度，g/cm^3；

g——重力加速度，$9.81m/s^2$。

而固体颗粒所受重力 G 为

$$G = V\rho_s g \tag{2-74}$$

式中 ρ_s——固体颗粒密度，g/cm^3。

因此，固体颗粒在介质中的有效重力（合力）用 G_0 表示，可表达如下：

$$G_0 = G - P = V\rho_s g - V\rho g = V(\rho_s - \rho)g \tag{2-75}$$

若 $\rho_s > \rho$，则 $G_0 > 0$，固体颗粒作向下沉降运动；若 $\rho_s = \rho$，则 $G_0 = 0$，固体颗粒在介质中呈悬浮状态；若 $\rho_s < \rho$，则 $G_0 < 0$，固体颗粒作向上漂浮运动。可见，在静止介质中固体颗粒的运动状态主要受介质密度的影响。任何颗粒一旦与介质作相对运动，就会同时受到介质阻力的作用。由于在空气介质中，任何固体颗粒的密度均大于空气密度，即 $\rho_s > \rho$，因此，任何固体颗粒在静止空气中都作向下的沉降运动，受到的空气阻力与它的运动方向相反。图 2-8 所示为球形颗粒在静止介质中受力分析。

已知空气阻力：

$$R = \varphi d^2 v^2 \rho \tag{2-76}$$

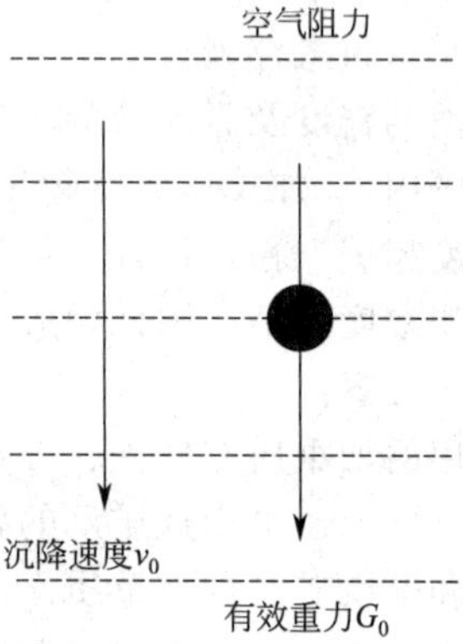

图 2-8   球形颗粒在静止
介质中受力分析

式中 φ——阻力系数；

d——颗粒粒度，cm；

v——沉降速度，cm/s。

根据牛顿定律有

$$G_0 - R = m\frac{dv}{dt} \tag{2-77}$$

则有

$$\frac{dv}{dt} = \frac{G_0 - R}{m} = \frac{V(\rho_s - \rho)g - \varphi d^2 v^2 \rho}{V\rho_s}$$

$$= \frac{\frac{\pi}{6}d^3(\rho_s - \rho)g - \varphi d^2 v^2 \rho}{\frac{\pi}{6}d^3 \rho_s} = \frac{\rho_s - \rho}{\rho_s}g - \frac{6\varphi v^2 \rho}{\pi d \rho_s} \tag{2-78}$$

刚开始沉降时，$v = 0$，此时 $\dfrac{dv}{dt} = \dfrac{\rho_s - \rho}{\rho_s}g$，为球形颗粒的初加速度，也是最大加速度。随着沉降时间的延长，v 逐渐增大，导致 $\dfrac{dv}{dt}$ 逐渐减小，最后 $\dfrac{dv}{dt} = 0$ 时，沉降速度达到最大，固体颗粒在 G_0、R 的作用下达到动态平衡而作等速沉降运动。

设最大沉降速度为 v_0，称为沉降末速，则可根据式（2-79）求出 v_0。

$$v_0 = \sqrt{\frac{\pi d(\rho_s - \rho)g}{6\varphi \rho}} \tag{2-79}$$

在空气介质中，$\rho \approx 0$，又由于 π、ρ、g 为常数，$\varphi = f(Re)$，Re 为雷诺数，在一定的介质中，φ 为定值，因此有

$$v_0 = \sqrt{\frac{\pi d \rho_s g}{6 \varphi \rho}} = f(d, \rho_s) \tag{2-80}$$

对于 d 一定的固体颗粒，$v_0 = f(\rho_s)$，此时密度越大的颗粒，沉降末速越大。因此，可借助于沉降末速的不同分离不同密度的固体颗粒。对于 ρ_s 一定的固体颗粒 $v_0 = f(d)$，此时粒度越大的颗粒，沉降末速越大。因此，可借助于沉降末速的不同分离不同粒度的固体颗粒，也即风力分级。如果固体颗粒的 d 和 ρ_s 都不定，则可能导致 d 和 ρ_s 不同的颗粒具有相同的沉降末速，即不具备按 d 或按 ρ_s 分离不同颗粒的条件。因此，只有 ρ_s 相差不大的固体颗粒才能按粒度风力分级，也只有 d 相差不大的固体颗粒才能按密度分离。也就是说，要按密度风力分离固体颗粒，必须将固体颗粒控制在窄级别粒度范围。

固体颗粒在静止介质中具有不同的沉降末速，可借助于沉降末速的不同分离不同密度的固体颗粒，但由于固体颗粒中大多数颗粒 ρ_s 的差别不大，因此，它们的沉降末速不会差别很大。为了扩大固体颗粒间沉降末速的差异，提高不同颗粒的分离精度，风选常在运动气流中进行。气流运动方向向上（称为上升气流）或水平（称为水平气流），增加了运动气流，固体颗粒的沉降速度大小或方向就会有所改变，从而提高分离精度。增加上升气流时，球形颗粒在上升气流中受力分析如图 2-9 所示。此时，固体颗粒实际沉降速度 $v = v_0 - u_a$。当 $v_0 > u_a$ 时，$v > 0$，颗粒向下作沉降运动；当 $v_0 = u_a$ 时，$v = 0$，颗粒作悬浮运动；当 $v_0 < u_a$ 时，$v < 0$，颗粒向上作漂浮运动。因此，可通过控制上升气流速度，以及固体颗粒中不同密度颗粒的运动状态，使有的固体颗粒上浮，有的下沉，从而将这些不同密度的固体颗粒加以分离。

增加水平气流时，球形颗粒在水平气流中受力分析如图 2-10 所示，固体颗粒的实际运动方向：

$$\tan\alpha = \frac{v_0}{u_a} = \frac{\sqrt{\frac{\pi d \rho_s}{6 \varphi \rho}}}{u_a} \tag{2-81}$$

u_a 一定时，对窄级别固体颗粒，其密度 ρ_s 越大，沉降距离离出发点越近，沿气流运动方向获得的固体颗粒的密度逐渐减小。因此，通过控制水平气流速度，就可控制不同密度颗粒的沉降位置，从而有效地分离不同密度的固体颗粒。

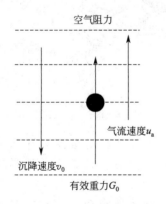

图 2-9　球形颗粒在上升气流中受力分析

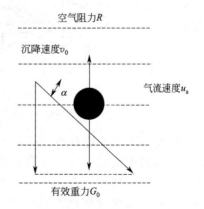

图 2-10　球形颗粒在水平气流中受力分析

2.3.8　摇床选矿

摇床选矿是分选细粒物料时应用最为广泛的一种选矿方法，指在一个倾斜宽阔的床面上，

借助床面的不对称往复运动和薄层斜面水流的作用，进行矿石分选。根据分选介质的不同，分为水力摇床和风力摇床两种，但应用最普遍的是水力摇床。

所有摇床基本上都是由床面、机架和传动机构三大部分组成，其典型结构如图 2-11 所示。床面近似梯形，床面横向呈微斜，其倾角不大于 10°；纵向自给料端至精矿端有细微向上倾斜，倾角为 1°～2°，但一般为 0°。床面用木材或铝制作，表面涂漆或用橡胶覆盖。给料槽和给水槽布置在倾斜床面坡度高的一侧。在床面上沿纵向布置有若干排床条（也称为格条、来复条），床条高度自传动端向对侧逐渐减低。整个床面由机架支撑或吊挂。机架安设调坡装置，可根据需要调整床面的横向倾角。在床面纵长靠近给料槽一端配有传动装置，由其带动床面作往复差动摇动。床面前进运动时，速度由慢变快，以正加速度前进；床面后退运动时，速度则由快变慢，以负加速度后退。

固体物料在摇床床面上分选，主要是由床条的形式、床面的倾斜、床面的不对称运动及床面上的横向冲水综合作用的结果。从受力上分析，矿物颗粒在摇床上主要受到以下几个力的作用：①矿粒在介质中的重力；②横向水流和矿浆流的流体动力作用；③床面差动往复运动的动力；④床面的摩擦力。位于床条沟内的矿粒群在这些力作用下进行着松散分层和搬运分带。首先是床面上的床条的激烈摇动，加强了斜面水流的扰动作用，由此产生的水流垂直分速度促使固体颗粒松散和悬浮，使固体颗粒按密度和粒度分层，重而粗的固体颗粒落到底层，粒度较小的颗粒穿过粗颗粒间隙进入同一密度的下部，即析离分层。分层结果是上层是轻而粗的颗粒，中层是轻而细的颗粒，下层是重而粗的颗粒，最底层是重而细的颗粒。矿物粒群进行松散分层的同时，还要受到横向水流的冲洗作用和床面纵向差动摇动的推动作用。在纵向上颗粒运动由床面运动变向加速度不同引起。由传动端开始，床面前进速度逐渐增大，在摩擦力带动下，颗粒随床面的运动速度也增大，经过运动中点后床面运动速度迅速减小，负向加速度急剧增大，当床面的摩擦力不足以克服颗粒的前进惯性时，颗粒便相对于床面向前滑动。随颗粒群纵向移动，床条高度降低，位于床条沟内分层矿粒依次被剥离出来，在横向冲洗水流作用下，粗粒轻矿物横向速度变大，依次为轻而粗的＞轻而细的＞重而粗的＞重而细的。如此搬运分带，使不同密度和粒度的颗粒最终到达床层边缘位置，从而实现轻、重产品的分选。

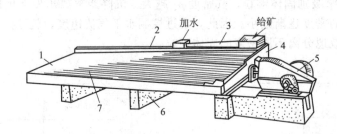

图 2-11　摇床典型结构示意图

1—精矿端；2—冲水端；3—给矿槽；4—给矿端；5—传动装置；6—机座；7—刨面

综上所述，摇床分选具有以下特点：①床面的强烈摇动使松散分层和迁移分离得到加强，分选过程中析离分层占主导，使其按密度分选更加完善；②摇床分选是斜面薄层水流分选的一种，因此，等降颗粒可因移动速度的不同而达到按密度分选；③不同性质颗粒的分离，不是单纯取决于纵向和横向的移动速度，而主要取决于它们的合速度偏离摇动方向的角度。

摇床选矿的主要优点是：①选矿的富集比很高，最高可达 300 倍以上；②经过一次选别就可以得到最终精矿和废弃尾矿；③根据需要有时可以同时得到多个产品；④矿物在床面上的分带明显，所以观察、调节、接取都比较方便。摇床选矿的主要缺点是单位面积处理能力低，占用厂房面积大。处理粗砂最大能力为每平方米床面不超过 5t/h，处理微细矿泥时甚至只有 0.5t/h 左右。

2.3.9　螺旋选矿

　　将一个窄的溜槽绕垂直轴线弯曲成螺旋状，便构成螺旋选矿机或螺旋溜槽。螺旋选矿机结构如图 2-12 所示。一定浓度的矿浆从给矿槽给入后，沿槽自上而下流动过程中，矿物颗粒在弱紊流作用下松散，按密度发生分层。运动着的矿物颗粒受自身重力、流体运动冲击力、惯性离心力、槽底摩擦力的作用。分层后进入底层的重矿物颗粒受槽底摩擦力的作用，其运动速度减小，离心力减小，在槽的横向坡度影响下，趋向槽的内缘移动；轻矿物则随矿浆主流一起运动，速度较快，在离心力作用下，趋向槽的外缘。轻、重矿物就此在螺旋槽横向展开分带，二次环流不断将矿粒沿槽底输送到外缘，促进分带继续发展，最后所有矿粒运动趋于平衡，分带完成，如图 2-13 所示。靠内缘运动的重矿物通过排料管排出，轻矿物则由槽的末端排出，达到轻、重矿物的分离。

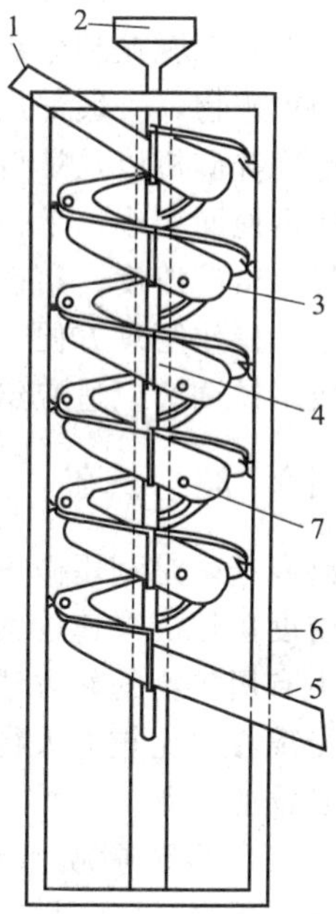

　　矿粒在螺旋槽内进行松散和分层的过程和一般弱紊流中的效果是一样的。矿粒群在沿螺旋槽底运动过程中，重矿物颗粒逐渐转入下层，而轻矿物颗粒转入上层，大约经第一圈后分层就能基本完成，如图 2-14 所示。

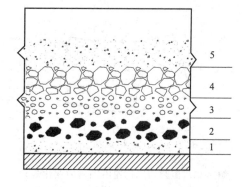

图 2-12　螺旋选矿机结构示意图

1—给矿槽；2—冲洗水导槽；3—螺旋槽；4—连接用法兰盘；5—尾矿槽；6—机架；7—重矿物排出管

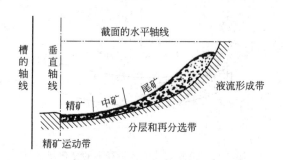

图 2-13　轻、重矿物在螺旋选矿机槽面上的分带

图 2-14　矿粒在螺旋槽面上的分层

1—重矿物细颗粒；2—重矿物粗颗粒；3—轻矿物细颗粒；4—轻矿物粗颗粒；5—矿泥

　　分层后，即形成了以重矿物为主的下部流动层和以轻矿物为主的上部流动层。下层颗粒群密集度大，并与槽体接触，又受到上面的压力，因而，其运动阻力大；处在上部流动层的颗粒恰好相反，它们所受阻力较小。因此，增大了上、下流动层间的速度差，轻矿物颗粒位于纵向流速高的两层水流中，因而派生出较大的惯性离心力，并同时受到横向环流所给予的向外流体动压力，这两种力的合力大于颗粒的重力分力和摩擦力，所以轻矿物颗粒向槽的外缘移动。重矿物颗粒处于纵向流速较低的下层水流，因而具有较小的惯性离心力，其重力分力和横向环流所给予向内的流体动压力也大于颗粒的惯性离心力和摩擦力，所以推动重矿物颗粒富集于内缘。而悬浮在液流中的矿泥被甩到了槽的最外缘，中间密度的连生体则占据着槽的中间带。

　　螺旋选矿适用于处理冲击砂矿，尤其是单体解离度高而且呈扁平状的矿物颗粒。对于残积、坡积砂矿连生体多者，则回收率较低。另外，对于处理含泥量较高的矿石，会降低精矿质量，所以要求脱泥和分级后再进行螺旋选矿。在非金属选矿中，螺旋选矿主要用于回收浮选尾矿中的重矿物，一般都用它作为粗选设备，可以废弃大部分尾矿而得到粗精矿。

螺旋选矿机以及螺旋溜槽的优点是：①结构简单、无运转部件、设备容易制造、维修简单；②占地面积小、单位面积生产能力大；③物料分带明显、选别指标较高；④适应性强，当给矿量、给矿浓度、给矿粒度及原矿品位变化时，对选别指标影响较小；⑤基建投资低、生产费用小、操作管理方便。螺旋选矿机的缺点是对片状矿石的富集比不及摇床和溜槽高，其本身的参数不易调节以适应给矿性质的变化。

2.3.10　离心选矿

离心选矿是利用微细矿粒在离心力场中所受离心力大大超过重力，加速矿粒的沉降，扩大不同密度矿粒沉降速度的差别，从而强化分选的重选方法。离心选矿是近代发展起来的回收微细泥中有用矿物的新方法。矿泥在重力场中分选效果差，有时甚至难以分选。而在离心力场中因所受离心力比重力大得多，并和流膜选别相结合，所以能解决 $74\sim100\mu m$ 粒度范围中回收细粒矿物的问题。

矿浆由给矿嘴喷出给到转鼓，由于喷出速度（$1\sim2m/s$）大大低于转鼓线速度（$14\sim15m/s$ 或更高），于是矿浆因惯性力而滞后于鼓壁运动出现了切向滞后速度。随着流动时间的延长，黏滞力有力地克服惯性力，使矿浆与鼓壁间的速度差越来越小。从给矿端到排矿端，矿浆相对于鼓壁的切向流速分布如图 2-15 所示。流膜沿厚度方向（径向）相对于鼓壁的流速分布如图 2-16 所示。矿浆沿轴向的运动主要是在惯性离心力作用下发生的。轴向流速沿厚度的分布与一般斜面流相同。

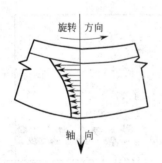

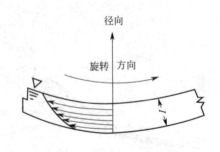

图 2-15　流膜切线流速沿轴向的变化规律　　图 2-16　流膜切线流速沿径向的变化规律

矿浆在相对于转鼓内壁流动过程中发生分层，进入底层的重矿物随即附着在鼓壁上较少移动，而上层轻矿物则随矿浆流过转鼓与底盘间的缝隙（约 14mm）排出。当重矿物沉积到一定厚度时，停止给矿，由给矿嘴给入高压水，冲洗向下沉积的精矿。

离心选矿机理与重力场中弱紊流流膜的分选机理大致相同，只是在这里由于矿粒受到了比重力大得多的离心力作用，使重矿物沉积在鼓壁上难以移动，故比重力溜槽多了一个沉积层。此外，集中给矿和增加强力离心力作用也给分选带来了一些新特点。

离心选矿是在离心力场中进行的，它的特点是利用微细矿粒在离心力场中所受离心力大大超过重力，从而加速了矿粒的沉降（即加大径向沉降速度），扩大了不同密度矿粒沉降速度的差别，从而强化了重选过程。矿粒在离心力场中作圆周运动时，所产生的离心力 L 可用式（2-82）表示：

$$L=\frac{mu^2}{R}=m\omega^2R$$

（2-82）

式中　m——矿粒质量；

u——离心机运转的线速度，m/s；

R——离心机转鼓半径；

ω——离心机转鼓的角速度，rad/s。

由于离心加速度 $\omega^2 r$ 比重力加速度 g 大数十倍至百倍，使得颗粒的沉降作用力大为增加，因而单位面积处理量大为提高。在离心力作用下，颗粒的沉降速度增加要比矿浆的轴向流速增加幅度更大，所以重矿物可以经过很短的距离便进入底层被回收。而紊流脉动速度的增长则比颗粒的离心沉降速度增长幅度小，这便使得离心选矿机具有更低的回收粒度下限。

利用离心选矿法处理微细粒矿泥所用的主要设备是离心选矿机，它有如下优点：①离心选矿机结构简单，单位面积处理量大（自动溜槽的 10 倍左右），回收粒度下限低；②离心选矿机对微细矿泥的处理比较有效，对 $19 \sim 37 \mu m$ 的粒级回收率高达 90% 左右，同时其富集比高于平面重力溜槽；③占地面积小，自动化程度高。离心选矿机的主要缺点是：①耗水耗电比平面溜槽大；②鼓壁坡度不能调节，生产过程为间断作业，不能连续给矿。

2.4　浮选

2.4.1　概述

浮选是继重选之后发展起来的一种选矿方法。随着矿石资源日益贫乏，有用矿物在矿石中分布越来越散、越来越杂，同时材料和化工行业对非金属矿物粒度及纯度的要求越来越高，浮选法越来越显示出其他选矿方法无法比拟的优势，逐渐成为目前应用最广、最有前景的选矿方法。浮选法不仅用于分选金属矿物和非金属矿物，还用于冶金、造纸、农业、食品、微生物、医药、环保等行业的许多原料、产品或废弃物的回收、分离及提纯等。随着浮选工艺和技术的改进，新型、高效浮选药剂和设备的出现，浮选法将会在更多行业和领域中得到应用。

2.4.1.1　基本概念

浮选是利用矿物表面物理化学性质（疏水-亲水）的不同来分选矿物的一种选矿方法。从水的悬浮液中（通常称矿物悬浮液为矿浆）浮出固体矿物的选矿过程称为浮游选矿，简称浮选。浮选法的应用使许多以往认为无经济价值的矿产资源变为宝藏。因此，浮选的出现是当今矿冶科技发展史中的"奇迹"。

浮选是细粒和极细粒物料分选中应用最广、效果最好的一种选矿方法。由于物料粒度细，粒度和密度作用极小，重选方法难以分离；同时一些磁性或电性差别不大的矿物，也难以用磁选或电选加以分离，但根据它们表面性质的不同，即根据它们在水中对水、气泡、药剂的作用不同，通过药剂和机械调节，即可实现浮选分离。

随着实际应用及研究工作的深入，先后出现了各种有独特工艺及专有用途的浮选方法，如离子浮选、沉淀浮选、吸附浮选等。浮选发展到今天，较全面的定义为：利用物料自身具有的或经药剂处理后获得的疏水亲气（或亲油）特性，使之在水-气或水-油界面聚集，达到富集、分离和纯化的目的。

2.4.1.2　浮选过程

现代常规矿物浮选的特点是：矿粒选择性地附着于矿浆中的气泡上，随之上浮到矿浆表面，达到有用矿物和脉石矿物或有用矿物之间的分离。浮选过程一般包括以下步骤。

① 矿石细磨　矿石细磨目的在于使有用矿物与其他矿物或脉石矿物解离，这通常由磨矿机配合分级机完成。

② 调整矿浆浓度　调整矿浆浓度主要使矿浆浓度适合浮选要求，在多数情况下，如果浮

选前分级溢流浓度符合浮选要求，可省略该过程。

③ 浮选矿浆加药处理　加入合适的浮选药剂，目的是造成矿物表面性质的差别，即改变矿物表面的润湿性，调节矿物表面的选择性，使有的矿物粒子能附着于气泡，而有的则不能附着于气泡。该作业一般在搅拌槽中进行。

④ 搅拌形成大量气泡　借助于浮选机的充气搅拌作用，促使矿浆中空气弥散而形成大量气泡，或促使溶于矿浆中的空气形成微泡析出。

⑤ 气泡的矿化　矿粒向气泡选择性地附着，这是浮选过程中最重要的过程。

⑥ 矿化泡沫层的形成与刮出　矿化气泡由浮选槽下部上升到矿浆表面形成矿化泡沫层，有的矿物富集到矿物中，将其刮出而成为精矿（中矿）产品，而非目的矿物则留在浮选槽内，从而达到分选的目的。

固体矿物颗粒和水构成的矿浆（矿浆通常来自分级或浓缩作业）首先要在搅拌槽内用适当的浮选药剂进行调和，必要时还要补加一些清水或其他工艺的返回水（如过滤液）调配矿浆浓度，使之符合浮选要求。用浮选药剂调和矿浆的主要目的是使欲浮的矿物表面增加疏水性（捕收剂或活化剂），或使不欲浮的矿物表面变得更加亲水，抑制它们上浮（抑制剂），或促进气泡的形成和分散（起泡剂）。调好的矿浆被送往浮选槽，矿浆和空气被旋转的叶轮同时吸入浮选槽内，空气被矿浆的湍流运动粉碎为许多气泡。起泡剂促进了微小气泡的形成和分散。在矿浆中气泡与矿粒发生碰撞或接触，并按表面疏水性的差异决定矿粒是否在气泡表面上发生附着。结果，表面疏水性强的矿粒附着到气泡表面，并被气泡携带升浮至矿浆液面形成泡沫层，被刮出成为精矿；而表面亲水性强的颗粒不和气泡发生附着，仍然留在矿浆中，最后随矿浆流排出槽外成为尾矿。

矿浆经加药处理后的第一次浮选作业通常称粗选。在粗选所得矿化泡沫中，虽然富集了大量有用矿物，但经常还混杂有脉石矿物及其他杂质，通常还要对这种粗选矿化泡沫进行一次或多次再选，这种粗选泡沫进行再选的作业称精选。最后一次精选作业所得的泡沫产品称为精矿。在粗选作业排出的矿浆中，往往还残留有一定量的有用矿物，需要进行再选回收，这种再选作业称为扫选。精选作业排出的矿浆和扫选作业获得的泡沫产品通常称为中矿。中矿通常返回前面某一浮选作业再选，在特殊情况下，也可单独浮选。粗选一般为一次，精选和扫选为多次。最后一次扫选作业排出的矿浆称为尾矿。

一般浮选是将有用矿物浮入泡沫产物中，将脉石矿物留在矿浆中，这样的浮选过程称为正浮选；反之，浮起的是脉石矿物的浮选过程称为反浮选。如果在矿石中含有两种或两种以上的有用矿物时，其浮选方法有两种：一种叫作优先浮选，即将有用矿物依次一个一个地选出；另一种叫做混合浮选，即将有用矿物共同选出为混合精矿，再把混合精矿中的有用矿物一个一个地分选。

2.4.2　固、液、气三相性质与天然可浮性

浮选是利用不同非金属矿物表面亲水性及疏水性的差异，通过它们在矿浆中与液体和气体的作用不同实现分选的。有的矿物疏水、亲气，可附着到气泡上，进入泡沫成为精矿；而有的矿物亲水、疏气，则不和矿物颗粒进行附着，即留在矿浆中成为尾矿（正浮选）。浮选中矿物表面性质的差异主要是由于固体的不同组成和结构导致的。由于浮选是涉及固、液、气三相体系的过程，所以与液相和气相的性质也密切相关。

2.4.2.1　矿物表面键能与天然可浮性的关系

矿物晶格破裂时，由于暴露在表面的键型不同，从而导致矿物表面性质也不相同，其规律大致如下。

① 当断裂面以离子键为主，表面不饱和键具有强的静电吸引力，为强不饱和键。

② 当断裂面以共价键为主，表面不饱和键多为原子键。该类表面有较强静电力或偶极作用，也为强不饱和键。

③ 当断裂面以分子键为主，其表面不饱和键多为弱键。如矿物表面以定向力、诱导力为主，此种弱键又强于色散力为主的弱键。

矿物表面键能的大小对矿物的可浮性有极大影响，这就是决定矿物可浮性的键能因素。当矿物表面具有较强的离子键、共价键时，其不饱和程度较高，矿物表面有较强的极性和化学活性，对极性水分子有较大的吸引力，矿物表面表现出亲水性，称之为亲水性表面，此时的矿物可浮性差。当矿物表面是弱的分子键时，其不饱和程度较低，矿物表面的极性和化学活性均较弱，对极性水分子的吸引力小，这种矿物表面具有疏水性，称为疏水性表面，此时的矿物可浮性好。

自然界中天然可浮性好的矿物很少。通常，具有分子键的晶体（如石蜡、硫黄）有良好的天然可浮性；片状或层状结构的晶体（如石墨、滑石）则具有中等天然可浮性；其他多数矿物都具有强的亲水性，其天然可浮性较差。大多数硫化矿、氧化矿、硅酸盐矿等都具有强的亲水性。要实现各类矿物的浮选主要是依靠人为地改变矿物的可浮性，其最有效的方法就是利用不同的浮选药剂在矿物表面的吸附，从而调节矿物表面的极性。如捕收剂定向吸附在矿物表面，其一端具有极性，朝向矿物表面，可满足矿物表面未饱和的键能；另一端具有非极性朝外，这就是人为造成矿物表面的可浮性。

2.4.2.2 矿物表面不均匀性和可浮性

浮选中常发现，同一种矿物的可浮性差别很大。主要原因是天然矿物由于地理环境因素，形成的都非理想中的纯矿物，它们存在许多不均匀性，包括物理不均匀性、化学不均匀性和物理-化学不均匀性（半导体）。这些不均匀性造成矿物表面性质呈现不均匀，从而使可浮性差别很大。矿物表面的不均匀性是多种原因共同作用的结果，但归纳起来主要有物理因素和化学因素两类。

（1）矿物表面的物理不均匀性 典型完整的矿物晶体是很少见的，现有矿物在结构上都多多少少存在着这样那样的缺点。矿物在生成及经历地质矿床变化过程中，矿物表面呈现的宏观不均匀性和晶体产生各种缺陷、空位、夹杂、错位以至镶嵌现象，统称为物理不均匀性。

实际矿物存在的缺陷主要有以下几种类型：阴离子空位或夹带有间隙阳离子；阳离子空位或夹带间隙阴离子。前面情况使矿物的金属阳离子过量，后面情况使非金属阴离子过量。错位是晶体的一种不整合现象，是晶体受外力的作用产生变形或沿着某一晶面产生滑动或晶格产生错乱的现象。实际晶体往往是由许多不同取向的微晶互相镶嵌而成的，形成所谓的"镶嵌现象"。晶体中存在的"微缺陷"造成矿物的不均匀性，对矿物的可浮性有直接影响。

自然界中存在的金属硫化矿物（如方铅矿、黄铜矿、黄铁矿等）都具有半导体性质。N型半导体靠电子导电，P型半导体靠空穴导电。矿物的半导体性质主要受晶体所含杂质的影响。当晶体中存在阴离子空位或夹带间隙阳离子时，则构成N型半导体；当晶体中存在阳离子空位或夹带间隙阴离子时，则构成P型半导体。一般硫化矿物在和氧作用以前属于N型半导体，靠电子导电；和氧作用以后，矿物表面自由空穴的浓度增大，转变为P型半导体。硫化矿物吸附氧转变为P型半导体以后，吸附捕收剂黄原酸阴离子的能位增高，硫化矿物易于实现浮选。

实际矿物表面经常存在细微的空隙和裂纹。不同矿物由于内部空隙与裂纹的数量不同，导致矿物的比表面积相差很大。例如，粒度为$147\sim208\mu m$的石英比表面积为$3.0\times10^{3}cm^{2}/g$，软锰矿的比表面积为$1.55\times10^{5}cm^{2}/g$，同样粒度的烟煤其比表面积竟高达$1.5\times10^{6}cm^{2}/g$。

（2）矿物的表面化学不均匀性 在实际矿物中，各种元素的键合，不像矿物化学分子式那样单纯，常夹杂许多非化学分子式的非计量组成物。Cu、Pb、Zn、Hg、Ag对S有很强的键合强度，常形成此类金属的硫化矿物。但是 As、Sb、Bi 却以络硫阴离子的形式与 Cu^{2+}、Pb^{2+}、Ag^+ 等形成含硫矿物，并且还可呈 AsS、As_2S_3、Bi_2S_3 等形式。Se 和 Te 的性质与 S 相近，因而常以类质同象的方式混入各种硫化矿物（如黄铁矿、磁黄铁矿）中。

在硫化矿物中，有些非计量夹杂物往往具有重要意义，如磁黄铁矿中的镍、黄铁矿及黄铜矿中的金、方铅矿中的银等。掌握金属共生规律，认识矿物的化学不均匀性与可浮性的关系，对综合回收有用成分、提高选矿效果具有重大的实际意义。

矿物表面的不均匀性直接影响矿物表面和水及药剂的作用。通过采用示踪原子研究浮选药剂和矿物的作用表明，浮选药剂在矿物表面的分布是不均匀的，经常呈斑点状。在某个部位没有吸附药剂，而在另一部位吸附了几个甚至几十个分子厚度的药剂。与药剂作用的活泼部位称为活化中心。一般认为，药剂与矿物的作用首先从活化中心开始，然后再往外延伸。总之，由于矿物表面的不均匀性造成了矿物表面各区域浮选性质的差异。

图 2-17 所示为方铅矿的缺陷（晶格缺陷，阳离子空位）与浮选捕收剂——黄药的反应示意图。由于阳离子空位，使化合价及电荷状态失去平衡，在空位附近的电荷状态使硫离子对电子有较强的吸引力，而阳离子则形成较高的电荷状态及较多的自由外层轨道。缺陷使晶体成为 P 型半导体，因而形成对黄原酸（阴）离子较强的吸附中心。相反，若缺陷使晶体成为 N 型半导体（阴离子空位或阳离子间隙），则不利于黄原酸（阴）离子吸附。

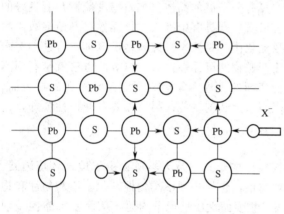

图 2-17　方铅矿（PbS）的缺陷与黄药反应示意图

理想的方铅矿晶体内部，Pb 与 S 之间大部分为共价键，只有少量为离子键，其内部价电荷是平衡的，故对外界离子的吸附力不强。缺陷使内部价电荷不平衡，从而形成表面活性，这就是缺陷的类型及浓度（缺陷数目）直接影响可浮性及使不同方铅矿具有不同可浮性的原因之一。对硫化矿而言，缺陷除影响捕收剂吸附外，还影响氧化还原状态及界面电化学反应。

矿物化学组成不规则性对非硫化矿的影响也很明显。例如，磷灰石有 OH 磷灰石和 F 磷灰石两种。它们的成分分别为 $Ca_5(PO_4)_3OH$ 和 $Ca_5(PO_4)_3F$，其中，Ca^{2+} 可以被 Mn、Sr、Mg、Na、K、Cu、Sn、Pb 和稀土元素等所置换；PO_4^{3-} 可被 SO_4^{2-}、SiO_4^{2-}、CO_3^{2-}、AsO_4^{3-}、VO_4^{3-} 及 CrO_4^{2-} 等所取代；F^- 可被 OH^-、Cl^- 所取代。这些取代，使磷灰石有广泛的化学不均匀性，从而具有不同的可浮性。

2.4.2.3　液相水与天然可浮性

由于水分子强极性的结构特点，使得其具有很高的介电常数、很高的溶解能力和很强的水分子间缔合作用，这些性质直接影响了浮选过程中相界面的某些重要性质。

（1）水分子对矿物表面的作用　矿物破碎后，其断裂面上有很多不饱和键。将断裂面置于真空中，则得不到任何补偿；如置于空气中，虽可得到部分补偿，但由于氧、氮分子密度很低，不具有极性，所得到的补偿极小；如果将断裂面置于水中，则矿物表面的不饱和键与水偶极子发生作用，得到部分补偿。

矿物由于构成晶格结构的不同，当矿物破碎后，其断裂面上希望得到补偿的不饱和键特性不同，因而矿物表面的极性也有差别。水分子则会根据矿物表面的极性不同在其表面进行不同形式的定向排列，形成不同性质的水化层或水化膜，使矿物表面的自由能发生变化。

矿物断裂面上不饱和程度高时，水分子易与其作用。作用后形成水化层，取代原先表面上的空气，且作用后的固-水界面能小于作用前的固-气界面能，因而属自发过程；而不饱和程度低的表面则相反，水分子不易与其作用，作用前后表面自由能增加，所以水难以自发取代原先矿物表面的空气，形成水化层。水分子与矿物表面的作用严重影响矿物与气泡的接触过程与稳定状态。

（2）水的溶解能力　水的溶解能力在浮选过程中具有相当重要的作用。由于水能够溶解矿物表面的一些离子，即可以改变矿物表面的化学组成、界面电性及液相的化学组成，从而改变了矿物在浮选过程中的行为。

对一般矿物，当水化能高于其晶格能时，矿物即发生溶解，一直进行到被溶解的离子在固-液两相的化学势相等时为止。除盐类和氧化程度较高的矿物外，多数矿物的溶解度均不高。矿物的溶解度除受晶格能、水化能的影响之外，还受固体颗粒和水中含有的其他化学元素（通常称之为杂质）的影响。当水中含有矿物组成的同名离子时，水对矿物的溶解能力降低；而含有其他离子时，可以提高水对矿物的溶解能力。例如，在溶液中含 Ca^{2+} 和 F^- 时，水对萤石的溶解能力降低；含有其他离子时，水对萤石的溶解能力提高。

矿物的溶解使矿浆中含有多种离子，这些离子是影响浮选的重要因素之一。虽然大部分矿物的溶解度不高，但进入矿浆中的矿物质还是显著的，如换算成每吨待浮矿石的克数，则完全可与常规使用的浮选药剂单位加入量相比拟。矿浆中所含溶解离子的影响是多方面的：①相互作用产生原矿浆中没有的新化合物及其相互间作用的产物改变矿物表面的组成与电位；②这些离子与浮选药剂及水中存在的硬度盐类离子（Na^+、K^+、Ca^{2+}、Mg^{2+}、Cl^-、碳酸盐和碳酸氢盐离子等）发生反应，使矿浆 pH 值向某侧移动等。在不同具体情况下，这些离子对浮选过程产生不同的影响。

水对大多数盐类矿物溶解比较复杂，溶解下来的离子还要发生一系列水解和形成配合物等反应，因而在水中出现大量复杂的离子、分子和配合物，从而大大影响和改变分选过程。所以在浮选过程中应注意水对这些矿物的作用和生成物对浮选的影响。

2.4.2.4　气相空气与天然可浮性

泡沫浮选过程中，空气所形成的气泡是一种选择性的运载工具。浮选矿浆中某些颗粒能够黏附到气泡上浮出，其余则不能黏附到气泡上而留在矿浆中，从而将它们分离。矿粒表面黏附了气泡以后，其可浮性改变。气泡还可以由压力降低从溶液中析出，并优先地吸附到矿物的疏水表面上，促进矿粒与大气泡的黏附。气相在溶液中必须形成足够数量的气泡，保证上浮的矿物有足够的气泡面积供其黏附。气泡的粒径与浮选矿物的粒度相适应，并有一定数量的空气溶解后析出的微泡，才能保证浮选效果最好。浮选中的气相主要是空气，空气主要是由氧、氮、二氧化碳等组成的混合物。空气中不同成分在水中的溶解度不同，因而与矿物和水的作用也不同，对分选有不同影响。

（1）空气的性质及对分选的影响　空气是一种典型的非极性物质，具有对称结构，易和非极性表面结合，分选时可优先与非极性的疏水性表面附着。

空气中的氧对硫化矿来说是一种浮选促进剂。试验证明，不含杂质的、未经氧化作用的硫化矿表面具有亲水性，不能直接进行浮选。氧在硫化矿表面吸附后，可使矿物表面水化作用减弱，使黄药类阴离子捕收剂更容易在矿物表面吸附和固着。矿浆中同时存在黄药阴离子和氧时，首先吸附氧，然后才吸附黄药阴离子。接触角测定表明，氧气能增加矿物表面的接触角，而氮气和二氧化碳没有这种作用。对硫化矿、非硫化矿和煤炭的接触角进行的测定表明结果相同，这说明氧的存在对浮选有利，特别是对黄药类捕收剂浮选硫化矿时更为明显。因此，分离许多非硫化矿时，可利用氧作为活化剂，氮作为抑制剂，通过改变矿浆中氧与氮的比例来促进矿物分离。但在此过程中应注意以下两点。

① 分选时不同矿物所需氧气量不同，超过最适宜的值后，就会起抑制作用。同时，含氧

量过高，会促使矿物表面氧化，降低矿物表面的疏水性，对浮选不利。

② 分选过程中氧的作用与矿物在运输、存放过程中氧的作用不同。前者是指分选过程中溶解于矿浆中的氧，可活化某些矿物的浮选。而后者只对矿物起氧化作用，使硫化矿变成氧化矿、煤变成氧化煤，增加矿物表面的亲水性，使浮选过程难以进行。因此，应严格区分这两个过程中氧的不同作用。

(2) 空气在矿浆中的溶解　空气中各种成分在矿浆中的溶解度是不同的。各组分的溶解度与该组分的分压、温度、水中溶解的其他物质浓度有关。空气在水中的溶解度随水中溶解的其他物质浓度增加而降低；随分压增大，溶解度增加。许多新型浮选机就是利用这一特点。如喷射式浮选机就是将含有大量气体的矿浆加压，然后从喷嘴喷出时随矿浆压力降低，利用已溶解的气体呈过饱和状态而析出时产生的微泡来强化浮选效果。

2.4.3　基本原理

浮选时，空气常成气泡（气相）分散于水溶液（液相）中，矿物（固相）常成大小不同的矿粒悬浮于水中，气泡、水溶液和矿粒三者之间有着明显的边界，这种相间的分界面叫相界面。把气泡和水的分界面叫气-液界面，把气泡和矿粒的分界面叫气-固界面，把矿粒和水的分界面叫固-液界面。通常把浮选过程中的空气矿浆叫三相体系。在浮选相界面上发生着各种现象，其中对浮选过程影响较大的基本现象有润湿现象、吸附现象、界面电现象、化学反应等。实现浮选分离的重要因素是矿物本身的可浮性及矿物颗粒同气泡间有效的接触吸附，矿物可浮性与矿物表面的润湿性（疏水性）及表面电性等密切相关。

2.4.3.1　矿粒表面的润湿性与可浮性

(1) 润湿现象　润湿是自然界中非常常见的一种现象。例如，在干净的玻璃板上滴一滴水，这滴水很快地沿玻璃表面展开，成为平面凸镜的形状。若往石蜡上滴一滴水，这滴水则力图保持球形，但因重力的影响，水滴在石蜡上成一椭圆形。这两种不同现象表明，玻璃能被水润湿，是亲水性物质；石蜡不能被水润湿，是疏水性物质。

同样，将一滴水滴于干燥的矿物表面上，或者将一气泡附于浸在水中的矿物表面上（图2-18），就会发现不同矿物的表面被水润湿的情况不同。矿物颗粒表面的润湿是由水分子结构的偶极性及矿物晶格构造不同引起的，矿粒表面的润湿性即矿物被水润湿的程度。在一些矿物（如石英、长石、方解石等）表面上水滴很容易铺开，或者气泡较难以在其表面上扩展，而在另一些矿物（如石墨、辉钼矿等）表面上则相反。易被水润湿的矿物称为亲水性矿物，不易被水润湿的矿物称为疏水性矿物。图2-18表明矿物表面的亲水性从左至右逐渐减弱，而疏水性由左至右逐渐增强。矿物表面这种亲水或疏水的性质主要是由于矿物表面的作用力（键能）性质不同所致。

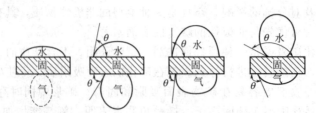

图 2-18　不同矿物表面润湿现象

许多学者用润湿过程来说明浮选的原理，他们认为：①表层浮选基本上取决于矿物表面的空气是否能被水所取代，如水不能取代矿物表面的空气，此矿物就将漂浮在水面上；②全油浮选是由于被浮矿物表面的亲油性和疏水性所造成的；③泡沫浮选是由于被浮矿物经浮选剂处理后，表面具有疏水性而附着于气泡上浮。

任意两种流体与固体接触后，所发生的附着、展开或浸没现象（广义地说）均可称为润湿过程，其结果是一种流体被另一种流体从固体表面部分或全部被排挤或取代，这是一种物理过程，且是可逆的。

（2）润湿接触角　为判断、比较矿物表面亲水或疏水程度，常用接触角 θ 这个物理量来度量。在浸于水中的矿物表面上附着一个气泡（或水滴附着于矿物表面），当附着达到平衡时，气泡在矿物表面形成一定的接触周边，称为三相润湿周边，如图 2-19 所示。以三相润湿周边上的 A

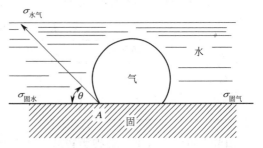

图 2-19　浸于水中矿物表面形成的接触角

点为顶，以固水交界线为一边，以气水交界线为另一边，经过水相的夹角 θ 叫作接触角。接触角的形成过程遵守热力学第二定律：在恒温条件下，气泡附着在矿物表面上后，从接触角开始排水并向四周扩展，润湿周边逐渐扩大。这个过程一直自动进行到三相界面自由能（或以表面张力表示）$\sigma_{固水}$、$\sigma_{水气}$、$\sigma_{固气}$ 达到平衡为止，所形成的接触角叫平衡接触角（通常叫接触角，以后的讨论中提到的接触角，除注明者外，均指平衡接触角）。接触角的大小，由三相界面自由能的相互关系确定。

由物理化学知识可知，界面自由能是增加单位界面面积所消耗的能力，可将它看成是作用在单位长度上的力，就是表面张力。实际上，这两个概念是一致的。在讨论接触角的形成过程时，又可理解为：在固-水、水-气、固-气 3 个界面上，分别存在 3 个力（表面张力），用同样符号 $\sigma_{固水}$、$\sigma_{水气}$、$\sigma_{固气}$ 表示。这 3 个力都可看作是从三相交点 A 向外拉的力。当 3 个力的作用达到平衡时，在 x 轴投影方向，得力的平衡方程式：

$$\sigma_{固气} = \sigma_{固水} + \sigma_{水气} \cos\theta \qquad (2-83)$$

移项简化后得

$$\cos\theta = \frac{\sigma_{固气} - \sigma_{固水}}{\sigma_{水气}} \qquad (2-84)$$

式中　$\sigma_{固水}$、$\sigma_{水气}$、$\sigma_{固气}$——固-水、水-气和固-气的表面张力（或自由能）；

θ——接触角。

式(2-84)表明，接触角大小取决于水对矿物、空气的亲和力大小（$\sigma_{固气}$ 与 $\sigma_{固水}$ 差值的大小）。在一定条件下 $\sigma_{固水}$ 值与矿物表面性质无关，可看成恒定值。如果矿物表面与水分子的作用活性较高（亲和力强），与水分子结合后，原来矿物表面未饱和的作用能得到很大满足，致使 $\sigma_{固水}$ 值很低。相比之下，如果空气对矿物表面的亲和力较弱，$\sigma_{固水}$ 值就较大，这样 $\sigma_{固气}$ 与 $\sigma_{固水}$ 差值也就较大，$\cos\theta$ 值大，而 θ 值小，反映出矿物表面有较强的润湿性（亲水性）。反之，如果矿物表面与水分子的作用活性较低（亲和力弱），与水分子结合后，原来矿物表面的未饱和程度得到比较小的满足，$\sigma_{固水}$ 值较大；与前种情况相比，$\sigma_{固气} - \sigma_{固水}$ 的值就较小，$\cos\theta$ 值小，而 θ 值大，此时反映矿物表面的亲水性较弱（疏水性较强）。极个别矿物表面甚至出现 $\sigma_{固气} < \sigma_{固水}$ 的情况，这表示空气对矿物表面的亲和力比水大，这时接触角大于 $90°$。

从以上讨论可以看到，接触角值越大，$\cos\theta$ 值越小，说明矿物润湿性越小，其可浮性越好。$\cos\theta$ 值介于 $0 \sim 1$ 之间，对矿物的润湿性与可浮性的量度可定义为

$$润湿性 = \cos\theta$$
$$可浮性 = 1 - \cos\theta$$

由此可见，通过测定矿物的接触角，可评价各种矿物的天然可浮性。

必须指出，不能误认为只有空气对矿物表面的亲和力大于水对矿物表面的亲和力、接触角

大于 90°时，矿粒才附着于气泡上。实践表明，用乙黄药处理金属矿物（如方铅矿、黄铜矿等）时，其接触角为 60°时就可成功浮选。表 2-4 列出了一些矿物接触角的测定值。

表 2-4 矿物接触角的测定值

矿物名称	接触角/(°)	矿物名称	接触角/(°)	矿物名称	接触角/(°)
硫	78	闪锌矿	46	方解石	20
滑石	64	萤石	41	石灰石	0~10
辉钼矿	60	黄铁矿	30	石英	0~4
方铅矿	47	重晶石	30	云母	

由表 2-4 可以看出，各种矿物天然接触角的差别表明各种矿物被水润湿的程度不同。根据矿物表面润湿性的差别，对各种矿物进行天然可浮性分类，见表 2-5。

表 2-5 矿物按天然可浮性分类

类别	表面润湿性	破碎面暴露出的键的特征	晶格特征结构	代表性矿物	在水中接触角/(°)	天然可浮性
1	小	分子键	晶格各质点间以弱的分子键相联系，断裂面上为弱的分子键	自然硫	78	好
2	中	以分子键为主，同时存在少量的强键（离子键、共价键、金属键）	晶格由原子或离子层构成；层内原子间以强键结合，层与层之间为分子键；破裂主要从分子键断开，破裂面上也可能存在键，但其数量远远少于分子键	滑石 石墨 辉钼石	69 60 60	中
3	大	强键（离子键、金属键、共价键）	晶格有各种不同的结构，晶格各质点间以强键（离子键、共价键、金属键）结合，断裂面上为强键	方铅矿 黄铜矿 萤石 黄铁矿 重晶石 方解石 石英 云母	47 47 41 30~33 30 20 0~10 0	差

以上讨论的接触角 θ 是指固相表面光亮平滑，三力作用时润湿周边可以自由移动，三力能够互相平衡时，形成的接触角称为平衡接触角。实验发现，接触角并不立刻达到平衡，也不是在任何情况下都会平衡。如果固相表面不光滑或有突起的晶棱，在形成接触角时，三相润湿周边的移动受到不能克服的阻力，这种润湿周边在固体表面移动受到阻碍的现象称为润湿阻滞。阻滞可使形成的接触角不等于平衡接触角，这时的接触角叫阻滞接触角。阻滞接触角大于平衡接触角。通常润湿阻滞很难避免，故平衡接触角很难测准。

矿物的润湿性决定着矿粒与气泡发生碰撞接触时是否能附着于气泡，也就是说矿物的润湿性决定了矿粒的天然可浮性。表面润湿性强的矿物（亲水性矿物），天然可浮性差；表面润湿性差的矿物（疏水性矿物），天然可浮性好。

2.4.3.2 矿粒表面的电性与可浮性

单纯利用矿物表面天然可浮性进行矿石中各种矿物的浮选分离是有限的，通常要借助一定的浮选药剂，使矿物易于同气泡接触，即提高矿物的可浮性。浮选剂在固-液界面的吸附影响着矿物的可浮性，而这种吸附又受矿物表面电性的影响。因此，矿物表面电性同其可浮性有密切的联系。

（1）双电层结构 水介质中，矿粒表面与水分子接触时，受水及溶质作用，在矿粒/水界面发生离子或配衡离子等荷电质点的相互转移，且这种荷电质点的转移是不等电量的，这导致了矿物/水界面电位差的产生，使矿粒表面带电，并在相界面上形成双电层。矿粒表面带点的主要原因有 3 个：

① 位于矿物表面上的晶格离子的选择性溶解或表面组分选择性解离。在极性水分子作用下，矿物表面正、负离子受到不同的吸引力，产生非等当量的转移，矿粒表面有些离子选择性进入溶液，使矿粒表面形成双电层。如萤石（CaF_2）在水中，F^- 比 Ca^{2+} 易于解离，矿物表面有过剩的 Ca^{2+} 而带正电，解离的 F^- 在矿物表面形成配衡离子层。

② 晶格同名离子或带电离子团从溶液中向矿物表面的选择性吸附。水溶液中的晶格同名离子达到一定浓度时便向矿粒表面吸附，使矿粒表面带电，并形成双电层。

③ 矿物晶格中非等量类质同象替换、间隙原子、空位及矿物电离后吸附 H^+、OH^- 等均可引起表面带电。

矿物表面带电后，即在相界面上形成双电层，其结构如图 2-20 所示。固体表面带负电，负电荷主要集中在 1～2 个原子厚度的表面层中，构成双电层的内层。液相中部分阳离子受表面静电吸引在固相表面一定距离处排列，形成紧密层［斯特恩（Stern）层］，这一层将双电层内层和扩散层隔开，其厚度以水化离子的半径 δ 表示。在这一层内可以产生离子的特殊吸附，当离子受双电层内层静电力、范德华力和化学键力的作用足够克服离子的热运动时，离子在该层内产生吸附。紧密层外是离子的扩散分布区，该区阳离子浓度由高到低。

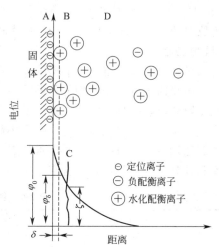

图 2-20　矿物表面双电层示意图
A—内层（定位离子层）；B—紧密层
（Stern 层）；C—滑移层；D—扩散层；
φ_0—表面总电位；φ_δ——紧密层
电位；δ—紧密层厚度；ζ—动电位

在双电层内层吸附的离子称为定位离子。定位离子可以在界面间实现转移。这些离子在相界面上进行转移是由于化学吸附作用吸附到矿物表面，所以它们可以决定矿物表面的电性。这些离子与矿物表面必须有特殊的亲和力，它们之间的作用力必须与晶格质点间作用力相同。在双电层外层吸附的离子，称为配衡离子，也称反号离子。这些离子同矿物的表面没有特殊的亲和力，主要靠静电引力吸引，其离子的电性与双电层内层的电性相反，起着平衡电荷的作用。

（2）双电层中的电位

① 表面电位　双电层的表面电位是指固体与溶液之间的电位差，通常以 φ_0 表示（又称表面总电位或电极电位）。对于导体或半导体矿物，如一些金属硫化矿，可将矿物制成电极测出 φ_0。不导电的矿物，不能直接测定。但 φ_0 主要由溶液中定位离子的活度决定，因此可以用溶液中定位离子的活度根据能斯特公式进行计算。

② Stern 电位　Stern 电位指紧密层与溶液之间的电位差。

③ 电动电位　当颗粒在外力作用下移动时，双电层中的扩散层与固体表面紧密层之间有一个滑动界面，滑动界面上的电位和溶液内部的电位差称为电动电位，又称 Zeta 电位，用 ζ 表示。紧密层与固体表面也有电位差，常用 φ_δ 表示。实际上，φ_δ 是水化配衡离子最紧密靠近矿物表面的假设平面与溶液之间的电位差。通常，ζ 和 φ_δ 很接近，可以认为相等。当双电层内层电位较高、电解质浓度很高或吸附非离子型表面活性剂时，$\zeta <$ φ_δ。电动电位是颗粒在静电力、机械力或重力等作用下，颗粒带着吸附层沿滑动界面作相对运动时产生的电位差。影响电动电位的因素很多，凡能影响表面电位的因素都能影响电动电位。有些因素不能改变矿物的表面电位，但可以改变电动电位；有些惰性电解

质只能改变电动电位大小，但不能改变其符号；还有一些表面活性电解质，可以在矿物表面产生特殊吸附，既可改变电动电位大小，又可以改变其符号。电动电位在浮选研究上很有实际意义。

（3）零电点和等电点

① 零电点　总电位 φ_0 为零时，定位离子浓度的负对数值为零电点（用 PZC 表示）。对于定位离子为 H^+ 或 OH^- 的氧化物及硅酸盐，其零电点可用溶液的 pH 值表示（φ_0 为零时的 pH 值就是零电点），此时矿物表面电荷密度为零（pH 值等于零电点）。当 pH 值小于零电点时，矿物表面带正电；当 pH 值大于零电点时，矿物表面带负电。

矿物的零电点是矿物的重要特性之一。在此条件下，矿物表面电荷密度等于零。矿物的零电点取决于矿物自身性质。如果矿物表面没有污染或其他离子的特性吸附，对于难溶性金属氧化矿，零电点与等电点相等，在水中测得矿物的等电点也就是其零电点。零电点可以采用电位滴定法测定。部分矿物的零电点见表 2-6。虽然零电点是在严格条件下测定的，但由于试料纯度和预处理方法不同，零电点的实测值波动很大。

表 2-6　部分矿物的零电点（电泳法测定）

矿　物	零电点	矿　物	零电点
白云母	0.4	硅孔雀石	2.0
石英	1.8、3.0、3.7	黄铁矿	6.2～6.9
透辉石	2.8	磁黄铁矿	3.0
膨润土	<3.0	辉锑矿	2.5±0.5（电渗法）
高岭土	3.4	辉钼矿	<0.3
绿柱石	3.1、3.3、3.4	辰砂	3.5±0.5（电位滴定法）
石榴石	4.4	方铅矿	2.4、3.0
电气石	4.0	闪锌矿	2.0、3.0、7.5
镁铁闪石	5.2	黄铜矿	2.0～3.0
锆英石	5.8	辉铜矿	<3.0
软锰矿	5.6、7.4	蓝铜矿	9.5
褐铁矿	6.7	天然闪锌矿（含 99.9% 的硫化锌）	5.0～5.8
针铁矿	6.7	天然闪锌矿（含 0.3% 的铁）	6.2
磁铁矿	6.5	天然闪锌矿（含 1.45% 的铁）	10（电位滴定法）
铬铁矿	5.6、7.0、7.2	天然闪锌矿（含 5.4% 的铁）	3.0～3.5
赤铁矿	5.0、6.6、6.7	天然闪锌矿（含 11.0% 的铁）	3.0～6.5
刚玉	9.0、9.4		

依据矿物的零电点不同，可调节矿浆 pH 值，选择性地使矿物表面带正电或负电。这样为选择捕收剂的种类（阴离子捕收剂或阳离子捕收剂），人为地改变矿物的可浮性提供了依据。如 pH 值小于零电点，矿物表面带正电，采用阴离子捕收剂有利于吸附和提高可浮性；pH 值大于零电点，则采用阳离子捕收剂有利于吸附改善矿物可浮性。

② 等电点　电动电位改变符号或恰好等于零时的电解质活度负对数值称为等电点或电荷转移点，用 IEP 表示。通常，等电点用 pH 值表示。即在一定的表面活性剂浓度下，改变溶液的 pH 值，当电动电位等于零时，溶液的 pH 值即为在该条件下该矿物的等电点。一种矿物的等电点既和 pH 值有关，又和产生特殊吸附的离子浓度有关。因此，说明某矿物的等电点时，应把有关的条件同时加以表述。

（4）影响双电层的因素　影响双电层的因素有很多，如溶液的 pH 值、水中离子组成、电解质的浓度等。通过调节这些因素可以改变矿物的表面电位和电动电位；有时虽不影响表面电位，但可以影响电动电位。下面就影响双电层的几个主要因素进行简单介绍。

① 杂质元素的特性吸附　无机盐类对矿物表面电动电位有明显影响。如微量的氧化钙对降低煤粒电动电位极其明显，而对矸石的电动电位影响却很微弱。无机电解质对矿物表面电动电位的影响规律如下：阳离子价数越高，其电动电位降低越显著。原因是价数高，离子的静电力场大，压缩双电层的作用也大。当阳离子价数相同时，阳离子的体积越大，对电动电位的影响也越大。金属阳离子在矿物表面有特性吸附时可导致矿物零电点发生变化。阴离子在矿物表面特性吸附可使零电点降低。中性电解质和非极性有机分子对零电点和等电点几乎没有影响。极性有机分子可以改变零电点和等电点，但与无机质不同，有机质分子的性质决定了零电点的漂移方向，其浓度决定了漂移的多少。

② 温度　氧化矿物的零电点随温度的增高而降低。这是由于氧化矿物由表面带正电转为表面电荷为零的过程是放热反应。

③ 固液悬浮体中固体的含量　试验表明，电动电位随固体含量的增高而增高。

此外，氧化作用对矿物的电动电位也有影响。

（5）矿物表面电性与可浮性　浮选过程中，调节矿物颗粒的表面性质可以通过不同浮选药剂的吸附来实现，而浮选药剂的吸附往往受矿物表面电性的影响。因此，研究和调节矿物表面电性的变化是研究药剂作用机理、判断矿物可浮性、实现不同矿物分离的重要方法。矿物表面双电层在很多方面都能影响矿物的分选效果，尤其是电动电位的影响最为显著。双电层和电动电位对浮选的影响主要表现在以下几个方面。

① 影响不同极性（电性）的药剂在矿物表面的吸附　尤其当药剂与矿物表面的吸附主要靠静电力为主的物理吸附时，矿物的表面电性更起决定作用。如果药剂的电性与矿物表面电性相反，且表面电荷的数量越多，则药剂在矿物表面吸附的数量越多。

例如，针铁矿的零电点 pH＝6.7。当 pH＜7 时，矿物表面荷正电，采用阴离子型（负电性）捕收剂十二烷基硫酸钠时药剂大量吸附，浮选效果很好；而采用阳离子型（正电性）十二胺捕收剂时则很难吸附，几乎不能浮。同样当 pH＞6.7 时，矿物表面带负电，用阳离子型十二胺捕收剂浮选效果很好，而用阴离子型捕收剂则基本不浮。

一般来说，浮选过程中占主要地位的是化学吸附。但当表面电荷符号与捕收剂离子的电荷符号相同且电荷很高时，静电斥力可以抑制捕收剂离子的化学吸附，若此时仍发生捕收剂的吸附，则表明捕收剂离子已克服静电阻碍作用，发生了特性吸附（化学吸附或半胶束吸附）。

② 调节矿物表面电性可调节矿物表面的抑制或活化作用，从而实现多种混合矿物的分选。以阳离子型捕收剂浮选石英为例，当 pH 值大于零电点时，石英表面荷负电，可用胺类进行捕收。如果在加入捕收剂前先加入无机阳离子，使矿物表面电性降低，石英受到抑制。随 pH 值的升高，石英表面负电性增高，抑制所需的无机阳离子的浓度也增大。无机阳离子 K^+、Na^+、Ba^{2+} 等对石英均有抑制作用。

再以刚玉浮选为例说明无机离子的活化作用。刚玉的零电点 pH≈9。当 pH＝6 时，刚玉表面荷正电，用胺作捕收剂因电性相同，药剂与矿物互相排斥，不能捕收。如果加入足量 SO_4^{2-}，因为 SO_4^{2-} 在刚玉表面有特性吸附，可使电动电位变号，然后再用胺浮选刚玉时，在 pH＝6、加入 $0.1mol\ Na_2SO_4$、采用 $5×10^{-4}mol$ 的十二胺作捕收剂时，刚玉完全可浮。

③ 影响矿物颗粒絮凝和分散　矿物表面由于存在双电层，故有一定电性。如果这些颗粒表面带有相同的电性，在互相接近过程中，当达到一定距离以后，就会产生静电斥力，使颗粒分开。如果颗粒所带电荷相反，则可"异性相吸"，使它们凝聚。通常，同种矿物在相同溶液中其电性是相同的。它们处于絮凝或分散状态主要取决于其表面电荷的

数量多少。

为了使悬浮颗粒絮凝，必须降低其表面电位，减少其间斥力，使其互相接近，最终形成絮团；反之，要使它们分散，处于悬浮状态，必须提高其表面电位。电动电位增高，扩散层变厚，增加颗粒间斥力，颗粒相互之间保持较大距离，削弱和抵消范德华引力，使颗粒分散体系更稳定。该过程的原理与胶体体系相似，将颗粒表面电荷中和，胶体体系即失稳；而在胶体颗粒上加上同种电荷，体系的稳定性就大大增加。因此，为改变颗粒在溶液中的分散或絮凝状态，可通过向矿浆中添加电解质改变颗粒表面的双电层电位来实现。通常，所加电解质价数越高，其作用也越大。

④ 影响细泥在矿物颗粒表面的吸附和覆盖　通常细泥的表面带负电，如果矿物的电动电位为正，则多数情况下意味着矿物表面荷正电，因此，细泥极易吸附到矿物的表面上。如果矿物表面覆盖了细泥，则会改变矿物表面原来的润湿性，并降低分选过程的选择性。因此，细泥覆盖对浮选有极大的影响。

⑤ 电动电位与浮选的关系　研究表明，电动电位与浮选之间有着密切关系，即可用电动电位来评价矿物与各种药剂作用后浮选活性的变化。电动电位绝对值降低可使浮选效果变好。可以认为随矿物表面电动电位的降低，矿物与捕收剂的作用变好，捕收剂在矿物表面的吸附数量增多，矿物表面水化作用减弱，水化层变薄，提高了矿物表面疏水性和可浮性。

矿物表面与药剂作用后，可使电动电位降低。一些药剂与矿物表面有特殊亲和力，可作为双电层的定位离子吸附到矿物表面。当它们吸附到双电层内层后，既改变了矿物的表面电位，又改变了矿物电动电位，使矿物表面电位和电动电位同时降低。结果是一方面可使矿物表面极性降低，减弱其水化作用，提高分选过程中的可浮性；另一方面可改善矿物表面与捕收剂的作用，增加捕收剂在矿物表面的吸附量。此外，还可减少细泥在矿物表面的覆盖。

可见，随矿物电动电位的降低，矿物的可浮性提高，浮选效果变好。因而可用药剂与矿物作用前后电动电位之差评价矿物浮选活性的改变。电动电位差越大，药剂与矿物的作用越好，浮选活性提高就越大。

2.4.3.3　矿物表面的吸附现象与可浮性

(1) 吸附与浮选　吸附是液体（或气体）中某种物质在相界面上产生浓度增高或降低的现象。对液体，当将某种溶质加入到溶液中，如果能使溶液表面能降低，表面层溶质的浓度大于溶液内部，则称该溶质为表面活性剂或表面活性物质，这种吸附称为正吸附。反之，加入溶质后，使溶液的表面能升高，表面层溶质的浓度小于溶液内部，则称该溶质为非表面活性剂或非表面活性物质，这种吸附称为负吸附。当吸附达到平衡时，单位面积上所吸附的吸附质的摩尔数，称为在该条件下的吸附量，通常用 Γ 表示。

浮选是在固、气、液三相中进行的过程，因此吸附是浮选过程中不同相界面上经常发生的现象。矿浆中加入药剂时，一些药剂可吸附在固-液界面，另一些药剂则吸附在气-液界面，还有一些药剂可吸附在液-液界面，矿物在矿浆中还可以吸附矿浆中的其他分子、离子等。吸附的结果使矿物表面性质改变，矿物的可浮性得到调节，矿浆中气泡的稳定性得到改善，药剂的分散得到提高。所以，研究浮选过程中的吸附现象，对探索浮选理论和指导浮选实践均有重要意义。

(2) 吸附的种类　浮选是复杂的物理化学过程。由于矿物表面性质不均匀，所采用药剂各种各样，水的成分也不相同。因此，矿浆中溶解的成分性质比较复杂，不同种类药剂和成分可以吸附到不同的相界面上，因而所发生的吸附种类是多种多样的。表 2-7 列出了药剂在颗粒表面的吸附种类。

表 2-7 药剂在颗粒表面的吸附种类

吸附性质	吸附部位	吸附形式	吸附特点	实例
表面化学反应	固相反应	在表面上生成独立新相	多层	硫化钠对重金属氧化矿的作用
化学吸附	双电层内层	非类质同象离子或分子的化学吸附	生成表面化合物(单分子层)	黄药对硫化物的吸附
		类质同象离子交换吸附	可深入固相晶格内部	Cu^{2+} 对闪锌矿的吸附
		定位离子吸附	非等电量的吸附,改变表面电位	H^+、OH^- 对金属氧化物的吸附
物理吸附向化学吸附的过渡	双电层外层	离子的特性吸附	可引起电动电位变号	高价阳离子对石英的吸附,羧酸阴离子对氧化物的吸附
		离子的扩散层吸附	压缩双电层,静电物理吸附性质	钠、钾、胺离子对氧化物的吸附
物理吸附	相界面	分子的氢键吸附	强分子吸附,向化学吸附的过渡性质	中性聚丙烯酰胺对颗粒的吸附
		偶极分子的吸附	较强分子吸附	水及醇类分子在极性表面的吸附
		饱和碳氢化合物分子的色散吸附	弱分子吸附	烃类分子在非极性表面的吸附
黏附[①]	相-相作用		机械黏附性质	中性油液珠与疏水颗粒的作用

① 并非吸附现象,而是体相间的作用。

① 按吸附的本质可分为物理吸附和化学吸附两类。

物理吸附:凡是由范德华力(分子键力)引起的吸附都可称为物理吸附,其特征是热效应小(一般仅 20kJ/mol 左右)、无选择性、吸附快、具有可逆性、易解吸、吸附的分子可在矿物表面形成多层等。

化学吸附:凡是由化学键力引起的吸附称为化学吸附。该吸附质可在矿物表面之间发生电子转移,并在矿物表面形成难溶性化合物,但不能生成新相。其特征是热效应大(通常在 84~840kJ/mol 之间)、吸附牢固、不易解吸、吸附不可逆;通常只有单层吸附,吸附具有很强的选择性,吸附慢。

② 按吸附物的形态可分为分子吸附、离子吸附、半胶束吸附及捕收剂等在矿浆中反应的产物在矿物表面的吸附。

分子吸附:溶液中被溶解的溶质以分子形式吸附到固-液、气-液等相界面上,如起泡剂醇类分子在气-液相界面的吸附。分子吸附属物理吸附,其特征是吸附的结果不改变矿物表面的电性。

离子吸附:溶液中以离子形态存在的溶质离子(如捕收剂和活化剂离子)在矿物表面的吸附称离子吸附。浮选药剂在矿浆中多呈离子状态,故研究离子吸附更为重要。离子吸附后常在矿物表面生成不溶性盐类,可改变矿物表面电性,包括电荷数量和符号,故离子吸附多属于化学吸附。

半胶束吸附:溶液中长烃链捕收剂浓度较高时,矿物表面吸附捕收剂非极性端,在范德华力的作用下发生缔合作用,形成类似胶束的结构,称为半胶束吸附。与溶液中形成胶束的情况相比,形成半胶束时溶液中溶质的浓度可比形成胶束时低两个数量级。利用半胶束吸附原理可提高浮选药剂作用效果。如采用胺类时,适当加入一些长链的中性分子,可减少捕收剂离子之间的斥力,降低形成半胶束时的浓度,增加捕收剂在矿物表面的吸附量,对分选有利。中性分子在矿物表面的覆盖,增加了矿物表面的疏水性,减少了捕收剂的用量,可提高分选效果。形成半胶束的药剂浓度与烃基有关,烃基越长,形成半胶束所需浓度越低。

捕收剂等在矿浆中反应的产物也可在矿物表面产生吸附。

③ 按吸附作用方式和性质可分为交换吸附、竞争吸附和特性吸附。

交换吸附：溶液中某种离子与矿物表面上另一种相同电荷符号的离子发生等当量交换而吸附在矿物表面。参与交换的离子可以是阳离子，也可以是阴离子。吸附可发生在双电层内层或外层。交换吸附在浮选中是常见的。如硫化矿物浮选常使用金属离子作为活化剂，例如 Cu^{2+}、Ag^+ 与闪锌矿表面晶格中 Zn^{2+} 交换吸附的结果，使闪锌矿可浮性提高。

$$Zn(S) + 2Ag^+ \Longrightarrow Ag_2(S) + Zn^{2+}$$

该反应的平衡常数很大，表明 Cu^{2+}、Ag^+ 从闪锌矿表面交换 Zn^{2+} 的速度是很快的。又如，方铅矿表面在轻度氧化过程中表面的 S^{2-} 会被 OH^-、SO_4^{2-}、CO_3^{2-} 等交换。

竞争吸附：当矿浆溶液中存在多种离子时，它们在矿物表面的吸附决定了表面的活性及其在溶液中的浓度，即存在相互竞争。

物理吸附的捕收剂离子在双电层中起配衡作用，其吸附密度取决于与溶液中任何其他配衡离子的竞争。例如，胺类捕收剂浮选石英，当捕收剂浓度低时，Ba^{2+} 和 Na^+ 在石英表面与捕收剂竞争而抑制浮选。

特性吸附：当矿物表面对溶液中某种组分有特殊的亲和力所产生的吸附称特性吸附。特性吸附是介于物理吸附和化学吸附之间的过渡形态，具有极强的选择性。发生特性吸附时，不仅界面电动电位大小改变，而且其符号也改变。工作者研究了 $NaCl$、Na_2SO_4 和 RSO_4Na（烷基硫酸钠）3 种电解质在刚玉表面吸附时，引起其电动电位的变化情况。结果表明，随着 $NaCl$ 浓度增高，刚玉表面电动电位逐渐减小，但速度缓慢，且已接近于零，但未能改变其符号。这说明反号离子在刚玉表面的作用除静电力以外不存在其他力，所以电解质浓度增大只能压缩双电层的扩散层。但在电解质 Na_2SO_4 的作用下，刚玉的电动电位变化较大，并可改变符号。这说明了刚玉与 SO_4^{2-} 之间除静电力外，还有化学键力的作用。吸附作用不仅发生在扩散层，而且已进入紧密层，该种吸附属于特性吸附。而对于 RSO_4Na，电动电位的改变就更明显。随着 RSO_4Na 浓度的增大，刚玉表面的电动电位降低得更快，这说明阴离子 RSO_4^- 与刚玉表面具有更强的亲和力。因此，十二烷基硫酸钠在刚玉表面的吸附也属于特性吸附。

高价阳离子也可以在氧化矿物和硅酸盐矿物的表面发生特性吸附。这些高价阳离子有 Fe^{2+}、Ca^{2+}、Mg^{2+}、Pb^{2+}、Ni^{2+} 和 Cu^{2+} 等，它们在一定的 pH 值范围内，以羟基配合物的形式吸附到负电性矿物的紧密层中，使矿物表面的负电荷逐步被中和。如吸附的阳离子超过矿物表面上的负电荷，会导致矿物的电动电位改变符号。

④ 按双电层中吸附的位置可分为双电层内层吸附和双电层外层吸附。

双电层内层吸附（又称定位离子吸附）：矿物表面吸附溶液中的晶格离子、晶格类质同象离子和其他双电层定位离子（如 H^+ 和 OH^-），吸附到双电层内层，吸附结果使矿物表面电位改变数值或符号，这种吸附称为定位离子吸附。这类吸附具有很高的选择性，离子和矿物表面作用强度大，但需要的活化能不大，且作用速度快，可把矿物周围，甚至水化层中的水分子排挤掉。发生这类吸附时，离子与矿物之间的作用力必须与晶格质点之间的相互作用力相同，否则吸附不能进行。

双电层外层吸附：双电层外层吸附是溶液中溶质分子或电荷符号与矿物表面相反的离子在双电层外层上的吸附。根据双电层外层的结构又可以分为紧密层吸附和扩散层吸附。紧密层吸附的作用力除静电力外，还有范德华力和化学键力；而扩散层的吸附则完全由静电力引起。外层吸附往往缺乏选择性，吸附是可逆的。凡与表面电荷相反的离子都可产生这样的吸附，因此在矿浆中原吸附的配衡离子可被其他配衡离子交换。

外层吸附不能改变矿物的表面电位，但可以改变电动电位。在紧密层的吸附，因同时存在静电力、化学键力、范德华力等，当吸附强烈时，不仅改变电动电位的大小，还可改变电动电位的符号。此时紧密层上所吸附的反号离子电荷密度必须大于固体表面的电荷密度，否则，不能改变电动电位的符号。扩散层的吸附，只有静电力，因此，只能改变电动电位的大小，这种吸附常称为静电吸附。惰性电解质（如 NaCl、KNO_3、KCl 等）在双电层外层的吸附，只改变电动电位的大小。表面活性物质及含表面活性离子的电解质，既可在扩散层吸附，又可在紧密层吸附。讨论药剂在双电层中的吸附时，常将静电吸附以外的吸附统称为特性吸附。

（3）浮选相界面吸附　吸附是浮选过程中相界面间一种相互作用的主要形式。如起泡剂主要吸附在气-液界面，捕收剂主要吸附在固-液界面，乳化剂主要吸附在液-液界面，矿浆中离子可吸附在不同界面等。吸附的结果导致相界面性质的变化，使浮选过程得以调节和进行。

① 气-液界面的吸附　浮选过程中使用起泡剂将引入矿浆的空气变成稳定的气泡。起泡剂多为表面活性剂，并以分子形式吸附，定向排列在气-液界面，非极性基朝向气相，极性基朝向水。浮选过程中研究表面活性物质在气-液界面的吸附是非常必要的。

在气-液界面，表面活性物质的平衡浓度 c 及表面张力 σ 与气-液界面吸附量 Γ 的关系可由吉布斯（Gibbs）等温吸附方程给出：

$$\Gamma = -\frac{c}{RT} \times \frac{d\sigma}{dc} \tag{2-85}$$

式中　R——气体常数；

T——热力学温度。

吸附过程中，如果吸附质能使吸附剂的表面张力显著降低，即吸附质在表面层的浓度大于体相浓度，则称为正吸附，此吸附质就称为表面活性物质（剂），如浮选中常用的长烃链羧酸盐、硫酸酯、磺酸盐及胺类捕收剂等。如果吸附质使吸附剂的表面张力升高，此时吸附质在表面层的浓度小于体相浓度，则称为负吸附。这种吸附质被称为非表面活性物质，如浮选中使用的无机酸、碱、盐等调整剂。

② 固-液界面的吸附　浮选体系中固-液界面的吸附相当复杂。浮选过程中无论添加何种药剂，绝大多数情况下都在固-液界面发生吸附，从而使界面性质发生变化。因此，研究固-液界面吸附主要是研究不同药剂质点在固-液界面的吸附。

固体的吸附作用同液体的吸附作用类似，只发生在表面层而不深入到内部，属于表面现象。如果吸附的物质扩展到固体深处，则称为吸收。被吸附的溶质称吸附物，吸附吸附物的物质称为吸附剂。因为固体表面存在表面能，故也有吸附某种物质降低表面能的倾向。因此，吸附剂总是吸附那些能降低其表面能的物质。

溶液中药剂在固-液界面的吸附遵循朗格缪尔（Langmuir）吸附等温式：

$$\Gamma = \Gamma_m \frac{bc}{1+bc} \tag{2-86}$$

式中　Γ——平衡吸附量；

Γ_m——饱和吸附量；

c——吸附质平衡浓度；

b——常数，该值等于吸附量为 $0.5\Gamma_m$ 时的吸附质浓度。

利用该式可以准确计算高、低浓度下单分子层的吸附结果，该式同样也适用于气体在固体表面上的吸附。

如果固体表面是不均匀的，那么在发生多层吸附时则服从费兰德利希吸附经验方程：

$$\Gamma = kc^{1/n} \tag{2-87}$$

式中　k、n——经验常数，可用双对数图的方法获得。

水溶液中，捕收剂在矿物表面的吸附常符合此式，固-气界面的吸附也可采用此式。

③ 液-液界面的吸附　泡沫浮选过程中经常使用非极性烃类油作捕收剂，尤其在浮游选煤

时烃类油是最主要的药剂。此外，油团、全油或乳化浮选时也需要采用大量非极性烃类油。但在泡沫浮选时要将油分散在水中形成 O/W（水包油）型乳状液；而对全油浮选等，要将水分散在油中形成 W/O（油包水）型乳状液。

在液-液界面吸附中，由于液-液界面的界面面积和界面自由能储量极高，系统处于多相热力学不稳定状态，所以液-液界面吸附总是力图向自由能降低的方向发展，以求达到稳定状态，即减少液-液界面面积。而单靠物理作用形成的乳状液只能暂时地增加界面面积，很快会发生破乳（油和水分层）。想要维持此乳状液的稳定，可用表面活性剂降低油-水界面自由能，这种办法可获得分散度适宜和稳定性较高的乳状液。制备这样的乳状液对烃类油浮选剂很有实际应用价值。所以，浮选中研究液-液界面吸附主要就是研究油和水界面表面活性物质的分布规律以及对油和水分散性能及形式的影响。

浮选过程中使用大量的表面活性剂，绝大多数情况下属于正吸附。当水中加入表面活性剂（长烃链）后，这些长烃链表面活性剂分子的疏水基被水排斥，亲水基则被水吸引。由于烃链较长，所以被水排斥的力大于水对极性基的吸引力，因此这样的单个分子在水中处于不稳定状态。为了趋于稳定状态，该类分子只能采用两种存在形态：一是在油-水界面上定向吸附，把亲水基留在水中，疏水基插入油中；二是在水中形成胶束，以尽量减少疏水基与水的接触，疏水基之间靠分子内聚力互相紧靠在一起。当表面活性剂浓度低时，该类分子形成 2~3 个分子聚集体；当浓度增高到一定程度时，表面张力、电导率会发生突变，这个转折点就是形成胶束的临界浓度，称为临界胶束浓度 CMC。CMC 是表面活性剂非常重要的一个参数，CMC 越小，表明表面活性剂形成胶束所需的浓度越低，改变界面性质所需的浓度也越低。一般来说，对于某一同系物，CMC 随烃链中碳原子数目的增加而降低。

2.4.3.4　气泡矿化的热力学分析

（1）气泡矿化的基本概念　气泡的矿化过程是指浮选过程中颗粒附着于气泡上的过程。在气泡矿化过程中，表面疏水的矿粒优先附着在气泡上，构成气泡-矿粒联合体；表面亲水的矿粒很难附着到气泡上，即使有可能附着也不牢固。这也就是说气泡矿化过程具有选择性。除了颗粒表面润湿性对气泡矿化有影响，颗粒的物理性质（如粒度、密度、形状、带电状态等）、气泡的尺寸及浮选槽内流体动力学形态等多种因素均对气泡矿化有影响。

浮选过程可以分为以下 4 个阶段：

① 接触阶段　矿粒在流动矿浆中以一定的速度和气泡接近，并进行碰撞接触。

② 黏着阶段　矿粒与气泡接触后，表面疏水的矿粒和气泡之间的水化层逐渐变薄、破裂，在气、固、液三相之间形成三相接触周边，实现矿粒与气泡的附着。

③ 升浮阶段　附着了矿粒的气泡（即矿化气泡）互相之间形成矿粒与气泡的联合体，在气泡浮力的作用下进入泡沫层。

④ 泡沫层形成阶段　最后形成稳定泡沫层，并及时刮出。

泡沫浮选过程中，疏水矿粒能否作为精矿上浮，取决于这 4 个阶段的进展情况。如果每个阶段都处于良好状态，就能得到满意的浮选结果。浮选时，矿粒能否上浮的总概率应由上述 4 个分过程的分概率来决定，即

$$P = P_c P_a P_n P_s \tag{2-88}$$

式中　P——矿粒进入泡沫产品的总概率；

P_c——碰撞阶段的碰撞概率；

P_a——黏着阶段的黏着概率；

P_n——升浮阶段中的不脱落概率；

P_s——泡沫层形成阶段的稳定性概率。

P_c 与气泡直径、矿粒直径、水流运动状态及矿浆浓度等有关。矿粒和气泡能否黏着，即

P_a 的大小与矿粒表面疏水程度、碰撞速度及气泡与矿粒的碰撞角度有关。P_n 则和气泡与矿粒黏着的牢固程度关系密切。P_n 受气泡和矿粒黏着面积、气泡给予矿粒的提升力、矿浆运动速度及其他矿粒对它的干扰程度等因素影响。P_s 主要受气泡寿命及气泡与矿粒黏附牢固程度的影响。为提高气泡和矿粒黏着的总概率，必须提高 4 个分过程的概率，才有利于浮选过程的进行。

浮选矿浆中气泡的矿化是气泡群和矿粒群之间的群体行为，有别于单一的矿粒和气泡的情况。实际浮选槽内的气泡矿化现象可以归纳为以下 3 种形式。

① 矿粒附着于由碰撞和搅拌切割而成的气泡上，形成矿化气泡。气泡运动时，黏附的矿粒群往往聚集于气泡尾部，形成所谓矿化尾壳。矿化尾壳占据气泡总表面积的百分比因浮选条件的不同而不同，在可浮性好的颗粒多的精选作业中可高达 20%～30%，而低的只有 1%～2%。

② 空气在水中由过饱和析出在颗粒的疏水性表面，增长和兼并、析出颗粒-微泡联合体。此时许多气泡黏附在一个矿粒上，此种矿化形式对粗粒浮选有重要意义。

③ 由若干微小气泡和许多细小颗粒构成气絮团。此先决条件是形成疏水絮凝体，此种疏水粒群往往以气絮团浮出。

（2）气泡矿化的热力学分析　通常测定的接触角是用小水滴或小气泡在大块纯矿物表面测到的。实际浮选时，磨细的矿粒向大气泡附着，直接测定其接触角是困难的，因此需用物理化学的方法。气泡矿化前后的情况如图 2-21 所示。

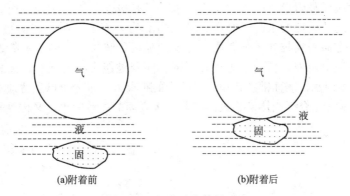

图 2-21　气泡矿化前后对比

设 $\sigma_{固水}$、$\sigma_{水气}$、$\sigma_{固气}$ 分别表示相应的相界面自由能，$S_{固水}$、$S_{水气}$、$S_{固气}$ 分别表示相应的相界面表面积，气泡矿化前系统自由能 E_a 为

$$E_a = S_{水气}\,\sigma_{水气} + S_{固水}\,\sigma_{固水} \tag{2-89}$$

颗粒向气泡附着后系统自由能（假定附着面积为单位面积 $1cm^2$）E_b 为

$$E_b = (S_{水气}-1)\sigma_{水气} + (S_{固水}-1)\sigma_{固水} + (1\times\sigma_{固水}) \tag{2-90}$$

附着前后自由能变化值 ΔE 为

$$\Delta E = E_a - E_b = \sigma_{水气} + \sigma_{固水} - \sigma_{固气} \tag{2-91}$$

由式（2-84）可知，$\sigma_{固水}-\sigma_{固气}=-\sigma_{水气}\cos\theta$，将此式代入式（2-91）得

$$\Delta E = \sigma_{水气}(1-\cos\theta) \tag{2-92}$$

式中　$\sigma_{水气}$——水-气界面自由能，其数值与水的表面张力相同（常温常压下为 72×10^{-3} N/m），由实验测定。

式（2-92）就是浮选基本行为——气泡矿化（矿粒向气泡附着）前后的热力学方程式，它表明了自由能变化与平衡接触角的关系。由于水的表面张力为恒定值，因此 ΔE 仅与 θ 值有关。

当矿物表面完全亲水时，$\theta=0°$，润湿性 $\cos\theta=1$，可浮性 $1-\cos\theta=0$，则 $\Delta E=0$，矿粒不能自动地附着在气泡上，浮选行为不能发生。

当矿物表面疏水性增加时，接触角 θ 增大，润湿性 $\cos\theta$ 减小，可浮性 $1-\cos\theta$ 增大，则 ΔE 增大。按照热力学第二定律，在恒温条件下，如果过程变化前的体系比变化后的体系自由能大，$\Delta E>0$，则过程有自发进行的趋势。越是疏水的矿物，越能自发附着于气泡上。

必须指出，式(2-92)是在一些假定条件下得出的简化近似式。实际上，当气泡与矿粒接触时，界面面积的变化及气泡的变形相当复杂。曾有学者进行过较复杂的推算，由于固-液及固-气界面能难以直接测定，平衡接触角不易测准，特别是矿粒与气泡间形成水化膜的性质变化复杂等，所以这方面的工作有待继续研究。在实际中，可用 ΔE 来定性研究矿物的浮选行为。通过对比各种矿物接触角的大小，比较它们与气泡附着前后体系自由能的变化，可粗略地判断它们的可浮性。理论上，可浮的基本条件是 $\Delta E>0$，即接触角 $\theta>0$。在浮选药剂的作用下，大多数矿物的接触角大于零。

2.4.3.5　气泡矿化的动力学分析

润湿性的差异是矿物浮选分离的前提和基础。热力学分析基本上阐明气泡矿化这一过程的方向与可能性，但气泡矿化能否实现以及实现的难易程度，还要看是否具备矿化的动力学条件。

（1）水化膜

① 水化膜的形成及其性质　从宏观的接触角到矿物与水溶液表面的微观润湿性可知，润湿是水分子对矿物表面吸附形成的水化作用。水分子是极性分子，矿物表面的不饱和键能有不同程度的极性。因此，极性的水分子会在有极性的矿物表面上吸附，在矿物表面形成水化膜。水化膜中的水分子定向密集排列，与普通水分子的随机稀疏排列不同。最靠近矿物表面的第一层水分子，受表面吸引最强，排列最为整齐严密。随着键能影响的减弱，离表面较远的各层水分子的排列秩序逐渐混乱。表面键能作用不能达到的距离处，水分子已呈普通水那样的无秩序状态。所以，水化膜实际是介于固体矿物表面与普通水之间的过渡间界，又称界间层（图 2-22）。

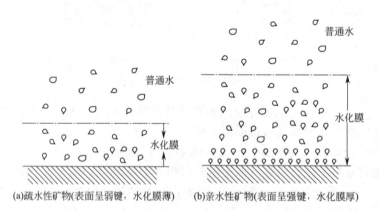

图 2-22　水化膜示意图

水化膜的厚度与矿物的润湿性成正比。亲水性矿物（如石英、云母）的表面水化膜可以厚达 10^{-3} cm，疏水性矿物表面水化膜则为 $10^{-6} \sim 10^{-7}$ cm。这层水化膜受矿物表面键能作用，它的黏度比普通水大，并且具有同固体相似的弹性，所以水化膜虽然外观是液相，但其性质却近似固相。

② 水化膜的薄化　在浮选过程中，矿粒与气泡互相接近，先排除隔于两者夹缝间的普通水。由于普通水的分子是无序而自由的，所以易被挤走。当矿粒向气泡进一步接近时，矿粒表面的水化膜受气泡的排挤而变薄。水化膜变薄过程的自由能变化与矿物表面的水化膜有关：矿

物表面水化性强（亲水性表面），则随着气泡向矿粒逼近，水化膜表面自由能增加，水化膜的厚度与自由能的变化表明，表面亲水性矿物不易与气泡接触附着；中等水化性表面，这是浮选常遇到的情况；弱水化性表面就是疏水性表面，到很近表面的一层水化膜很难排除。

（2）矿粒向气泡附着过程　浮选常遇到的矿物既非完全亲水，又非绝对疏水，往往是中间状态。矿粒向气泡附着过程可分为 4 个阶段，如图 2-23 所示。

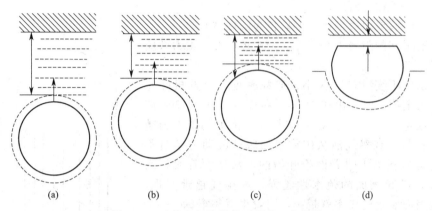

图 2-23　矿粒向气泡附着过程的 4 个阶段

如图 2-23(a) 所示阶段是矿粒与气泡的互相接近。这是由浮选机的充气搅拌使矿浆运动、表面间引力等因素综合造成的。矿粒与气泡互相接触的机会，与搅拌强度、矿粒气泡的大小尺寸等相关。

如图 2-23(b) 所示阶段是矿粒与气泡的水化层接触。由于矿粒与气泡的逼近，原来矿粒与气泡间的普通水层逐步从夹缝中被挤走，直至矿粒表面的水化层与气泡表面的水化层相互接触。由于水化层的水分子是在表面键能的作用力场范围内，故水分子偶极是定向排列的，这与普通水分子的无序排列不同。

如图 2-23(c) 所示阶段是水化膜的变薄或破裂。水化层受到外加能的作用扩展到一定程度，成为水化膜。据测定，矿粒与气泡自发靠近间隔为 0.1nm。

如图 2-23(d) 所示阶段是矿粒与气泡的接触。接触发生后，如为疏水矿物，润湿周边可能继续扩展。在矿粒与气泡接触面上，可能有残余水化膜。残余水化膜是一个相当于单分子层的水膜，它与气泡中的蒸气相平衡，与矿粒表面联系得十分牢固，已近于半固态，性质似晶体。残余水化膜的存在，不影响矿粒在气泡上的附着。要除去此膜，需要很大的外加力。

残余水化膜厚度与矿物表面的润湿性密切相关。疏水性矿物残余水化膜，在与气泡碰撞中，易于变薄、破裂，从而实现附着；而亲水性矿物则相反。矿物与气泡接触，水化膜变薄、破裂并实现附着的整个时间称黏着时间或感应时间 $t_{感}$。$t_{感}$ 必须小于矿粒与气泡碰撞时间，矿粒才可能实现向气泡的附着。否则，会因水化膜来不及破裂或矿粒受气泡的弹性作用而不能实现在气泡上的附着。因此，感应时间与附着速率是一个十分重要的动力学条件。

浮选过程加入各种浮选药剂，可以人为地改变上述动力学条件，明显地提高浮选效率。矿粒表面经捕收剂作用后，感应时间大大缩短；相反，矿粒经抑制作用后，感应时间大大延长。

（3）矿粒在气泡上附着牢固度　矿粒与气泡附着的牢固度，应能保证矿化气泡浮升到浮选泡沫层，矿粒不至于中途脱落。当矿粒附着在气泡上后，能否上浮至矿浆进入泡沫产品，要看脱落力的大小。现就作用在矿粒气泡聚合体上的主要动力，综合分析影响受力的主要因素。由图 2-24 可知，矿粒附着在气泡上的动力学条件必须满足以下各式：

在静水中：
$$2\pi r\sigma_{水气}\sin\theta > m(\delta-\Delta)g \tag{2-93}$$

在涡流中：
$$2\pi r\sigma_{水气}\sin\theta > m(\delta-\Delta)\omega^2 R \tag{2-94}$$

式中　$\sigma_{水气}$——水气界面上的表面张力；

$\qquad\theta$——接触角；

$\qquad\Delta$——水的密度；

$\qquad g$——重力加速度；

$\qquad\omega^2 R$——离心力场加速度；

$\qquad\delta$——矿粒的密度；

$\qquad r$——润湿周边半径（设矿粒为圆柱体）。

即矿粒与气泡之间的附着力 $2\pi r\sigma_{水气}\sin\theta$ 必须大于重力效应（或脱落力效应）。

在其他条件不变（矿粒大小、矿粒密度、浮选机叶轮转速、$\sigma_{水气}$ 为定值）时，由式(2-93)和式(2-94)可知：矿粒表面疏水性越强（即 θ 越大），矿粒在气泡上的附着力越大，就难以脱落。观察气泡从矿粒表面脱落的动力学过程发现：脱落总是从缩小附着面积开始的，水从附着面积逐渐挤向气体；矿粒表面的疏水性越强，水排气越难实现，矿粒从气泡表面脱落的概率就越小，附着也就越牢。

矿粒附着于气泡的过程能否实现，关键在于能否最大限度地提高被浮矿物表面的疏水性，增大接触角值。在浮选工艺中，改变矿物表面润湿的有效措施，是采用各种不同用途的浮选药剂；而正确地选择、使用浮选药剂是调整矿物可浮性的主要外因。

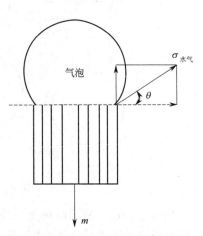

图 2-24　矿粒在气泡上
附着的动力学分析

2.4.4　浮选药剂

矿物能否浮选主要取决于矿物表面的润湿性。自然界的矿物，除石墨、自然硫、辉钼矿和滑石外，绝大多数矿物的天然可浮性都比较差。为有效地实现各种矿物浮选分离，需人为地控制矿物表面的润湿性，扩大矿物间可浮性的差别。一般通过加入浮选药剂来改善矿物表面的润湿性，这种改善必须要有选择性，即只能加强一种矿物或某几种矿物的可浮性，而对其他矿物不仅不能加强有时还要削弱。浮选之所以能够被广泛应用于矿物加工，其最重要的原因就在于它能通过浮选药剂灵活、有效地控制浮选过程，成功地将矿物按人们的需求加以分开，使资源得到综合利用。

浮选药剂种类很多，既有有机和无机化合物，又有酸、碱和不同成分的盐。浮选药剂在浮选过程中的作用除调节矿物的可浮性外，还有加强空气在矿浆中的弥散、增强泡沫的稳定性、改善浮选矿浆性质等作用。浮选药剂的分类方法很多，根据其用途基本上可分为三大类。

① 捕收剂　在矿浆中能够吸附（物理吸附或化学吸附）在矿物表面形成疏水薄膜，使矿物的疏水性增大，增加矿物浮游性的药剂称捕收剂，如黄药、黑药、油酸等。

② 起泡剂　起泡剂是一种表面活性物质，能富集在气-水界面并降低表面张力，促使泡沫形成，提高气泡的稳定性和延长气泡寿命，如松醇油、甲酚油、醇类等。

③ 调整剂　调整剂主要作用是调整其他药剂（主要是捕收剂）与矿物表面的作用以及矿浆的性质，提高浮选过程的选择性。调整剂种类很多，又细分为下列 5 种。

活化剂：凡能促进捕收剂与矿物的作用，提高矿物可浮性的药剂（多为无机盐）称为活化剂，如 $CuSO_4$ 是闪锌矿和黄铁矿的活化剂。

抑制剂：与活化剂相反，凡能削弱捕收剂与矿物作用，降低和恶化矿物可浮性的药剂称为抑制剂，如 $ZnSO_4$、$NaCN$、淀粉等。

pH 值调整剂：调整矿浆 pH 值的药剂称为 pH 值调整剂，如 H_2SO_4、Na_2CO_3、$NaOH$ 等。其主要作用是调整矿浆的性质，使其对某些矿物浮选有利，对另一些矿物浮选不利。如用它来调整矿浆的离子组成，改变矿浆的 pH 值，调整可溶性盐的浓度等。

絮凝剂：促使矿浆中细粒联合变成较大团粒的药剂称为絮凝剂，如聚丙烯酰胺、腐植酸、石膏粉等。絮凝剂的功能在于降低或中和矿粒的表面电性，或起"桥联"作用使细粒絮凝。

分散剂：能够在矿浆中使固体细粒悬浮的药剂称为分散剂。分散剂的功能在于其能给予矿物负电荷而起到分散作用，如水玻璃、磷酸钠、六偏磷酸钠等。

浮选药剂的分类见表 2-8，但其分类并非绝对。某种药剂在一定条件下属于这一类，在另一条件下，可能属于另一类。如硫化钠在浮选有色金属硫化矿时它是抑制剂，在浮选有色金属氧化矿时是活化剂，当用量过多时它又是抑制剂等。

表 2-8　浮选药剂分类

分类	系列	品种	典型代表
捕收剂	阴离子型	硫代化合物	黄药、黑药等
		羟基酸及皂	油酸、硫酸酯等
	阳离子型	胺类衍生物	混合胺等
	非离子型	硫代化合物	乙黄腈酯等
	羟油类	非极性油	煤油、焦油等
起泡剂	表面活性物	醇类	松醇油、樟脑油
		酸类	丁醚油类
		醚醇类	醚醇油类
		酯类	酯油类
	非表面活性物	酮醇类	酮醇油
调整剂	pH 值调整剂	电解质	酸、碱
	活化剂	无机物	金属阳离子 Cu^{2+} 等，阴离子 CN^-、HS^-、HSO_3^- 等
	抑制剂	气体	O_2、SO_2 等
		有机化合物	淀粉、单宁等
	絮凝剂	天然絮凝剂	石膏粉、腐植酸等
		合成絮凝剂	聚丙烯酰胺等
	分散剂	有机物、无机物、有机聚合物	水玻璃、磷酸盐、单宁酸盐

2.4.4.1　捕收剂

捕收剂应具有两种作用功能：一是能吸附在矿粒表面上；二是吸附后使矿粒表面疏水或疏水性增强。几乎所有的捕收剂（不论离子型还是非离子型），均由能吸附在矿物表面上的极性官能团，即极性基和非极性基构成。在极性基中原子价未被全部饱和，有剩余亲和力，它决定捕收剂对矿物的亲固能力，非极性基的全部原子价均被饱和，活性很低，它决定药剂的疏水性能。

根据捕收剂分子结构将捕收剂分为异极性捕收剂、非极性油类捕收剂和两性捕收剂 3 类。捕收剂分子结构中一般都包含极性基和非极性基两个基。极性基能活泼地作用于矿物表面，使捕收剂固着于矿物表面上；非极性基起疏水作用。工业上使用的捕收剂一般为异极性的有机物质，也有捕收剂起捕收作用的不是离子而是分子。

异极性捕收剂是异极性物质，常见的有黄药（$R—OCSSNa$）、脂肪酸（$R—COOH$）、胺类（$R—NH_2$）等。这类捕收剂的分子是由极性基（$—OCSSNa$、$—COOH$、$—NH_2$）和非极性基（$R—$）两部分组成。在极性基中不是全部的原子价都被饱和，有多余亲和力。它们决定着极性基的作用活性，与矿物表面作用时，固着在矿物表面上，故也称亲固基。在非极性基中，全部原子价均被饱和，化学活性很低，不被水所润湿，也不易与其他化合物反应，对矿物表面起疏水作用。

非极性油类捕收剂其化学通式为 R—H。油类捕收剂分子内各原子之间以极强的共价键相互结合，对于弱的分子键，易附着于表面同样呈弱分子键的非极性矿物。如非极性的煤油分子与强极性的水分子之间的作用力很弱，所以表现出疏水性。

两性捕收剂通式为 $R_1X_1R_2X_2$，R_1、R_2 为烃基，通常 R_1 是较长的烃基，R_2 则为较短的烃基。X_1 为阳离子基，有—NH—、—NH_4—、—AsH—、—PH_4 等；X_2 为阴离子基，一般为—COOH、—SO_4H、—SH、—$PO(OH)_2$ 等。两性捕收剂的解离情况依介质的酸、碱性而定，通过调整矿浆 pH 值，使其产生不同的捕收作用。以氨和酸为例，在碱性溶液中解离为阴离子，在酸性溶液中解离为阳离子，pH 值适宜时可使其处于阴、阳离子平衡状态（$R_1X_1^+R_2X_2^-$）。

常见捕收剂的结构性能见表 2-9。

表 2-9　常见捕收剂的结构性能

药剂	分子式	价键因素				表面因素	
		解离性	水溶性	极性	化学特性	非极性基种类	非极性基大小
黄药	ROCSSNa	弱离子型	易溶固体	弱极性	与重金属离子生成难溶化合物	正、异构烷基	$C_2\sim C_5$
黑药	$(RO)_2RSSNH_4$	弱离子型	易溶固体	弱极性	与重金属离子生成难溶化合物	烷基、甲苯	$C_2\sim C_5$
氨基硫酸盐	$R_2NCSSNa$	弱离子型	易溶固体	弱极性	与重金属离子生成难溶化合物	烷基	$C_2\sim C_5$
双黄药	$(ROCSS)_2$	非离子型	难溶液体	弱极性	与重金属离子生成难溶化合物	正、异构烷基	$C_2\sim C_5$
硫醚类	$RNHCSOR_1$	非离子型	难溶液体	弱极性	与重金属离子生成难溶化合物	$C_2\sim C_5$	
硬脂酸皂	RCOONa	弱离子型	可溶固体	弱极性	与碱土金属、重金属	$C_2\sim C_5$	$C_{10}\sim C_{20}$
油酸皂	RCOONa	弱离子型	可溶固体	弱极性	生成难溶化合物	不饱和烯基	C_{27}
磺酸钠	RSO_3Na	强离子型	可溶固体或不溶软膏	强极性		烷基	$C_{12}\sim C_{25}$
伯胺	RNH_2	弱离子型	可溶固体或不溶软膏	强极性	与重金属离子成配合物	烷基	$C_{12}\sim C_{18}$
氨基酸	$RNH_2(CH_2)_2COOH$	两性型	可溶固体	强极性	与重金属离子成配合物	烷基	$C_8\sim C_{18}$
柴油类	C_nH_{2n+2}	非离子型	不溶液体	非极性	与矿物无化学活性	烷烃	$C_{10}\sim C_{20}$

2.4.4.2　起泡剂

起泡剂是一种能够吸附于水气界面、降低表面张力的异极性有机表面活性物质，要求在水-气界面上的吸附能力强（起泡剂在矿物表面上最好不发生吸附），这样可显著降低水的表面张力，增大空气在矿浆中的弥散度，改善气泡在矿浆中的大小及运动状态，减少向矿浆中充气搅拌的动力消耗，在矿浆表面上形成浮选需要的泡沫层。

起泡剂分子也是由极性基和非极性基两部分构成。极性基最常见的有羟基—OH、羧基—COOH、醚基—O—、羰基 —C=O、氨基—NH_2、氰基—CN、吡啶基≡N、磺酸基—OSO_2OH、—SO_2OH 等。浮选中用得最多的是带羟基的醇类和酚类，以及带醚基的一些合成起泡剂，由于它们既不能水化又不解离（分子起泡性常比离子好），因此没有捕收作用。就起泡剂结构而言，与异极性捕收剂十分相似，但捕收剂和起泡剂在浮选过程中的作用机理是不同的。捕收剂的极性基亲固体，非极性基亲空气。起泡剂与水作用时，水的偶极子易于同极性基结合，使之水化，疏水的非极性基与水不作用，力图离开水相而移至气相，如图 2-25 所示。这两种趋势减少了单位面积所需做的功，降低了水的表面张力。

浮选过程中添加起泡剂，其主要作用有以下 3 个方面。

（1）使空气在矿浆中分散成小气泡，并防止气泡兼并　浮选过程中希望生成的气泡直径较小，而且具有一定的寿命。但气泡直径也不能太小、太过于稳定，否则会对分选不利。在矿浆中，气泡直径大小与起泡剂浓度有关。试验表明，矿浆中没加起泡剂时，气泡平均直径为 3～5mm，加入起泡剂后，可降到 0.5～1mm。浮选过程中希望气泡不兼并，升浮到矿浆表面后，也不立即破裂，能形成具有一定稳定性的泡沫，保证浮选过程的顺利进行，这些都是靠起泡剂来实现的。

（2）增大气泡机械强度，提高气泡的稳定性　气泡为了保持最小面积，通常呈球形。起泡剂在气-液界面吸附后，定向排列在气泡的周围，如图 2-26 所示。气泡在外力作用下发生变形时，变形地区表面积增加，导致气泡表面的起泡剂分子吸附密度降低，表面张力增大。但体系的自发趋势是降低表面张力。因此，存在于气-液界面上的起泡剂，增强了抗变形的能力。如果变形力不大时，气泡将不能破裂，并能恢复原来的球形，增加了气泡的机械强度。

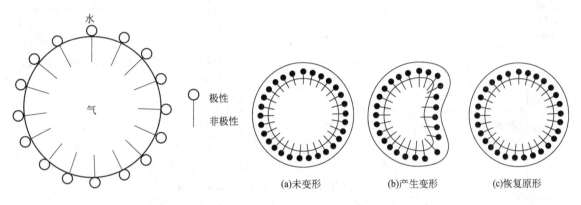

图 2-25　起泡剂与水的作用过程　　　　　图 2-26　起泡剂增大气泡机械强度示意图

（3）降低气泡的运动速度，增加气泡在矿浆中停留时间　浮选过程中，起泡剂的添加可以降低气泡的运动速度，增加气泡在矿浆中的停留时间，这一作用主要通过 3 个方面实现：①起泡剂极性端有一层水化膜，气泡运动时必须带着这层水化膜一起运动，由于水化膜中水分子与其他水分子之间的引力，将减缓气泡运动速度；②为了保持气-液界面张力为最小，气泡要保持其球形，不容易变形，增大了运动过程的阻力，使气泡运动速度降低；③由于起泡剂作用的结果，产生的气泡直径小，数目多，小气泡的运动速度通常较慢。

物质在表面层中自发地富集的现象叫吸附现象。由于起泡剂分子在水气界面上的取向吸附作用，降低了水气界面的表面张力，使水中弥散气泡变得坚韧与稳定。非表面活性物质也可作起泡剂。试验表明，有些没有表面活性本身又不是捕收剂的药剂（如双丙酮醇）自身并不起泡，与捕收剂一起使用，可形成很好的泡沫，提高精矿品位及回收率。

作为起泡剂，一般应具备以下几个特点：①用量较低时，能形成量多、分布均匀、大小合适、韧性适当和黏度不大的气泡；②应有良好的流动性，适当的水溶性，无毒、无臭、无腐蚀，便于使用，价廉，来源广；③无捕收性能，对矿浆 pH 值变化和矿浆中的各种组分有较好的适应性。常用的起泡剂分类及结构见表 2-10。

由以上要求可见，醇类是比较合适的起泡剂之一，原因在于：醇在水中不解离，属于非离子型起泡剂；起泡性能强，不具有捕收性能；在水中的溶解度较大，分散好，药剂用量小；对矿浆 pH 值改变影响小。所以，醇类是现在应用最广泛的起泡剂。

表 2-10 常用起泡剂分类及结构

类型	品种	极性基	实例	结构	备注
非离子型（一般无捕收剂）	醇类	—OH	正构脂肪醇	C_nH_{2n+1}（$C_6 \sim C_9$ 混合）	制醇工业副产品、杂醇油
			异构脂肪醇	$H_3C-CH-CH_2-CH-CH_3$（带 CH_3、OH）	英文缩写 MIBC
			萜品醇	（萜品醇结构式，含 —OH）	2 号油的主要成分
			樟脑	（樟脑结构式）	樟脑油的主要成分
			桉叶醇	（桉叶醇结构式，含 —O—）	桉树油的主要成分
	聚醇醚类	—O— —OH	聚丙烯二醇醚	$H_3C-(OC_3H_5)-OH$	Dowfrot-h250
	氧烷类	—O—	三乙氧丁烷	（三乙氧丁烷结构式）	
离子型（兼具捕收性）	酸及皂类	—COOH(Na)	脂肪酸（皂）	$C_nH_{2n+1}COOH(Na)$	包括不饱和酸（皂）
			树脂酸（皂），如松香酸	（松香酸结构式，含 HOOC、CH_3、$CH(CH_2)_2$）	粗塔油的成分之一
	烃基磺酸（皂）	—SO₃H(Na)	烷基苯磺酸钠	$R-\bigcirc-SO_3Na$	国外牌号 R-800
	酚类	—OH	甲苯酚等	$H_3C-\bigcirc-OH$	多用混合物
	吡啶类	≡N	重吡啶	（吡啶结构式）	混合物

2.4.4.3 调整剂

调整剂是浮选过程中调整矿物浮选行为的药剂，依作用可分为抑制剂、活化剂、介质 pH 值调整剂、矿泥分散剂、凝结剂和絮凝剂。广义而言，浮选过程中所使用的除捕收剂和起泡剂以外的药剂都可以称为调整剂。调整剂包括各种无机化合物（如盐、碱和酸）和有机化合物。同一种药剂，在不同条件下往往起不同的作用。调整剂是控制矿物与捕收剂作用的一种辅助药剂。浮选过程经常是在捕收剂和调整剂的良好配合下才能获得高的技术指标。对于一些复杂的矿石或难选矿石，选择合适调整剂往往是获得高指标的关键。常见调整剂分子结构及特性见表 2-11。

表 2-11 常见调整剂分子结构及特性

种类	名称	分子结构式	应用特征
无机抑制剂（有效成分是阴离子）	氰化钠（氰化钾）	NaCN(KCN)	抑制 ZnS、FeS
	氰化钙	$Ca(CN)_2$	抑制 ZnS、FeS
	硫化钠	Na_2S	抑制 ZnS、FeS 及脱药
	硫化钙	CaS	抑制 ZnS、FeS
	亚硫酸	H_2SO_3	抑制 ZnS、活化铜矿
	硫代硫酸钠	$Na_2S_2O_3$	抑制 ZnS、活化铜矿
	硫代碳酸钠	HO—C—SNa〔〕O	抑制硫化矿
	重铬酸钾	$K_2Cr_2O_7$	抑制 PbS
	硅酸钠（水玻璃）	Na_2SiO_2 或 $mNa_2O \cdot nSiO_2$	抑制硅酸盐矿物
	硅氟化钠	Na_2SiF_6	抑制硅酸盐矿物
	磷酸三钠	$Na_3PO_4 \cdot 12H_2O$	抑制脉石矿物
	焦磷酸钠	$Na_4P_2O_7 \cdot 10H_2O$	抑制方解石、磷灰石、重晶石
	偏磷酸钠	$(NaPO_3)_n$	抑制 Ca^+、Mg^{2+} 活化矿物
无机抑制剂（有效成分是阳离子）	硫酸锌	$ZnSO_4$	抑制 ZnS
	石灰	CaO	抑制 FeS 矿等
	次氯酸钙	$Ca(ClO)_2 \cdot 4H_2O$	抑制硫化铜、铁矿
	硫酸亚铁	$FeSO_4$	抑制硫化矿，兼作絮凝剂
	硫酸铝	$Al_2(SO_4)_3$	抑制硫化矿，兼作絮凝剂
低分子量有机抑制剂	柠檬酸	HOOC—H_2C—C—CH_2—COOH，OH，COOH	抑制萤石、被 Cu^{2+} 活化的石英
	酒石酸	HOOC—CH—CH—COOH，OH OH	抑制萤石、被 Cu^{2+} 活化的石英
	草酸	HOOC—COOH	抑制硅酸盐矿物
	茜素 S	（结构式）	抑制萤石、重晶石等硅酸盐矿物
高分子有机抑制剂	天然淀粉	分子简化式：$(C_6H_{10}O_5)_m$（结构式）	抑制石英、辉石、滑石、萤石及白云石；萤石在酸、碱介质中均可，白云石只在碱性中有抑制作用
	糊精（水解淀粉）	$(C_6H_{10}O_5)_n$	抑制石英、滑石、绢云母等
	单宁	分子式复杂，结构之一（结构式）R_1 为 $C_6H_{11}O_5$ R_2 为 $(OH)_3C_5H_2COO$ $[(OH)_2C_6HCOO]_n$	抑制含钙、镁矿物，方解石、白云石等；抑制石英，用于萤石、磷灰石、白钨矿等浮选
	羧甲基纤维素	极性基—COOH(NA)、—O—	抑制赤铁矿、方解石及 Ca^{2+}、Fe^{2+} 活化的石英等
	羧乙基纤维素	极性基—OH、—O—	抑制 Ca、Mg 硅酸盐矿物
	磺化木质素	极性基—SO_3H(Na、Ca)、—OH	抑制脉石矿物，分离稀有金属
	聚丙烯酰胺	极性基—$CONH_2$、—COOH	抑制脉石，兼作絮凝剂

续表

种类	名称	分子结构式	应用特征
有机和无机活化剂	金属离子	Cu^{2+}、Ca^{2+}、Ag^{2+}、Ba^{2+}	硅酸盐矿清洗及活化剂
	无机酸、碱	HCl、H_2SO_4、$NaOH$	硅酸盐矿物活化剂、pH 值调整剂
	聚乙烯二醇		脉石矿物活化剂
	乙二胺磷酸盐		氧化矿物活化剂
pH 值调节剂	石灰、碳酸钠	CaO、Na_2CO_3	硫化矿 pH 值调节剂、氧化矿和硅酸盐矿 pH 值调节剂
	各种无机酸	H_2SO_4、HCl、H_3PO_4	pH 值调节剂
高分子有机絮凝剂	聚丙烯酰胺、羧甲基纤维素、淀粉		用于选择性絮凝法处理氧化矿、锡石、重晶石、水铝石、硅孔雀石等

（1）抑制剂　凡能够破坏或削弱矿物对捕收剂的吸附，增强矿物表面亲水性的药剂称为抑制剂。抑制剂对矿物的抑制作用，是通过以下几种方式达到的。

① 消除溶液中活化离子　在活化离子的作用下，矿物可以实现浮选，若将活化离子去除就可使矿物浮选达到抑制。例如，石英在 Ca^{2+}、Mg^{2+} 离子的活化作用下才能被脂肪酸类捕收剂浮选。若在浮选前加入苏打，使 Ca^{2+}、Mg^{2+} 生成不溶性盐沉淀，消除了 Ca^{2+}、Mg^{2+} 的活化作用，从而使石英失去可浮性。

② 消除矿物表面活化薄膜　选择合适的调整剂来溶解矿物表面活化薄膜，使其失去可浮性，从而达到对该矿物的抑制。例如，闪锌矿表面生成硫化铜薄膜后可用黄药浮选，当硫化铜薄膜被氰化物溶解后闪锌矿就失去了可浮性，即无法进行浮选。

③ 形成亲水薄膜　在矿物表面形成亲水薄膜，可以提高矿物表面的水化性，同时削弱对捕收剂的吸附活性。亲水薄膜有 3 种：第一，形成亲水的离子吸附膜，如矿浆中存在过量的 HS^-、S^{2-} 时，硫化矿表面可吸附它们形成亲水的离子吸附膜；第二，形成亲水的胶体薄膜，如水玻璃在水中生成硅酸胶粒，吸附于硅酸盐矿物表面，形成亲水的胶体抑制薄膜；第三，形成亲水的化合物薄膜，如方铅矿被重铬酸盐抑制，在矿物表面生成亲水的 $PbCrO_4$ 抑制薄膜。

上述这些作用并不是孤立存在的，某种药剂往往是同时通过几方面的作用配合来实现有效抑制。常用的抑制剂包括：硫化钠及其他可溶性硫化物、氰化物、硫酸锌、二氧化硫、亚硫酸及其盐类、重铬酸盐、水玻璃及有机抑制剂（淀粉、单宁、羧甲基纤维素、木质素、腐殖酸）等。

（2）活化剂　凡能增强矿物表面对捕收剂的吸附能力的药剂称为活化剂。活化剂一般通过以下几种方式使矿物得到活化：

① 在矿物表面生成难溶性活化薄膜　当矿物本身很难被某种捕收剂捕收，但在活化剂的作用下，难溶性活化薄膜在矿物表面生成，从而使矿物能够成功被捕收。例如，白铅矿本身很难被黄药捕收，但经硫化钠活化后，在白铅矿表面生成的硫化铅薄膜使得浮选很容易进行。

② 活化离子在矿物表面吸附　例如，纯石英本身不能被脂肪酸类捕收剂浮选，但石英吸附 Ca^{2+}、Ba^{2+} 后就能实现浮选。

③ 清洗掉矿物表面的抑制性亲水薄膜　例如，黄铁矿在强碱介质中表面会生成亲水的 $Fe(OH)_3$ 薄膜，此时矿物不能被黄药浮选。但如采用硫酸去除黄铁矿表面的 $Fe(OH)_3$ 薄膜后便能采用黄药进行浮选。

④ 消除矿浆中有害离子的影响　例如，硫化矿往往不能被黄药浮选是因为矿浆中存在 HS^-、S^{2-}，只有把这些离子去除后并出现游离氧，硫化矿才能被黄药浮选。

浮选过程中常用的活化剂有硫酸铜及有色重金属可溶性盐、碱土金属和部分重金属的阳离子、可溶性硫化物以及无机酸、碱等。

（3）介质 pH 值调整剂　矿物通常在一定的 pH 值范围内才能得到良好的浮选。pH 值调整剂的主要作用形式为：①调整重金属阳离子的浓度；②调整捕收剂的离子浓度；③调整抑制剂的浓度；④调整矿泥的分散与凝聚；⑤调整捕收剂与矿物之间的作用。

常用的 pH 值调整剂有石灰、碳酸钠、硫酸和氢氧化钠等。

（4）分散剂、凝结剂和絮凝剂　选矿处理的物料通常是各种粒度粒子的混合物。当粒度减小时，粒子质量相应变小，比表面积变大，表面能增高，会显著地影响分选过程。微细粒子在矿浆中悬浮的自由运动状态称为分散状态。分散的粒子有自动聚集、降低体系自由能的趋势。当粒子相互撞黏附成聚团、尺寸由小变大的过程称为聚集（或聚团）过程。在电解质作用下，消除离子的表面电荷或压缩双电层而使粒子聚集并析出沉淀的现象称为凝聚（或凝结）。向微细粒子的悬浮液中加入高分子聚合物（如淀粉或聚电解质等），通过桥联作用使微细粒子聚集成疏松的、三维空间的、多孔性的絮团过程称为高分子絮凝，简称絮凝。如果絮凝作用对各种不同粒子无选择性，则称为全絮凝；如果在多种粒子的混合悬浮液中絮凝剂选择性地吸附某种粒子使之絮凝，其余粒子仍处于分散状态，则称为选择性絮凝。

① 分散剂　凡能在矿浆中使固体细粒悬浮的药剂称为分散剂。常用的分散剂有碳酸钠、水玻璃、三聚磷酸盐、单宁、木素磺酸盐等。分散作用的共同特征是使矿粒表面的负电性增强，增大矿粒之间的排斥作用力，并使矿粒表面呈现强的亲水性。如需强烈分散矿泥，要在加入分散剂前先加入氢氧化钠，提高矿浆 pH 值，使矿泥高分散。

最常用的分散剂是水玻璃，它既价廉，分散效果又好。水玻璃在水中生成 H_2SiO_3 分子、SiO_3^{2-}、$HSiO_3^-$ 及水玻璃胶粒，它们能吸附在矿粒表面大大地增强矿粒表面的亲水性，故水玻璃是良好的分散剂。碳酸钠是一种有效的药剂，它既可调节矿浆 pH 值，又有分散作用。当要求矿浆 pH 值不十分高又希望分散矿浆时，为增强碳酸钠的分散作用，可配用少量水玻璃。各种聚磷酸盐都具有分散作用，常用的有三聚磷酸盐（$Na_5P_3O_{10}$）和六偏磷酸盐 $[(NaPO_3)_6]$。木素磺酸盐、单宁等也有分散作用，但不常作分散剂用。

② 凝结剂　常用的凝结剂是无机物，也称为助沉剂。此类药剂包括在絮凝剂分类之中，无机凝结剂主要有无机盐类（如硫酸铝、硫酸铁、硫酸亚铁、铝酸钠、氯化铁、四氯化钛等）、酸类（如硫酸、盐酸等）和碱类（如氢氧化钙等）。

③ 絮凝剂　能够促进絮凝过程的化学药品叫作絮凝剂。絮凝剂一般分为有机高分子絮凝剂和天然高分子絮凝剂两类。目前选择性絮凝剂有聚丙烯腈的衍生物（聚丙烯酰胺、水解聚丙烯酰胺、非离子型聚丙烯酰胺等）、聚氧乙烯、羧甲基纤维素、木薯淀粉、玉米淀粉、海藻酸铵、纤维素黄药、腐植酸盐等。

人工合成高分子絮凝剂具有絮凝能力强、用量少、价廉等优点，目前已广泛用于尾矿水净化、污水澄清等方面。天然高分子絮凝剂主要使用淀粉，其原因是它的选择性强。

表 2-12 列出了非金属矿物在浮选过程中所用的各种药剂。

表 2-12　非金属矿物浮选用药剂

矿物名称	pH 值调节剂	抑制剂	活化剂	捕收剂	起泡剂	强化捕收剂	强化选择性药剂
明矾石	Na_2SiO_3	过量的 Na_2SiO_3		R-765、脂肪酸	醇类、甲酚酸		
磷灰石	NaOH、Na_2CO_3	苛性淀粉、HF、乳酸		R-710、R-765、油酸塔油	醇类、松油		
重晶石	Na_2CO_3、Na_2SiO_3	$AlCl_3$、$FeCl_3$	钡盐或铅盐	R-710、R-765、825、油酸、高级醇的硫酸盐	醇类、松油、甲酚酸	气溶胶	Na_2SO_3、柠檬酸

续表

矿物名称	pH值调节剂	抑制剂	活化剂	捕收剂	起泡剂	强化捕收剂	强化选择性药剂
绿柱石	NaOH、磷酸盐	H_2SO_4	$Pb(NO_3)_2$	R-710、R-765、R-801、R-825、胺、油酸			
硼砂	云母浮选后进行充分洗涤		$BaCl_2$、铅盐	脂肪酸	苯胺、二甲苯,吡啶	苯胺	淀粉、糊精、白质树胶
水滑石	Na_2SiO_3			共原酸盐和Pb-Tl的反应物	醇类甲酚酸		阿拉伯树胶、磷酸盐
方解石	Na_2SiO_3	白质树胶、Na_2SiO_3、重铬酸、Palcotan、Falconate	温水	K-710、K-765、油酸、脂肪酸残渣	醇类		R-610
炭质页岩	Na_2SiO_3 软水	R-600系列酸、石灰、硝酸盐、单宁、$BaCl_2$		燃料油、煤油	醇类、松油		
天青石	Na_2SiO_3	白质树胶、Na_2SiO_3		R-710、R-765、R-801、R-825、油酸	醇类、松油		
黏土类	酸性(PH_3)	Na_2SiO_3		胺、阳离子捕收剂	醇类、松油	燃料油、吡啶	
煤、木炭	中性	单宁、白质树胶		燃料油、煤油	醇类、松油		Na_2SiO_3
灰硼石				脂肪酸、R-801、R-825	苯胺、二甲苯、吡啶	苯胺	淀粉、糊精、白质树胶
褐石榴石	NaOH	过量的NaOH		R-710、脂肪酸		燃料油	H_2SO_4
刚玉	NaOH	过量的酸	$CuSO_4$	R-710、R-765、油酸	醇类、松油		
冰晶石				R-710、R-765、油酸	醇类	正甲苯胺	
白云石		明矾、白质树胶漂白粉		R-710、R-765、脂肪酸	醇类		
长石类	HF		HF	胺、阳离子捕收剂	醇类		Na_2SiO_3、H_2SO_4
萤石	NaOH	柠檬酸、$BaCl_2$、铵盐	温水	R-710、R-801、R-825	醇类、松油、甲酚酸		Na_2SiO_3、重铬酸、白质树胶、Palcotan
石榴石(各种)	H_2SO_3、Na_2SiO_3	强酸性矿浆	酸性矿浆	R-801、R-825	B-23	燃料油	酸类
石墨	H_2SO_3	R-600系列、淀粉		燃料油,煤油	松油	松塔油	Na_2SiO_3、HF
石膏	Na_2SiO_3	H_2SO_4、动物胶、单宁酸		R-765、R-710、阳离子捕收剂、高级醇的硫酸盐	松油、甲酚酸		明矾
岩盐		磷酸盐	Bi盐和Pb盐	R-710、脂肪酸、环烷酸		高级醇的硫酸盐	用碱性对脂酸除去黏土
角闪石	酸性	H_2SO_4		R-801、R-825			
各种云母	Na_2CO_3、Na_2SiO_3、H_2SO_4	R-600系列、HF、淀粉、胶、乳酸、Na_2CO_3	铅盐	R-801、R-825、胺、阳离子捕收剂、碱化树脂	醇类、松油、甲酚酸	黑药25、黑药31、燃料油	铝盐磷酸
独居石	Na_2CO_3、Na_2SiO_3	强酸		R-710、油酸	醇类、松油		Na_2SiO_3、柠檬酸
石英	中性	Na_2SiO_3、HF、H_2SO_4		阳离子捕收剂、胺	醇类、松油	燃料油、煤油	
硅线石	Na_2CO_3、H_2SO_4			R-710、R-825、油酸、阳离子润湿剂		气溶胶	精选用H_2SO_4
锂云母	R-600、HF、淀粉			R-765、R-825、油酸	醇类	气溶胶	用NaOH洗涤,精选时用H_2SO_4
硫黄	石灰			黑药15、醇类起泡剂	杂酚油	燃料油、煤油	酸盐

续表

矿物名称	pH 值调节剂	抑制剂	活化剂	捕收剂	起泡剂	强化捕收剂	强化选择性药剂
滑石	不调节	R-600 系列、淀粉胶、明矾		R-801、R-825、阳离子捕收剂、短链胺	醇类、松油	黑药 25、黑药 31、燃料油	铝盐
蛭石	H_2SO_4	R-600 系列、淀粉胶			醇类、松油、甲酚酸	燃料油	
锆石	酸性和中性		铜盐	R-765、R-825、油酸	醇类		酸类

2.4.5 影响浮选技术指标的主要因素

在矿物的浮选分离过程中，影响浮选结果的主要因素有矿物的可浮性、浮选药剂制度、浮选设备、浮选工艺流程及浮选过程中的操作因素。

自然界中并非所有的矿物都具有天然可浮性，因此可依据矿物自身性质科学地选择浮选药剂（捕收剂、调整剂、起泡剂）及工艺流程，选用合适的浮选设备及合理操作，方可获得较好的浮选技术指标，而这些必须经过一定的试验才能做到。本节主要讨论浮选工艺及操作条件对浮选指标的影响，主要包括磨矿细度、药剂制度、矿浆浓度、矿浆温度、浮选时间、矿浆 pH 值、充气与搅拌、水质等。

2.4.5.1 磨矿细度

为保证浮选的高技术经济指标，研究矿粒粒度对浮选的影响以及根据矿石性质正确地确定磨矿细度具有重要意义。

浮选时不但要求矿物单体分离，而且要达到适宜的粒度。矿粒太粗，即使矿物已单体解离，但气泡的浮载能力也无法浮起矿粒进行浮选。各类矿物的浮选粒度上限不同，如硫化矿物一般为 0.2～0.25mm；非硫化矿物为 0.25～0.3mm；对于一些密度较小的非金属矿（如煤等），粒度上限还可提高。但磨矿粒度过细（<0.01mm）也对浮选不利。粗粒和超细粒（矿泥）都具有许多特殊的物理性质和物理化学性质，它们的浮选行为与一般粒度的矿粒（0.001mm<d<0.1mm）不同，在浮选过程中要求特殊的工艺。

浮选时矿粒向气泡附着是浮选过程的基本行为，矿粒在气泡上附着的牢固与否直接影响浮选指标的好坏。矿粒在气泡上附着的牢固程度，除与矿粒本身的疏水性有关之外，还与矿粒的粒径大小有关。一般而言，矿粒小（除<5～10μm 外）则向气泡附着较快，比较牢固；反之，粒度较粗，向气泡附着较慢且不牢固。

矿粒在气泡上附着的受力情况如图 2-27 所示。矿粒在气泡上附着主要受到 3 个方向上的力的作用：矿粒在水中受到的重力 F_1，方向向下；矿粒在气泡上附着的表面张力 F_2，方向向上；气泡内的分子对于矿粒附着面的压力 F_3，方向向下。下面简单分析一下这 3 个力。

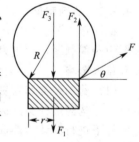

图 2-27 矿粒在气泡上附着的受力情况

F_1 是矿粒在水中的重力，也可以理解为是使矿粒脱离气泡的力，它等于矿粒在空气中的重力 $W = d^3\delta g$ 减去在水中的浮力 $f = d^3\rho g$，即

$$F_1 = W - f = d^3\delta g - d^3\rho g = d^3(\delta - \rho)g \tag{2-95}$$

式中 d——矿粒直径；

δ——矿粒密度；

ρ——水的密度。

由式(2-95)可见，F_1 的大小与矿粒的大小 d 的三次方成正比。矿粒越大，则从气泡上脱离的力越大。

确定地说，F_2 是作用在三相润湿周边上的表面张力在垂直方向上的力，它是使矿粒能够

保持在气泡上附着的力,其表达式为

$$F_2 = 2\pi r\sigma_{气液} \sin\theta \tag{2-96}$$

式中　r——附着面半径;

$\sigma_{气液}$——气-液界面的表面张力;

θ——接触角。

由式(2-96)可知,保持矿粒在气泡上的附着力 F_2 与矿粒的接触角有关,接触角大的,矿粒在气泡上的附着力也大。

F_3 是气泡内的分子对矿粒附着面的压力,这个力也可以理解为使矿粒从气泡上脱离的力,其大小为

$$F_3 = \pi r^2 \frac{2\sigma_{气液}}{R} \tag{2-97}$$

式中　R——气泡半径。

由式(2-97)可知,气泡大(R 大)则所受到的压力 F_3 小。

当3个力 F_1、F_2 和 F_3 处于平衡态时,矿粒在气泡上附着接近于脱落状态,此时:

$$F_2 = F_1 + F_3$$

$$2\pi r\sigma_{气液} \sin\theta = d^3(\delta - \rho)g + \pi r^2 \frac{2\sigma_{气液}}{R}$$

$$\sin\theta = \frac{d^3(\delta - \rho)g}{2\pi r\sigma_{气液}} + \frac{r}{R} \tag{2-98}$$

式(2-98)称为矿粒在气泡上附着的平衡方程式。可以看出,矿粒与气泡之间在相对静止状态时,接触角 θ 与表面张力 σ、矿粒的大小(矿粒质量)d、附着面半径 r 与气泡半径 R 之间的关系。但在实际浮选过程中,矿粒与气泡是相对运动的,矿粒与气泡之间受的脱落力比静止时复杂。但从式(2-98)中仍然可以定性地看出矿粒大小与浮选的一些关系。

① 当矿粒的可浮性较好,即接触角较大时,浮选粒度 d 可以大些,但也应有一定的限度。

② 对于较粗粒级的浮选,气泡要大些(R 大)比较有利。或者说,在气泡较大的情况下,被浮选矿物的接触角小时可以浮选。但是气泡太大时,气泡自身的稳定性也差。

2.4.5.2　药剂制度

在浮选工艺过程中,药剂的种类和数量、配药方式、加药顺序、加药地点、加药方式等,总称为药剂制度,简称为药方。在浮选厂,药剂制度是浮选过程中的重要工艺因素,对浮选指标有重大影响。

(1) 药剂种类和数量　浮选厂的用药种类与矿石性质、工艺流程、产品要求等因素有关。所以,浮选药剂种类的选择是在矿石可选性试验或半工业试验研究中确定的,然后在浮选厂工业条件下进行验证。浮选药剂的用量要恰到好处:用量不足,达不到选矿指标;用量过度,则会增加选矿成本。表2-13表明各类浮选药剂用量与浮选指标的关系。混合用药已在实践中得到广泛应用。各种捕收剂混合使用是以矿物表面不均匀性和药剂间的协同效应为依据的,主要方式有如下几种混合方式。

表 2-13　各种浮选药剂用量与浮选指标的关系

药剂种类	药剂用量大小与选别指标的关系
捕收剂	药量不足,矿物疏水性不够,回收率下降;药量过大,精矿质量下降,药剂成本升高,分离浮选困难
起泡剂	药量不足,泡沫稳定性差;药量过大,发生"跑槽"现象,增加选矿成本
活化剂	药量不足,活化不好;药量过大,破坏浮选过程的选择性,增加选矿成本
抑制剂	药量不足,精矿品位低,回收率也低;药量过大,回收率降低,选矿成本升高

① 同系列药剂的混合作用　如低级黄药与高级黄药共用,不同黑药的混合剂(208 号黑

药），使捕收力和选择性都得到改善。

② 同类药剂的混合使用　各种硫化矿捕收剂的共用包括强捕收性与弱捕收性药剂的混合、可溶与不可溶药剂的混合、价高与价廉药剂的混合使用等。

③ 阳离子与阴离子捕收剂共用　这种混合用药的机理有两种解释：一种是阳离子药剂先在荷负电的矿物表面吸附，并使矿物表面电荷符号变正，以利于阴离子药剂吸附；另一种是在酸性介质中阳离子捕收剂为离子吸附，阴离子为中性分子吸附（或者在碱性介质中情况相反）。前者为电荷补偿机理，后者为分子离子共吸附。

④ 大分子与小分子药剂共用或混用　聚-复捕收剂是将不溶于水的高分子聚合物与普通捕收剂混合制成的水溶性复合物，它是捕收剂分子沿聚合物烃链发生定向吸附构成复合物，其捕收性能比原有高。起泡剂和调整剂的混合使用就更常见，其目的是加强这些药剂的抑制效能，如氰化物与硫酸锌混用、亚硫酸盐与硫酸锌混用、二氧化硫与淀粉混用等。

混合捕收剂的效果之所以显著，主要基于两点原因。第一点，使用混合捕收剂时，矿物表面吸附的药剂层比较致密，捕收剂在矿物表面形成疏水层的速度比较快，也就加快了矿粒向气泡的附着速度。这是由于矿物表面的不均匀性，不同的捕收剂能发挥不同的特点，作用于矿物表面有利于矿物表面形成致密的疏水层。第二点，药剂的协同效应也有一定作用。

（2）配药方式　对易溶于水的药剂（如黄药、硫酸铜、苏打等）一般配成 5%～10% 的水溶液应用。难溶于水的脂肪酸类药剂（如氧化石蜡皂、塔尔油等）配药时，要加温并加入药剂总量 10% 左右的碳酸钠使之皂化。加入矿浆时，药剂溶液温度保持在 60～70℃。当使用脂肪酸类捕收剂，并配合使用煤油或柴油时，可先将脂肪酸溶于煤油或柴油，使之乳化，然后添加乳浊液。胺类捕收剂一般配制成乙酸盐或盐酸盐溶液后加入。石灰一般配制成石灰乳加入。油状药剂（如 2 号油、煤油、甲酚黑药等）可以直接加入。

（3）加药顺序　一般加药顺序为 pH 值调整剂→活化剂或抑制剂→捕收剂→起泡剂；浮选被抑制过的矿物加药顺序为活化剂→捕收剂→起泡剂。

（4）加药地点　一般视药剂性质和作用时间长短而定。一般 pH 值调整剂和抑制剂加入球磨机中，使其充分发挥作用。易溶的捕收剂加于浮选前搅拌槽，难溶的药剂可加于球磨机中。活化剂与起泡剂一般都加入搅拌槽。

（5）加药方式　浮选药剂可采用一次集中加药和分批加药两种加药方式。一次集中加药是将药剂在浮选前一次全部加入。该方式有利于提高浮选过程初期的浮选速度，因为浮选初期的选择性往往是最好的。对于易溶的、不易被泡沫机械带走的、不易在矿浆中失效的药剂，一般采用一次集中加药。对于易被泡沫带走的药剂和脂肪酸类捕收剂、在矿浆中易起反应的药剂（如二氧化硫等）、过量会起相反作用的药剂（如硫化钠等），应分批加药。分批加药时，在粗选前加 60%～80%，其余 20%～40% 分别加于扫选或其他适当地点。

2.4.5.3　矿浆浓度

矿浆浓度是指矿浆中固体矿粒的含量，它是浮选过程中很重要的工艺参数，直接影响下列各项技术经济指标。

（1）回收率　矿物浮选的矿浆浓度和回收率之间存在着明显的规律性。当矿浆很稀时，回收率较低，矿浆浓度增加，回收率也增加。超过最佳的矿浆浓度后，回收率又降低。这是由于矿浆过浓或过稀都会使浮选机充气条件变坏。

（2）精矿质量　一般在较稀的矿浆中浮选，精矿质量较高；在较浓的矿浆中浮选，精矿质量下降。

（3）药剂用量　浮选时矿浆须保持一定的药剂浓度，才能获得较好的浮选指标。当矿浆较浓时，液相中药剂浓度增加，处理每吨矿石的用药量可减少；当矿浆较稀时，处理每吨矿石的用药量需增加。

（4）浮选机生产能力　随着矿浆浓度增大，浮选机的生产能力（按处理量计算）可提高。

（5）浮选时间　在矿浆较浓时，浮选时间会延长，有利于提高回收率。

（6）水电消耗　矿浆越浓，处理每吨矿石的水电消耗将越少。

为得到最适宜的矿浆浓度，除上述因素外，还须考虑矿石性质和具体的浮选条件。一般原则是，浮选大密度、粒度粗的矿物用浓矿浆；浮选小密度、粒度细的矿物和矿泥时，用稀矿浆。粗选作业用浓矿浆，以保证获得高回收率和节省药剂；精选用稀浓度，有利于提高精矿质量。扫选作业的浓度受粗选影响，一般不另行控制。

2.4.5.4　矿浆温度

浮选一般在常温下进行，但在以下两种情况下需要调节矿浆温度：一是药剂性质要求；二是特殊工艺要求。

（1）非硫化矿加温浮选　在非硫化矿（如萤石、磷灰石等）浮选中，当使用某些难溶的且其溶解度随温度有变化的捕收剂（如脂肪酸和脂肪胺类）时，提高矿浆温度可使它们在水中的溶解度和捕收力增加，从而改善浮选过程的选择性，节约大量药剂和获得高回收率。萤石浮选时，用癸酯作捕收剂试验表明：如果要得到相同的选矿指标，当浮选温度为 10℃时，癸酯用量为 510g/t；当温度为 30℃时，癸酯用量只需要 250g/t。

（2）硫化矿加温浮选　硫化矿加温浮选工艺实质是利用各种硫化矿表面氧化速度的差异，扩大待分选矿物的可浮性差别。加温浮选工艺虽有很多优点，但要消耗大量热能，在应用该种工艺时，要预先研究，从技术、经济上全面加以论证。如经过论证决定必须加温时，应尽量利用厂内或厂外的余热，以求降低成本。

2.4.5.5　浮选时间

矿浆通过浮选机在每一槽内有一定的停留时间。矿浆在每一作业的浮选槽内的停留时间称为该作业的浮选时间。各种矿石最适宜的浮选时间通过矿石可选性试验和半工业及工业试验研究过程中确定。一般规律是：当矿物的可浮性好、被浮矿物的含量少、浮选给矿粒度适当、矿浆浓度较小、药剂作用强、充气搅拌强时，所需浮选时间则短。

浮选时间与浮选指标的关系表现为：增加浮选时间，可使回收率增大，精矿品位略有下降。回收率在浮选开始时增加很快，以后逐渐转缓，最后几乎不再增加。

2.4.5.6　pH 值调节

矿浆 pH 值是浮选过程中的一个重要因素，它影响矿物表面的浮选性质和各种浮选的作用。矿物在采用各种不同浮选药剂进行浮选时，都有一个"浮"与"不浮"的 pH 值，叫作临界 pH 值，控制临界 pH 值，就能控制各种矿物的有效分选。因此，控制矿浆 pH 值，是控制浮选工艺过程的重要措施之一。矿浆 pH 值主要从以下 3 方面影响浮选过程。

① pH 值对矿粒表面亲水性及电性的影响　矿浆在 pH 值较大的情况下，矿浆中的 OH^- 离子比较多，矿粒表面吸附大量的 OH^-，这样使得矿粒表面亲水性增大并阻碍捕收剂阴离子的吸附。pH 值的大小也直接影响矿粒表面的电性，即 ζ 电位。有些硫化矿物并不具备天然可浮性，但是在合适的矿浆电位条件下可表现出良好的自诱导可浮性。改变矿浆电位和矿浆 pH 值，可以调控这些矿物的自诱导可浮性，在一定的 pH 值条件下，每种硫化矿物都具有自诱导浮选的电位区间。

② 浮选药剂要解离成为有效离子与 pH 值有直接关系　绝大多数的浮选药剂是以离子型的方式与矿物表面作用的。药剂解离成为有效离子的多少与 pH 值有很大的关系。若药剂的有效离子为阴离子（X^-）时，就要在碱性矿浆（pH 值大于 7）的条件下，才能产生更多的有效离子 X^-，因为

$$X^- + H_2O \Longrightarrow XH + OH^-$$

上述反应是可逆反应，只有在 $[OH^-]$ 浓度增大的条件下反应才会向左进行，才会产生

更多的 X^-。

当药剂有效离子为阳离子时，只有在低 pH 值的矿浆中才能解离出较多的阳离子。

③ 各种矿物的浮选在一定条件下存在着一个适宜的 pH 值 各种矿物在不同的药剂条件下，有可浮与不可浮的临界 pH 值。矿浆的 pH 值往往直接或间接影响矿物的可浮性，同时临界 pH 值也随浮选条件的变化而变化，即使用不同的捕收剂或改变其浓度，矿物的临界 pH 值也将发生变化。

大多数硫化矿石在碱性或弱碱性矿浆中浮选。因为酸性矿浆对设备有腐蚀作用，尤其是很多浮选药剂（如黄药、油酸、松油醇等）在弱碱性矿浆中较为有效。许多矿物是以盐的形式存在的（如萤石 CaF_2），在矿浆中会产生盐的水解作用，对矿浆的 pH 值会产生一定的缓冲作用，调整矿浆 pH 值时，应考虑到这一点。根据长期生产实践总结出常见硫化矿浮选的 pH 值见表 2-14。

表 2-14 常见硫化矿浮选 pH 值（以粗选为准）

矿石类型	粗选 pH 值	矿石类型	粗选 pH 值
铜矿	9.5～11.8	铜钴矿	10～11
铜硫铁矿	9.0～11.5	铅锌矿	7.1～12
铜钼矿	10～11.5	铜铅锌矿	7.2～12
铜镍矿	7.8～9.5	硫化钼矿	3.5

2.4.5.7 充气与搅拌

(1) 充气 充气就是把一定量的空气送入浮选机的矿浆中，并使它弥散成大量微小的气泡，以便使疏水性矿粒附着在气泡表面上。进入矿浆中的空气量与浮选机的类型和工作制度有关，如机械搅拌式浮选机，充气与搅拌是同时产生的，其充气量主要取决于叶轮转速，叶轮转速越快，则充气量越大。矿浆浓度对浮选机的充气量与空气弥散程度有很大影响。空气在浮选机矿浆中的弥散程度主要视气泡的大小而定。气泡越小，则空气弥散得越好，也就增加了气泡表面及其与矿粒接触的机会，有利于改善浮选指标，但气泡过小反而有害。

起泡剂的性能和用量对空气的弥散程度存在着一定的影响。纯水中气泡的平均尺寸为 4.5～5mm，当加入 20mL/g 松油醇、萜品醇类及其他表面活性物质时，可使气泡尺寸降至 0.3mm 左右，且气泡的平均尺寸随矿浆中起泡剂浓度的增加而减小。提高浮选机的充气量，可使气泡直径略为增大。浮选机内加入起泡剂会使充气量有所降低，起泡剂性能越好，充气量降低越多。

(2) 搅拌 浮选过程中对矿浆的搅拌作用分为两个阶段：一是矿浆进入浮选机之前的搅拌；二是矿浆进入浮选机之后的搅拌。矿浆进入浮选机之前的搅拌在调整槽中进行，其目的是为加速矿粒与药剂的相互作用。在调整槽中搅拌时间的长短，应由药剂在水中分散的难易程度和它们与矿粒作用的快慢来确定，如松油醇等起泡剂只需要搅拌 1～2min，一般药剂要搅拌 5～15min。当采用剪切絮凝浮选工艺时，浮选前需要比较强烈的搅拌。矿浆进入浮选之后搅拌主要起到 3 个方面的作用：①促进矿粒的悬浮及在槽内均匀分散；②促进空气很好地在槽内均匀分布（对机械搅拌式浮选槽而言还起充气作用）；③促进空气在槽内高压区加速溶解，在低压区加速析出，形成大量活性气泡。

综上所述，浮选中最适宜的充气和搅拌，应根据浮选机的类型和结构特点通过试验确定。加强浮选机中矿浆的充气和搅拌，对浮选有利但不能过分。因为过分会产生气泡兼并、精矿质量下降、槽内矿浆容积减小、电能消耗增加、机械磨损加快等缺点。

2.4.5.8 水质

浮选是在水介质中进行的，水中含有的气体、离子、某些有机物都能影响浮选过程。水质中硬度是影响浮选的一个重要因素。不过 ISO 国际标准从 1984 年就不再使用"硬度"术语而采用"钙镁总量"代替，并用浓度单位表示测定结果。钙镁总量可分为以下几类。

(1) 碳酸盐钙镁含量　碳酸盐钙镁含量指 Ca^{2+}、Mg^{2+} 的碳酸氢盐，这类钙镁在加热煮沸时容易形成沉淀而被除去。过去把这种钙镁含量称为暂时硬度或碱性硬度。

(2) 非碳酸盐钙镁含量　非碳酸盐钙镁含量指不能通过煮沸除去的钙镁含量。主要是因钙镁的硫酸盐、氯化物、硝酸盐所致。过去把它称为永久硬度或非碱性硬度。

(3) 钙镁总含量　碳酸盐钙镁含量和非碳酸盐钙镁含量之和为钙镁总含量（过去称为总硬度）。水的钙镁总含量按式(2-99)计算：

$$水的钙镁总量 = \frac{[Ca^{2+}]}{40.08} + \frac{[Mg^{2+}]}{24.32} \tag{2-99}$$

式中　$[Ca^{2+}]$、$[Mg^{2+}]$——Ca^{2+}、Mg^{2+} 在水中的浓度，g/L。

通常把 0.5mmol/L 称为 1°，按此标准水的软硬等级分配为：极软水 1.5°以下，软水 1.5°～3.0°，中等硬水 3°～6°，硬水 6°～9°，极硬水 9°以上。

各国采用硬度的计算标准有些不同，具体换算见表 2-15，在硬度前标以××硬度。

表 2-15　各国采用的硬度换算表

$CaCO_3$ 含量/(mmol/L)	德国硬度(DH)	英国硬度(Clark)	法国硬度(Degree F)	美国硬度/(mg/L)
1	5.61	7.02	10	100
0.178	1	1.25	1.78	17.8
0.143	0.80	1	1.43	14.3
0.1	0.56	0.70	1	10
0.01	0.056	0.070	0.1	1

大多数江河湖泊的水都属于软水，也是浮选中使用最多的水源。它们的特点是含盐较低，一般含盐量少于 0.1%，含多价金属离子也较少。硬水含有较多的如 Ca^{2+}、Mg^{2+}、Fe^{2+}、Fe^{3+}、Ba^{2+}、Sr^{2+} 等多价金属阳离子，也有如 HCO_3^-、SO_4^{2-}、Cl^-、CO_3^{2-}、HSO_3^- 等阴离子。硬水对采用脂肪酸类药剂浮选很有害，Ca^{2+}、Mg^{2+} 等离子会消耗这些药剂，并破坏选择性。因此，在浮选前，必须消除这些离子的有害影响，将硬水软化。一般是加入碳酸钠，使之生成不溶性沉淀；也可采用离子交换法和其他物理方法（如电磁处理、超声波处理）处理。除此之外，还可以人工合成抗硬水性捕收剂。以合成的醚烷基磷酸酯作捕收剂对磷灰石和方解石进行浮选试验，结果表明该捕收剂适用于弱碱性介质，有较好的抗硬水性；对磷矿石的浮选效果比使用脂肪酸（皂）作捕收剂的浮选指标好，且 Na_2CO_3 的用量显著降低。

水中氧气的含量对浮选有很大影响。当浮选用水中含有大量的有机物质（如腐植土和微生物等）时，消耗了溶解氧，降低硫化物的浮选速度，严重时会破坏整个浮选过程。为此在浮选前应预先充气，提高水中含氧量，以改善浮选条件。

地处沿海和内陆地区的矿山，浮选时需用含盐量（一般为 0.1%～5%）较高的海水和湖水（即咸水）。这种水质对有些矿物浮选有利，对有些矿物浮选不利。

可溶性盐类的浮选需在其饱和溶液中进行。在饱和溶液中，无机盐类的解离程度显著减小，要用聚合物抑制脉石，不能用无机抑制剂。为减少有用成分的损失，必须利用回水。在饱和溶液中进行浮选时，选用捕收剂应满足下列几个条件：①能在饱和溶液中溶解，不与溶液中的离子形成沉淀；②能在饱和溶液中被盐类吸附；③所需的浓度不超过形成胶囊的临界浓度。常用的捕收剂是烃基硫酸盐、磺酸盐、胺类和烃链较短的脂肪酸。

2.5 磁选

2.5.1 概述

磁选是在不均匀磁场中，利用各矿物间磁性差异而使不同矿物实现分离的一种选矿方法。磁选既简单又方便，不会产生额外污染，多用于黑色金属矿石的选别和有色、稀有金属矿石的精选、重介质选矿中磁性介质的回收和净化。非金属矿中一般都含有有害的铁杂质，磁选对于非金属矿来说就是从非金属矿物原料中除去铁等磁性杂质，而达到非金属矿物提纯的目的。例如，当高岭土含铁高时，高岭土的白度、耐火度和绝缘性都降低，严重影响产品质量。一般来说，高岭土中铁杂质除去 1%～2%，白度可提高 2～4 个单位。蓝晶石、红电气石、长石、石英及霞石、闪长岩的分选，很早就使用了干法磁选。

磁选中矿物磁性的分类不同于物质磁性的物理分类。矿物按其比磁化系数的大小可分为强磁性矿物、弱磁性矿物和非磁性矿物 3 类。矿物磁性及分类情况见表 2-16。

表 2-16 矿物磁性及分类情况

矿物磁性类别	磁性特征	磁物质属性	磁性特点	代表矿物
强磁性矿物	比磁化率 $\chi > 3.8 \times 10^{-5} \, \text{m}^3/\text{kg}$ $(\chi > 3 \times 10^{-3} \, \text{cm}^3/\text{g})$	亚铁磁性物质	磁比强度高，较低外磁场作用可达磁饱和，磁场强度、比磁化系数与外磁场强度呈曲线关系，其磁性与磁场变化有关，存在磁滞现象并有剩磁	磁铁矿、磁赤铁矿、γ-赤铁矿、钛磁铁矿、磁黄铁矿及锌铁尖晶石等
弱磁性物质	比磁化率 $\chi = 7.5 \times 10^{-6} \sim 1.26 \times 10^{-7} \, \text{m}^3/\text{kg}$ $(\chi = 6 \times 10^{-4} \sim 10 \times 10^{-6} \, \text{cm}^3/\text{g})$	顺磁性或反铁磁性物质	比磁化率为一常数，与磁化强度、本身形状、粒度无关，只与矿物组成有关。磁化强度和磁场强度呈直线关系，无磁饱和及磁滞现象	赤铁矿、褐铁矿、锰矿、金红石、黑钨矿、角闪石、绿泥石、橄榄石、石榴子石、辉石等
非磁性物质	比磁化率 $\chi < 1.26 \times 10^{-7} \, \text{m}^3/\text{kg}$ $(\chi < 10 \times 10^{-6} \, \text{cm}^3/\text{g})$	逆磁性物质或顺磁性物质	在外磁场作用下基本不呈磁性	白钨矿、锰矿、方铅矿、金刚石、石膏、萤石、刚玉、高岭土、煤、石英、长石、方解石、石墨、自然硫等

2.5.2 基本原理

2.5.2.1 矿物磁化

矿物磁化就是矿物颗粒在磁场作用下，从不表现磁性变为具有一定磁性的现象。由于物质磁性来源于原子的磁矩，所以矿物磁化后其矿物颗粒内原子磁矩按磁场方向定向排列。矿物磁化后的磁化状态（磁化方向和强度），用磁化强度 J 这一矢量来表示，数值上表现为矿物颗粒单位体积内的磁矩。

$$J = M/V \tag{2-100}$$

式中　J——矿物颗粒的磁化强度，A/m；

　　　　M——矿物颗粒的磁矩，$\text{A} \cdot \text{m}^2$；

　　　　V——矿物颗粒的体积，m^3。

磁化强度的方向随矿物性质而异。磁化强度越大，说明矿物被外磁场磁化的程度越高。

研究表明，磁化强度与磁化磁场强度（外磁场强度）成正比：

$$J = \chi_0 H \tag{2-101}$$

式中　　H——磁化磁场强度（外磁场强度），A/m；

　　　　χ_0——比例系数（磁化率），称为体积磁化率（体积磁化系数）。

χ_0 表示单位体积的矿物颗粒在单位强度的磁场中磁化时所产生的磁矩，其数值大小表明磁化的难易程度，χ_0 越大，越容易磁化。物质（矿物）的体积磁化率与其本身的密度之比称为质量磁化率（比磁化率）或比磁化系数，以 χ 表示。

$$\chi = \chi_0/\delta \tag{2-102}$$

式中　　δ——物质的密度，kg/m^3；

　　　　χ——单位质量物质在单位磁场强度的外磁场中磁化时所产生的磁矩。

2.5.2.2　矿物在非均匀磁场中的磁力及磁选过程

（1）矿物在非均匀磁场中的磁力　一定长度的矿物颗粒在非均匀磁场中被磁化后成为一个磁偶极子，长轴平行于磁场方向，两极呈现不同磁极（N 或 S），磁极强度分别为 $+q_磁$ 和 $-q_磁$。由物理学可知，某一磁极在磁场中某点所受磁力的大小为

$$f_磁 = M_0\left[q_磁 H - q_磁\left(H - \frac{\mathrm{d}H}{\mathrm{d}L}L\right)\right]$$
$$= \mu_0 q_磁 L\,\mathrm{d}H/\mathrm{d}L$$
$$= \mu_0 M\,\mathrm{d}H/\mathrm{d}L \tag{2-103}$$

式中　　$f_磁$——矿粒在磁场中所受的磁力，N；

　　　　μ_0——真空磁导率，Wb/(m·A)；

　　　　$q_磁$——磁性强度，A·m；

　　　　H——矿粒在近磁极端处的磁场强度，A/m；

　　$\mathrm{d}H/\mathrm{d}L$——磁场梯度，A/m^2。

　　因为　　　　　　　　　　　$M = JV = \chi_0 HV$

　　所以　　　　　　　　　$f_磁 = \mu_0 \chi_0 VH\,\mathrm{d}H/\mathrm{d}L \tag{2-104}$

单位质量矿粒上的磁力称为比磁力，以 $F_磁$ 表示。

$$F_磁 = f_磁/m = (M_0 \chi_0 VH\,\mathrm{d}H/\mathrm{d}L)/V\delta$$
$$= M_0 \chi H\,\mathrm{d}H/\mathrm{d}L$$
$$= M_0 \chi H\,\mathrm{grand}H \tag{2-105}$$

式中　　$F_磁$——矿粒的比磁力；

　　　　V——矿粒的体积，m^3；

　　　　m——矿粒的质量，kg；

　　　　δ——矿粒的密度，kg/m^3；

　　$H\,\mathrm{grand}H$——磁场力。

作用在矿物颗粒上的比磁力大小取决于反映矿物磁性的比磁化率 χ 和反映磁场特性的磁力 $H\,\mathrm{grand}H$。为此分选强磁性矿物时，χ 很大，磁场力可相应降低；分选弱磁性矿物时，χ 很小，则需很大的磁场力。如需获得高磁场力，可采用高场强度 H，或采用高梯度 $\mathrm{grand}H$ 来实现。

式（2-105）同样也说明了磁选过程中磁场为什么必须是非均匀磁场。因为在式（2-105）中：

$$\mathrm{grand}H = \frac{H_2 - H_1}{x_2 - x_1} = \frac{\Delta H}{\Delta x} \tag{2-106}$$

式中　　H_2、H_1——距离磁场某端 x_1 处和 x_2 处的磁场强度。

在均匀磁场中，$\dfrac{\Delta H}{\Delta x} = 0$，表明矿粒在均匀磁场中的比磁力 $F_磁 = 0$，即没有受到磁力的作用，故无法实现磁选。所以，矿粒在磁场中要实现分选，磁场必须是非均匀磁场。

（2）磁选基本条件　磁选是在磁选设备所提供的非均匀磁场中进行的。被磁选矿石进入磁

选设备的分选空间后，受到磁力和机械力（包括重力、离心力、流体阻力等）的共同作用，沿着不同的路径运动，对矿浆分别截取，就可得到不同的产品，如图 2-28 所示。

因此，对较强磁性和较弱磁性颗粒在磁选机中成功分选的必要条件是：作用在较强磁性矿石上的磁力 F_1 必须大于所有与磁力方向相反的机械力的合力；同时作用在较弱磁性颗粒上的磁力 F_2 必须小于相应机械力之和，即

$$F_1 > F_{机1} \qquad (2\text{-}107)$$
$$F_2 < F_{机2} \qquad (2\text{-}108)$$

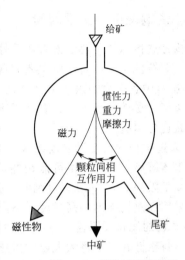

图 2-28　磁选过程模拟图

以上公式说明，磁选的实质是利用磁力和机械力对不同磁性颗粒的不同作用而实现的。进入磁选机的矿石将被分成两种或多种产品，在实际分选中，磁性矿石、非磁性矿石不可能完全进入相应的磁性产品、非磁性产品和中矿中，而是呈一定的随机性。因此，磁选过程的效果可用回收率、品位、磁性产品中磁性物质与给矿中磁性物质之比和磁性产品中磁性物质的含量来表示。

下面以高岭土为例来说明非金属矿磁选的具体过程。

砂质高岭土中的磁性矿物一般包括：①嵌布粒度较细的铁、钛矿物、如磁铁矿、针铁矿、赤铁矿、褐铁矿、锐钛矿、钛铁矿等；②微弱磁性部分硅酸盐，因为铁以类质同相存在于晶格结构中而带弱磁性，如云母。

目前工业上大多采用高梯度磁选机进行高岭土磁选。磁选分离过程中，颗粒除受到磁力的作用以外，还有各种重力、摩擦力以及流体动力阻力等竞争力。

顺磁性矿粒在高梯度磁场中受到的磁力作用为

$$F_m = VKH_0 \, \mathrm{grand}H \qquad (2\text{-}109)$$

式中　F_m——顺磁性颗粒所受的磁力，N；

　　　V——颗粒的体积，m^3；

　　　K——颗粒的体积磁化系数；

　　　H_0——背景磁场强度，A/m；

　　$\mathrm{grand}H$——磁场梯度。

在高岭土的分选中，因为颗粒较细，主要的竞争力是流体动力阻力：

$$F_c = 12\pi\eta b V_1 \qquad (2\text{-}110)$$

式中　b——颗粒半径；

　　　η——矿浆黏度；

　　　V_1——颗粒相对于流体的速度。

只要保持磁性颗粒所受的磁力大于其竞争力，即 $F_m > F_c$，就可以将磁性颗粒捕收。

高梯度磁选机是在强磁选机的基础上发展起来的一种新型强磁选机，适用于弱磁性矿物的选别。它的特点是通过整个工作体积的磁化场是均匀磁场，这意味着不管磁选机的处理能力大小，在工作体积中任何一个颗粒经受同在任何位置的颗粒所受到的同等的力，磁化场均匀地通过工作体积，介质被均匀磁化，在磁化空间的任何位置梯度的数量级是相同的，但和一般磁选机相比，磁场梯度大大提高，通常可达 $10^7 \mathrm{G/cm}$（对钢毛介质而言），提高了 10～100 倍，这样为磁选颗粒提供了强大的磁力来克服流体阻力和重力，使微细粒弱磁性矿粒可以得到有效回收（回收粒级下限最低可达 $1\mu m$），介质所占空间大为下降，高梯度磁选机介质充填率仅为

5%～12%（一般强磁选机的介质充填率为 50%～70%），因而提高了分选区的利用率，介质轻，传统负载轻，处理量大。

2.5.3 影响磁选的主要因素

影响磁选指标的主要因素有矿石性质、设备性能等。

(1) 矿石性质 矿石性质主要表现为以下几方面：

① 矿石中各矿物的磁化率（磁性）大小及相对差值 磁选是依据矿物的磁性分选的，矿物的磁化率（磁性）越大，越有利于磁选分离；同时矿物之间还需有明显的磁性差别，否则无法进行磁选分离提纯。

② 入选矿物的细度及粒度组成 磁选主要适应于粗、中粒的矿物分离提纯，在矿物本身能达到单体解离的状况下尽可能粗些，一般大于 0.074mm，且粒度应当尽量均匀。目前有效磁选细度下限为 0.035mm，过细时，强磁性矿粒易被水流带走，弱磁性矿粒则不易被有效捕捉到。采用高磁场强度和高梯度，下限可达 10μm，但对弱磁性矿物磁选效果受到限制。

③ 矿物的泥化及罩盖 有些矿物如赤铁矿、褐铁矿等本身易泥化，往往形成矿泥罩盖，再加上本身磁性较弱，将大大影响磁选效果。对此应采取适当清洗或控制磨矿细度等措施。

(2) 设备性能 设备性能主要是磁场强度、磁场梯度、结构特征等，应当依据不同矿物特性选取。

2.5.4 磁流体分选

2.5.4.1 概述

磁流体也称磁性液体，是指由加入表面活性剂包覆的磁性颗粒（直径约为 10mm）分布于基液中形成的胶体溶液。磁流体的组成一般包括磁性颗粒、表面活性剂和基液。磁流体能够稳定存在而不发生沉降，是因为永不停息的布朗运动阻止纳米颗粒在重力作用下发生沉降，表面活性剂层如油酸或聚合物涂层包覆纳米颗粒，以提供短距离的空间位阻和颗粒之间的静电斥力，防止纳米颗粒团聚。水基铁磁流体有望成为有效且廉价的磁流体，Fe_3O_4 是目前为止研究得比较多的磁流体物质。

磁流体的制备主要包括 3 个步骤：①制备磁性纳米颗粒；②对磁性纳米颗粒进行抗团聚处理；③磁性颗粒与基液混合。

2.5.4.2 分选介质

理想的分选介质应具有磁化率高、密度大、黏度低、稳定性好、无毒、无刺激性气味、无色透明、价廉易得等特性条件。

(1) 顺磁性盐溶液 顺磁性盐溶液有 30 余种，Mn、Fe、Ni、Co 盐的水溶液均可作为分选介质。其中有实用意义的有 $MnCl_2 \cdot 4H_2O$、$MnBr_2$、$MnSO_4$、$Mn(NO_3)_2$、$FeCl_2$、$FeSO_4$、$Fe(NO_3)_2 \cdot 2H_2O$、$NiCl_2$、$NiBr_2$、$NiSO_4$、$CoCl_2$、$CoBr_2$ 和 $CoSO_4$ 等。这些溶液的体积磁化率为 $8 \times 10^{-8} \sim 8 \times 10^{-7}$，真密度为 $1400 \sim 1600 kg/m^3$，且黏度低、无毒。其中，$MnCl_2$ 溶液的视密度可达 $11000 \sim 12000 kg/m^3$，是重悬浮液不能比拟的。

$MnCl_2$ 和 $Mn(NO_3)_2$ 溶液基本具有上述分选介质所要求的特性条件，是较理想的分选介质。分离固体矿物（轻产物密度小于 $3000 kg/m^3$）时，可选更便宜的 $FeSO_4$、$MnSO_4$ 和 $CoSO_4$ 水溶液。

(2) 铁磁性胶粒悬浮液 一般采用超细粒（0.1nm）磁铁矿胶粒作分散质，用油酸、煤油等非极性液体介质，并添加表面活性剂为分散剂调制成铁磁性胶黏悬浮液。一般每升该悬浮液中含 $10^7 \sim 10^{18}$ 个磁铁矿粒子，其真密度为 $1050 \sim 2000 kg/m^3$，在外磁场及电场作用下，可使介质加重到 $20000 kg/m^3$，这种磁流体介质黏度高，稳定性差，介质回收再生困难。

2.5.4.3 磁流体分选原理

磁流体的分选原理是建立在重介质分选基础上的，磁流体就相当于重介质，但是又不同于重介质选矿。其区别是磁流体作为分选介质是通过磁场调节密度梯度分布实现多密度级分选的。磁流体分选根据分离原理及介质的不同，可分为磁流体动力分选和磁流体静力分选两种。

(1) 磁流体动力分选（MHDS） 磁流体动力分选是在磁场（均匀磁场或非均匀磁场）与电场的联合作用下，以强电解质溶液为分选介质，按固体矿物中各组分间密度、比磁化率和电导率的差异分选弱磁性或非磁性的一种选矿技术。

磁流体动力分选的研究历史较长，技术也较成熟，其优点是分选介质为导电的电解质溶液，来源广，价格便宜，黏度较低，分选设备简单，处理能力较大，处理粒度为 0.5～6.0mm 的固体矿物时可达 50t/h（最大可达 100～600t/h）。缺点是分选介质的视密度较小，一般为 $3～4g/cm^3$，分离精度较低。

(2) 磁流体静力分选（MHSS） 磁流体静力分选是在非均匀磁场中，以顺磁性液体和铁磁性胶体悬浮液为分选介质，按固体矿物中各组分间密度和比磁化率的差异进行分离。由于不加电场，不存在电场和磁场联合作用产生的特性涡流，故称为静力分选。

磁流体静力分选中被分选颗粒一般均要求为非磁性颗粒。另外，由于磁性物仍为微细颗粒，对于体积相似的颗粒会产生静电吸引作用而影响感应磁场的分布，进而影响分选，故不宜分选煤泥含量高的物料及过细物料。

磁流体静力分选的优点是视密度高（如磁铁矿微粒制成的铁磁性胶体悬浮液视密度高达 $19000kg/m^3$），介质黏度较小，分离精度高。缺点是分选设备较复杂，介质价格较高，回收困难，处理能力较小。通常，要求分离精度高时，采用静力分选；固体矿物中各组分间电导率差异大时，采用动力分选。

磁流体分选是一种重力分选和磁力分选联合作用的分选过程。各种物质在似加重介质中按密度差异分离，这与重力分选相似；在磁场中按各种物质间磁性（或电性）差异分离，这与磁选相似。磁流体分选不仅可以将磁性和非磁性物质分离，而且也可以将非磁性物质之间按密度差异分离。因此，磁流体分选法将在矿物加工中占有特殊的地位。

2.6 电选

2.6.1 概述

电选是利用各种矿物的电性差别，在高压电场中实现矿物分选的一种选矿方法。它是细粒矿物的重要选矿方法之一。电选在工业上的应用始于 1908 年，目前电选广泛应用于有色、黑色、稀有金属矿石的精选；非金属矿物和粉煤灰的分选；陶瓷、玻璃原料和建筑材料的提纯；矿石和其他物料的分级和除尘等。电选在非金属矿物的选矿提纯上应用的比较多，如常见的磁铁矿、钛铁矿、锡石、自然金等，其导电性都比较好；而石英、锆英石、长石、方解石、白钨矿以及硅酸盐类矿物其导电性很差，故能利用它们的电性差异，用电选的方法分开。

电选的内容很广泛，包括电选、电分级、摩擦带电分选、介电分选、高梯度电选、电除尘等方面。

摩擦电选是利用两种矿物互相接触、碰撞和摩擦，或使之与某种材料做成的给矿槽摩擦，产生大小不同而符号相反的电荷，然后给入到高压电场中，由于矿粒带电符号不同，产生的运动轨迹也明显不同，从而使两种矿物分开。

介电分选是在液体介质或空气介质中进行的，通常大多在液体介质中进行。两种介电常数不同的矿粒或物料，在非均匀电场中，如果某种矿粒的介电常数大于液体介电常数，则该种矿粒被吸引；反之，介电常数小于液体者则被排斥，从而使之分开。

高梯度电选是在介电分选原理的基础上发展起来的一种新方法，它主要是针对微细粒矿物的分选。在介电液体中放入介电体（非导体）纤维或小球，此种介电体受到电场极化后，在其表面产生极不均匀的电场，从而增加了非均匀电场的作用力。当其中一种矿粒的介电常数大于液体介电常数时，粒子被吸向电场强度及梯度最大区域；反之则被排斥而进入低的电场区域，两种矿粒的运动轨迹也不同，故能使之分开。高梯度电选，很类似于高梯度强磁选，放入分选罐内的纤维或球介质，与高梯度磁选的钢毛或其他介质相似，也是一种捕获介质。

除介电分选及高梯度电选是在介电液体中进行外，其余均为干法作业，对缺水地区具有优越性。对一些只适宜于干法分级的物料，电分级有明显的优点。电选对周围环境不产生污染，因而在世界上一些发达国家，得到了更广泛应用。干法电选由于其工艺简单、分选指标好，在某些矿物的选矿作业中呈现出取代传统选矿方法的良好前景，如采用干法电选对磷矿石进行选别富集。

电选的有效处理粒度通常为 0.1～2.0mm，但对片状或密度小的物料如云母、石墨、煤等，其最大处理粒度则可达 5mm 左右，而湿法高梯度电选机的处理粒度则可下降到微米级。

对于磁性、密度及可浮性都很近似的矿物，采用重选、磁选、浮选均不能或难以有效分选时，则可以利用它们的电性质差别使之分选。目前除少数一些矿物直接采用电选外，在大多数情况下，电选主要用于各种矿物及物料的精选。电选前，物料大多先经重选或其他选矿方法粗选后得出粗精矿，然后采用单一电选或电选与磁选配合，最终得出精矿。

电选之所以不断地为人们所重视，生产实践证明它有以下优点：耗电少，生产费用低，选别效果好，精矿品位高，回收率高；电选机本身结构简单，要求加工精度不高；易操作和维修且安全可靠，仅供电系统较为复杂；电选机占地面积少，电选为干法选矿方法，利于缺水和严寒地区采用；使用范围广，除能选有色金属、稀有金属和非金属外，对黑色金属及放射性矿物也开始在生产上得到应用。

2.6.2 基本原理

2.6.2.1 矿物的电性质

矿物的电性质是电选的依据。所谓矿物的电性质是指矿物的电导率（也可以用电阻率）、介电常数、比导电度以及整流性等，它们是判断能否采用电选的依据。由于各种矿物的组分不同，表现出的电性质也明显有别，即使属于同种矿物，由于所含杂质不同，其电性质也有差别。但不管如何，总有一定的变动范围，可根据其数值大小判定其可选性。

（1）电导率　矿物的电导率 σ 是指长度为 1cm，横截面积为 1cm^2 的矿物的导电能力，表现为电阻率 ρ 的倒数，即

$$\sigma = 1/\rho = L/(RS) \qquad (2\text{-}111)$$

式中　σ——电导率，$\Omega^{-1} \cdot cm^{-1}$；

ρ——电阻率，$\Omega \cdot cm$；

R——电阻，Ω；

S——导体的面积，cm^2；

L——导体的长度，cm。

矿物的电导率代表矿物导电的能力，根据矿物电导率的大小，常将矿物分成导体矿物、非导体矿物和半导体矿物 3 种类型：

导体矿物（$\sigma = 10^4 \sim 10^5 \Omega^{-1} \cdot cm^{-1}$），如自然铜、石墨等矿物，此类矿物的导电性较好，在通常的电选中，能作为导体分出。

非导体矿物（$\sigma < 10^{-10} \Omega^{-1} \cdot cm^{-1}$），如硅酸盐和碳酸盐矿物，此类矿物的导电性很差，

在通常的电选中，只能作为非导体分出。

半导体矿物（$\sigma = 10^2 \sim 10^{-10}\,\Omega^{-1}\cdot cm^{-1}$），如硫化矿、金属氧化矿等，其导电性介于导体与非导体之间。

矿物电导率的大小与温度、矿物的结晶构造、矿物的表面状态等因素有关。

电选中的导体与非导体的概念与物理学中的导体、半导体和绝缘体是有很大差别的。导体矿物是指在电场中吸附电子后，电子能在矿粒上自由移动，或在高压静电场中受到电极感应后，能产生正负电荷，这种正负电荷也能自由移动。非导体则相反，它在电场中吸附电荷后，电荷不能在其表面自由移动或传导，在高压静电场中只能极化，正负电荷中心只发生偏离，并不能移走，只要一脱离电场则又恢复原状，而不表现出正负电性。导电性中等（或称半导体）的矿物，则是介于导体与非导体之间的这类矿物，除确有一部分这类矿物外，在电选实际中，通常是连生体居多。

对于电阻小于 $10^6\,\Omega$ 者，电子的流动是很容易的；反之，电阻大于 $10^7\,\Omega$ 者，电子不能在表面自由运动，这在电场选矿时表现最明显。当用电选分选导体和非导体时，两者电阻值悬殊越大，则越容易分选。

（2）介电常数　矿物颗粒的介电性是指矿物在外电场中可以被极化的性质。矿物的介电常数 ε 表示矿物隔绝电荷之间相互作用的能力。介电常数越大，表示隔绝电荷之间相互作用的能力越强，即其本身的导电性越好；反之介电常数越小，其本身的导电性越差。

通常，电荷间的相互作用力在真空中最大，在所有电介质中都比真空中减小某一倍数，这一倍数就称为介电常数 ε，表示为

$$\varepsilon = E/E_1 \tag{2-112}$$

式中　E——在真空中的电场强度；

E_1——在电介质中的电场强度。

真空的介电常数最小，$\varepsilon = 1$；导体矿物介电常数最大，$\varepsilon \to \infty$；非导体矿物的介电常数为 $1 \sim \infty$ 之间。

介电常数值的大小是目前衡量和判定矿物能否采用电选分离的重要判据。一般情况下，介电常数 $\varepsilon > 12$ 者，属于导体，用常规电选可作为导体分出；$\varepsilon < 12$ 者，若两种矿物的介电常数仍然有较大差别，则可采用摩擦电选而使之分开；否则，难以用常规电选方法分选。大多数矿物属于半导体矿物。

矿物的介电常数可以用平板电容法及介电液体法测定。前者为干法，适应于大块结晶纯矿物；后者为湿法，可用来测细颗粒的介电常数。

（3）比导电度　电选中，矿物颗粒的导电性除与颗粒本身的电阻有关外，还与颗粒和电极的接触面电阻有关，而界面电阻又与高压场的电位差有关。当电场的电压足够大时，界面电阻减少，导电性差的矿物亦可起导体作用。即各种矿物均有一个由非导体转为导体的电位差，且所需的电位差值不尽相同。石墨的导电性很好，由非导体变成导体时所需电位差最小（2800V）。以它为标准，将其他各种矿物由非导体变为导体时所需的电位差与 2800V 相比，其比值就称为比导电度。两种矿物的比导电度相差越大，越容易分离。

（4）整流性　在测定矿物的比导电度时会发现，有些矿物只有当高压电极带负电时才作为导体分出，如方解石；而另一些矿物则只有高压电极带正电时才作为导体分出，如石英；还有一些如磁铁矿、钛铁矿等，无论高压电极的正负，均能作为导体分出。矿物表现出的这种与高压电极极性相关的电性质称作整流性。为此规定：

只获得正电的矿物叫正整流性矿物，如方解石，此时电极带负电；

只获得负电的矿物叫负整流性矿物，如石英，此时电极带正电；

不论电极正负，均能获得电荷的矿物叫全整流矿物，如磁铁矿等。

根据矿物介电常数和电阻的大小，可以大致确定矿物用电选分离的可能性；根据矿物的比导电度，可大致确定其分选电压，当然此电压乃是最低电压；根据矿物的整流性，可确定电极的极性。但实际上往往采用负电进行分选，正电很少采用，因为采用正电时对高压电源的绝缘程度要求较高，且不能带来更好的效果。

2.6.2.2　矿粒的带电方式

电选机采用的电场有静电场、电晕电场和复合电场3种。矿粒带电的方法有传导、感应、电晕以及摩擦带电。

（1）传导带电　在静电场中，当矿粒直接和电极接触时，导电性好的矿粒可直接从电极获得极性相同的电荷，即直接传导带电。矿粒带电后则被电极极化而产生束缚电荷，靠近电极一端产生与电极相反的电荷，被电极吸引，从而导电性不同，在电极上的表现行为也不同。传导带电方法是最简单的方法。图2-29所示为矿粒与带电电极接触带电及接触后行为。

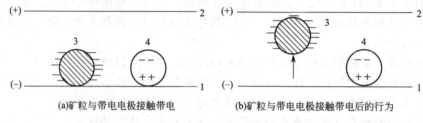

(a)矿粒与带电电极接触带电　　　　(b)矿粒与带电电极接触带电后的行为

图2-29　矿粒与带电电极接触带电及接触后行为
1—带电电极；2—接地极；3—导体矿粒；4—非导体矿粒

图2-29中，负极表示高电压，正极表示接地极。导体矿粒与带电电极接触后，由于其导电性良好，电极立即将电荷传导给矿粒，矿粒获得与电极符号相同的电荷，从而受到排斥而吸向正极，且所获电荷全部传走。非导体矿粒则由于本身导电性很差，只能受到电场极化，电荷不能直接传导到矿粒上，极化后产生正负电荷中心偏移，靠近电极一端产生正电，另一端产生负电，而此电荷又不能传走，所以被负电极吸住。一离开电场，就又恢复原状。

但在实际选矿中，很少遇到纯导体和非导体矿物的混合体，大部分都是半导体的混合物或半导体与非导体的混合物，它们的导电性相差很小，故采用这种使矿粒带电的方式分选，效果并不好。

（2）感应带电　感应带电与传导带电显然不同，感应带电是矿粒并不与带电电极接触，而在电场中受感应作用，导电性好的矿粒在靠近电极的一端因电极感应，产生和电极极性相反的电荷，另一端产生相同的电荷，且矿粒上的电荷可以移走，而使矿粒带电。导电性差的矿物，却只能被电极极化，其电荷不移走，因而产生不同的电性行为，如图2-30所示。

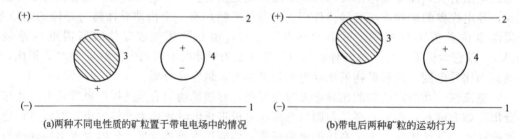

(a)两种不同电性质的矿粒置于带电电场中的情况　　　　(b)带电后两种矿粒的运动行为

图2-30　矿粒的感应带电
1—带电电极；2—接地极；3—导体矿粒；4—非导体矿粒

导体矿粒在电场中感应后，靠负极的一端感应为正电，另一端则为负电；非导体矿粒则只受到电场极化，正负电荷中心产生偏转，表现出的电荷为束缚电荷，不能移走。根据正负电荷互相吸引的原理，导体矿粒立即吸向负极（带电电极），在此一瞬间，正负电荷均通过传导而移走，然后从负极得到负电荷而被排斥，最终矿粒停留在接地极上。如两电极不是平行板极而带电电极又为尖电极，则导体颗粒会被吸向尖电极，非导体矿粒则仍停留在原来的位置。

（3）电晕电场中带电　传导、感应带电均属静电场，两者均不放电，而电晕电场不同。在两个曲率半径相差很大的电极上（直径小的采用丝电极，直径大的一半采用平面电极或鼓筒并接地）加足够的电压，细电极附近的电场强度将大大超过另一电极，在细电极附近的空气将发生碰撞电离，产生大量的电子和正负离子，向符号相反的电极移动，形成电晕电流，这种现象叫电晕放电。在电晕电场中，不同性质的矿粒吸附空气离子而得到符号相同但数量不同的电荷，表现不同的电力作用，从而实现分离。电晕带电在整个电选发展史上起了很重要的作用，使电选效率大大提高，其带电过程如图 2-31 所示。

从图 2-31 可知，不论导体和非导体均能在电场中获得电荷。导体矿粒的介电常数大，获得的电荷多，但因其导电性好，吸附在表面的电荷能在表面自由流动，故能很快地分布于矿粒表面。而吸附于非导体表面的电荷不能自由流动，一旦导体和非导体颗粒与接地极接触，导体上的电荷瞬间（1/40~1/1000s）传导至接地极而消失。非导体由于导电性很差或不导电，表面吸附的电荷不能传走或要花比导体至少多 100 倍乃至 1000 倍的时间才能传走一部分电荷，故与接地极相互吸引。此种情况在高压电选时更为突出，这有利于导体和非导体的分离。

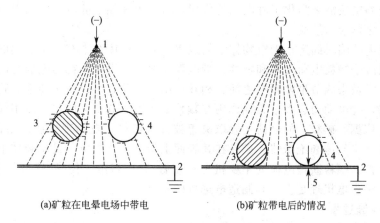

(a)矿粒在电晕电场中带电　　　　(b)矿粒带电后的情况

图 2-31　矿粒在电晕电场中带电及带电后的情况

1—带负电电晕极；2—接地极；3—导体矿粒；4—非导体矿粒；5—镜面吸力

（4）摩擦带电　摩擦带电是通过接触、碰撞、摩擦的方法使矿粒带电。一种是矿粒与矿粒互相摩擦，使各自获得不同符号的电荷；另一种是矿粒与给料设备表面摩擦、碰撞（包括滚动）使之带电。互相摩擦碰撞带电的根本原因是由于电子的转移。介电常数大的矿粒，具有较高的能位，容易受到极化，易于给出外层电子而带正电；而介电常数小者能位低，难于极化，易于接受电子而带负电。这样，带有不同电荷符号的矿物颗粒进入电场后就可以实现分离。必须指出，并非所有矿物都能采用摩擦带电的方法进行分选，只有两种矿物都属于非导体矿物，且两者的介电常数要有明显的差别，才能产生电子转移并保持电荷，从而可以采用摩擦带电的方法实现分离。由于摩擦获得的电荷比较少，且受到摩擦处理量的影响，故该方法未能广泛地应用于生产。目前，摩擦电选主要应用在微粉煤及粉煤灰的选别作业中。

（5）复合电场中带电　所谓复合电场是指电晕电场与静电场相结合的电场。采用复合电极是鼓筒式电选机发展史上的一个大进展，复合电场电选机的分选效果要好于单一的静电场或电晕电场电选机。复合电极的形式一种是电晕电极在前，静电极在后［图 2-32(a)］；另一种则是电晕电极与静电极混装在一起［图 2-32(b)］。

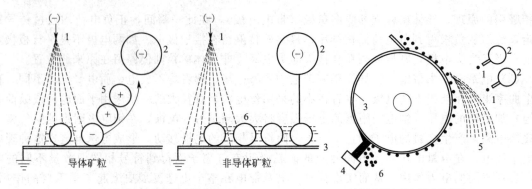

(a)电晕电极在前,静电极在后　　　　　(b)电晕电极与静电极混装

图 2-32　矿粒在复合电场中带电情况

1—电晕电极；2—静电极；3—接地极；4—毛刷；5—导体矿粒；6—非导体矿粒

不论导体和非导体矿粒均先在电晕电场中荷电,但随着矿粒往前运动,立即受到静电极的作用,导体传走电荷后,受到静电极的感应而带电并吸向静电极方向。非导体则不同,由于所吸附的电荷不能传走,受到静电极的斥力,将矿粒压于接地极（鼓筒面或平面极）,显然两者的运动轨迹很不相同,据此将导体和非导体分开。

电晕电极与静电极混装强化了静电场的作用,对导体加强了静电极的吸引力,对非导体则加强了斥力,使之紧吸于鼓面。

静电带电是电荷临时固定在带电物体上的过程。如果在体系中有一个以上的保留有电荷的颗粒,那么可以改变颗粒电荷大小和极性、带电颗粒之间和带电颗粒与电极之间距离、颗粒和周围介质的介电常数来调节带电颗粒之间的相互作用。因此,可以采用能使矿物带有电荷的最大电压进行电选,让电动力远大于其他作用在颗粒上的力。其实,电选是以不同矿物获得和保留电荷的能力为依据。矿粒上的电荷主要取决于被分选矿粒的电物理性质。根据电物理性质,矿物可分为导体、半导体和绝缘体。矿粒在其表面上带有足够的电荷是矿粒在电场中发生吸引或排斥的先决条件。颗粒获得电荷的主要机理有接触/摩擦带电、传导/感应带电和离子轰击/电晕带电,这 3 种带电机理是设计和制造电选机的基础。

2.6.2.3　矿粒电选过程

矿物电选中用得最多的是高压电晕电场及静电场,用得最普遍的是鼓筒式电选机。下面主要介绍与它们相关的矿粒电选过程。

（1）矿粒在电晕中获得的电荷　矿粒在电晕电场中所获得的电荷,通常用式(2-113) 表示：

$$Q_t = \left(1 + 2\frac{\varepsilon - 1}{\varepsilon + 2}\right)Er^2\frac{\pi Kent}{1 + \pi Kent} \tag{2-113}$$

式中　Q_t——球形矿粒在时间 t 内所获得的电荷,C；

　　　　t——矿粒在电场中所停留的时间,s；

　　　　r——矿粒半径,cm；

　　　　ε——矿粒的介电常数,F/m；

　　　　E——矿粒所在位置的电场强度,V/m；

　　　　e——离子电荷,取 1.6×10^{-19}C；

　　　　n——电晕电场内离子浓度,取 1.7×10^8 个/cm³；

　　　　K——离子迁移率,即电场强度为 1V/cm 电压时离子的运动速度。在标准大气压时,
　　　　$K = 2.1$cm/s。

根据式(2-113) 可以看出,矿粒获得电荷主要与电场强度 E、矿物颗粒半径 r 和矿物的介电常数 ε 有关。电场强度越高,矿粒半径越大,则经过电晕电场时所获得的电荷越多。

（2）矿粒在电场中的受力分析　矿物颗粒进入电场后，由于导电性质的不同，使得矿粒在电场中以某种方式带上不同性质的电荷或带不同数量的电荷，从而受到不同的电场力作用，以实现分离。矿粒在电场中既受到各种电场力的作用，又受到各种机械力的作用。电场力和机械力的大小决定了矿粒的运动轨迹。对电选效果有影响的电场力主要有库仑力、镜面吸力，机械力主要有离心力和重力。矿粒在鼓面上受电场力和机械力情况如图 2-33 所示。

　① 库仑力　矿粒在电场中获得电荷后，立即受到库仑力的作用，即使是导体矿粒，当它在高压静电场中受到感应面带电时，同样受到库仑力的作用。库仑力大小为

$$F_1 = QE \qquad (2\text{-}114)$$

式中　F_1——作用于矿粒上的库仑力，N；

　　　Q——矿粒在电场中所获得的电荷，C；

　　　E——电场强度，V/m。

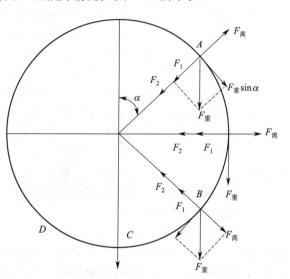

图 2-33　矿粒在鼓面上受电场力和机械力情况图

　对导体矿粒而言，库仑力为静电极对它的吸引力，其方向朝向带电电极；对非导体矿粒而言，则为斥力，方向朝向地极。

　② 镜面吸力　对非导体矿粒而言，表面上有大量电荷而不能传走，必然与金属构件的鼓筒发生感应，而对应地感应出正电荷，从而吸在鼓筒表面。虽然这种电荷比较弱，但由于电场强度大，并同时受到库仑力的作用，非导体颗粒能更紧地被吸附在鼓面上。对导体矿粒而言，表面的电荷很容易传走，剩余电荷极少或等于零，一般不存在镜面吸力的作用。所以，镜面吸力是使导体矿粒和非导体矿粒分开的重要电场力。

　镜面吸力表示公式为

$$F_2 = \frac{Q_R^2}{r^2} \qquad (2\text{-}115)$$

式中　Q_R——矿粒剩余电荷，C；

　　　r——矿粒中心与接地极之间的距离，m。

　③ 机械力　矿粒在鼓筒上受到的离心力为

$$F_{离} = m\frac{v^2}{R} \qquad (2\text{-}116)$$

重力为

$$F_{重} = mg \qquad (2\text{-}117)$$

为了将不同电性的矿粒分开，矿粒在鼓筒电选机上所受的合力应满足下列要求。

对于导体矿粒，应在鼓筒的 AB 范围内落下，关系式为

$$F_{离} + F_1 > F_2 + mg\cos\alpha \qquad (2\text{-}118)$$

对于非导体矿粒，应在鼓筒的 CD 范围内落下，关系式为

$$F_1 + F_2 > F_{离} + |mg\cos\alpha| \qquad (2\text{-}119)$$

对于半导体矿粒，应在鼓筒的 BC 范围内落下，关系式为

$$F_{离} + |mg\cos\alpha| > F_1 + F_2 \qquad (2\text{-}120)$$

2.6.3　影响电选的主要因素

　影响电选指标的主要因素有两类：一是物料性质；二是电选机性能。

2.6.3.1 物料性质

物料性质主要从 4 个方面影响电选：物料的粒度组成、物料的湿度、矿物表面处理、给矿方式和给矿量。

(1) 物料的粒度组成　能够进行电选的物料粒度范围必须窄，即粒度越均匀越好。如果物料粒度范围太宽，尤其是导电率相差不大的矿粒，分选效果不好。这是因为粗粒非导体矿粒因自身的重力和离心力较大，容易混到导体产品中去，而细粒导体矿粒则易混到非导体产品中去，故电选前需将物料进行分级。但如果分级过窄，不但增加工序，提高生产成本，而且容易产生灰尘。所以，在实际生产中，在物料粒度基本符合要求的条件下，应尽可能减少分级或不分级。

目前电选的有效分选粒度为 $0.1\sim2.0mm$，最小可以分选到 $20\sim30\mu m$。

(2) 物料的湿度　矿粒表面带有水分时，不仅会使非导体矿物的导电性提高，混进导体产品中影响分选效果；还会使细粒矿物附着团聚，恶化电选效果。因此，电选前对物料进行预热是非常必要的。加热干燥的目的是除去矿物的表面水分，恢复矿物的固有电性，并使物料松散。但是加热温度需要严格把握，一般控制在 $80\sim130℃$。

(3) 矿物表面处理　对矿物进行表面处理，主要包括两方面：①药剂对矿粒表面进行改性；②表面污染物的清理。

① 药剂对矿粒表面进行改性　对矿粒表面进行改性主要是针对一些难选矿物进行的。通过添加化学药剂进行表面改性，目的在于改变矿粒表面的导电率，提高电选效果。表面处理可以在水介质中进行，也可以将药剂与固体物料混合，采用干法进行改性。部分矿物表面改性的方法见表 2-17。

表 2-17　部分矿物表面改性的方法

处理矿物名称	采用药剂及大致用量	处理矿物名称	采用药剂及大致用量
长石与石英	氢氟酸(100~200g/t)	锡石与硅酸盐矿物	甲酚(250g/t)、油酸钠(400g/t)
白钨与脉石矿物	NaCl(1000g/t)、水玻璃、硫酸盐	重晶石与锡石	混合脂肪酸
磷灰石	氢氟酸(矿物质量的 5%~10%)	金刚石与质矿物	NaCl(矿物质量的 0.5%)

② 表面污染物的清理　矿粒表面的污染物有两种：一是泥质或微细粒物料的表面黏附；二是矿粒表面在成矿和分选过程中因铁质污染形成的铁质薄膜。前者通常用水即可清洗完全，而后者则需加入一定浓度的酸进行清洗。

(4) 给矿方式和给矿量　给矿方式和给矿量也直接影响电选效果。电选要求均匀给矿，并使每个矿粒都有接触辊筒的机会，否则会因为导体不能接触辊筒而无法将电荷放掉，致使其混入非导体产品中，影响分选效果。给矿量过大，辊筒表面分布的物料层厚，外层矿粒不易接触到辊筒，而且矿粒相互干扰和夹杂，易使分选效果下降；给矿量过小，设备生产能力下降，故需根据实际条件确定合适的给矿量。

除上面提到的 4 个影响指标外，温度也会影响电选效果。温度的变化会改变物料的物理性质。提高温度会降低导体的导电率；但是，会增大半导体或绝缘体的导电率。随着温度的升高，非导体混合物中的一种组分变成能电选的导体组分。如果矿物在提高温度时具有相转变，那么温度的影响就比较大。

2.6.3.2 电选机性能

电选的设备因素主要有电源电压、电极结构及其相对位置、鼓筒的尺寸及转速、分离隔板的位置、大气压力等。

(1) 电源电压　电压是影响电选效果非常重要的因素。电压的大小直接影响电场强度的大小。矿粒获得电荷直接与电场强度有关，电压越高，电场强度越大，从电晕电极逸出的电子越多，越有利于分选。但是，电压越高对分选越有利也不是绝对的，因为对各种具体矿物所要求的分选电压是不同的。

（2）电极结构及其相对位置　电极结构指的是电晕电极根数、位置和偏极的大小等。一般来说，单根电晕电极和一根静电电极选矿时导体矿物的回收率比较高，但是精矿品位低，分选效率很低。电晕电极根数多，只对提高精矿品位有利，而对导体的回收率不利。电晕电极与鼓筒的相对位置以 45°为宜。

极距对电选也是重要的影响因素，应根据物料的粒度、鼓的直径和外加电压来考虑极距。小极距所需电压低，但因为容易引起火花放电，影响分选效果，在生产中难以实现。一般采用 60～80mm 的极距，在较高的电压下，既不易引起火花放电，又能保证分选效果。

（3）鼓筒的尺寸及转速　鼓筒的直径直接影响电选时的离心力。鼓筒转速的大小直接影响入选物料在电场区的停留时间。物料经过电场区的时间应近乎 0.1s，才能保证物料获得足够的电荷，否则分选效率必然降低。当转速慢时，矿粒通过电场时获得的电荷比较多，对非导体来说，就能产生较大的镜面吸力，从而不易脱离鼓筒。转速越低，导体矿物品位越高；如转速太大，不论导体或非导体矿粒的离心力都会增大，而非导体的镜面吸力减小，致使非导体矿粒过早脱离鼓面，混杂于导体矿物中，造成导体矿物品位下降，而此时非导体矿物的品位则很高。

根据作业要求不同，转速也应有所不同。导体产品为精矿，扫选作业时宜用高转速，尽可能保证导体的回收率；精选作业时，为保证导体品位，宜用低转速。转速的大小与入料粒度有关，粒度大，要求转速慢，粒度小，要求转速快。

（4）分离隔板的位置　分离隔板的位置应从产品质量、回收率和产率分配等方面来综合考虑，以获得最佳分选指标。虽然颗粒通过电选机电场的运动轨迹取决于各种力的平衡，但精矿、中矿和尾矿产品的品位和回收率随分离板位置和长度的改变而变化。所以，优化分离板的个数和位置可以改进最终产品的回收率和品位。若要求非导体矿物很纯，则鼓筒下分离非导体矿粒的分隔板应当向鼓筒倾斜，使中矿多一些返回再选；反之，如要求导体矿物很纯，则分离导体矿粒的分隔板应当更偏离鼓筒，多余的中矿返回再选。

（5）大气压力　在电选系统中，大气压力改变颗粒带电性质。大气压力变化会改变外加端电压，因而影响电选时颗粒的行为。低大气压的电离场中的电子比高大气压时的要多些。当颗粒在空间落下时，阻力随大气压力改变而变化。空气所产生的机械阻力决定不同粒度颗粒具有不同的运动轨迹。这种作用对细粒级影响大些。虽然降低大气压力可能有助于对阻力灵敏的细颗粒电选，但试验结果表明，只稍稍改善选别指标。大气压力对较粗颗粒电选影响大些。

虽然在每一种电选机理中有一个带电机理是主要的，但是也还有其他带电机理存在，在某种程度上，其他的带电机理也起一定的作用。因此带电过程是一个不确定的过程。不同时间矿物带的电荷与矿物性质、带电机理类型、分选机机械和电力方面的贡献以及周围的条件有关。所以，很难精确确定每一种矿物所带电荷的多少。只能根据不同带电过程建立起的公式，粗略地估计每个矿粒所带的电荷数量。

如果再考虑颗粒的粒度和形状，电选过程更是一个不确定的过程。因为电选是一个表面影响过程，所以一个矿样的两个不同粒级，甚至来源相同和粒度相同的矿粒由于形状不同而带有不同的电荷，这使得电选过程更为复杂。因此，成功电选的关键因素是需要了解、认识和评估起作用的力、有效的带电机理、矿物特性和电选机机械因素。

2.7　湿法化学提纯技术

2.7.1　概述

从广义上来讲，非金属矿物的提纯包括粗加工提纯和深加工提纯。粗加工提纯主要是指选矿，包括重选、浮选、磁选、电选等。对于一般工业用途的非金属矿，只需进行粗加工提纯即能满足工业要求。但是，对一些用于特殊目的非金属矿物，单采用常规选矿方法难以达到应用要求。例如，许多工业部门所用石墨必须是高纯的，如原子反应堆的燃烧室元件要求石墨灰分小于 0.1%；其他如高导电石墨、超导石墨等都要求碳含量在 99% 以上。采用浮选法和电选法虽然可使石墨品位达到 90%～95%，甚至个别可达到 98%，但由于硅酸盐矿物浸染在石墨鳞片中，用机械方法难以进一步提纯。这就需要采用深加工提纯方法（如化学提纯法、热力精炼法等），以进一步除去石墨精矿中的杂质。

矿物的湿法化学提纯是利用不同矿物在化学性质上的差异（氧化还原性、溶解性、离子半径差异配合性、水化性、荷电性和热稳定性），采用化学方法或化学方法与物理方法相结合来实现矿物的分离和提纯。矿物的湿法化学提纯主要应用于一些纯度要求很高，且机械物理选矿方法又难以达到纯度要求的高附加值矿物的提纯，如高纯石墨、高纯石英和高白度高岭土等。

非金属矿物的湿法化学提纯技术主要包括 3 种：①酸法、碱法和盐处理法；②氧化-还原法（漂白法）；③絮凝法。本书主要介绍前两种方法。

2.7.2 酸法、碱法和盐处理法

非金属矿物的酸法、碱法和盐处理法指在相应酸、碱及盐药剂作用下，把可溶性矿物成分（杂质矿物或有用矿物）浸出或交换出来，使之与不溶性矿物组分分离的过程。浸出过程（酸法和碱法）或离子交换（盐处理法）是通过化学反应完成的。常见酸法、碱法和盐处理法的应用范围见表 2-18。

表 2-18　常见酸法、碱法和盐处理法的应用范围

浸出方法	常用浸出试剂	矿物原料	目的及应用范围
酸法	硫酸、盐酸	石墨、金刚石、石英（硅石）	提纯；含酸性脉石矿物
	硫酸、盐酸	膨润土、酸性白土、高岭土、硅藻土、海泡石等	活化改性；阳离子浸出改性
	硝酸（氢氟酸）或硫酸、盐酸的混合液（如王水）	石英砂（硅石、水晶）	提纯；含酸性脉石矿物
	氢氟酸	石英	提纯；超高纯度二氧化硅制备
	过氧化物、次氯酸盐、过乙酸、臭氧等	高岭土、伊利石及其他填料、涂料矿物	氧化漂白；硅酸盐矿物及其他惰性矿物
碱法	氢氧化钠	金刚石、石墨	提纯；浸出硅酸盐等碱（土）金属矿物
	氨水	黏土矿物、氧化矿物与硫化矿物浸出	改性；含碱性的矿石
盐处理法	碳酸钠、硫酸钠、硫化钠、草酸钠、氯化钠、氧化锂等低价金属盐类	膨润土、累托石、沸石、凹凸棒石	离子交换性

2.7.2.1 酸法浸出

非金属矿的酸法处理主要是去除非金属矿物中的硫化物、氧化物或着色杂质。去除着色杂质是非金属矿进行酸法处理的最主要目的。着色杂质是指其中所含铁的各种化合物〔如 Fe_2O_3、FeO、$Fe(OH)_3$、$Fe(OH)_2$、$FeCO_3$ 等〕，其中有些铁是以单体矿物或矿物包裹体存在，有些是以薄膜铁的形式附着于矿物表面、裂缝或结构层间。

酸法浸出常用酸有硫酸、盐酸和氢氟酸等。

（1）硫酸浸出　硫酸常用来去除石英、硅藻土表面的铁薄膜，铁薄膜组分主要为褐铁矿和针铁矿（氢氧化铁），涉及的反应方程式如下：

$$Fe_2O_3 + 3H_2SO_4 \Longrightarrow Fe_2(SO_4)_3 + 3H_2O$$
$$2Fe(OH)_3 + 3H_2SO_4 \Longrightarrow Fe_2(SO_4)_3 + 6H_2O$$

同时，浓硫酸为强氧化剂，在加热时几乎能氧化一切金属，且不释放氢，可将大多数硫化物氧化为硫酸盐，涉及的反应方程式如下：

$$MS + 2H_2SO_4 = MSO_4 + SO_2 + 2H_2O$$

式中　MS——金属硫化物。

（2）盐酸浸出　盐酸可与多种金属化合物反应，生成可溶性金属氯化物，其反应能力强于稀硫酸，可浸出某些硫酸无法浸出的含氧酸盐类矿物。同硫酸一样，盐酸在矿物加工中也大量使用，其缺点是设备防腐蚀要求较高。

以盐酸为浸出剂，非金属矿物除铁所涉及的反应方程式如下：

$$Fe_2O_3 + 6HCl = 2FeCl_3 + 3H_2O$$
$$Fe(OH)_3 + 3HCl = FeCl_3 + 3H_2O$$

（3）氢氟酸浸出　从矿物中浸出金属（离子）一般不用氢氟酸。氢氟酸的特点是能溶解 SiO_2 和硅酸盐，生成气态 SiF_4，故常用于制备高纯 SiO_2 或除去矿物的 SiO_2 杂质等。

在浸出硅石（SiO_2）中的金属杂质时，对某些包裹细密的杂质矿物，使用少量 HF（低浓度）有助于 SiO_2 部分溶解，以使杂质金属离子较易被其他药剂浸出，如采用 $0.02\% \sim 0.1\%$ 的稀氢氟酸和 $0.02\% \sim 0.2\%$ 的连二亚硫酸钠，在常温下搅拌处理石英可将其 Fe_2O_3 含量从 0.15% 降至 0.028%。

针对云母含量较高的石墨提纯时，可借助 HF 提高提纯效果。其原因在于：石墨的主要杂质是硅酸盐类，与 HF 反应生成氟硅酸（或盐），随溶液排出，从而获得高纯石墨，发生的反应如下：

$$SiO_2 + 4HF(气) = SiF_4 \uparrow + 2H_2O$$

反应完成后，用 NaOH 溶液中和，经洗涤、脱水、烘干，即可除去其硅酸盐矿物杂质，获得纯度达 99% 以上的石墨产品。

采用 HF 处理硅石（SiO_2）制备超纯 SiO_2，其工艺工程如下：用浓 HF 处理浸出高品位石英砂（品位高于 99.9%），使 SiO_2 溶解并产生四氟化硅气体：

$$SiO_2 + 4HF(气) = SiF_4 \uparrow + 2H_2O$$

原有的杂质留在 SiO_2 和 HF 的溶液中，反应产生的 SiF_4 经收集、水解，使 SiF_4 气体与水作用，发生下列反应：

$$3SiF_4 + 2H_2O = 2H_2SiF_6 + SiO_2$$

将水解产物经过沉积重新回收 SiO_2，可得纯净的 SiO_2，其品位可达 99.999%。

非金属矿物的酸处理浸出，也可采用硝酸、草酸等，工业上应用相对较少，其原理过程同硫酸、盐酸一致。

在酸浸过程中，浸出剂可以使用一种，也可以两种乃至三种浸出剂联合使用。由于协同效应，多种浸出剂联合使用的提纯效果要高于单一浸出剂的提纯效果。例如，采用盐酸与氟硅酸混合酸处理石英砂，其提纯效果要好于单一盐酸为浸出剂的提纯效果，含铁量（Fe_2O_3）由 0.0059% 降至 $0.0002\% \sim 0.005\%$。

2.7.2.2　碱法浸出

碱法浸出是目前国内应用最多，也较成熟的方法，主要用于硅酸盐、碳酸盐等碱金属与碱土金属矿物的浸出，如石墨、细粒金刚石精矿的提纯等。碱法浸出中使用频率最多的浸出剂是 NaOH，浸出原理是将 NaOH 与石墨或金刚石细砂按比例混匀，在温度大于 500℃ 条件下，使 NaOH 与石墨或细粒金刚石中杂质矿物反应生成可溶性硅酸盐，洗涤后用酸除去生成物。主要反应方程式如下：

$$SiO_2 + 2NaOH = Na_2SiO_3 + H_2O$$
$$Fe_2O_3 + 2NaOH = 2NaFeO_2 + H_2O$$
$$Fe^{3+} + 3OH^- = Fe(OH)_3 \downarrow$$
$$Al^{3+} + 3OH^- = Al(OH)_3 \downarrow$$

$$Ca^{2+} + 2OH^- \Longrightarrow Ca(OH)_2 \downarrow$$
$$Mg^{2+} + 2OH^- \Longrightarrow Mg(OH)_2 \downarrow$$

加入盐酸后反应方程式如下：

$$Na_2SiO_3 + 2HCl \Longrightarrow 2NaCl + H_2SiO_3$$
$$Fe(OH)_3 + 3HCl \Longrightarrow FeCl_3 + 3H_2O$$
$$Al(OH)_3 + 3HCl \Longrightarrow AlCl_3 + 3H_2O$$
$$Ca(OH)_2 + 2HCl \Longrightarrow CaCl_2 + 2H_2O$$
$$Mg(OH)_2 + 2HCl \Longrightarrow MgCl_2 + 2H_2O$$

上述反应（强碱高温熔融）只适用于石墨、金刚石等化学性质非常稳定的有用矿物，其他情况下不适用。

2.7.2.3　盐法处理

盐法处理中常用的试剂为碳酸钠和硫化钠。碳酸钠溶液对矿物原料的分解能力较弱，但具有较高的选择性，且对设备的腐蚀性小，所以对碳酸盐含量高的矿物原料仍不失为一种有效的金属离子浸出剂。

氧化硅、氧化铁和氧化铝等在碳酸钠溶液中很稳定，仅少量硅呈硅酸，铁呈不稳定的配合物，铝呈铝酸钠形态存在。碳酸盐矿物不溶于碳酸钠，但氧化钙、氧化镁则易被碳酸钠分解，反应方程式如下：

$$CaO + Na_2CO_3 + H_2O \Longrightarrow CaCO_3 + 2NaOH$$
$$MgO + Na_2CO_3 + H_2O \Longrightarrow MgCO_3 + 2NaOH$$

碳酸钠也可同氢氧化钠配合使用，去除金属氧化物效果更好。碳酸钠还可浸出矿石中的磷、钒、钼、砷等氧化物，成为可溶性钠盐，涉及的反应方程式如下：

$$P_2O_5 + 3Na_2CO_3 \Longrightarrow 2Na_3PO_4 + 3CO_2 \uparrow$$
$$V_2O_5 + Na_2CO_3 \Longrightarrow 2NaVO_3 + CO_2 \uparrow$$

硫化钠溶液可分解砷、锑、锡、汞的硫化矿物，使它们生成相应的可溶性硫酸盐而转入浸出液中。

$$As_2S_3 + 3Na_2S \Longrightarrow 2Na_3AsS_3$$
$$Sb_2S_3 + 3Na_2S \Longrightarrow 2Na_3SbS_3$$
$$SnS_2 + Na_2S \Longrightarrow Na_2SnS_3$$
$$HgS + Na_2S \Longrightarrow Na_2HgS_2$$

为防止硫化钠水解，一般采用硫化钠和氢氧化钠混合溶液作浸出剂。

2.7.2.4　影响浸出的主要因素

影响矿物酸碱浸出的主要因素是：原矿性质（矿物组成、渗透性、孔隙率）；操作因素（矿物粒度、浸出试剂浓度、矿浆浓度、浸出时间及浸出时的搅拌）。因矿物自身因素无可调节性，故操作因素成为影响酸碱提纯效果的主要因素。因此，在生产工艺上，影响浸出速度的主要因素有如下几个方面。

（1）浸出剂浓度　浸出剂浓度是影响浸出速度的主要因素之一。浸出速度随浸出剂的浓度增加而增大，但浓度过大，有时会增大不希望溶解的组分或杂质的溶解。适宜浓度应是欲浸出组分的溶解速度最大而杂质溶解量最小。

（2）矿浆浓度　矿浆浓度的大小既影响浸出试剂的消耗量，又影响矿浆的黏度，从而影响浸出效率和后续处理。浸出速度通常是随矿浆浓度减小而增大，因为这样能保持溶液中浸出物浓度始终较低。降低矿浆浓度，可减小矿浆黏度，有利于矿浆的搅拌、输送、固液分离和获得较高的浸出率。因此，用大量浸出剂去浸出少量固体物料，可提高速度，但应考虑经济效益。

（3）搅拌作用　搅拌可减少扩散层厚度，增大扩散系数。浸出时进行搅拌会加速整个浸出反应的完成，其浸出速度和浸出率高。通常情况下，搅拌速度适当增大，浸出效果亦好；搅拌速度过快，会导致矿粒随溶液的"同步"运动，此时搅拌会失去其降低扩散层厚度的作用，且增加能耗。

（4）浸出温度　提高温度会加快化学反应速度和分子扩散运动，因而能加快浸出速度。在低温下，化学反应速度往往远低于扩散速度，即浸出过程是化学控制的；在高温下，化学反应速度加快到远高于扩散速度，过程变为扩散控制。

（5）矿物原料的粒度　矿物原料的粒度对固-液相界面及矿浆黏度有较大影响。在一定的粒度范围内，增加细度可提高浸出速率；但过细会增加矿浆黏度，扩散阻力增大而降低浸出速度。

2.7.3　氧化-还原法

作为填料或颜料，在工业中使用的非金属矿物粉体材料（如高岭土、重晶石粉等）这些用作陶瓷、造纸和化工填料的矿物，要求具有很高的白度和亮度，而自然界产出的天然矿物中，往往因含有一些着色杂质而影响其自然白度。采用常规选矿方法，往往因矿物粒度极细和矿物与杂质紧密共生而难以奏效。因此，采用氧化-还原漂白方法将非金属矿物提纯是一条有效的途径。

非金属矿物中有害的着色杂质主要是有机质（包括碳、石墨等）和含铁、钛、锰等矿物，如黄铁矿、褐铁矿、赤铁矿、锐钛矿等。由于有机质通过煅烧等方法容易除去，因此上述金属氧化物成为提高矿物白度的主要处理对象。采用强酸溶解的方法，固然能将上述铁、钛化合物大部分除掉，但强酸（如盐酸、硫酸等）在溶解氧化铁、氧化钛的同时，也会溶解氧化铝，从而有可能破坏高岭土等黏土类矿物的晶格结构。因此，氧化-还原漂白法在非金属矿物漂白提纯中占有重要的地位。目前常用的漂白方法包括还原法、氧化法、氧化-还原联合法 3 种，其中还原法应用得最广泛。

2.7.3.1　还原漂白

（1）连二亚硫酸盐漂白法　对黏土类矿物进行还原漂白时最常用的连二亚硫酸盐是连二亚硫酸钠，又称低亚硫酸钠，工业上又称为保险粉，分子式为 $Na_2S_2O_4$。工业上可用锌粉还原亚硫酸来制得。保险粉是一种强还原剂，碘、碘化钾、过氧化氢、亚硝酸等都能被它还原。在还原漂白过程中，连二亚硫酸盐被氧化生成硫酸盐，如：

$$S_2O_4^{2-} + H_2O \longrightarrow 2HSO_4^- + 2H^+ + 2e^-$$

还原漂白多在酸性介质中进行，常以 H_2SO_4 调节酸度，即 H_2SO_4 和 $Na_2S_2O_4$ 对矿物体系共同作用进行漂白。黏土类矿物中存在的三价铁的氧化物，不溶于水，在稀酸中溶解度也较低。但若矿浆中加入保险粉，氧化铁中三价铁可被还原为二价铁。由于二价铁易溶于水，经过滤洗涤即可除去。其主要反应为

$$Fe_2O_3 + 3H_2SO_4 \longrightarrow Fe_2(SO_4)_3 + 3H_2O$$
$$Fe_2(SO_4)_3 + Na_2S_2O_4 \longrightarrow Na_2SO_4 + 2FeSO_4 + 2SO_2 \uparrow$$

上两式合并为

$$Fe_2O_3 + Na_2S_2O_4 + 3H_2SO_4 \longrightarrow Na_2SO_4 + 2FeSO_4 + 3H_2O + 2SO_2 \uparrow$$

对于连二亚硫酸钠同氧化铁的作用过程，还有另一种解释，即矿浆中的 $S_2O_4^{2-}$ 直接与 Fe_2O_3 颗粒接触反应，使还原成 Fe^{2+} 而起到漂白作用，硫酸只是调节酸度提供 H^+。

$$Fe_2O_3 + 2H^+ + S_2O_4^{2-} \longrightarrow 2Fe^{2+} + H_2O + 2SO_3^{2-}$$

对于 FeOOH 铁矿物的反应主要为

$$Na_2S_2O_4 + 2FeOOH + 3H_2SO_4 \longrightarrow Na_2SO_4 + 2FeSO_4 + 4H_2O + 2SO_2 \uparrow$$
$$4FeSO_4 + 2H_2O + O_2 \longrightarrow 4Fe(OH)SO_4$$

在上述反应中，如有氧的存在，则 $FeSO_4$ 有被重新氧化的可能。

$$FeSO_4 + 2H_2SO_4 + O_2 \longrightarrow Fe(SO_4)_3 + 2H_2O$$

为此，尽量避免氧与 $FeSO_4$ 接触，生成有色的高价铁离子和碱式盐沉淀。漂白过程拥有一定的还原体系非常必要。

常用的还原漂白剂除连二亚硫酸钠外，还有连二亚硫酸锌。如上所述，连二亚硫酸钠很不稳定。相比之下，连二亚硫酸锌则稳定些，但它会使漂白废水中锌离子浓度过高；同时，锌离子残存于漂白土内，在用作造纸涂料和填料时废水中所含的锌离子足以危及河流内的生物。

（2）硼氢化钠漂白法　硼氢化钠漂白法实际上是一种在漂白过程中通过硼氢化钠与其他药剂反应生成连二亚硫酸钠来进行漂白的方法。具体加药过程为：在 pH 值为 7.0～10.0 的情况下，将一定量的硼氢化钠和 NaOH 与矿浆混合，然后通入 SO_2 气体或用其他方法使 SO_2 与矿浆接触；调节 pH 值在 6～7，有利于在矿浆中产生最大量的连二亚硫酸钠，再用亚硫酸（或 SO_2）调节 pH 值到 2.5～4，此时即可发生漂白反应，反应如下：

$$NaBH_4 + 9NaOH + 9SO_2 \longrightarrow 4Na_2S_2O_4 + NaBO_2 + NaHSO_3 + 6H_2O$$

这种方法的本质仍是连二亚硫酸钠起还原漂白作用。但是，在 pH 值为 6～7 时，生成的最大量的连二亚硫酸钠十分稳定。在随后的 pH 值降低时，连二亚硫酸钠与矿浆中氧化铁立即反应，得到及时利用，从而避免了连二亚硫酸钠的分解损失。

（3）亚硫酸盐电解漂白法　这是一种在生产过程中产生连二亚硫酸盐进行还原漂白的方法，即在含有亚硫酸盐的高岭土矿浆中，通以直流电，使溶液中的亚硫酸电解还原生成连二亚硫酸，并及时与三价铁反应使其还原为二价可溶性 Fe^{2+}，从而达到漂白的目的。

（4）还原-配合漂白法　黏土矿物中的三价铁用连二亚硫酸钠还原成二价铁后，如果不是马上过滤洗涤，而是像实际生产中那样停留一段时间，会出现返黄现象。解决这一问题的方法就是加入配合剂，使得二价铁离子得到配合而不再容易被氧化。可用来对铁进行配合的药剂种类很多：①在漂白后加入磷酸和聚乙烯醇来提高漂白效果；②在漂白后添加羟胺或羟胺盐来防止二价铁的再氧化；③用草酸、聚磷酸盐、乙二胺醋酸盐、柠檬酸等作为二价铁的配合剂。

上述用来对铁离子进行配合的药剂，基本都属于螯合剂。它们都含有两类官能团：既含有与金属离子成螯的官能团，又含有促进水溶性的官能团。例如，草酸分子除有与金属离子成螯的羟基外，尚有亲水基团羰基，与铁离子作用时形成含水的双草酸络铁螯合离子：

该螯合离子为水溶性，在漂白后可随溶液排除。事实上，据测定，用草酸溶解矿物表面的铁要比硫酸及盐酸的速度快 3 倍，而且由于生成的螯合离子极稳定，故草酸可以从矿物表面排除与晶格联系极牢固的铁离子，使得本已存在于矿浆中的矿物（包括氧化铁、氧化锰、氧化钛等）溶解电离平衡向右移动：

$$2Fe_2O_3 + 6H_2O \Longleftrightarrow 4Fe(OH)_3$$

$$Fe(OH)_3 \Longleftrightarrow Fe^{3+} + 3OH^-$$

当有还原剂与草酸配合使用时，不仅被还原的二价铁使氧化铁溶解度提高，而且使配合离子的电离度和配合离子配位体的配位数降低，整个溶液体系中的配合离子形成横纵网络，大大提高了铁的配合效率。

影响还原漂白反应过程的因素很多，但主要是矿浆酸度、矿浆浓度、温度、漂白剂用量和反应时间、加入添加剂等。

2.7.3.2　氧化漂白法

氧化漂白法是采用强氧化剂,在水介质中将处于还原状态的黄铁矿等氧化成可溶于水的亚铁。同时,将深色有机质氧化,使其成为能被洗去的无色氧化物。所用的强氧化剂包括次氯酸钠、过氧化氢、高锰酸钾、氯气、臭氧等。

以黄铁矿被次氯酸钠氧化的反应为例,其反应式如下:

$$FeS_2 + 8NaOCl \longrightarrow Fe^{2+} + 8Na^+ + 2SO_4^{2-} + 8Cl^-$$

在较强的酸性介质中,亚铁离子是稳定的。但当 pH 值较高时,亚铁离子则可能变成难溶的三价铁,失去其可溶性。除受 pH 值的影响外,氧化漂白还受到矿石特性、温度、药剂用量、矿浆浓度、漂白时间等因素影响。

2.7.3.3　氧化-还原联合漂白法

在黏土矿物中,有一类呈灰色(如美国佐治亚州产出的灰色高岭土),它与呈粉红色和米色的黏土不同,采用上述还原漂白法并不能改善其白度和亮度,且采用氧化法漂白的效果也不很好。因此,出现了氧化-还原联合漂白法。该法是先将灰色黏土用强氧化剂次氯酸钠和过氧化氢进行氧化漂白,将黏土中的染色有机质和黄铁矿等杂质除去;然后再用连二亚硫酸钠作还原剂进行还原漂白,使得黏土中剩余的铁的氧化物(如 Fe_2O_3、$FeOOH$ 等)还原成可溶的二价铁,从而使这种灰色黏土得到漂白。

2.7.3.4　氧化-还原法的影响因素

以次氯酸盐为例,采用氧化法对非金属矿进行漂白处理,其影响因素主要有以下几点:

(1) 温度　随着温度升高,漂白剂的水解速度加快,从而加快漂白速度,缩短漂白时间;但温度过高,热耗量大,药剂分解速度过快而造成浪费并污染环境。实际生产中可在常温下加大药量、调整 pH 值、延长漂白时间来达到预期效果。

(2) pH 值　次氯酸盐为弱酸盐,在不同 pH 值下有不同的氧化性能:在碱性介质中较稳定;在中性和酸性介质中不稳定,且分解迅速,生成强氧化成分;在弱酸性(pH 值为 5~6)条件下,其活性最大,氧化能力最强,此时二价铁离子也相对较稳定。

(3) 药剂用量　最佳用药量与原矿特性、杂质被氧化程度、反应温度、时间和 pH 值等有关。

(4) 矿浆浓度　药剂用量一定时,矿浆浓度降低,漂白效果下降;若矿浆浓度过高,由于产品得不到洗涤、过滤,残留药剂离子太多,影响产品性能。

(5) 漂白时间　时间越长,漂白效果越好。开始时反应速度很快,随后越来越慢,需要通过试验确定合理而又经济的漂白时间。

2.8　高温煅烧

2.8.1　概述

高温煅烧作为一种提纯手段,主要是将非金属矿物中比较容易挥发的杂质(如炭质、有机质等),以及特别耐高温的矿物中耐火度较低的矿物通过煅烧而蒸发掉。也就是说,煅烧是依据矿物中各组分分解温度或在高温下化学反应的差别,有目的地富集某种矿物组分或化学成分的方法。对于许多矿物,煅烧处理同时具有提纯和改性两种功能,这里只涉及提纯。

非金属矿煅烧或热处理是重要的选矿提纯技术之一,其主要目的如下。

(1) 使目的矿物发生物理和化学变化　在适宜的气氛和低于矿物原料熔点的温度条件下,使矿物原料中的目的矿物发生物理和化学变化,如矿物(化合物)受热脱除结构水或分解为一种组成更简单的矿物(化合物)、矿物中的某些有害组分(如氧化铁)被气化脱除或矿物本身发生晶形转变,最终使产品的白度(或亮度)、孔隙率、活性等性能提高和优化。如高岭土煅烧，脱除结构水而生成偏高岭石、硅铝尖晶石和莫来石；石膏矿（二水石膏）经低温煅烧成为半水石膏，经高温煅烧则成为无水石膏或硬石膏；凹凸棒石及海泡石煅烧后可排出大量吸附水和结构水，使颗粒内部结晶破坏而变得松弛，比表面积和孔隙率成倍增加；铝土矿（水合氧化铝）和水镁石（氢氧化镁）煅烧后脱除结晶水生成氧化铝或氧化镁；滑石在600℃以上的温度下煅烧，脱除结构水，晶格内部重新排列组合，形成偏硅酸盐和活性二氧化硅。

（2）使碳酸盐矿物和硫酸盐矿物发生分解　碳酸盐矿物主要指石灰石、白云石、菱镁矿等，经高温煅烧后生成氧化物和二氧化碳。硫酸盐矿物主要指硫酸钙和硫酸钡，高温煅烧后生成氧化物及硫化物。

（3）使硫化物、碳质及有机物氧化　在一些非金属矿物如硅藻土、煤系高岭石及其他黏土矿物中，常含有一定的碳质、硫化物或有机质，通过适宜温度的煅烧可以除去这些杂质，使矿物的纯度、白度、孔隙率提高。

（4）熔融和烧成　熔融是将固体矿物或岩石在熔点条件下转变为液相高温流体；烧成又称重烧，是在高于矿物热分解温度下进行的高温煅烧，其目的是稳定氧化物或硅酸盐矿物的物理状态，变为稳定的固相材料。为了促进变化的进行，有时也使用矿化剂或稳定剂。这个稳定化处理，从现象上看有再结晶作用，目的是使矿物变为稳定型变体，具有高密度和常压稳定性等特性。

熔融和烧成常用来制备低共熔化合物，如二硅酸钠、偏硅酸钠、正硅酸钠以及四硅酸钾、偏硅酸钾、二硅酸钾、轻烧镁、重烧镁、铸石以及玻璃、陶瓷和耐火材料等。

2.8.2　煅烧反应分类

煅烧过程中，矿物组分发生的变化称为煅烧反应。煅烧反应主要是在热发生器（各种煅烧窑炉）中发生气-固界面的多相化学反应，该反应同样遵循热力学和质量守恒定律。根据煅烧过程中主要煅烧反应的不同，可将煅烧方法分为还原煅烧、氧化煅烧、氯化煅烧、加盐煅烧、离析煅烧和磁化煅烧6类。

2.8.2.1　还原煅烧

还原煅烧是指在还原气氛中使高价态的金属氧化物还原为低价态的金属氧化物或矿物在还原气氛中进行的煅烧。除汞和银的氧化物在低于400℃的温度条件下于空气中加热可以分解析出金属外，绝大多数金属氧化物不能用热分解的方法还原，只能采用添加还原剂的方法将其还原。凡是对氧的化学亲和力比被还原的金属对氧的亲和力大的物质均可作为该金属氧化物的还原剂。在较高温度下，碳可以作为许多金属氧化物的还原剂。生产中常用的还原剂为固体碳、一氧化碳气体和氢气。

还原煅烧目前主要应用于处理难选的铁、锰、镍、铜、锡、锑等矿物原料，此外还用于精矿去除杂质、粗精矿精选等过程。

2.8.2.2　氧化煅烧

氧化煅烧指在氧化气氛中加热矿物，使炉气中的氧与矿物中某些组分作用或矿物本身在氧化气氛中进行的煅烧。在这里氧化煅烧主要是指将金属硫化物转变为相应的氧化物和或硫酸盐的一种煅烧方法，涉及的反应方程式如下。

$$2MS+3O_2 =\!\!=\!\!= 2MO+2SO_2$$
$$2SO_2+O_2 =\!\!=\!\!= 2SO_3$$
$$MO+SO_3 =\!\!=\!\!= MSO_4$$

工业上氧化煅烧多用于对黄铁矿进行杂质的脱除及有用组分的氧化富集，设备多为多膛炉、回转窑和沸腾炉等。氧化煅烧的温度高于其着火温度，但应低于其融化温度，煅烧温度一般为580~800℃，温度过高会出现烧结的现象。

2.8.2.3　氯化煅烧

氯化煅烧可以说是在直接氯化和氧化煅烧预处理的基础上发展起来的。氯化煅烧是指在一定条件下，借助氯化剂的作用，使物料中的某些组分转变为气相或凝聚相的氯化物，以使目的组分和其他组分分离富集的过程。

根据煅烧作业温度条件的不同，氯化煅烧可以分为低温、中温和高温氯化煅烧 3 种类型。在一些论述氯化煅烧的专著中，常将氯化煅烧分为中温氯化煅烧和高温氯化煅烧。中温氯化煅烧因为煅烧温度不高（600℃左右），生成的金属氯化物基本上呈固态存留在焙砂中，随后需要用浸出作业使氯化物溶出而与焙砂分离，因而常常称为氯化煅烧浸出法。高温氯化煅烧则因为煅烧温度比较高，生成的金属氯化物呈蒸气状态挥发或者呈熔融状态而可以直接与固体煅烧矿或脉石分离。使氯化物呈蒸气状态挥发的煅烧方法，又常常称为氯化挥发煅烧法。中温和高温氯化煅烧方式，都会造成金属损失和分散，焙砂失重大、可溶性组分含量低、硫和砷固定率低；而且，受能量消耗大、设备要求高等因素的影响，限制了其工业化应用。而低温氯化煅烧温度为 200～400℃（大多在 280～350℃），远低于硫化物、硫砷化物大量燃烧的温度，固体氯化剂（$NaCl$、$CaCl_2$ 等）分解的主要途径是借助炉气中的 SO_2、SO_3 作催化反应的氧化分解，低温氯化煅烧的主要缺点是反应速度慢，一般都需要几个小时才能反应彻底。

氯化煅烧中应用的氯化剂有氯、氯化氢、四氯化碳、氯化钙、氯化钠、氯化铵等，但最常见的是氯、氯化氢、氯化钙和氯化钠。

以 Cl_2 为氯化剂，氯化煅烧涉及的反应方程式如下：

$$MO + Cl_2 \longrightarrow MCl_2 + \frac{1}{2}O_2$$

$$MS + Cl_2 \longrightarrow MCl_2 + \frac{1}{2}S_2$$

$$MO + 2HCl \longrightarrow MCl_2 + H_2O$$

$$MS + 2HCl \longrightarrow MCl_2 + H_2S$$

2.8.2.4　加盐煅烧

加盐煅烧指的是在矿物原料焙烧中加入钠盐（如 Na_2CO_3、$NaCl$ 和 Na_2SO_4 等），在一定的温度和气氛下，使矿物原料中的难溶目的组分转变为可溶性的相应钠盐的变化过程。所得焙砂（烧结块）可用水、稀酸或稀碱进行浸出，目的组分转变为溶液，从而使有用组分达到分离富集的目的。加盐煅烧可用于提取有用成分，也可用于除去难选粗精矿中的某些杂质。在非金属矿的选矿提纯中，加盐煅烧主要用于去除石墨、高岭土等精矿中的磷、铝、硅、钒、钼等杂质，在煅烧过程中加入盐类添加剂，使之转化成相应的可溶性盐，便于浸出。

涉及的反应式如下：

$$Ca_3(PO_4)_2 + 3Na_2CO_3 \longrightarrow 2Na_3PO_4 + 3CaCO_3$$

$$Al_2O_3 + 2NaOH \xrightarrow{500\sim800℃} 2NaAlO_2 + H_2O$$

$$SiO_2 + Na_2CO_3 \xrightarrow{700\sim800℃} Na_2SiO_3 + CO_2 \uparrow$$

$$SiO_2 + 2NaOH \xrightarrow{500\sim800℃} Na_2SiO_3 + H_2O$$

$$V_2O_5 + Na_2CO_3 \longrightarrow 2NaVO_3 + CO_2$$

$$Fe_2O_3 + 2NaOH \xrightarrow{500\sim800℃} 2NaFeO_2 + H_2O$$

$$Fe_2O_3 + Na_2CO_3 \longrightarrow 2NaFeO_2 + CO_2 \uparrow$$

$$MoS_2 + 3Na_2CO_3 + 4\frac{1}{2}O_2 \longrightarrow Na_2MoO_4 + 2Na_2SO_4 + 3CO_2 \uparrow$$

加盐煅烧比一般煅烧温度高，它接近于物料的软化点，但仍低于物料的熔点，此时熔剂熔融形成部分液相，使反应试剂较好地与炉料接触，可加快反应速度。因此，此作业的目的不是烧结而是使难熔的目的组分矿物转变为相应的可熔性钠盐，烧结快可以直接送去水淬浸出或冷却磨细后浸出。

2.8.2.5　离析煅烧

离析煅烧是指在中性或还原气氛中加热矿物，使其中的有价组分与固态氯化剂（氯化钠或氯化钙）反应，生成挥发性气态金属氯化物，随机沉淀在炉料中的还原剂表面。

以贵州某高铝硅褐铁矿为研究对象，采用离析煅烧-弱磁选工艺对该矿石进行了提铁降杂研究，矿物中所含 SiO_2 含量由原来的 13.88% 降到 7.89%，Al_2O_3 含量由原来的 26.11% 降到 4.26%。涉及的反应方程式如下：

$$6HCl+Fe_2O_3=\!=\!=2FeCl_3+3H_2O$$
$$2FeCl_3+C+3H_2O=\!=\!=2FeO+CO+6HCl$$
$$2FeCl_3+CO+3H_2O=\!=\!=2FeO+CO_2+6HCl$$
$$FeO+Fe_2O_3=\!=\!=Fe_3O_4$$
$$6HCl+Al_2O_3=\!=\!=2AlCl_3+3H_2O$$

在完全反应条件下，煅烧后生成的固体产物主要为 Fe_2O_3 和 $AlCl_3$。由于 $AlCl_3$ 沸点较低（183℃），高温条件下其以蒸气形式离开矿石，并吸附于剩余的碳质还原剂表面，矿石中的含铝矿物与含铁矿物得以离析分离。与此同时，非磁性的褐铁矿通过煅烧，转化为强磁性的磁铁矿，通过弱磁选便可将铁矿物富集。

2.8.2.6　磁化煅烧

磁化煅烧是将含铁矿物原料在低于其熔点的温度和一定的气氛下进行加热反应，使弱磁性铁矿物（如赤铁矿、褐铁矿、菱铁矿和红铁矿等）转变为强磁性铁矿物（一般为磁铁矿）的一种煅烧方法，常用于铁矿的磁选分离和富集的预处理过程，一般仅是磁选的辅助作业，在冶金、选矿和化工领域有着广泛的应用。工业上常用的磁化煅烧设备主要有竖炉、回转窑和沸腾炉等。实验室中常用的装置有马弗炉、管式炉等。

磁化煅烧依据煅烧原理及化学反应的性质可分为氧化煅烧、中性煅烧还原煅烧等，其中还原煅烧由于其效果优良而得到了普遍的应用。

氧化煅烧主要是针对非金属矿物中所含杂质黄铁矿而言的，在氧化气氛下，将黄铁矿（FeS_2）氧化成磁铁矿，然后通过磁选将其去除。氧化煅烧的化学反应如下：

$$7FeS_2+6O_2\longrightarrow Fe_7S_8+6SO_2$$
$$3Fe_7S_8+38O_2\longrightarrow 7Fe_3O_4+24SO_2$$

中性煅烧是将矿石在隔绝空气或通入少量空气的情况下，加热到一定温度（300～400℃）后，使矿物分解的一种煅烧方法。其常用于菱铁矿的磁化煅烧，以除去二氧化碳、结晶水和挥发物。中性煅烧的化学反应如下：

$$3FeCO_3\longrightarrow Fe_3O_4+CO+2CO_2$$

同时，由于碳酸铁矿物分解出一氧化碳，也可将矿石中并存的赤铁矿或褐铁矿还原为磁铁矿，即

$$3Fe_2O_3+CO\longrightarrow 2Fe_3O_4+CO_2$$

还原煅烧是在还原气氛条件下加热矿物原料，使矿石中的金属氧化物转变为相应低金属氧化物或金属的一种煅烧方式。还原煅烧常在竖炉、沸腾炉和回转窑等煅烧设备中进行，其中流化床气固接触充分，还原效果好，从而应用较为普遍。还原煅烧时除可采用煤粉、焦炭等固体还原剂，还有气体还原剂，工业上常用的气体还原剂有焦炉煤气、高炉煤气、水煤气和混合煤气等，它们均含有较高比例的一氧化碳和氧气。还原煅烧目前主要用于处理难选的铁、锰、

镍、铜、锡、锑等矿物原料。赤铁矿在适量的还原剂煤粉的作用下可被还原成磁铁矿石，主要化学反应如下：

$$C+O_2 \longrightarrow CO_2$$

$$C+CO_2 \longrightarrow 2CO$$

$$3Fe_2O_3+CO \xrightarrow{570\sim800℃} 2Fe_3O_4+CO_2$$

当煅烧温度过高，还原剂浓度过量的情况下，磁铁矿将会继续与一氧化碳发生过还原反应，主要的反应式如下：

$$Fe_3O_4+CO \xrightarrow{\geqslant800℃} 3FeO+CO_2$$

$$FeO+CO \xrightarrow{\geqslant800℃} Fe+CO_2$$

2.9　微生物选矿

2.9.1　概述

矿物的微生物加工技术是一门新兴的矿物加工技术，它包括微生物浸出技术和微生物选矿技术（微生物浮选技术）。微生物浸出技术主要应用于冶金行业，指利用微生物自身的氧化特性或微生物代谢产物，如有机酸、无机酸和三价铁离子等，将矿物中有价金属以离子形式溶解到浸出液中加以回收，或将矿物中有害元素溶解并除去的方法。利用微生物的这种性质，结合湿法冶金等相关工艺，形成了生物冶金技术。微生物选矿技术是利用某些微生物或其代谢产物与矿物相互作用，产生氧化、还原、溶解、吸附等反应，从而脱除矿石中不需要的组分或回收其中的有价金属的技术。

从微生物选矿与微生物浸出的定义可以看出，微生物浸出主要是利用微生物自身的氧化特性与微生物的代谢产物，使矿物的某些组分氧化，进而使有用目的组分以可溶态的形式与原物分离，从而得到目的组分的工程。而微生物选矿不仅是指微生物或其代谢产物与矿物相互作用产生氧化反应这一过程，还涉及了微生物或其代谢产物与矿物相互作用产生还原、溶解、吸附等反应从而脱除矿石中不需要的组分，或回收其中的有价金属的过程，这就是微生物选矿与微生物浸出的主要区别所在。

2.9.2　选矿微生物

微生物是指一切肉眼看不见或看不清的所有微小生物，在自然界分布极广，土壤、空气、水、物体表面、生物体表面及内部均有微生物的分布。微生物生命活动的基本特征就是吸附生长，而微生物的吸附生长必然会以本身或代谢产物性质影响和改变被吸附物体的表面性质，如表面元素的氧化还原性、溶解沉降性、电性及湿润性等。微生物在物体表面吸附生长，并以本身特有的性质影响和改变被吸附物体表面性质的作用，类似于选矿药剂在矿物表面吸附调整和改变矿物表面性质的作用。另外，微生物分布的广泛性、微生物的可培养性和可驯化性等特点，使得人类获得所需品种、所需数量的微生物选矿药剂成为可能。

微生物选矿可以利用的微生物种类很多，但目前仅开发出少数几类，并大多尚停留在实验室研究阶段（表 2-19）。用于选矿的微生物有的是从矿床和矿山水中分离出来，反过来又被应用于选矿研究中；有的则是研究者们通过测定菌种独特的表面化学性能，来决定是否用其开展试验。选用的微生物形式多种多样，包括微生物及其代谢产物的溶解菌体和冻干菌体等。

表 2-19   目前已研究的选矿用微生物

微生物名称	接触角/(°)	特征	主要功能
氧化亚铁硫杆菌	26.8±0.8	杆状,大小 $0.5\mu m \times (1.0 \sim 2.0)\mu m$,典型革兰阴性菌,单鞭毛,可动,严格好氧,严格无机化能自养	脱硫,抑制黄铁矿
氧化硫硫杆菌	26.8±0.8	杆状,大小 $(0.3 \sim 0.5)\mu m \times (1.0 \sim 1.7)\mu m$,典型革兰阴性菌,单鞭毛,可动,严格好氧,严格无机化能自养	脱硫,抑制黄铁矿
草分枝杆菌	70.0±5.0	短杆状或短棒状,菌体长 $1.0 \sim 2.0\mu m$,革兰阳性菌	抑制白云石,赤铁矿的捕收剂
多粘芽孢杆菌	42.0±2.0	杆状,大小 $(0.6 \sim 0.8)\mu m \times (2.0 \sim 5.0)\mu m$,革兰阳性菌,异养型微生物,嗜中性,有动力,不定,好氧或兼性厌氧生长	黄铁矿分离
枯草杆菌	32.9±9.0	椭圆到柱状,大小 $(0.7 \sim 0.8)\mu m \times (2.0 \sim 3.0)\mu m$,单细胞,革兰阳性菌,好氧	抑制磷灰石和白云石
浑浊红球菌	70.0±5.0	大小 $1.0\mu m \times 2.0\mu m$,单细胞,革兰阳性菌,化能有机营养菌	方解石和菱镁矿的捕收剂

2.9.3   微生物在选矿中的应用

(1) 微生物及其代谢产物作为絮凝剂   常规浮选对于粒度为 $0.1 \sim 0.3mm$ 的颗粒具有较好的适应性,对于粒度较小尤其是小于 $10\mu m$ 的颗粒,浮选效果很差。而用絮凝剂使微细粒矿物絮凝成较大颗粒,脱除脉石细泥后再浮去粗粒脉石,这就是絮凝-浮选。目前,关于利用微生物及其代谢产物作为絮凝剂进行非金属矿物选矿的报道较多。例如,利用细菌和菌纲絮凝佛罗里达的磷灰石黏土矿,利用赖氨酸细胞絮凝有机和无机废料等。有研究者研究发现 *Mycobacterium phlei* (*M. phlei*) 菌的胞外聚合物和处于特定条件下的表面活性物可使微生物本身及矿物细粒絮凝。研究者最先报道了用 *M. phlei* 菌絮凝赤铁矿、煤及磷灰石细泥的情况。研究表明:磷灰石悬浮液在 $10.2mg/kg$ *M. phlei* 菌作用下,赤铁矿悬浮液在 $5.85mg/kg$ *M. phlei* 菌作用下,4min 后可得到大量沉淀;*M. phlei* 菌存在与否对煤的絮凝情况有很大差异。随后的研究也证实,表面具有较高负电性及疏水性的 *M. phlei* 菌对于赤铁矿、煤及磷灰石而言,是良好的生物絮凝剂,且在特定情况下,还可能有选择性地絮凝矿物。

研究者报道了采用酵母念珠菌 (*Candida parapsilosis*) 及其代谢物对细粒赤铁矿、方解石和高岭土的絮凝效果:在 pH 值为 $3 \sim 11$ 范围内,赤铁矿的絮凝效率均在 90% 以上;在 pH 值为 $6 \sim 8$ 范围内,高岭土的絮凝效率也能达到 80% ~ 90%。值得注意的是,使用整个细菌与仅提取出菌体碎片和可溶性部分相比,要获得相同的絮凝效果,前者所需的剂量要明显大于后者。

研究者尝试用 *Bacillus subtilis* 菌和 *Paenibacilluspolymyxs* 菌及其代谢物作为矿物的絮凝剂。研究结果表明:矿物与 *Bacillus subtilis* 菌作用后,黄铜矿、黄铁矿在中性条件下的沉降速度比方解石快,而石英的沉降速度则比无细菌作用时慢;*Paenibacilluspolymyxs* 菌或其代谢物在 pH 值为 $8 \sim 9$ 条件下与黄铁矿和闪锌矿作用后,黄铁矿絮凝效果得到增强,闪锌矿则更趋于分散。

由以上试验结果,完全有理由相信微生物可作为良好的絮凝剂,并可能具有良好的选择性。近期的研究则更多地致力于寻找成本更为低廉的微生物菌种,并研究其与矿物作用时的表面特征变化和机理,从而更好地控制絮凝效果。

(2) 微生物及其代谢产物作为捕收剂   凡能选择性地作用于矿物表面,使矿物表面疏水的物质,称之为捕收剂。由此可知,选用微生物作为捕收剂主要是希望它能改变矿物表面的电荷,使其具有疏水性。这些微生物表面上有聚合物或是缩氨酸、类脂、氨基酸、蛋白质等疏水性官能团，可以直接附着在矿物表面，从而使矿物表面疏水得以浮选分离。

赤铁矿表面的负电荷要远少于具有疏水表面的 $M.phlei$ 菌。研究者最早考虑将 $M.phlei$ 菌作为赤铁矿的捕收剂，分别对 $-53\mu m+20\mu m$ 和 $-20\mu m$ 的赤铁矿进行吸附浮选，结果表明：$-53\mu m+20\mu m$ 粒级赤铁矿在 pH 值为 7 ± 0.5 时，其浮选回收率随着 $M.phlei$ 菌浓度的增大而提高。$-20\mu m$ 粒级赤铁矿的浮选回收率则略有不同。在一定范围内，随着 $M.phlei$ 菌浓度提高，吸附量增大，浮选回收率显著上升；$M.phlei$ 菌浓度达到相当值后，回收率随 $M.phlei$ 菌浓度及吸附量提高的幅度变小；$M.phlei$ 菌浓度大于 2.0×10^5 则会导致形成过大赤铁矿疏水聚团而降低浮选回收率。在其他研究中，$M.phlei$ 菌及其代谢物还用作煤矿、白云石及磷灰石的捕收剂。无论何种情况，$M.phlei$ 菌的浓度都极其重要。

浑浊红球菌（$Rhodococcus\ opacus$，$R.opacus$）的细胞壁上有多糖、羧酸和类脂基团，它们可通过聚合物键合附着在矿物表面上，改变矿物的表面性质。作为方解石、菱镁矿的捕收剂，吸附在菱镁矿表面上的 $R.opacus$ 菌比吸附在方解石上的多得多，而细菌的作用可提高菱镁矿的可浮性。在 pH 值为 5.0 和菌浓度为 10^{-4} 时菱镁矿的浮选回收率为 93%，而在 pH 值为 7.0 和菌浓度为 2.20×10^4 时方解石的浮选回收率仅为 55%。

（3）微生物及其代谢产物作为调整剂　微生物选矿中，作为调整剂的微生物有硫酸盐还原菌（SRB）、氧化亚铁硫杆菌、$M.phlei$ 菌等。研究表明，SRB 及其代谢物可以影响硫化矿及非硫化矿的浮选。在混合矿中，SRB 可以抑制黄铜矿和闪锌矿，而辉铂矿及方铅矿则不受影响；利用 SRB 还可以很好地将方铅矿和闪锌矿分离。试验表明，混合矿在与 SRB 作用后，方铅矿的回收率高达 95%，而闪锌矿的回收率仅为 4.5%。氧化亚铁硫杆菌可以在煤浮选中作为黄铁矿的抑制剂。氧化亚铁硫杆菌可以在短时间内吸附到黄铁矿表面，使其表面由疏水性转化为亲水性，从而使黄铁矿失去可浮性。随后，许多学者进行了广泛而深入的研究探讨，发现黄铁矿在与细菌作用后，可以在更多复杂硫化矿体系中受到抑制而其余矿物不受影响。细菌代谢物也可发挥相同作用。有研究表明，氧化亚铁硫杆菌的胞外聚合物可以在黄铁矿-黄铜矿体系中选择性抑制黄铁矿，在闪锌矿-方铅矿体系中选择性抑制闪锌矿。$M.phlei$ 菌可作为白云石和磷灰石的抑制剂，相比而言，对白云石的抑制作用更强。

2.9.4　微生物选矿展望

微生物选矿技术具有简单易行、成本低、能耗少且污染少等特点。微生物技术在选矿中展示出良好的应用前景，可以预言，它将改变传统的一些选矿方法和概念，使选矿过程产生一些根本的变革。微生物选矿的应用研究，已取得了一些令人鼓舞的实验研究成果，为它今后在工业上的大规模实际应用展示了美好前景，但它离大规模的工业应用还有相当的一段距离。目前仍然有大量的基础研究和应用研究必须进行，主要有以下几个方面：①微生物表面化学性质研究，尤其是微生物表面电性和疏水性的研究；②微生物与矿物表面作用机理研究，阐明微生物与矿物表面之间的主要作用力；③微生物培养方法研究；④降低微生物培养成本，利用制药、食品等工业有机废料作为微生物培养基成分，是降低微生物培养成本的切实可行的措施；⑤加强微生物选矿药剂的工业应用研究，尤其是加强价廉、高效、适应性强、利于包装、便于使用的无害微生物选矿药剂的工业应用研究，而这方面的研究，可能是促进微生物选矿药剂工业应用的重要前提。

2.10　其他选矿方法

2.10.1　摩擦洗矿

非金属矿物以水为介质浸泡，之后进行冲洗并辅以机械搅动（必要时须配加分散剂），借助于矿物本身之间的摩擦作用，将被矿泥附着的矿物颗粒解离出来并与黏土杂质相分离，称之为摩擦洗矿。摩擦洗矿是处理与黏土胶黏在一起或含泥较多的矿物的一种工艺，包括碎散和分离两项作业。对于硅酸盐类非金属矿物，如石英、长石等，裸露地表的原生矿床经长期风化，矿粒被黏土矿物或岩石的分解物所包裹，形成胶结或泥浆体，表面上观察呈块状者颇多。这种情况下在分选之前常采用同矿石破碎相区别的摩擦洗矿方法进行矿物单体分离，既清除矿物颗粒表面黏附物，又可防止不必要的粉碎或过粉碎。处理一些风化或原生微细粒非金属矿物，可使矿物颗粒表面净化，露出能反映矿石本身性质的表面。除去杂质后，不仅可使矿物颗粒本身得到提纯，也为后序选矿提纯作业（如浮选）改善了条件。摩擦洗矿既可作为其他提纯作业的前期准备，又可单独完成矿物的提纯。

用于矿物擦洗的设备主要有摩擦洗矿机、圆筒洗矿机和槽式洗矿机等。

2.10.2　拣选

拣选是利用矿石的表面特征、光性、电性、磁性、放射性及矿石对射线的吸收和反射能力等物理特性，使有用矿物和脉石矿物分离的一种选矿方法。拣选主要用于块状和粒状物料的分选，如除去大块废石或拣出大块富矿。其分选粒度上限可达 250～300mm，下限为 10mm，个别贵重矿物（如金刚石），下限可至 0.5～1mm。对非金属矿物的分选来说，拣选具有特殊作用，可用于预先富集或获得最终产品，如对原生金刚石矿石，采用拣选可预先使金刚石和废石分离；对金刚石粗选和精选，采用拣选可获得金刚石成品。同样，对于大理石、石灰石、石膏、滑石、高岭土、石棉等非金属矿物，均可采用拣选获得纯度较高的最终成品。由此可以看出，拣选的应用范围已不单单是预选，还可用于粗选、精选和扫选等选别作业。目前，拣选已经成为一种不可忽视、无可替代的选矿方法。

拣选分为流水选（连续选）、份选（堆选）、块选 3 种方式。流水选指一定厚度的物料层连续通过探测区的拣选方法。份选和块选是指一份或一块矿石单独通过探测区的拣选方法。目前工业上分选以块选为主，包括手选（即人工拣选）和机械（自动）拣选两种方式。

2.10.2.1　人工拣选

人工拣选是指根据有用矿物和脉石矿物之间的外观特征（颜色、光泽、形状等）的不同，用手分拣出有用矿物和脉石矿物。手选是最简单的拣选方式，有正手选和反手选两种选矿方式，前者是指从物料中分拣出有用矿物，而后者是指从物料中分拣出脉石矿物。手选主要用于机械方法不好拣选或保证不了质量的矿石，如从长纤维的石棉、片状云母、煤系高岭石中拣出大块废石（石英、长石）等。手选的缺点是劳动强度大、效率低。

人工拣选一般在手选场、固定格条筛、手选皮带机和手选台上进行。常用的手选设备有手选皮带机和手选台两种。手选皮带机要求平皮带，宽度不大于 1.2m，速度 0.2～0.4m/s，倾角不大于 15°，距地面高 0.7～0.8m，照明距地面高 2m。手选台一般按 4 人面积 3.2m² 计。

2.10.2.2　机械拣选

根据矿石外观特征及矿石受可见光、X 射线、γ 射线照射后所呈现的差异或矿石天然辐射能力的差别，借助仪器实现有用矿物和脉石分离的选矿方法。各种机械拣选种类、特征及应用范围见表 2-20。

表 2-20　各种机械拣选种类、特性及应用范围

拣选名称	辐射种类	波长范围/μm	利用的特性	应用范围
放射性拣选	γ 射线	<10～1	天然 γ 放射性	铀、钍矿石伴生元素
射线吸收拣选（γ 射线吸收法、X 射线吸收法、中子吸收法）	γ 射线 X 射线 γ 中子	<10～1 0.5～1 <10～1	通过矿石的 γ 强度、X 射线机中子辐射密度	煤和矸石及铁、铬矿石

拣选名称	辐射种类	波长范围/μm	利用的特性	应用范围
发光性拣选(γ荧光法、X荧光法、紫外荧光法、红外线法)	γ射线 X射线 紫外线	<10~1 0.5~1 0.1~0.38	矿石放射荧光强度及发射的红外射线	金刚石、萤石、白钨矿、石棉
光电拣选	可见光 X射线	0.16~0.38 0.5~1	矿物反射、透射、折射能力差异	石膏、滑石、石棉、大理石、石灰石
电磁拣选	无线电波	106~1015	电磁场能量变化、导电率差异	金属硫化矿及氧化矿

（1）光电拣选　目前，非金属矿工业较为常用且设备成熟的就是光电拣选。光电拣选是指利用矿物反射、透射或折射可见光能力的差别及发光性，将有用矿物和脉石分离。矿物的漫反射、颜色、透明度、半透明度等光学性质也可用于光电拣选。两种矿物反射率差值大于5%~10%即可进行光电拣选。光电拣选光源有白炽灯、荧光灯、石英卤素灯、激光及X射线等。光电拣选在我国主要用于金刚石的分选。

（2）激发光拣选　激发光拣选是以某些矿物在激发源照射下选择性发光，而与其伴生的绝大多数脉石矿物不发光的原理为依据，从而进行分选的方法。在采用激发光拣选法拣选矿物时，需对脉石矿物进行发光考察，否则将会干扰发光信号，致使拣选过程终止。

（3）磁性检测拣选　磁性检测拣选是指利用有用矿物和脉石之间磁性的差异进行分选的方法。磁性检测拣选法是通过检测器件收集磁性矿物的磁性信号，进而输送给电子信息处理系统进行放大、鉴别，并指令执行机构动作，使磁性矿物与非磁性矿物分离开来。

（4）光度拣选　光度拣选又称光选法，是指在可见光区域的拣选。可见光区域波长范围为350~700nm，以白炽灯、日光灯、激光为光源。当矿物受到光照射，便会产生各种特征色，故光选就是对矿物的颜色分选。需要注意的是，水分对光性有很大的影响。在拣选过程中，如果入选矿物的干湿程度不同，尤其是表面有一层水膜后，则会造成光选效果的偏差。

（5）电极法拣选　根据矿物电导性能差异而进行分选的方法称为电极法拣选，也称电导率计拣选法。矿物的导电性，通常用测定矿物的电阻率来求得（电阻率的倒数就是电导率）：

$$\rho = RS/L$$

式中　ρ——电阻率，$\Omega \cdot m$；

　　　R——电阻，Ω；

　　　L——长度，m；

　　　S——横截面积，m^2。

（6）核辐射拣选　核辐射拣选的研究始于20世纪50年代，到60年代才首次得到使用。该方法是指以外辐射源和自身放射性为基础的分选方法。核辐射拣选法包括两方面内容：一是依据矿物原料中，有用矿物和脉石自身天然放射性的差异而进行分选；二是借助外部辐射源对物料进行照射，根据射线与矿块物质相互作用时，有用矿物和脉石所产生的某种效应的差异而进行分选。

2.10.3　摩擦与弹跳分选

摩擦与弹跳分选是根据固体颗粒中各组分摩擦系数和碰撞系数的差异，在与斜面碰撞弹跳时产生不同的运动速度和弹跳轨迹而实现彼此分离的一种处理方法。

固体颗粒从斜面顶端给入，并沿着斜面向下运动时，其运动方式随颗粒的形状或密度不同而不同。其中，纤维状或片状颗粒几乎全靠滑动；球形颗粒有滑动、滚动和弹跳3种运动方式。

单颗粒单体在斜面上向下运动时，纤维状或片状颗粒的滑动加速度较小，运动速度较小，所以它脱离斜面抛出的初速度较小；而球形颗粒由于是滑动、滚动和弹跳相结合的运动，其加速度较大，运动速度较快，因此它脱离斜面抛出的初速度较大。

当颗粒离开斜面抛出时，受空气阻力的影响，抛射轨迹并不严格沿着抛物线前进，其中纤维状颗粒由于形状特殊，受空气阻力影响较大，在空气中减速很快，抛射轨迹表现严重的不对称（抛射开始接近抛物线，其后接近垂直落下），故抛射不远；球形颗粒受空气阻力影响较小，在空气中运动减速较慢，抛射轨迹表现对称，抛射较远。因此在非金属矿物中，纤维状、片状及球形颗粒，因形状不同在斜面上运动或弹跳时，产生不同的运动速度和运动轨迹，因而可以彼此分离。

摩擦与弹跳分选设备有带筛式、斜板运输分选机和反弹辊筒分选机 3 种。

第 3 章
非金属矿物的超细与分级技术

3.1 概述

在非金属矿物加工中，通常把粒径小于 $10\mu m$ 的粉体称为超细粉体，相应的加工技术称为超细粉碎。超细粉碎是近几十年来发展起来的一门新技术，是非金属矿物深加工的重要技术之一。

超细粉体通常分为微米级、亚微米级、纳米级粉体。粒径大于 $1\mu m$ 的粉体为微米级，粒径在 $0.1\sim1\mu m$ 的粉体为亚微米级，粒径在 $0.001\sim0.1\mu m$ 的粉体为纳米级。微米、亚微米、纳米级粉体的性质和相关技术相差很大，本章只涉及微米级非金属矿物粉体的加工技术。超细粉体由于粒度细、分布窄、粒度均匀、缺陷少，因而具有大的比表面积、高的表面活性，以及反应速率快、溶解度大、烧结温度低、烧结体强度高、填充补强性能好等特性，同时还具有独特的磁性、电性、光学性能等，被广泛应用于高技术陶瓷、微电子信息材料、塑料、橡胶及复合材料、精细磨料及研磨抛光剂、造纸填料及涂料以及保温隔热材料和新材料产业。

超细粉体的应用始于 20 世纪中叶，是伴随着现代高技术和新材料行业以及传统产业技术和资源综合利用及深加工等发展起来的一项新的粉碎工程技术，在陶瓷、涂料、塑料、橡胶、微电子及信息材料、精细磨料、耐火材料、药品及生化材料等许多领域的需求日益增加，对粉体粒度和粒度分布、纯净度、颗粒形状等的要求日益严格。与之相应的超细粉碎分级理论和技术得到了很大发展，出现了各种型号的机械或气流冲击式超细粉碎机和超细分级装置，配合产品输送、介质分离、除尘、检测等设备，构成了较为庞大的、涉及面较广的新型行业。

超细粉碎过程不仅仅是粒度减小的过程，同时还伴随着被粉碎物料晶体结构和物理化学性质不同程度的变化。这种变化相对较粗的粉碎过程来说是微不足道的，但对超细粉碎过程来说，由于粉碎时间较长、粉碎强度较大以及物料粒度被粉碎至微米级或亚微米级，这些变化在某些粉碎工艺和条件下显著出现。这种因机械超细粉碎作用导致的被粉碎物料晶体结构和物理化学性质的变化称为粉碎过程机械化学效应。这种机械化学效应对被粉碎物料的应用性能产生一定程度的影响，现正将其应用于对粉体物料的表面活化处理中。

3.2 非金属矿物粉体的粒度特征

3.2.1 粒径

3.2.1.1 单颗粒粒径

粒度是指一个颗粒的大小，通常球体颗粒的粒度用直径表示，立方体颗粒的粒度用边长表示。对不规则的矿物颗粒，可将与矿物颗粒有相同行为的某一球体直径作为该颗粒的等效直径。

实验室常用的测定物料粒度组成的方法有筛析法、水析法和显微镜法。筛析法得到的粒径是筛孔尺寸，水析法得到的粒径是某种沉降特性相同的球形颗粒的直径，显微镜下观察到的粒径是颗粒与视线垂直的平面上的尺寸。下面介绍几种常用的粒径表示方法。

（1）球当量径　球当量径是实际颗粒与球形颗粒的某种性质相类比所得到的粒径，具体包含等体积球当量径和等表面积球当量径两类。

等体积球当量径是指与颗粒体积相等的球形颗粒的直径，用符号 d_V 表示。若颗粒的体积为 V，则

$$d_V = \sqrt[3]{\frac{6V}{\pi}} \tag{3-1}$$

等表面积球当量径是指与颗粒表面积相等的球形颗粒的直径，用符号 d_S 表示，若颗粒的表面积为 S，则

$$d_S = \sqrt{\frac{S}{\pi}} \tag{3-2}$$

（2）圆当量径　圆当量径是颗粒的投影图形与圆的某种性质相类比所得到的粒径。对于薄片状颗粒，多用该粒径表示颗粒的大小。圆当量径主要包括投影圆当量径和等周长圆当量径。

投影圆当量径是指与颗粒投影面积相等的圆的直径，也称为 Heywood 径，用符号 d_H 表示，若投影面积为 A，则

$$d_H = \sqrt{\frac{4A}{\pi}} \tag{3-3}$$

等周长圆当量径是指与颗粒投影等周长的圆的直径，用符号 d_L 表示，若投影周长为 L，则

$$d_L = \frac{L}{\pi} \tag{3-4}$$

（3）三轴径　以颗粒外接四方体的长 l、宽 b、高 h 定义的粒度平均值称为三轴平均径。其计算式及物理意义见表 3-1。

表 3-1　三轴平均径计算公式

名称	计算式	物理意义
二轴平均径	$\dfrac{l+b}{2}$	平面图形的算术平均
三轴平均径	$\dfrac{l+b+h}{3}$	算术平均
二轴几何平均径	$\sqrt{lb}$	平面图形的几何平均
三轴几何平均径	$\sqrt[3]{lbh}$	与颗粒外接长方体体积相等的立方体的棱长
三轴调和平均径	$\dfrac{3}{1/l+1/b+1/h}$	与颗粒外接长方体比表面积相等的球的直径或立方体棱长

（4）定向径　定向径是指在显微镜下平行于一定方向测得的颗粒的尺寸。

① 费雷特径 d_F　费雷特径是指沿一定方向测得的颗粒投影轮廓两边界平行线间的距离。对于一个颗粒，d_F 因所取方向而异，可按若干方向的平均值计算。

② 马丁径 d_M　马丁径又称定向等分径，是指沿一定方向将颗粒投影面积二等分的线段

长度。

③ 最大定向径 d_m　最大定向径是指沿一定方向测得的颗粒投影轮廓最大割线的长度。

3.2.1.2　颗粒群平均粒径

在生产实践中所涉及的往往并非单一粒径，而是包含不同粒径的若干颗粒的集合体，即颗粒群。其平均粒径通常用统计数学的方法来计算。

假定颗粒群按粒径大小可分为若干粒群，其中第 i 粒级（$d_{i-1}\sim d_i$）的粒径为 d_i，颗粒数为 n_i，占颗粒群总个数的分数为 f_{in}，则平均粒径 D 的计算方法通常有以下几种。

算术平均粒径：

$$D=\frac{\sum n_i d_i}{\sum n_i}=\frac{\sum f_{in} d_i}{\sum f_{in}} \tag{3-5}$$

几何平均粒径：

$$D_g=\prod d_i f_i \tag{3-6}$$

式中，f_i 为第 i 粒级的质量分数，将式(3-6)两边取对数，得

$$\lg D_g=\sum f_i \lg d_i \tag{3-7}$$

加权平均粒径：

$$D=\left(\frac{\sum f_{in} d_i^{\alpha}}{\sum f_{in} d_i^{\beta}}\right)^{\frac{1}{\alpha+\beta}} \tag{3-8}$$

3.2.2　粒度分布

粒度分布指用特定仪器和方法反映出粉体样品中不同粒径颗粒占颗粒总量的百分数，有区间分布和累计分布两种形式。区间分布又称为微分分布或频率分布，它表示一系列粒径区间中颗粒的百分含量。累计分布又称积分分布，它表示小于或大于某粒径颗粒的百分含量。

若将粒径 d_p 作为随机变量，当其取值小于任意指定的 D_p 时，这一事件具有概率 $P(d_p<D_p)$，且此概率仅与 D_p 值有关，即它是 D_p 的函数 $F(D_p)$，则可表示为

$$P(d_p<D_p)=F(D_p) \tag{3-9}$$

如果在 ΔD_p 区间里有

$$\Delta F(D_p)=\frac{F(D_p+\Delta D_p)-F(D_p)}{\Delta D_p} \tag{3-10}$$

且 $\lim\limits_{D_p\to\infty} F(D_p)=F'(D_p)=f(D_p)$，则函数 $F(D_p)$ 称为随机变量 d_p 的累积分布函数，$f(D_p)$ 称为 d_p 的分布密度或频率分布函数。

在粒度分析中，通常以累积筛余（大于某一筛孔尺寸的颗粒质量分数）或累积筛下（小于某一筛孔尺寸的颗粒质量分数）来表示累积分布。

表示粒度特性有以下几个关键指标：

（1）D_{50}　D_{50} 又称中位径或中值粒径，是指一个样品的累计粒度分布百分数达到 50% 时所对应的粒径。它的物理意义是粒径大于它的颗粒占 50%，小于它的颗粒也占 50%。D_{50} 常用来表示粉体的平均粒度。

（2）D_{97}　D_{97} 是指一个样品的累计粒度分布数达到 97% 时所对应的粒径。它的物理意义是粒径小于它颗粒的占 97%。D_{97} 常用来表示粉体粗端的粒度指标。

其他如 D_{16}、D_{90} 等参数的定义及物理意义与 D_{97} 相似。

3.2.3　粉体的比表面积

上面介绍的粉体的粒度分布可以详细地反映不同粒度区间的颗粒含量，对于准确控制粉体

各粒度级别的配比，提高某些制品的致密度以及改善和控制其透气性能是非常有价值的。在有些情形下，如在吸附和催化等应用场合真正有意义的不是粒度分布，而是其比表面积的大小。换言之，粉体的比表面积更能准确地表征其有关性能。

粉体的比表面积是指单位粉体所具有的表面积。单位质量粉体所具有的表面积称为粉体的质量比表面积，用 S_W 表示；单位体积粉体所具有的表面积称为粉体的体积比表面积，用 S_V 表示。二者的相互关系如下：

$$S_W = S_V/\rho_p \tag{3-11}$$

常用的比表面积测定方法有吸附法和气体透过法两种。

(1) 吸附法　吸附法是在试样颗粒的表面上吸附横截面积已知的吸附剂分子，根据吸附剂的吸附量计算出试样的比表面积，然后换算成颗粒的平均粒径。目前多用该方法进行测定，该方法的吸附等温式如下：

$$\frac{p}{V(p_0-p)} = \frac{1}{V_m K} + \frac{K-1}{V_m K}\left(\frac{p}{p_0}\right) \tag{3-12}$$

式中　p——吸附气体的压力；

p_0——吸附气体的饱和蒸汽压；

V——吸附量；

V_m——单分子层吸附量；

K——与吸附热有关的常数。

以 $p/V(p_0-p)$ 对 p/p_0 作图为一直线，由该直线的斜率和截距可以求得 V_m 值，再由 V_m 值及吸附气体的分子截面积 A，可计算出试样的比表面积 S_W，即

$$S_W = \frac{NA}{V_0} V_m \tag{3-13}$$

式中　V_0——标准状态下吸附气体的摩尔体积（22.4L）；

N——阿佛伽德罗常数（6.02×10^{23} 分子/mol）。

由于氮吸附的非选择性，低温氮吸附法通常是测定比表面积的标准方法，此时 $A=10.162nm^2$，当测定温度为 $-195.8℃$ 时，式(3-13)可简化为

$$S_W = 4.36 V_m \tag{3-14}$$

应该注意的是，吸附法测定颗粒粒度，原则上只适用于无孔隙和裂缝的颗粒，如果颗粒中存在孔隙或裂缝，则采用该方法测得的比表面积包含了孔隙内或缝内的表面积，因而测得的数据比其他方法（如透气法）的大，由此换算出的颗粒的粒径则偏小。

(2) 气体透过法　气体透过法的理论根据是卡尔曼关于层流状态下气体通过固定颗粒层时透过流动速度与颗粒层阻力的关系式：

$$\Delta P = 5S_V^2 u\mu L \frac{(1-\varepsilon)^2}{\varepsilon^3} \tag{3-15}$$

式中　ΔP——粉体层的阻力；

L——粉体层的厚度；

μ——气体的黏度；

u——气体的透过流动速度；

ε——粉体层的空隙率。

气体透过率测定粉体比表面积应用最广泛的是勃林法，又称勃氏法，它是测量水泥比表面积的常用方法。

3.2.4　粉体颗粒的种类

世界上存在成千上万种粉体物料，它们有的是人工合成的，有的是天然形成的。各种粉体的颗粒又是千差万别的。但是，如果从颗粒的构成来看，这些形态各异的颗粒，往往可以分成原级颗粒、聚集体颗粒、凝聚体颗粒和絮凝体颗粒四大类型。

（1）原级颗粒　最先形成粉体物料的颗粒称为原级颗粒。因为它是第一次以固态存在的颗粒，故又称为一次颗粒或基本颗粒。从宏观角度看，它是构成粉体的最小单元。根据粉体材料种类的不同，这些原级颗粒的形状有立方体状、针状、球状及不规则晶体状，如图3-1所示。

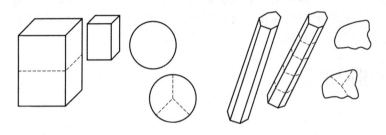

图 3-1　原级颗粒示意图

粉体物料的许多性能都与它的分散状态，即与它的单独存在的颗粒大小和形状有关。真正能反映出粉体物料固有性能的，就是它的原级颗粒。

（2）聚集体颗粒　聚集体颗粒是由许多原级颗粒靠着某种化学力将其表面相连而堆积起来的。因为它相对于原级颗粒来说，是第二次形成的颗粒，所以又称为二次颗粒。由于构成聚集体颗粒的各原级颗粒之间表面均相互重叠，因此，聚集体颗粒的表面积小于构成它的各原级颗粒表面积的总和，如图3-2所示。聚

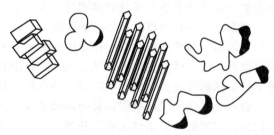

图 3-2　聚集体颗粒示意图

集体颗粒主要是在粉体物料的加工和制造过程中形成的。例如，化学沉淀物料在高温脱水或晶型转化过程中，便要发生原级颗粒的彼此粘连，形成聚集体颗粒。此外，晶体生长、熔融等过程，也会促进聚集体颗粒的形成。

由于聚集体颗粒中各原级颗粒之间有很强的结合力，并且聚集体颗粒本身就很小，很难将它们分散成为原级颗粒，必须再用粉碎的方法才能使其解体。

（3）凝聚体颗粒　凝聚体颗粒是在聚集体颗粒之后形成的，故又称三次颗粒。它是由原级颗粒或聚集体颗粒或者两者的混合物，通过比较弱的黏着力结合在一起的疏松的颗粒群，而其中各组成颗粒之间，是以棱或角结合的，如图3-3所示。正因为是棱或角连接的，所以凝聚体颗粒的表面与各个组成颗粒的表面之和大体相等，凝聚体颗粒比聚集体颗粒要大得多。

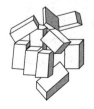

图 3-3　凝聚体颗粒示意图

凝聚体颗粒也是在物料的制造与加工处理过程中产生的。例如，湿法沉淀的粉体，在干燥过程中便形成大量的凝聚体颗粒。

原级颗粒或聚集体颗粒的粒径越小，单位表面上的表面力（如范德华力、静电力等）越大，越易于凝聚，而且形成的凝聚体颗粒越牢固。由于凝聚体颗粒结构比较松散，它能够被某种机械力，如研磨分散力或高速搅拌的剪切力所解体。如何使粉体的凝聚体颗粒在具体应用场合下快速而均匀地分散开，是现代粉体工程学的一个重要研究课题。

（4）絮凝体颗粒　在粉体的许多实际应用中，都要与液相介质构成一定的分散体系，在这种液固分散体系中，由于颗粒之间的各种物理力，迫使颗粒松散地结合在一起，所形成的粒子群，称为絮凝体颗粒。它很容易被微弱的剪切力所解絮，也容易在表面活性剂（分散剂）的作用下自行分散开来。长期储存的粉体，可以看成是与大气水分子构成的体系，故也有絮凝体产生，形成结构松散的絮团——料块。

3.3 超细粉碎助剂

3.3.1 概述

在超细粉碎过程中，尤其是当颗粒的粒度减小到微米级后，超细粉体的比表面积和表面能显著增大，微细颗粒极易发生团聚，使实际应用受到了一定限制。在粉碎过程中，向超细粉体中添加一定量的助磨剂或分散剂则可以有效改善上述情况。

助磨剂是一种可以有效提高磨矿效率、改变磨矿环境或物料表面的物理化学特性、降低磨矿能耗的在微粉碎和超微粉碎作业中使用的一种辅助材料。添加助磨剂的主要目的是提高物料的可磨性，阻止微细颗粒的黏结、团聚和在磨机衬板及研磨介质上的附着，提高磨机内物料的流动性，从而提高产品细度和产量，降低粉碎极限和单位产品的能耗。

分散剂是指能定向吸附在被分散物质颗粒表面阻止其在分散介质中聚集，并能在一定的时间内保持稳定的表面活性物质。分散剂也是一种助剂，它是通过阻止颗粒的团聚，降低矿浆黏度来起助磨作用的。分散剂的化学结构由两部分组成：一部分是能吸附在粉体颗粒表面的"锚固"作用段；另一部分是能在分散介质中充分展开的长链段。

3.3.2 助磨剂和分散剂的作用原理

3.3.2.1 助磨剂的作用原理

关于助磨剂能够强化粉磨的原理，国内外学者都进行了大量研究工作，但还不够深入。目前关于助磨剂的作用机理，主要有两种观点：一是"吸附降低硬度"学说；二是"矿浆流变学调节"学说。前者认为助磨剂分子在颗粒上的吸附降低了颗粒的表面能或者引起表面层晶格的位错迁移，产生点或线的缺陷，从而降低颗粒的强度和硬度；同时，阻止新生裂纹的闭合，促进裂纹的扩展。后者认为助磨剂通过调节矿浆的流变学性质和矿粒的表面电性等，降低矿浆的黏度，促进颗粒的分散，从而提高矿浆的可流动性，阻止矿粒在研磨介质及磨机衬板上的附着以及颗粒之间的团聚。

在磨矿时，磨矿区内的矿粒常受到不同种类应力的作用，导致形成裂纹并扩展，然后被粉碎。因此，物料的力学性质，如在拉应力、压应力或剪切力作用下的强度性质将决定对物料施加的力的效果。显然，物料的强度越低、硬度越小，粉碎所需的能量也就越少。根据格里菲斯定律，脆性断裂所需的最小应力为

$$\sigma = \left(\frac{4E\gamma}{L}\right)^{\frac{1}{2}}$$

（3-16）

式中　σ——抗拉强度；

　　　E——杨氏弹性模量；

　　　γ——新生表面的表面能；

　　　L——裂纹的长度。

式(3-16)说明，脆性断裂所需的最小应力与物料的比表面能成正比。显然，降低颗粒的表面能，可以减小使其断裂所需的应力。从颗粒断裂的过程来看，根据裂纹扩展的条件，助磨剂分子在新生表面的吸附可以减小裂纹扩展所需的外应力，防止新生裂纹的重新闭合，促进裂纹的扩展。助磨剂分子在裂纹表面的吸附如图 3-4 所示。

实际颗粒的强度与物料本身的缺陷有关，使缺陷（如位错等）扩大无疑将降低颗粒的强度，促进颗粒的粉碎。

列宾捷尔首先研究了在有无化学添加剂两种情况下液体对固体物料断裂的影响。他认为，液体尤其是水将在很大程度上影响碎裂，

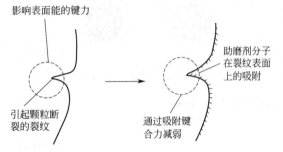

图 3-4　助磨剂分子在裂纹表面的吸附示意图

添加表面活性剂可以扩大这一影响。原因是固体表面吸附表面活性剂分子后表面能降低，从而导致键合力的减弱。

3.3.2.2　分散剂的作用原理

在超细粉体悬浮液中，粉体分散的稳定性取决于颗粒间相互作用的总作用能 F_T，即取决于颗粒间的范德华作用能、静电排斥作用能、吸附层的空间位阻作用能及溶剂化作用能的相互关系。颗粒间分散与团聚的理论判据是颗粒间的总作用能，可用式(3-17)表示：

$$F_T = F_W + F_R + F_{Kj} + F_{rj} \tag{3-17}$$

式中　F_W——范德华作用能。

两个半径分别为 R_1 和 R_2 的球形颗粒的范德华作用能可表示为

$$F_W = \frac{AR_1R_2}{6H(R_1+R_2)} \tag{3-18}$$

若 $R_1 = R_2 = R$，则有

$$F_W = \frac{AR}{12H} \tag{3-19}$$

式中　H——颗粒间距；

　　　A——颗粒在真空中的哈马克常数。

半径为 R_1 和 R_2 的球形颗粒在水溶液中的静电作用能（F_R）可用式(3-20)表示：

$$F_R = \frac{\varepsilon R_1 R_2}{4(R_1+R_2)}(\varphi_1^2+\varphi_2^2) \times \left[\frac{2\varphi_1\varphi_2}{\varphi_1^2+\varphi_2^2}\ln\left(\frac{1+e^{-KH}}{1-e^{-KH}}\right)+\ln(1-e^{-2KH})\right] \tag{3-20}$$

式中　φ_1、φ_2——颗粒的表面电位；

　　　ε——水的介电常数；

　　　K——Debye 长度的倒数，m^{-1}；

　　　H——颗粒间距。

在湿法超细粉碎过程中，无机电解质及聚合物分散剂能够使颗粒表面产生相同符号的表面电荷，利用排斥力使颗粒分开（图 3-5）。

颗粒表面吸附有高分子表面活性剂时，它们在相互接近时产生排斥作用，可使粉体分散体更加稳定，不发生团聚（图 3-6），这就是高分子表面活性剂的空间位阻作用。空间位阻能（F_{Kj}）

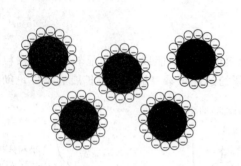 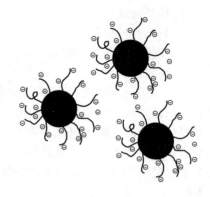

图 3-5　颗粒的静电排斥作用示意图　　　　图 3-6　颗粒的空间位阻作用示意图

可用式(3-21) 表示

$$F_{Kj}=\frac{4\pi R^2(\delta-0.5H)}{A_p(R+\delta)}kT\ln\frac{2\delta}{H}\qquad\text{(3-21)}$$

式中　A_p——一个高分子在颗粒表面占据的面积；

　　　δ——高分子吸附层厚度；

　　　H——颗粒间距；

　　　k——玻尔兹曼常数；

　　　T——热力学温度。

颗粒在液相中引起周围液体分子结构的变化，称为溶剂化作用。当颗粒表面吸附阳离子或含亲水基团〔—OH、PO_4^{3-}、$-N(CH_3)_3^+$、$-CONH_2$、—COOH 等〕的有机物，或者由于颗粒表面极性区域对相邻的溶剂分子的极化作用，在颗粒表面会形成溶剂化作用。当有溶剂化膜的颗粒相互接近时，产生排斥作用能，称为溶剂化作用能 F_{rj}。半径为 R_1 和 R_2 的球形颗粒的溶剂化作用能可表示为

$$F_{rj}=\frac{2\pi R_1 R_2}{R_1+R_2}h_0 F_{rj}^0\exp(-H/h_0)\qquad\text{(3-22)}$$

式中　h_0——衰减长度；

　　　H——相互作用距离；

　　　F_{rj}^0——溶剂化作用能能量参数（与表面润湿性有关）。

当颗粒间的排斥作用能大于其相互吸引作用能时，颗粒处于稳定的分散状态；反之，颗粒之间发生团聚。显然，作用于颗粒间的各种作用力（能）是随着条件而变化的。添加分散剂对超细粉体在液相中的表面电性、空间位阻、溶剂化作用以及表面润湿性等有重要影响。

3.3.3　助磨剂和分散剂的种类和选择

3.3.3.1　助磨剂的种类

助磨剂种类繁多，助磨效果差异很大，应用较多的就有百余种。按其在常温下的存在状态一般可分为液体、气体和固体 3 种。液体助磨剂有胺类、醇类、某些无机盐类；气体助磨剂有水蒸气、丙酮气体和惰性气体等；固体助磨剂有胶体炭黑、硬脂酸钙、无机盐氰亚铁酸钾、硬脂酸等。助磨剂根据其本身物理化学性质又可分为有机助磨剂和无机助磨剂两种。助磨剂的种类及应用见表 3-2。

从化学结构上来说，助磨剂应具有良好的选择性分散作用，能够调节矿浆的黏度，具有较

强的抗 Ca^{2+}、Mg^{2+} 的能力，受 pH 值的影响较小等。也就是说助磨剂分子结构要与细磨和超细磨系统复杂的物理化学环境相适应。在非金属矿的湿法超细粉碎中，常用的助磨剂根据其化学结构分为 3 类：①碱性聚合无机盐，主要用于硅酸盐矿物的粉碎；②碱性聚合有机盐，常用的是聚丙烯酸钠盐和铵盐；③偶极-偶极有机化合物。

表 3-2 助磨剂的种类及应用

类型	助磨剂名称	应用
液体助磨剂	乙醇、丁酸、辛醇、甘醇	石英
	甲醇、三乙醇胺、聚丙烯酸钠	方解石等
	乙醇、异丙醇	石英、方解石等
	乙二醇、丙二醇、三乙醇胺、丁醇等	水泥等
	丙酮、三氯甲烷、三乙醇胺、丁醇等	方解石、石灰
	丙酮	铁粉等
	有机硅	氧化铝、水泥等
	C_{12} 胺～C_{14} 胺	石英、石英岩等
	FlotagamP	石灰石、石英等
	月桂醇、棕榈醇、油醇(钠)、硬脂酸(盐)	石灰石、方解石等
	硬脂酸(钠)	浮石、白云石、石灰石、方解石
	葵酸	水泥、菱镁矿
	环烷酸(钠)	水泥、石英岩
	环烷基磺酸钠	石英岩
	聚二醇乙醚	碳化硅、氮化硅等
	正链烷系	苏打、石灰
	焦磷酸钠、氢氧化钠、碳酸钠、水玻璃等	伊利石、水云母等黏土矿物
	氯化钠、氯化铝	石英岩等
	碳酸钠、聚马来酸、聚丙烯酸钠	石灰石、方解石等
	六偏磷酸钠、三聚磷酸钠、水玻璃等	石英、硅藻土、硅灰石、高岭土、长石、云母等
	六聚磷酸钠	硅灰石等
	三聚磷酸钠	赤铁矿、石英
	水玻璃、硅酸钠	石英、长石、黏土矿、钼矿石、云母等
	二乙醇胺	方解石、水泥、锆英石等
	聚羧酸盐	滑石等
	烃类化合物	玻璃
	焦磷酸钠、六偏磷酸钠、聚丙烯酸钠等	黏土矿物
	硅酸钠、六偏磷酸钠、聚丙烯酸钠等	高岭土、伊利石等
	聚丙烯酸(钠)	高岭土、碳化硅等
固体助磨剂	石膏、炭黑	水泥、煤等
气体助磨剂	二氧化碳	石灰石、水泥
	丙酮蒸气	石灰石、水泥
	氢气	石英等
	氨气、甲醇	石英、石墨等

3.3.3.2 分散剂的种类

根据分散剂的化学构成不同，用于粉体分散剂的类型见表 3-3。在实际使用中，用于粉体在水性体系中的分散剂品种比较多，常见的列于表 3-4。

目前，工业上普遍采用的是聚合物分散剂。相比其他分散剂，聚合物分散剂有以下优点：①无机分散剂会对电导率介电常数带来不良影响，在某些领域内使用受到限制，而聚合物分散剂则不受这个限制；②与有机分散剂不同，聚合物类分散剂在生产时具有可控的相对分子质量，而较高的相对分子质量有较好的分散稳定性；③聚合物类分散剂分散能力强，稳定效果好，对分散体系中的离子 pH 值、温度等因素敏感程度小；④聚合物类分散剂可显著降低分散体系的黏度，改善分散体系的流变性，能节省机械操作时所需的能源。

表 3-3　常见的粉体分散剂

分散剂类型	主要使用范围及性能特征
阴离子型分散剂	使用范围广，尤其适用于水作分散介质
非离子型分散剂	使用范围广，具有不同类分散剂的配伍性
阳离子型分散剂	极少使用
两性型分散剂	很少使用，仅限于根据分散剂体系 pH 值调节分散稳定性的场合
高分子型分散剂	较多使用，适合不同的分散体系
氟、硅类分散剂	限特殊分散体系使用，价格昂贵
超分散剂	较多在亲油分散体系中使用，但价格昂贵
无机电解质	限水性体系使用，价格低廉
偶联剂	所有偶联剂都适用于油性体系，部分还适用于水性体系

表 3-4　水性体系的粉体分散剂品种

类型	分散剂名称	简称	适用粉体类型	分散剂性能特征
阴离子型	亚甲基二萘磺酸钠	NNO	还原颜料、酸性染料	扩散性好，耐酸、碱、硬水
	十二烷基苯磺酸钠	LAS	无机粉体	耐硬水
	甲基萘缩甲醛磺酸钠	MF	还原染料、活性染料	扩散力强、耐硬水
	萘缩甲醛磺酸钠		炭黑、水溶性颜料等	
	MF 与席夫酸甲醛缩合物	CI	油性颜料等	
	苄基-甲基萘磺酸缩合物	CNF	工业染料等	阻止凝胶
	蒽磺酸钠甲醛缩合物	AF		
阴离子聚合物	木质素磺酸盐		分散染料、还原染料	
	聚丙烯酸钠		无机粉体	稳定性好
	聚羧酸盐（钠/铵）	DA	无机粉体	分散性好
	聚羧酸钠	SN-5040	无机颜料	
	二聚异丁烯顺丁烯二酸钠		多种颜料	
	聚丙烯酸铵		无机粉体	固化后耐水性强
	丙烯酸钠丙烯酸酯共聚物		多种颜料	
	苯乙烯-(甲基)丙烯酸共聚物		有机、无机粉体	分散性好
	苯乙烯-马来酸酐共聚物	SMA	有机、无机粉体	分散性好
	苯乙烯-马来酸酐部分丁酯化共聚物	SMB	有机、无机粉体	分散性好、稳定性好
	硫化苯乙烯-马来酸酐共聚物钠盐	SMAS	无机粉体等	分散性好
	乙酸乙烯酯-马来酸酐共聚物钠盐		无机粉体等	分散性好
非离子型	脂肪醇聚氧乙烯醚系列	HLB>15	无机粉体	
	脂肪酸聚氧乙烯醚系列	HLB>12	无机粉体	
	烷基酚聚氧乙烯醚系列	HLB>13	无机粉体	
	吐温系列	Tween		
偶联剂	锆铝酸酯复合偶联剂		无机粉体	分散性优
	螯合型磷系钛酸酯偶联剂		大部分无机粉体	
	螯合型磷酸酯偶联剂		无机粉体	
	水溶性钛酸酯偶联剂		有机、无机颜料	
	螯合配位型硼酸酯偶联剂		无机粉体	
电解质	三聚磷酸钠		无机粉体	价廉
	焦磷酸钠		无机粉体	价廉
	六偏磷酸钠		无机粉体	价廉
特种分散剂	全氟辛基磺酸钠		有机、无机粉体	价格昂贵
	全氟癸基醚磺酸钠		有机、无机粉体	价格昂贵
	脂肪醇聚氧乙烯醚(30)甲基硅烷	WA	有机颜料等	分散性、耐热性好
	1-氨基异丙醇	AMP	无机粉体等	

3.3.3.3　助磨剂和分散剂的选择

在超细粉碎中，助磨剂和分散剂的选择对于提高粉碎效率和降低单位产品能耗是非常重要的。需要注意的是，助磨剂和分散剂的作用具有选择性。也就是说同一助磨剂对 A 物料有助磨效果，但是对 B 物料不一定有助磨效果。助磨剂和分散剂的选择基于以下几点考虑：

① 被磨物料的性质；

② 粉碎方式和粉碎环境；

③ 助磨剂的成本和来源；

④ 助磨剂和分散剂对后续作业的影响；

⑤ 助磨剂和分散剂是否绿色环保。

助磨剂通常使用量为粉体质量的 1% 以下。助磨剂的最佳作用量是能在粉体表面形成单分子层吸附的使用量，过多过少都会影响助磨效果。经济性是选用助磨剂需首要考虑的因素，选用助磨剂应遵循以下原则：①具有较高的性价比，构成助磨剂的组分廉价且来源稳定；②优先选用对最终粉体产品性能有提升作用的助磨剂；③优先选用对粉体色度等表观性能影响较小的助磨剂。

作为粉体分散剂的选用应遵循如下原则：①对于一定的分散体系，优先选用使用量小或者综合成本低的分散剂；②对于同一分散体系，选用分散稳定周期长的分散剂；③对于含其他分散物质的体系，优先选用与其他分散物质相容性好的分散剂；④对于一定的分散体系，优先选用对最终产品的外观和物理性能影响最小的、起泡能力弱的分散剂；⑤优先选用对环境影响小的绿色分散剂。

3.3.4 影响助磨剂和分散剂作用效果的因素

影响助磨剂和分散剂对超细粉碎作用效果的因素很多，主要包括：助磨剂和分散剂的用量、用法、矿浆浓度、pH 值、被磨物料粒度及其分布、粉碎机械种类及粉碎方式等。

3.3.4.1 助磨剂和分散剂的用量

助磨剂和分散剂的用量对助磨的作用效果有显著的影响。一般来说，每种助磨剂和分散剂都有其最佳用量。这一最佳用量与要求的产品细度、矿浆浓度、助磨剂和分散剂的分子大小及其性质有关。分散剂的用量对矿浆黏度有重要影响，用量过大，将导致浆料黏度过大，其原因可用图 3-7 来解释。聚合物分散剂用量过大后，引发聚合物链的互相缠绕，使颗粒形成聚团。

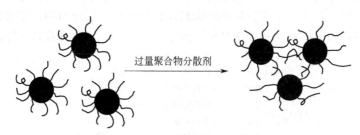

过量聚合物分散剂

图 3-7 使用过量聚合物分散剂效果示意图

研究者分析了分散剂聚乙二醇的用量对纳米 ZnO 分散性能的影响，结果表明：聚乙二醇的用量过少或过多对 ZnO 都起不到最好的分散作用，当聚乙二醇的用量为 0.6mL 时分散效果最好。同时，还发现聚乙二醇的聚合度越大，其对 ZnO 的分散效果越好：聚乙二醇（6000）对 ZnO 的分散效果要明显优于聚乙二醇（4000）和聚乙二醇（2000），这主要是由于聚乙二醇（6000）较大的聚合度赋予其较好的空间位阻效应，故分散性好。

由上述例子可见，助磨剂的用量对其作用效果的重要影响。在一定的粉碎条件下，对于某种物料有一最佳助磨剂用量。用量过少，达不到助磨效果，过多则不起助磨作用，甚至起反作用。因此，在实际使用时，必须严格控制用量。最佳用量依产品细度或比表面积、浓度、pH 值以及粉碎方式和环境等变化，最好通过具体的试验来确定。

3.3.4.2　矿浆的浓度或黏度

关于助磨剂作用效果的许多试验研究表明，只有矿浆浓度或体系的黏度达到某一值时，助磨剂才有明显的助磨效果。采用十六烷基三甲基溴化铵（CTAB）、三聚磷酸钠、六偏磷酸钠和柠檬酸钠作为云母的助磨剂，研究其对云母破裂能的影响（破裂能越小，云母越易破裂，助磨效果越好）。实验结果表明：这4种助磨剂的浓度对云母破裂能的影响都有一个最低值（最佳浓度），当助磨剂浓度低于最佳值时，破裂能随助磨剂浓度提高逐渐降低；而助磨剂浓度高于最佳值时，破裂能随助磨剂浓度提高逐渐上升。4种助磨剂的最佳浓度分别为：CTAB 6.86mmol/L，三聚磷酸钠 13.66mmol/L，六偏磷酸钠 8.00mmol/L，柠檬酸钠 10.00mmol/L。

3.3.4.3　粒度大小和分布

粒度大小和分布对助磨剂作用效果的影响体现在两个方面：①粒度越小，颗粒质量越趋于均匀，缺陷越小，粉碎能耗越高，助磨剂则通过裂纹形成和扩展过程中的防"闭合"和吸附，降低硬度作用，降低颗粒的强度，提高其可磨度；②颗粒越细，比表面积越大，在相同含固量情况下系统的黏度越大。因此，粒度越细，分布越窄，使用助磨剂的作用效果越显著。

3.3.4.4　矿浆 pH 值

矿浆 pH 值对某些助磨剂作用效果的影响，一是通过对颗粒表面电性及定位离子的调节影响助磨剂分子与颗粒表面的作用；二是通过对矿浆黏度的调节影响矿浆的流变学性质和颗粒之间的分散性。对于云母来说，如采用柠檬酸钠为助磨剂，则适宜的 pH 值为 5 左右，此时云母的破裂能可以比在水中降低 30%～40%（破裂能越小，助磨效果越好）。

3.4　超细粉碎技术

3.4.1　基本概念

3.4.1.1　粉碎的基本概念

（1）粉碎　固体物料在外力作用下克服其内聚力使之破碎的过程称为粉碎。

因处理物料的尺寸大小不同，可大致将粉碎分为破碎和粉磨两类处理过程：使大块物料碎裂成小块物料的加工过程称为破碎；使小块物料碎裂成细粉末状物料的加工过程称为粉磨。相应的机械设备分别称为破碎机械和粉磨机械。为了更明确起见，通常按以下方法进一步划分。

$$
粉碎\begin{cases}破碎\begin{cases}粗碎——将物料破碎至 100mm 左右\\中碎——将物料破碎至 30mm 左右\\细碎——将物料破碎至 3mm 左右\end{cases}\\粉磨\begin{cases}粗磨——将物料粉磨至 0.1mm 左右\\细磨——将物料粉磨至 0.06mm 左右\\超细磨——将物料粉磨至 0.005mm 左右或更小\end{cases}\end{cases}
$$

物料经粉碎尤其是经粉磨后，其粒度显著减小，比表面积显著增大，因而有利于几种不同物料的均匀混合，便于输送和储存，也有利于提高高温固相反应的程度和速度。

（2）粉碎比　为了评价粉碎机械的粉碎效果，常用粉碎比的概念。

物料粉碎前的平均粒径 D 与粉碎后的平均粒径 d 之比称为平均粉碎比，用符号 i 表示，其数学表达式为

$$
i = \frac{D}{d} \tag{3-23}
$$

平均粉碎比是衡量物料粉碎前后粒度变化程度的一个指标，也是粉碎设备性能的评价指标之一。

对破碎机而言，为了简单地表示和比较它们的这一特性，可用其允许的最大进料口尺寸与

最大出料口尺寸之比（称为公称粉碎比）作为粉碎比。因实际破碎时加入的物料尺寸总小于最大进料口尺寸，故破碎机的平均粉碎比一般都小于公称粉碎比，前者为后者的70%～90%。

粉碎比与单位电耗（单位质量粉碎产品的能量消耗）是粉碎机械的重要技术经济指标。前者用以说明粉碎过程的特征及粉碎质量；后者用以衡量粉碎作业动力消耗的经济性。当两台粉碎机粉碎同一物料且单位电耗相同时，粉碎比大者工作效果就好。因此，鉴别粉碎机的性能要同时考虑其单位电耗和粉碎比的大小。

各种粉碎机械的粉碎比大都有一定限度，且大小各异。一般情况下，破碎机械的粉碎比为3～100；粉磨机械的粉碎比为500～1000或更大。

（3）粉碎级数　由于粉碎机械的粉碎比有限，生产上要求的物料粉碎比往往远大于上述范围，因而有时需用两台或多台粉碎机械串联起来进行粉碎。几台粉碎机械串联起来的粉碎过程称为多级粉碎；串联的粉碎机械台数称为粉碎级数。在此情形下，原料粒度与最终粉碎产品的粒度之比称为总粉碎比。若串联的各级粉碎机械的粉碎比分别为i_1、i_2、$\cdots$、i_n，总粉碎比为i_0，则有

$$i_0 = i_1 i_2 \cdots i_n \tag{3-24}$$

即多级粉碎的总粉碎比为各级粉碎机械的粉碎比的乘积。

若已知粉碎机械的粉碎比，即可根据总粉碎比要求确定合适的粉碎级数。由于粉碎级数增多将会使粉碎流程复杂化，设备检修工作量增大，因而在能够满足生产要求的前提下应该选择粉碎级数较少的简单流程。

（4）粉碎产品的粒度特性　物料经粉碎或粉磨后，成为多种粒度的集合体。为了考察其粒度分布情况，通常采用筛析方法或其他方法将它们按一定的粒度范围分为若干粒级。

根据测得的粒度分布数据，分别以横坐标表示粒度，以纵坐标表示累积筛余或累积筛下百分数，即可作出累积粒度特性曲线，如图3-8所示。借助于该特性曲线可较方便明了地反映粒度分布情况。

图3-8中凹形曲线1，表明粉碎产品中含有较多细粒级物料；凸形曲线3表明产品中粗级物料较多；直线2表明物料粒度是均匀分布的。粒度分布曲线不仅可以用于计算不同粒级物料的含量，还可将不同粉碎机械粉碎同一物料所得的曲线进行比较，以判断它们的工作情况。

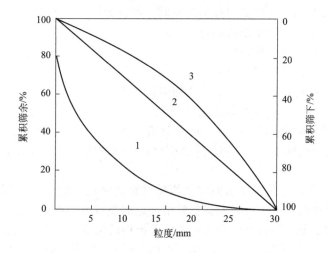

图 3-8　累积粒度特性曲线

1—细粒级物料较多；2—粗粒级物料较多；3—物料粒度均匀分布

（5）粉碎流程　根据不同的生产情形，粉碎流程可有不同的方式，如图3-9所示。

（a）流程简单，设备少，操作控制较方便，但往往由于条件的限制不能充分发挥粉碎机的

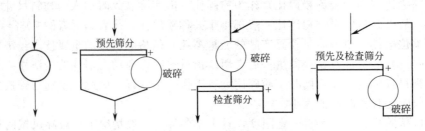

(a)简单的粉碎流程 (b)带预筛分的粉碎流程 (c)带检查筛分的粉碎流程 (d)带预筛分和检查筛分的粉碎流程

图 3-9 粉碎系统的基本流程

生产能力，有时甚至难以满足生产要求。

（b）流程和（d）流程由于预先去除了物料中无需粉碎的细颗粒，故可增加粉碎流程的生产能力，减小动力消耗、工作部件的磨损等。这种流程适用于原料中细粒物料较多的情形。

（c）流程和（d）流程由于设有检查筛分环节，故可获得粒度合乎要求的粉碎产品，为后续工序创造有利条件。但这种流程较复杂，设备多，建筑投资大，操作管理工作量也大，因而，此种流程一般主要用于最后一级粉碎作业。

凡从粉碎（磨）机中卸出的物料即为产品。不带检查筛分或选粉设备的粉碎（磨）流程称为开路（或开流）流程。开路流程的优点是比较简单，设备少，扬尘点也少。缺点是当要求粉碎粒度较小时，粉碎（磨）效率较低，产品中会存在部分粒度不合格的粗颗粒物料。

凡带检查筛分或选粉设备的粉碎（磨）流程都称为闭路（或圈流）流程。该流程的特点是从粉碎机中卸出的物料需经检查筛分或选粉设备，粒度合格的颗粒作为产品，不合格的粗颗粒作为循环物料重新回至粉碎（磨）机中再行粉碎（磨）。粗颗粒回料质量与该级粉碎（磨）产品质量之比称为循环负荷率。检查筛分或选粉设备分选出的合格物料质量 m 与进入该设备的合格物料总质量 M 之比称为选粉效率，用字母 E 表示。

3.4.1.2 被粉碎物料的基本物性

（1）强度   材料的强度是指其对外力的抵抗能力，通常以材料破坏时单位面积上所受的力来表示，单位为 Pa 或 N/m^2。按受力种类的不同，可分为以下几种类型：

① 压缩强度——材料承受压力的能力；

② 拉伸强度——材料承受拉力的能力；

③ 扭曲强度——材料承受扭曲力的能力；

④ 弯曲强度——材料对致弯外力的承受能力；

⑤ 剪切强度——材料承受剪切力的能力。

上述 5 种强度以拉伸强度为最小，通常只有压缩强度的 $1/30 \sim 1/20$，为剪切强度的 $1/20 \sim 1/15$，为弯曲强度的 $1/10 \sim 1/6$。强度按材料内部的均匀性和有否缺陷又分为理论强度和实际强度。

① 理论强度   是指不含任何缺陷的完全均质材料的强度。它相当于原子、离子或分子间的结合力，故理论强度又可以理解为根据材料结合键的类型所计算的材料强度。由离子间库仑引力形成的离子键和由原子间相互作用力形成的共价键的结合力最大，为最强的键，键强一般为 $1000 \sim 4000 kJ/mol$；金属键次之，为 $100 \sim 800 kJ/mol$；氢键结合力为 $20 \sim 30 kJ/mol$；范德华键强度最低，其结合能仅为 $0.4 \sim 4.2 kJ/mol$。不同的结合键使得材料具有不同的强度，故从理论上讲，材料的强度取决于结合键的类型。

一般来说，原子或分子间的作用力随其间距而变化，并在一定距离处保持平衡，而理论强度即是破坏这一平衡所需要的能量，可通过公式计算求得。理论强度的计算公式如下：

$$\sigma_{th} = \left(\frac{\gamma E}{a}\right)^{1/2} \tag{3-25}$$

式中　γ——表面能；

　　　E——弹性模量；

　　　a——晶格常数。

② 实际强度　又称实测强度。完全均质的材料所受应力达到其理论强度，所有原子或分子间的结合键将同时发生破坏，整个材料将分散为原子或分子单元。事实上自然界中不含任何缺陷的、完全均质的材料是不存在的，故几乎所有材料破坏时都分裂成大小不一的块状，这说明质点间结合的牢固程度并不相同，即存在某些结合相对薄弱的局部，使得在受力尚未达到理论强度之前，这些薄弱部位已达到其极限强度，材料已发生破坏。因此，材料的实际强度往往远低于其理论强度。一般情况下，实际强度约为理论强度的 1/100～1/1000。由表 3-5 中的数据可以看出两者的差异。

表 3-5　材料的理论强度和实际强度

材料名称	理论强度/GPa	实际强度/MPa
金刚石	200	约 1800
石墨	1.4	约 15
氧化镁	37	100
氧化钠	4.3	约 10
石英玻璃	16	50

同一种材料，在不同的受载环境下，其实测强度是不同的。换言之，材料的实测强度大小与测定条件有关，如试样的粒度、加载速度及测定时材料所处的介质环境等。对于同一材料，粒度小时内部缺陷少，故实测强度要比粒度大时大；加载速度快时测得的强度也较高；同一材料在空气中和在水中的测定强度也不相同，如硅石在水中的抗张强度比在空气中减小 12%。

强度高低是材料内部价键结合能的体现，从某种意义上讲，粉碎过程即是通过外部作用力对物料施以能量，当该能量大小足以超过其结合能时，材料即发生变形破坏以至粉碎。尽管实际强度与理论强度相差很大，但两者之间存在一定的内在联系。所以，了解材料的结合键类型是非常必要的。非金属元素矿物及硫化物矿物中，通常以共价键为主；氧化物及盐类矿物通常为纯离子键或离子-共价键结合；自然金属矿物中都是金属键；含有 OH^- 的矿物，说明有氢键的存在；范德华键一般多存在于某些层状矿物或链状矿物内。

（2）硬度　硬度是衡量材料软硬程度的一项重要性能指标，它既可以表示材料抵抗其他物体刻划或压入其表面的能力，也可理解为在固体表面产生局部变形所需的能量，这一能量与材料内部化学键强度以及配位数等有关。硬度不是一个简单的物理概念，它是材料弹性、塑性、强度和韧性等力学性能的综合指标。

硬度的测试方法有刻划法、压入法、弹子回跳法及磨蚀法等，相应有莫氏硬度（刻划法）、布氏硬度、韦氏硬度和史氏硬度（压入法）及肖氏硬度（弹子回跳法）等。硬度的表示随测定方法的不同而不同，一般情况下无机非金属材料的硬度常用莫氏硬度来表示。材料的莫氏硬度分为 10 个级别，硬度值越大意味着其硬度越高。典型矿物的莫氏硬度值见表 3-6。

表 3-6　典型矿物的莫氏硬度值

矿物名称	莫氏硬度	晶格能/(kJ/mol)	表面能/(J/m²)	矿物名称	莫氏硬度	晶格能/(kJ/mol)	表面能/(J/m²)
滑石	1	—	—	长石	6	11304	0.36
石膏	2	2595	0.04	石英	7	12519	0.78
方解石	3	2713	0.08	黄晶	8	14377	1.08
萤石	4	2671	0.15	刚玉	9	15659	1.55
磷灰石	5	4396	0.19	金刚石	10	16747	—

凡是离子或原子越小、离子电荷或电价越大、晶体的构造质点堆集密度越大者，其平均刻划硬度和研磨硬度也越大，因为如此构造的晶体有较大的晶格能，刻入或磨蚀都较困难，这说明硬度与晶体结构有关。除此以外，对于同一晶体的不同晶面甚至同一晶面的不同方向上的硬度也有差异，因为硬度取决于内部质点的键合情况。硬度可作为材料耐磨性的间接评价指标，即硬度值越大者通常其耐磨性能也越好。

由上述可知，强度和硬度两者的意义虽然不同，但是本质却是一样的，皆与内部质点的键合情况有关。尽管尚未确定硬度与应力之间是否存在某种具体关系，但有人认为，材料抗研磨应力的阻力和拉力强度之间有一定关系，并主张用"研磨强度"代替莫氏硬度。事实上，破碎越硬的物料也像破碎强度越大的物料一样，需要越多的能量。

（3）材料的易碎（磨）性　仅用强度和硬度还不足以全面精确地表示材料粉碎的难易程度，因为粉碎过程除取决于材料的物理性质外，还受物料粒度、粉碎方式（粉碎设备和粉碎工艺）等诸多因素的影响。因此，引入易碎（磨）性概念。所谓易碎（磨）性即在一定粉碎条件下，将物料从一定粒度粉碎至某一指定粒度所需要的能量，它反映的是矿物被破碎和磨碎的难易程度。材料的这一基本物性取决于矿物的机械强度、形成条件、化学组成与物质结构。

（4）材料的脆性　材料在外力作用下被破坏时，无显著的塑性变形或仅产生很小的塑性变形就断裂破坏，其断裂面处的端面收缩率和延伸率都很小，断裂面较粗糙。这种性质称为脆性，它是与塑性相反的一种性质。从变形方面看，脆性材料受力破坏时直到断裂前只出现极小的弹性变形而不出现塑性变形，因此其极限强度一般不超过弹性极限。脆性材料抵抗动载荷或冲击的能力较差，许多硅酸盐材料如水泥混凝土、玻璃、陶瓷、铸石等都属于脆性材料，它们的抗拉能力远低于抗压能力。正由于脆性材料的抗冲击能力较弱，所以采用冲击粉碎的方法可有效地使它们产生粉碎。

（5）材料的韧性　材料的韧性是指在外力的作用下，发生断裂前吸收能量和进行塑性变形的能力。吸收的能量越大，韧性越好；反之亦然。韧性是介于柔性和脆性之间的一种材料性能。一般材料的断裂韧性是从开始受到载荷作用直到完全断裂时外力所做的总功。断裂韧性和抗冲击强度有密切关系，故断裂韧性常用冲击试验来测定。

与脆性材料相反，韧性材料的抗拉和抗冲击性能较好，但抗压性能较差，在复合材料工程中，韧性材料与脆性材料的有机复合，可使两者互相弥补，相得益彰，从而得到其中任何一种材料单独存在时所不具有的良好的综合力学性能。如在橡胶和塑料中填入非金属矿物粉体可明显改善其力学性能；钢筋混凝土的抗拉强度远高于素混凝土的抗拉强度。

总的来说，就宏观上看，韧性与脆性的区别在于有无塑性变形；微观上看，其区别在于是否发生晶格面滑移。因此，韧性和脆性并不是物质不可改变的固有属性，而是随所处环境可以相互转换的。一般来说，如果温度足够高、变形速度足够慢，任何物料都具备塑性行为。

3.4.2　影响超细粉碎效果的各种因素

对于超细粉碎这样一个高能耗过程，人们为了提高其效率做了大量优化工作，探求其最佳工作状态。由于超细粉碎作业适用行业广泛和具体研究目的的不同，使"优化"一词有广泛的内容，有关研究及发表的文献也难于量计。影响超细过程的因素很多，大致可分为给料特性、介质制度、操作因素3类。不同的粉碎设备其优化内容也不完全相同。理想情况是在保证粉碎产品粒度特性的前提下，最大限度地提高磨机处理量，同时降低能耗及介质消耗，这就是优化问题的核心所在。

3.4.2.1　给料特性

反映被粉碎物料特性的因素很多，有物料的化学组成、腐蚀性、易燃易爆性、水溶性、热敏性、密度、硬度、含水量、晶形结构、强度等。本节主要讨论反映给料对物料细化过程的综合影响因素，这些综合因素被称之为给料特性，对粉碎过程有重要影响的给料特性有物料易磨性、给料粒度。

（1）物料易磨性 物料易磨性就是指物料被球磨细碎的难易程度，它是物料的硬度、机械强度、韧性、密度、均质性、解理性和可聚集性等，以及球磨环境条件的综合作用的表现，常用可磨度的值来衡量，准确掌握这一常数对粉磨研究来说非常必要，其表示方法有邦德功指数法、汤普逊比表面积法和容积法3种。邦德功指数法应用范围较广，数值比较稳定。显然，功值越小，表示物料越容易被破碎。在实践生产中，通常使用相对易磨性来表示物料被球磨细碎的难易程度，具体操作就是利用小型球磨机，将被测物料与标准物料进行对比，达到规定的细度，计算球磨细碎所需的时间。若与标准物料球磨细碎所需的时间之比大于1，表明该物料比标准物料难磨；若小于1，则表明该物料比标准物料易磨。显然其比值越大越难于球磨细碎，其比值越小越易于球磨细碎。

（2）给料粒度 给料粒度的大小对球磨机的产量、料浆质量和球磨机的电力消耗等影响很大。通常入磨物料的粒度小，物料的球磨时间短，球磨细碎效率高，电力消耗低，易于获得高质量的料浆；反之，入磨物料的粒度大，则物料的球磨时间长，球磨细碎效率低，电力消耗高，难以获得高质量的料浆。一般说来，由于粉碎作业投资及生产费用比破碎作业高得多，因此降低给料粒度总是有利的。多碎少磨已经成为矿山和水泥行业的技术口号。然而，到目前为止还没有一种方法能较准确地算出不同类型的物料对不同规模粉碎系统的适宜给料粒度。

不同机理和规格的粉碎设备，对给料粒度的敏感性也不尽相同。球磨机对给料粒度的适应能力比较强，而气流粉碎机受给料粒度的影响就非常大。实验证明，给料细度的提高可大大提高气流粉碎机的产量。这说明气流粉碎机对给料粒度的影响是非常敏感的。将整个粉碎过程分为粗粉碎、细粉碎和超细粉碎多个阶段，每个阶段采用不同的设备或工艺参数有助于过程的优化，降低综合能耗。

3.4.2.2 介质制度

在介质研磨方式的粉碎过程中，介质制度（形状、尺寸、配比、填充率、补给）也是决定磨机工作好坏的重要因素，应根据物料性质、给料及产品要求来确定。对一台粉碎机来说，要想确定最优化工作制度是很困难的，原因在于：①起作用的是介质制度各因素综合效果，难以用一个简单数学模型或参数描述；②给料特性多变，介质制度不易轻易调整；③介质磨损规律难以掌握。

（1）介质填充率的影响 过去大量实验已证明，磨机吸取功率与填充率有着直接关系，在填充率为50%时达到最大值。虽然磨机产量与其功耗成比例，但磨机吸取功率达到最大值是否算是最佳状态还值得商榷。不同的粉碎细度要求下，需要调整介质的冲击粉碎和研磨粉碎的能力分配。在对物料进行超细粉碎的球磨过程中，希望充分发挥介质的研磨作用和介质对物料的压力。这时可以采用高填充率来强化介质的研磨，有时介质的填充率可高达80%。在较高的填充率下介质对物料研磨作用增强的同时，由于介质质量重心的提高，磨机的启动力矩和轴功率还有所下降。

在搅拌磨系统中，介质的填充率对磨机的工作起着决定性的作用。由于介质运动的动力不是通过筒体，而是通过搅拌轴和搅拌棒传递的，搅拌轴被埋在研磨介质中，启动力矩相当大，是工作力矩的10倍以上。大型搅拌磨多采用在低填充率下启动，正常运行后逐渐添加研磨介质使电机达到额定电流。一般低速搅拌磨的填充率70%，高速搅拌磨的填充率仅50%左右。为了优化大型搅拌磨的工作状况，常常采用空载启动，逐渐添加介质到额定负荷的方式。

（2）介质大小的影响 到目前为止，还没有一种完全适用的计算球磨介质尺寸的公式。在实际操作中用来确定适宜介质尺寸有戴维斯公式、邦德公式、拉祖莫夫公式等几种经验公式，它们都将介质大小视作给料粒度的函数。只有邦德公式考虑了物料可磨性、密度、磨机转速影响，是目前使用较多较全面的公式。陈炳辰教授等于 1986 年提出了一种用粉碎动力学模型求适宜球径的方法，通过对单一物料粉碎确定适宜介质直径。

如前面的分析，在介质研磨的粉碎体系中介质的大小要与粉碎过程的需要结合起来。如果是给料粒度比较大，需要介质的冲击作用将其粉碎，那么配球就要大一些。在金属矿山的大型球磨机中球石的球径可大到 250mm。在超细粉碎过程中，特别要强调微细粉的生成，要强化介质对物料的研磨作用就要降低研磨介质的粒径。超细搅拌磨的使用中，最小的研磨介质直径可以到 0.5mm。

(3) 介质配比的影响　物料在球磨生产过程中不仅需要冲击碰撞作用而且还需要研磨作用。显然大规格球石的重量大对物料的冲击碰撞作用大，有利于大块物料的破碎。但小规格球石比大规格球石的比表面积（表面积与重量之比）大，增大了与物料的挤压和摩擦接触面积，有利于物料的研磨细碎。因此不同规格尺寸的球石配合使用可以最大限度地减少球石之间的空隙率，增加了球石与物料之间的接触概率，从而增强物料的球磨细碎作用，达到提高球磨细碎效率的目的。也就是说物料球磨细碎作业时必须选用适宜规格尺寸的球石及其级配比例。

一般来说，在连续的粉磨过程中介质的大小分布是成一定规律的。为了降低成本，多采用补充大球的办法来恢复系统的研磨能力，磨机很难在长时间的工作中保持固定的介质配比不变。在介质直径差别太大的情况下，会加剧介质间的无效研磨，即大介质对小介质进行了研磨，使研磨过程成本加大。磨机的介质大小配比关系到粉磨能力能否发挥和如何减少介质磨耗的大问题，尽可能采用在实践中摸索出适合自己工艺特点的配球方案，并经常清仓剔出过小的无效研磨介质。

(4) 介质形状的影响　何种介质形状对粉碎过程最好，仍是一个有争议的问题。但普遍采用制作容易、形状在粉碎过程中不变的球形介质。凯斯尔等用 BS 模型分析法证明了球形介质可以使选择函数最大，并产生最大破碎速率。介质的形状决定了介质的加工成本和加工的可行性，从大规模工业应用的角度来看，球形和圆柱体介质是最容易加工的。在超细粉磨过程中，由于介质粒径很小只能采用球形微珠。圆球具有最小的比表面积，因而也最耐磨。

(5) 介质材质的影响　材质对研磨粉碎过程来说是一个重要的因素，它决定了粉碎过程的成本高低和粉碎效率大小。从对产品的污染方面考虑，介质在粉碎过程中不断地消耗，而消耗的介质变成细粉弥散在被研磨粉碎的物料之中。因此，介质的材质首先不应该对物料有任何污染，至少是不含有无法剔出的污染。这对于精细陶瓷、非金属矿和化工行业的物料粉碎显得特别重要。从加工过程成本方面考虑，介质的磨损和破碎失效也会造成介质的损失，增加研磨粉碎过程的成本。在大型矿山和水泥行业多采用铸钢和轧制磨球，如球墨铸铁、高锰钢、贝氏体钢、铬钢和白口铁等材质。在化工、精细陶瓷和非金属矿行业多采用刚玉陶瓷、氧化锆、玻璃等材质。从粉碎效率方面考虑，在研磨粉碎过程中，外部的能量是通过介质的冲击和挤压研磨来完成对物料粉碎的，介质的密度大小决定了这种作用的强弱。一般来说，介质的密度越大，研磨能力越强，粉碎过程的效率越高。在同样的操作条件下，搅拌磨中氧化锆、氧化铝和玻璃微珠的研磨能力相差在数倍以上。

3.4.2.3　操作因素

(1) 研磨方式　干法球磨主要应用于球磨细碎原始的颗粒物，并且物料通常表现为劈裂的破碎特征。通过筛分分级后就能可靠地分离出达到所需细度要求的颗粒，再将未达到所需细度要求的颗粒重新返回干法球磨生产工艺流程中，通常能提高干法球磨效率。与湿法球磨相比，干法球磨主要具有以下两方面的优势：①球磨工艺流程短；②工艺流程较成熟，不需昂贵的干燥工序（如喷雾干燥），只需经筛分分级后便可获得粒度分布范围窄的能直接利用的细料。但干法球磨生产工艺具有能耗高，粉料过细会黏附于球及筒体内壁上导致卸料困难等缺点；同时存在操作条件差、细尘飞扬、环境污染严重及危害操作工人的身体健康等不利因素。因此，目前陶瓷原料的球磨细碎很少采用干法球磨，几乎都是采用湿法球磨。

事实上水是最廉价的助磨剂，湿法球磨比干法球磨效率高主要是由于水的助磨作用。水之所以能助磨主要是有以下 3 个方面的原因：①陶瓷原料颗粒表面上的不饱和键与水分子之间发生可逆反应的结果，有助于陶瓷原料颗粒裂纹的生成及扩张等易于被球磨细碎；②细颗粒物料在水中处于悬浮状态，对球磨细碎的缓冲作用（过细碎作用）小，有利于物料的球磨细碎；③水能减小物料黏球（球石被待磨物料所黏附）的概率，提高了球石的研磨运动速度，缩短了物料的球磨时间。因此，湿法球磨通常应用于多种物料及添加剂的精细细磨和超精细细磨等生产过程中。

（2）吸取功率　前述的研究大都是如何提高粉碎速率和处理能力，通过缩短单位重量物料粉碎时间来达到优化目的。然而，如何在不影响磨机处理能力和产品特性条件下，降低粉磨设备的吸取功率是过程优化的一个重要方面。以球磨机为例，对功耗影响较大的操作因素主要有磨机转速、填充率和粉碎浓度。对此，列文逊、邦德、陈炳辰教授等都提出了各种理论和经验计算公式，为球磨过程优化研究提供了依据。理论公式从介质填充率和磨机转速对介质运动规律的影响，揭示了各参数与磨机吸取功率的定量关系。但由于对粉碎条件进行了某些简化及假设，并且没考虑到磨机中物料或料浆对磨机吸取功率的影响，所以只能在一定范围内适用。在实验基础上获得的经验公式考虑了较多因素，以修正系数形式出现在公式中，致使公式复杂化。

关于物料对磨机吸取功率的影响，陈炳辰教授等进行过系统实验研究。所得到结论是，干物料粉碎时物料充填在球荷空隙中，相当于增加了介质松散密度，使磨机吸取功率增加；同时加入物料又使球荷有效重心到筒体中心垂直距离缩短，使磨机扭矩减小，吸取功率下降。在转速提高时，由于物料在离心力作用下的附壁效应，使磨机负荷减小，所以料球比增加可在一定程度上降低功耗。陈炳辰教授还将料浆对磨机吸取功率的影响归结为 3 个方面：①磨机中有一定量的料浆时，料浆的浮升作用及其阻力改变了介质间相互冲击和研磨作用的强度；②料浆中固体颗粒的存在改变了介质间直接作用摩擦力；③介质空隙中充填了料浆，增加了介质松散密度，相当于增加了旋转的介质物料混合体质量。

从以上诸研究结论可知，磨机吸取功率受到多种操作因素制约，除此之外给料特性和介质制度也有间接影响。对机理复杂的粉碎过程进行过分简化后，所得适宜操作条件也只是理想化结果而已，对有交互作用的因素加以孤立，也使适宜操作条件求解缺乏全面性和系统性。

在湿法超细搅拌研磨过程中，电机传来的动力一部分消耗在介质的运动和对物料的粉碎上，另一部分消耗在浆料的流动旋涡之中。如果能适当地降低浆料的黏度，可有效地提高磨机的研磨效果和降低电机电流。

3.4.2.4　助磨剂应用于超细过程的优化

从颗粒的破坏机理来看，在超细研磨过程中微颗粒的细化过程有两种情况：颗粒受外力的冲击和挤压使内部裂纹扩展形成的体积破裂，以及颗粒表面受到研磨而形成的剥落。前者是指颗粒晶体内结合键的断裂，后者是指表面晶体的薄弱部位在剪切力的作用下形成微小晶粒从大颗粒表层的分离。

微颗粒的形成过程是晶界不断断裂和新生表面不断形成的过程，在这一过程中存在能量的转换与表面不饱和键能的积累，高表面能的累积将导致微颗粒的团聚和颗粒内部裂纹的重新闭合。在机械粉碎过程中，颗粒并不是可以无限制的磨细的。随着颗粒不断细化，其比表面积和表面能增大，颗粒与颗粒间的相互作用力增加，相互吸附、黏结的趋势增大，最后颗粒处于粉碎与聚合的可逆动态过程，颗粒表面积随能量输入的速率可用式(3-26) 表示：

$$ds/de = k(s_\infty - s) \tag{3-26}$$

式中　ds/de——粉碎能量效率；

s_∞、s——过程中颗粒的比表面积、粉碎平衡时的比表面积；

　　　k——系数，当 $s \rightarrow s_\infty$，能量效率趋于零。

为解决粉碎过程中的聚合问题，降低平衡粒度，提高粉碎效率，最有效的措施是在粉磨介质中引入表面活性剂物质，即助磨剂。任何一种有助于化学键破裂和阻止表面重新结合并防止微颗粒团聚的药剂都有助于超细粉碎过程。

根据固体断裂破坏的格林菲斯定理，脆性断裂所需的最小应力与物料的比表面能成正比，颗粒受到不同种类应力的作用，导致裂纹形成并扩展，最后被粉碎。从颗粒断裂的过程来看，助磨剂分子在新生表面的吸附可以减小裂纹扩展所需的外应力，促进裂纹扩展。在裂纹扩展的过程中，助磨剂沿颗粒表面吸附扩散，进入新生裂纹内部的助磨剂分子起到了劈裂的作用，防止裂纹的再闭合，加快粉碎过程进行。

另外，在干法粉碎过程中，助磨剂的加入改善了颗粒的表面特性，从而使粉体的流动性大大提高。在湿法粉碎过程中，助磨剂的加入可以降低黏度，改善浆料的流动性使粉碎过程能顺利进行。由于助磨剂在粉碎过程中与物料之间所发生的表面物理化学过程相当复杂，同一种助磨剂在不同矿物粉碎过程中所表现出来的效果也不同，其使用量也有所不同。选择合适的助磨剂会对整个生产过程起着决定性的作用。

研究者在对滑石进行细磨的过程中，添加六偏磷酸钠作为助磨剂，试验结果表明：六偏磷酸钠主要通过电离产生的离子以物理吸附的方式作用于滑石粉的表面，改善了滑石粉浆液的流变性（黏度）和颗粒的分散性（Zeta 电位），提高了其磨矿效率，所制备的滑石粉平均粒径为 85.6nm。为解决用振动磨进行煅烧高岭土的细磨过程中常出现磨机出料困难的问题，采用实验室的振动磨进行粉体流动度实验，通过添加不同种类和用量的助磨剂改善振动磨粉体的流动度，以改善振动磨内粉体的研磨效果。结果表明煅烧高岭土的最佳研磨时间为 40min 左右，当研磨时间超过 40min 时，产品的颗粒粒度不会变得更细；加入助磨剂后，粉体在振动磨中的流动度得到改善，同时也能使产品的细度得到有效调整。有机助磨剂对流动度的影响明显好于无机助磨剂，但助磨剂的用量必须控制在合适的范围才能使流动度达到最佳指标：有机助磨剂用量在 0.5% 时流动度最好，无机助磨剂用量在 0.1% 时流动度最好。

对粉体进行超细处理主要采用机械冲击、搅拌研磨、气流粉碎、胶体细磨、振动研磨和高压粉碎等技术。由于这些超细技术都是在相应的超细粉碎设备上进行的，故将结合多种超细粉碎设备对超细技术进行介绍。

3.4.3　机械冲击

3.4.3.1　粉碎机理

机械冲击是指围绕水平或垂直轴高速旋转的回转体（如棒、叶片、锤头等）对物料进行强烈的冲击，使物料颗粒之间或物料与粉碎部件之间产生撞击，物料颗粒因受力而粉碎的一种超细技术。实现该技术的设备称为机械冲击式超细粉碎机。该类设备粉碎物料的机理主要有以下 3 个方面：

① 多次冲击产生的能量大于物料粉碎所需要的能量，致使颗粒粉碎，这是该类设备使物料粉碎的主要机制。从这个意义上说，碰撞冲击的速度越快、时间越短，则在单位时间内施加于颗粒的粉碎能量就越大，颗粒越易粉碎。

② 处于定子与转子之间间隙处的物料被剪切，反弹至粉碎室内与后续的高速运动颗粒相撞，使粉碎过程反复进行。

③ 定子衬圈与转子端部的冲击元件之间形成强有力的高速湍流场，产生的强大压力变化可使物料受到交变应力作用而粉碎。

因此，粉碎后成品的颗粒细度和形态取决于转子的冲击速率、定子和转子之间的间隙以及被粉碎物料的性质。

按转子的布置方式，机械冲击式超细粉碎机可分为立式和卧式两大类。按照转子的冲击元件的类型又分为销棒式、锤式、摆锤式等。

3.4.3.2　机械冲击式超细粉碎机特点

机械冲击式超细粉碎机较其他磨机具有以下优点：结构简单，操作容易，易于调节粉碎产品粒度；占地面积小，单位功率粉碎能力大；设备运转费用低，可进行连续、闭路粉碎；应用范围广，适用于多数矿石的粉碎。但由于工作时转子处于高速运转状态，运转环境恶劣，高硬度物料易使转子有严重的磨粒磨损，所以不适合高硬度物料的粉碎。韧性物料对冲击功有较强的吸收能力，不易破碎，所以韧性过高的物料的粉碎也不宜采用该类磨机。此外，还有发热问题，对热敏性物质的粉碎要采取适当措施。

总之，机械冲击式超细粉碎机是一种适用性很好的超细粉碎机，结构简单，粉碎效率高，粉碎比大，适用于中、软硬度物料的粉碎，目前在无机非金属矿超细粉碎领域占有重要地位。

3.4.4　搅拌研磨

3.4.4.1　粉磨机理

搅拌研磨主要是指搅拌器搅动研磨介质产生不规则运动，从而对物料施加撞击或冲击、剪切、摩擦等作用使物料粉碎。实现该过程的设备称为搅拌式超细粉碎机，又称为搅拌磨。

搅拌磨一般是由一个静置的内填研磨介质的筒体和一个旋转搅拌器构成。筒体一般带有冷却夹套，研磨物料时，冷却夹套内可通入冷却水或其他冷却介质，以控制研磨时的升温。研磨筒内壁可根据不同研磨要求镶衬不同的材料或安装固定短轴（棒）和做成不同的形状，以增强研磨作用。搅拌器是搅拌磨最重要的部件，主要有轴棒式、圆盘式、穿孔圆盘式、圆柱式、圆环式、螺旋式等。在搅拌器的带动下，研磨介质与物料作多维循环运动和自转运动，从而在磨筒内不断地上下、左右相互置换位置产生剧烈的运动，由研磨介质重力及螺旋回转产生的挤压力对物料进行摩擦、冲击、剪切作用而粉碎。

研磨介质的直径对研磨效率和产品粒径有直接影响，通常采用平均粒径小于 6mm 的球形介质。用于超细粉碎时，一般小于 1mm。介质直径越大，产品粒径也越大，产量越高；反之，介质直径越小，产品粒度越小，产量越低。为提高粉磨效率，研磨介质的直径须大于给料粒度的 10 倍，研磨介质的粒度分布越均匀越好。此外，研磨介质的密度（材质）及硬度也直接影响研磨效果。介质密度越大，研磨时间越短。研磨介质的硬度需大于被磨物料的硬度，一般来讲，需大 3 级以上。常用的研磨介质有氧化铝、氧化锆或刚玉珠、钢球（珠）、锆珠、玻璃珠和天然砂等。研磨介质的装填量对研磨效率也有影响。通常，粒径大，装填量也大；反之亦然。一般情况下，要求研磨介质在分散器内运动时，介质的空隙率不小于 40%。

搅拌磨按搅拌器类型可分为圆盘式、臂棒式、螺旋式、叶片式、偏心环式等多种；按磨机工作形式可分为间歇式、连续式、循环式 3 种；按研磨方式可分为湿法和干法 2 种；按照结构可分为立式和卧式 2 种。

3.4.4.2　搅拌磨的评价与选择

搅拌磨和普通球磨机一样，也是依靠研磨介质对物料施以超细粉碎作用，但其机理有很大不同。搅拌磨工作时，物料颗粒受到来自研磨介质的力有研磨介质之间相互冲击产生的冲击力、研磨介质转动产生的剪切力、搅拌棒后空隙被研磨介质填入时产生的冲击力 3 种。由于研磨介质吸收了输入能，并传递给物料，所以物料容易被超细粉碎。由于它综合了动量和冲量的作用，因而能有效地进行超细粉碎，使产品粒度达到微米级。此外，能耗绝大部分直接用于搅动研磨介质，而非虚耗于转动或振动笨重的筒体，因此能耗比球磨机和振动磨都低。可以看出，搅拌磨不仅具有研磨作用，还具有搅拌和分散作用，所以它是一种兼具多功能的粉碎设备。

搅拌磨虽起步较晚，但发展迅速，特别是近十年取得了巨大进展。其具有如下优点：

① 研磨介质与球磨机一样直接作用于物料，且研磨介质尺寸小，研磨效率大大提高，适用于超细粉的生产，产品细度可细至 $1\mu m$ 以下，是取得亚微米级产品的可行设备。

② 产品细度容易调节，粒径分布均匀。

③ 高的介质填充率和高的转速使研磨时间大大缩短，能量利用率高，比普通球磨机节能一半以上。

④ 占地面积小，结构简单，操作容易，与普通球磨机比噪声小。

国内工业生产上多采用湿法磨矿，干法用得很少。原因是湿法作业可提高矿物表面的光滑性，产品形状规则。由于一般有耐磨衬里，磨矿介质使用陶瓷和玻璃球等，对产品污染少。国产的湿法搅拌磨在非金属矿物超细粉碎中得到了广泛应用，效果较好，在高岭土和方解石的超细粉碎中能实现产品中 90％ 以上的粒径小于 $2\mu m$。但湿法磨机也有固液分离、干燥成本较高等缺点，使用也有局限。湿法搅拌磨如果能减少后续脱水、干燥作业，从而简化工艺、降低成本，仍不失为一种很好的超细粉碎设备。

在立式搅拌磨和卧式搅拌磨的选择上，应注意它们的特点：

① 立式搅拌磨结构较简单，筛网和其他配件易更换，筛网不易磨损；卧式搅拌磨结构较为复杂，拆装和维修较困难，筛网磨损较快。

② 立式搅拌磨中研磨介质上、下分布不易均匀，磨筒下部研磨介质密度高，以致应力分布不均，故立式搅拌磨工作稳定性不如卧式搅拌磨，其操作参数也较卧式搅拌磨严格。

③ 由于应力分布不均，直立式搅拌磨底部研磨介质可能会被压碎。此时，须清除压碎的研磨介质和补充研磨介质，且产品纯度、细度指标下降，成本上升。

④ 立式搅拌磨研磨介质充填率低于卧式搅拌磨，若研磨介质填充率较高则难以启动。

⑤ 立式搅拌磨转速较低，功率较小，适用于最大粒度为 $15\sim20\mu m$ 的产品。卧式搅拌磨研磨介质填充率高（可在 50％～90％ 较大范围内选择），功率高，更适用于亚微米粉的生产。

⑥ 两种搅拌磨能达到相同等级的粉碎细度。

鉴于以上特点，立式搅拌磨相对于卧式搅拌磨有一定的优势，因此，国内使用的搅拌磨多为立式搅拌磨。

3.4.5　气流粉碎

3.4.5.1　粉碎原理

气流粉碎是指利用高速气流（300～500m/s）或过热蒸汽（300～400℃）喷出时形成的强烈多相紊流场，使物料通过颗粒间的相互撞击、气流对物料的冲击剪切以及物料与设备内壁的冲击、摩擦、剪切等作用而粉碎的一种超细技术。实现该技术的设备称为气流粉碎机，又称为气流磨或流能磨，是最常用的超细粉碎设备之一。

气流磨主要粉碎作用区域在喷嘴附近，而颗粒之间碰撞的频率远远高于颗粒与器壁的碰撞，因此气流磨中的粉碎作用以颗粒之间的冲击碰撞为主。气流磨的工作原理如下：将无油的压缩空气通过拉瓦尔喷管加速成亚声速或超声速气流，喷出的射流带动物料作高速运动，使物料碰撞、摩擦、剪切而粉碎。被粉碎的物料随气流至分级区进行分级，达到粒度要求的物料由收集器收集下来，未达到粒度要求的物料再返回粉碎室继续粉碎，直至达到要求的粒度并被捕集。

3.4.5.2　气流磨特点

目前工业上应用较广泛的气流磨有扁平（水平圆盘）式、循环式(跑道式)、对喷式(逆向式)、冲击式(靶式)、超音速和流化床逆向气流磨等。

气流磨与其他超细粉碎设备相比有以下特点：

① 粉碎仅依赖于气流高速运动的能量，机组无需专门的运动部件。

② 适用范围广，既可用于莫氏硬度不大于 9 的高硬度物料的超细粉碎，又可用于热敏性材料、低熔点材料及生物活性制品的粉碎。气流磨通过压缩气体形成高速气流，压缩气体在喷嘴处绝热膨胀加速，会使温度下降。粒子高速碰撞虽然会使温度升高，但由于绝热膨胀使温度降低，所以在整个粉碎过程中，物料的温度不致太高，这对于热敏性材料、低熔点材料及生物活性制品的粉碎十分重要。

③ 粉碎过程主要是粒子碰撞，几乎不污染物料，而且颗粒表面光滑、纯度高、分散性好。

④ 粉碎强度大，粉碎后颗粒的平均粒度小，一般小于 $5\mu m$。

⑤ 产品粒度分布范围窄。扁平式、对喷式、循环式气流磨，在粉碎过程中由于气流旋转离心力的作用，能使粗、细颗粒自动分级；对于其他类型的气流粉碎机也可与分级机配合使用，因此能获得粒度均匀的产品。

⑥ 在粉碎的同时，实现物料干燥、表面包覆与改性。

⑦ 自处理量大，自动化程度高，产品性能稳定。

⑧ 辅助设备多，一次性投资大。影响运行的因素多，粉碎成本较高，噪声较大，环境污染相对严重。

随着技术的不断进步，气流磨作为超细粉碎设备的潜力已充分显现出来。虽然它在超细粉碎领域的应用仍存在粉碎极限的问题，且能量利用率较低，但由于气流磨是将超细颗粒凝聚体分散在空气中，并在分散的情况下进行收集，不但具有气流超细粉碎功能，而且具有优越的分散功能。所以，气流磨在超细粉碎领域的应用前景还是很广阔的。

3.4.6 胶体细磨

实现胶体细磨粉碎技术的设备称为胶体磨或分散磨，主要部件包括固定磨体和高速旋转磨体。胶体磨工作时，物料细颗粒和液流混合成浆料，以高速进入磨机内的窄小空隙，利用液流产生的强大剪切、摩擦、冲击力使物料被粉碎、分散、混合、乳化、微粒化。胶体磨按结构分为盘式、锤式、透平式及孔口式等多种类型。其中，盘式胶体磨具有如下特点：

① 结构简单，操作维护方便，占地面积小。

② 物料的粉碎、分散、均匀混合、乳化处理同时进行。处理后的产品粒径可细至 $1\mu m$ 以下。

③ 固定盘和旋转盘之间的间隙很小，加工精度高，产品粒径均匀。

④ 通过高速固定磨体和旋转磨体之间的间隙调整成品粒度，粒度控制方便。

⑤ 应用广泛，适用于化工、涂料、染料、医药、农药、食品等行业的超细粉碎。

3.4.7 振动研磨

振动研磨是一种利用球形或棒形研磨介质在磨筒内做高频振动，产生冲击、摩擦、剪切作用而使物料粉碎的超细粉碎技术，实现该技术的设备称为振动磨。振动磨的类型很多，按振动特点可分为惯性式、偏旋式；按筒体数目可分为单筒式和多筒式；按操作方法可分为间歇式和连续式等。

振动磨内研磨介质的研磨作用有研磨介质受高频振动、研磨介质循环运动、研磨介质自转运动等，这些作用使研磨介质之间以及研磨介质与筒体内壁之间产生强烈的冲击、摩擦和剪切，在短时间内将物料研磨成细小粒子。与球磨机相比，振动磨有如下特点：

① 由于高速工作，可直接与电动机相连接，省去了减速设备，故结构简单、体积小、质量轻、占地面积小、能耗低。

② 介质填充率高（一般为 60%～80%），振动频率高（1000～1500 次/min），粉碎效率高，产量大，处理量较同容积的球磨机大 10 倍以上。

③ 产品粒度较细。筒内介质不是呈抛物线或泻落状态运动，而是通过振动、旋转与物料发生冲击、摩擦及剪切而将其粉碎及磨细。

④ 粉碎工艺灵活多样，可进行干法、湿法、间歇法和连续法粉碎。可有以下组合方式：间歇-干法粉碎、连续-干法粉碎、间歇-湿法粉碎、连续-湿法粉碎。

⑤ 粒度均匀。可通过调节振动的频率、振幅、研磨介质种类、研磨介质粒径等调节产品粒度，可进行细磨和超细磨。

⑥ 振动磨的缺点是噪声大，大规格振动磨机械对弹簧、轴承等机器零件的技术要求高。

3.4.8　高压粉碎

高压粉碎超细技术是指利用高压射流压力下跌时的穴蚀效应，使物料因高速冲击、爆裂和剪切等作用而被粉碎。高压粉碎机的工作原理是通过高压装置加压，使浆料处于高压中并发生均化，当矿浆到达细小的出口时，便以每秒数百米的线速度挤出，喷射在特制的靶体上。由于矿浆挤出时的互相摩擦剪切力，加上浆体挤出后压力突然降低所产生的穴蚀效应以及矿浆喷射在特制的靶体上所产生的强大冲击力，使得物料沿层间解离或缺陷处爆裂，从而达到超细粉碎的目的。

3.5　超细粉碎工艺

固体材料在机械力作用下由块状物料变为粒状或由粒状变为粉状的过程均属粉碎范畴。由于物料的性质以及要求的粉碎细度不同，粉碎的方式也不同。按施加外力作用方式的不同，物料粉碎一般通过挤压、冲击、磨削和劈裂几种方式进行，各种粉碎设备的工作原理也多以这几种原理为主。按粉碎过程所处的环境可分为干法粉碎和湿法粉碎；按粉碎工艺可分为开路粉碎和闭路粉碎；按粉碎产品细度又可分为一般细度粉碎和超细粉碎。

3.5.1　粉碎方式

3.5.1.1　粉碎方式分类

如图 3-10 所示，常用的粉碎方式有挤压粉碎、冲击粉碎、摩擦剪切粉碎和劈裂粉碎等。

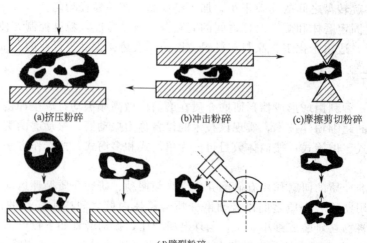

(a)挤压粉碎　　(b)冲击粉碎　　(c)摩擦剪切粉碎

(d)劈裂粉碎

图 3-10　常用粉碎方式

（1）挤压粉碎 挤压粉碎是粉碎设备的工作部件对物料施加挤压作用，物料在压力作用下发生粉碎。挤压磨、颚式破碎机等均属此类粉碎设备。

物料在两个工作面之间受到相对缓慢的压力而被破碎，因为压力作用较缓慢和均匀，故物料粉碎过程较均匀。这种方法通常用于物料的粗碎，当然，近年来发展的细颚式破碎机也可将物料破碎至几毫米以下。另外，挤压磨出物料有时会呈现片状粉料，故常作为细粉磨前的预粉碎设备。

（2）挤压-剪切粉碎 这是挤压和剪切两种基本粉碎方法相结合的粉碎方式，雷蒙磨及各种立式磨通常采用挤压-剪切粉碎方式。

（3）冲击粉碎 冲击粉碎包括高速运动的粉碎体对被粉碎物料的冲击和高速运动的物料向固定壁或靶的冲击，反击式及气流粉碎机都是采用这种粉碎方式。

这种粉碎过程可在较短时间内发生多次冲击碰撞，每次冲击碰撞的时间是在瞬间完成的，所以粉碎体与被粉碎物料的动量交换非常迅速。

（4）研磨、磨削粉碎 研磨和磨削本质上均属摩擦剪切粉碎，包括研磨介质对物料的粉碎和物料间相互的摩擦作用。振动磨、搅拌磨以及球磨机的细磨仓等都是以此为主要原理的。

与施加强大粉碎力的挤压和冲击粉碎不同，研磨和磨削是靠研磨介质对物料颗粒表面的不断磨蚀而实现粉碎的。因此，有必要考虑以下几点：

① 研磨介质的物理性质 相对于被粉碎物料而言，研磨介质应有较高的硬度和耐磨性。实践证明，细粉碎和超细粉碎时，研磨介质密度对研磨效果的影响减弱，而硬度对研磨效果的影响增强。用同是直径为 5mm 的钢球和氧化铝球在 $\phi250mm\times300mm$ 球磨中进行的矿渣（粒度小于 0.15mm）细粉磨试验结果表明，在同一工作参数条件下，后者的粉磨效果优于前者。一般情况下，介质的莫氏硬度最好比物料大 3 以上。常用的研磨介质有天然砂、玻璃珠、氧化铝球、氧化锆球和钢球等，表 3-7 列出了搅拌磨常用的研磨介质的密度和直径。

表 3-7 搅拌磨常用的研磨介质的密度和直径

研磨介质	密度/(g/cm³)	直径/cm	研磨介质	密度/(g/cm³)	直径/cm
玻璃（含铅）	2.5	0.3～3.5	锆砂	3.8	0.3～1.5
玻璃（不含铅）	2.9	0.3～3.5	氧化锆	5.4	0.5～3.5
氧化铝	3.4	0.3～3.5	钢球	7.6	0.2～1.5

② 研磨介质的填充率、尺寸及形状 如果研磨介质的填充率、尺寸及级配选择不当，即使磨机的其他工作条件再好也难以达到高的工作效率。生产中应根据物料的性质、给料和粉磨产品的粒度以及其他工作条件来确定与调整上述参数。研磨介质的填充率是指介质的表观体积与磨机的有效容积之比。理论上讲介质的填充率应以其最大限度地与物料接触而又能避免自身的相互无功碰撞为佳，它与物料的粒度、密度和介质的运动特点有关，如振动磨中介质作同时具有水平振动和垂直振动的圆形振动，球磨机中的介质作泻落状态的往复运动；搅拌磨中介质在搅拌子的搅动下作不规则的三维运动。振动磨中介质的填充率一般为 50%～70%，球磨机为 30%～40%，搅拌磨为 40%～60%。研磨介质的尺寸研究多是针对球磨机进行一般细度粉磨情形，生产实践证明，进行超细粉磨的球磨机细磨仓的研磨介质尺寸一般应小于 15mm，且应有 2～3 级的配合，振动磨在 10～15mm，搅拌磨用于超细粉碎时介质尺寸一般小于 1mm。研磨介质多为球形，也有柱状、棒状及椭球状等，有人将除球形外的其他形状的研磨体称为异形研磨体。与同质量的球形介质相比，异形研磨介质的比表面积大。另外，它们与物料的接触又是线接触或面接触，故摩擦研磨效率高，这在球磨机和振动磨机中已有不少应用，其中以介质泻落状态运动的球磨机细磨仓中异形介质的效果尤其明显。

但在搅拌磨中，介质是靠搅拌子的搅动产生运动的，异形介质易发生紊乱，且与搅拌件的摩擦增大，不利于减小粉碎电耗。所以，搅拌磨中一般使用球形研磨介质。

③ 研磨介质的黏糊 干法粉磨时，超细粉体极易黏糊于研磨介质表面，俗称"黏球"或"糊球"现象，因而使之失去应有的研磨作用。为了避免这种现象的发生，通常采用减小物料水分、加强磨内通风及加入助磨剂等措施。

3.5.1.2 粉碎模型

拉姆勒等认为，粉碎产物的粒度分布具有双成分性（严格地讲是多成分性），即合格的细粉和不合格的粗粉。根据这种双成分性可以推论，颗粒的破坏与粉碎并非一种破坏形式所致，而是由两种或两种以上破坏作用所共同构成的。Huting 等提出了以下 3 种粉碎模型，如图 3-11 所示。

（1）体积粉碎模型 整个颗粒均受到破坏，粉碎后生成物多为粒度大的中间颗粒。随着粉碎过程的进行，这些中间颗粒逐渐被粉碎成细粉。冲击粉碎和挤压粉碎与此模型较为接近。

（2）表面粉碎模型 在粉碎的某一时刻，仅是颗粒的表面产生破坏，被磨削下微粉成分，这一破坏作用基本不涉及颗粒内部。这种情形是典型的研磨和磨削粉碎方式。

（3）均一粉碎模型 施加于颗粒的作用力使颗粒产生均匀的分散性破坏，直接粉碎成微粉成分。

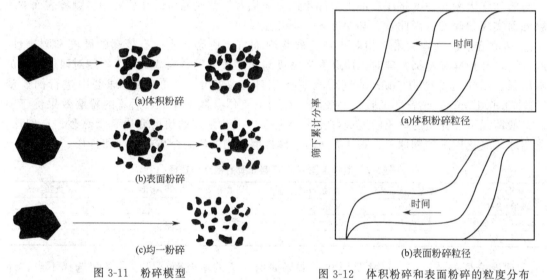

图 3-11 粉碎模型　　　　图 3-12 体积粉碎和表面粉碎的粒度分布

上述 3 种模型中，均一粉碎模型仅符合结合极其不紧密的颗粒集合体（如药片等）的特殊粉碎情形，一般情况下可不考虑这一模型。实际粉碎过程往往是前两种粉碎模型的综合，前者构成过渡成分，后者形成稳定成分。

体积粉碎与表面粉碎所得的粉碎产物的粒度分布有所不同，如图 3-12 所示。体积粉碎后的粒度较窄、较集中，但细颗粒比例较小；表面粉碎后细粉较多，但粒度分布范围较宽，即粗颗粒也较多。

应该说明，冲击粉碎未必能造成体积粉碎，因为当冲击力较小时，仅能导致颗粒表面的局部粉碎；而表面粉碎伴随的压缩作用力如果足够大时也可产生体积粉碎，如辊压磨、雷蒙磨等。

3.5.1.3 混合粉碎和选择性粉碎

当几种不同的物料在同一粉碎设备中进行同一粉碎过程时，由于各种物料的相互影响，较单一物料的粉碎情形更复杂一些。

目前，对多种物料混合粉碎过程中各种物料是否有影响以及如何影响的看法尚存在分歧。一种看法是物料混合粉碎时无相互影响，认为无论是单独粉碎还是混合粉碎，混合物料中每一组分的粒度分布本质上都遵循同样的舒曼粒度特性分布函数。另一种看法是各种物料存在相互影响，但关于影响的结果却有两种不同的观点。

　　有人认为，混合粉碎中物料之间普遍存在着相互影响。其中，硬质物料对软质物料具有"屏蔽"作用，因而使软质物料受到保护，从而使其粉碎速度减缓；反过来，软质物料对硬质物料具有"催化"作用，因而使其粉碎速度加快。由于这两种反向影响，使得软硬不同的物料的易磨性趋于一致。对"屏蔽"作用的解释如图 3-13 所示。两个钢球相碰时可产生冲击力及磨削力，这些力使物料碎裂。当两个钢球接触时，从几何学上讲，只能是点接触。如果软质物料位于接触点处，因直接受到破碎力作用而被粉碎，但如果此时周围还存在硬质物料，虽然并不直接位于接触点上，然而只要软质物料粒度稍有减小，其周围的硬质物料就可阻碍钢球的进一步接触，也就阻碍了软质物料的进一步粉碎。从这个意义上讲，硬质物料对软质物料的粉碎起到了屏蔽作用，其结果是软质物料的粉碎速度减缓，其粗粒级产率比单独粉碎时高，而细粒级产率则比单独粉碎时低。

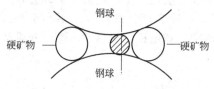

图 3-13　"屏蔽"作用示意图

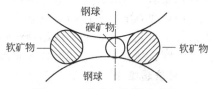

图 3-14　"催化"作用示意图

　　软质物料对硬质物料的"催化"作用如图 3-14 所示。如果钢球的接触点上存在的是硬质物料，周围是软质物料且不在接触点上，当硬质物料受到粉碎作用粒度减小时，周围软质物料对钢球粉碎作用的阻碍仍小于硬质物料颗粒，因此接触点上硬质物料所受的粉碎作用将大于周围的软质物料。换言之，软质物料的混杂使硬质物料的粉碎速度加快，这种作用称为软质物料对硬质物料的催化作用，其结果是硬质物料粗粒级产率低于其单独粉碎情形，而细粒级产率高于其单独粉碎情形。

　　上述观点的依据模型是研磨介质之间的单颗粒层情形，且未考虑作用力在颗粒之间的传递作用。实际上，在粉碎或粉磨过程中，粉碎（磨）介质之间的物料往往是多颗粒层，介质对物料的作用力可通过颗粒之间的传递而未必直接与颗粒接触即可使之发生粉碎。易碎的物料混合粉碎时比其单独粉碎时来得细，难碎物料比其单独粉碎时来得粗是普遍现象。在以挤压粉碎和磨削粉碎为主要原理的粉碎情形（如辊压磨、振动磨和球磨）时，这种现象更为明显。将在多种物料共同粉碎时某种物料比其他物料优先粉碎的现象称为选择性粉碎。

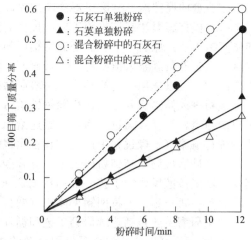

图 3-15　混合粉碎与单独粉碎的比较

　　例如，将莫氏硬度分别为 7 和 2.5 的石英和石灰石在球磨机中共同粉碎一定时间后的细度与其各自单独粉碎时细度的比较如图 3-15 所示。如图 3-15 中曲线所示的实验结果证实了上述结论。之所以出现这种现象，至少有以下两方面的原因：

　　① 颗粒层受到粉碎介质的作用力即使尚不足以使强度高的物料颗粒碎裂，但其大部分（其中一部分作用能量消耗于直接受力颗粒的裂纹扩展）会通过该颗粒传递至位于力的作用方向上与之相邻的强度低的颗粒上，该作用力足以使之发生粉碎。从这个意义上讲，硬质颗粒对

软质颗粒起到了催化作用。

②　当两种硬度不同的颗粒相互接触并作相对运动时，硬度大者会对硬度小者产生表面剪切或磨削作用，软质颗粒在接触面上会被硬质颗粒磨削而形成若干细颗粒。此时，硬质颗粒对软质颗粒起着研磨介质的作用。上述两种作用的结果导致了软质物料在混合粉碎时的细颗粒产率比其单独粉碎时高，而硬质物料则相反。

3.5.2　粉碎工艺

在粉碎工艺上，超细粉碎工艺可分为干法（一段或多段）粉碎、湿法（一段或多段）粉碎、干湿组合式 3 种。下面重点讲述干法和湿法粉碎工艺。

3.5.2.1　干法超细粉碎工艺

干法超细粉碎工艺是一种被广泛应用的硬脆性物料的超细粉碎工艺。操作简便、容易控制、投资成本低、运转费用低等是干法超细粉碎工艺的主要特点。

在目前技术经济条件下，对于前段不设置湿法提纯和湿法加工工序或后续不设置湿法加工工序的物料，如方解石、滑石、硅灰石等的超细粉碎，一般当产品细度 d_{97} 不小于 $5\mu m$ 时，采用干法加工工艺。典型的干法超细粉碎工艺包括气流磨、球磨机、机械冲击磨、介质磨（球磨机、振动磨、搅拌磨、塔式磨）等超细粉碎工艺。

3.5.2.2　湿法超细粉碎工艺

与干法超细粉碎工艺相比，由于水本身具有一定的助磨作用，加之湿法粉碎时粉料容易分散，而且水的密度比空气的密度大有利于精细分级，因此湿法超细粉碎工艺具有粉碎作业效率高、产品粒度细、粒度分布窄等特点。因此，一般生产 d_{97} 小于 $5\mu m$ 的超细粉体产品，特别是最终产品可以滤饼或浆料销售时，优先采用湿法超细粉碎工艺。但用湿法工艺生产干粉产品时，需要后续脱水设备（过滤和干燥），而且由于干燥后容易形成团聚颗粒，有时还要在干燥后进行解聚，因此配套设备较多，工艺较复杂。

目前工业上常用的湿法超细粉碎工艺是搅拌磨、砂磨机、振动磨和球磨等工艺。以下主要介绍较典型的搅拌磨、砂磨机湿法超细粉碎工艺。

（1）搅拌磨湿法超细粉碎工艺　搅拌磨湿法超细粉碎工艺主要由湿法搅拌磨及其相应的泵和储浆罐组成。原料（干粉）经调浆桶添加水和分散剂调成一定浓度或固液比的浆料后给入储浆罐，通过储浆罐泵入搅拌磨中进行研磨。研磨段数依据给料粒度和对产品细度的要求而定。在实际中，可以选用一台搅拌磨（一段研磨），也可以采用两台或多台搅拌磨串联研磨。研磨后的浆料进入储浆罐并经磁选机除去铁质污染及含铁杂质后进行浓缩。如果该生产线建在靠近用户的地点，可直接通过管道或料罐送给用户；如果较远，则将浓缩后的浆料进行干燥脱水，然后进行解聚（干燥过程中产生的颗粒团聚体）和包装。

（2）砂磨机湿法超细粉碎工艺　立式砂磨机的超细粉碎工艺配置和工艺影响因素与搅拌磨相似。卧式砂磨机研磨工艺一般包括配浆→分散（前处理）→研磨→筛析等。串联的卧式砂磨机可分为一机一罐、一机两罐、多机（两台以上砂磨机）的超细研磨工艺。

超细研磨工艺包括连续研磨工艺和循环研磨工艺。

①　连续研磨工艺的加料泵将预分散的物料送入砂磨机，研磨筒内装有研磨介质。磨细后的物料经动态分离器排出。视产品细度要求不同，可以采用单台连续或多台串联研磨工艺。

②　循环研磨工艺的加料泵将预分散的物料送入砂磨机，研磨后的物料经动态分离器分离后又返回物料循环筒，进行多次循环研磨。循环时间或次数视最终产品细度而定。该工艺适用于对产品细度要求高的情况。

3.5.3　超细粉碎单元作业

目前工业上采用的超细粉碎单元作业（即一段超细粉碎）有以下几种。

（1）开路流程　如图 3-16（a）所示，一般扁平或盘式、循环管式等气流磨因具有自行分级功能，常采用这种开路工艺流程。另外，间歇式超细粉碎也常采用这种流程。这种工艺流程的优点是工艺简单。但是，对于不具备自行分级的超细粉碎机，由于这种工艺流程中没有设置分级机，不能及时地分开合格的超细粉体产品，因此一般产品的粒度分布范围较宽。

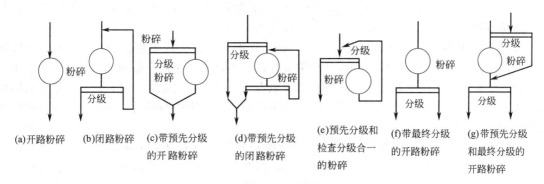

图 3-16　超细粉碎工艺流程

（2）闭路流程　如图 3-16（b）所示，其特点是分级机与超细粉碎机构成超细粉碎-精细分级闭路系统。一般球磨机、搅拌机、高速机械冲击磨、振动磨等的连续粉碎作业常采用这种工艺流程。其优点是能及时地分开合格的超细粉体产品，因此，可以减轻微细颗粒的团聚和提高超细粉碎作业效率。

（3）带预先分级的开路流程　如图 3-16（c）所示，其特点是物料在进入超细粉碎机之前先经分级，细粒级物料直接作为超细粉体产品，粗粒级物料再进入超细粉碎机粉碎。当给料中含有较多的合格粒级超细粉体时，采用这种工艺流程可以减轻粉碎机的负荷，降低单位超细粉体产品的能耗，提高作业效率。

（4）带预先分级的闭路流程　如图 3-16（d）所示，这种工艺流程实质是如图 3-16（b）和图 3-16（c）所示两种工艺流程的组合。这种组合作业不仅有助于提高粉碎效率和降低单位产品能耗，还可以控制产品的粒度分布。这种工艺流程还可简化为只设一台分级机，即将预先分级和检查分级合并用同一台分级机［图 3-16（e）］。

（5）带最终分级的开路流程　如图 3-16（f）所示，这种粉碎工艺流程的特点是可以在粉碎机后设置一台或多台分级机，从而得到两种以上不同细度和粒度分布的产品。

（6）带预先分级和最终分级的开路流程　如图 3-16（g）所示，这种工艺流程实质是如图 3-16（c）和图 3-16（f）所示两种工艺流程的组合。这种组合作业不仅可以预先分离出部分合格细粒级产品，以减轻粉碎机的负荷，而且后设的最终分级设备可以得到两种以上不同细度和粒度分布的产品。

粉碎的段数主要取决于原料的粒度和要求的产品细度。对于粒度比较粗的原料，可采用先进行细粉碎或细磨再进行超细粉碎的工艺流程，一般可将原料粉碎到 200 目或 325 目后再采用一段超细粉碎工艺流程；对于产品粒度要求很细又易于团聚的物料，为提高作业效率，可采用多段串联的超细粉碎工艺流程。但是，一般来说，粉碎段数越多，工艺流程也就越复杂，工程投资也就越大。

3.6　超细分级技术

所谓分级，是根据不同粒度和形状的微细颗粒在介质（如空气或水中）所受的重力和介质阻力不同、具有不同的沉降末速来进行的。分级是超细粉碎过程中不可或缺的一个组成部分，对于提高超细粉碎效率和得到合格产品是很关键的。原因有以下几个方面。

① 在超细粉碎过程中，随粉碎时间延长，物料粒度越来越细，但同时由于颗粒表面积急剧增大，在表面能的作用下，微粒之间趋于团聚，至一定细度时，聚结与粉碎达到动态平衡，即所谓的粉碎极限，即使再延长时间，也不能使物料进一步粉碎。这一现象的存在使粉碎效率下降，能耗增加。为此，需要设置超细分级装置使合格细粉及时分离出来，以免过粉碎。另外，细粉团聚结成的二次粒子较结实，有时也需去除。

② 有些产品对成品粒度或级配要求很严格，比如墨粉、高级磨料、颜料或填料、高级陶瓷等，此时需要对超细粉碎后的产品进行精细分级，其目的是保证产品细度和级配达到要求。

在生产粗粉或生产粒径分布窄的细粉时，也需进行分级。粗粉生产时，微粉的存在会降低粉碎效率，所以应采用分级机把微粉去除；在生产粒径分布窄的细粉时，需采用精密分级装置把粗粉和微粉去除。

普通粉体的分级通常采用筛分法。但最细的筛网孔径只有 $20\mu m$ 左右（即 600 目左右），再加上实际筛分过程中粉体对筛孔有堵塞作用，因此，实际生产中用筛网分级时，粉粒粒径小于 $45\mu m$ 的就难以分级，即超细粉体的分级无法用筛分法进行。目前针对超细粉体的分级方法主要有重力场分级、离心力场分级、惯性力场分级、电场力分级、磁场力分级、热梯度力场分级以及色谱分级等。在选择分级方法时，必须根据超细粉体的不同特性，利用合适的力场加以分级。

3.6.1 基本概念

在讨论和评判粉体分级技术时，经常会遇到"分级效率""分级精度""分级粒径"及"分级极限"等基本概念。以下将对这些基本概念进行定义和解释。

3.6.1.1 分级效率

分级效率是评判一种分级方法优劣的重要指标，在工业化应用中，这一指标十分重要。对于某一分级方法，即使分级出的产品分布范围很窄，但分级效率很低，在工业化生产中仍无实际应用价值。

分级效率通常有总分级效率、部分分级效率、牛顿分级效率、理查德分级效率和粒级效率曲线等几种表示方法。

（1）总分级效率 η　总分级效率 η 是指分级出的产品的总质量占待分级粉体的质量分数，可用式（3-27）表示：

$$\eta = \frac{m}{m_0} \tag{3-27}$$

式中　m——分级出的产品质量；

　　　m_0——待分级粉体的总质量。

（2）部分分级效率 $\eta(d_i)$　部分分级效率 $\eta(d_i)$ 是指分级出的产品中粒径为 d_i 的颗粒的质量占待分级粉体中粒径为 d_i 的颗粒的质量分数。部分分级效率 $\eta(d_i)$ 可用式（3-28）表示：

$$\eta(d_i) = \frac{m(d_i)}{m_0(d_i)} \tag{3-28}$$

式中　$m(d_i)$——分级出的产品中粒径为 d_i 的颗粒的含量；

　　　$m_0(d_i)$——待分级粉体中粒径为 d_i 的颗粒的含量。

如图 3-17（a）所示，曲线 a、b 分别为原始粉体和分级后粗粉部分的频率分布曲线。设任一粒度区间 d 和 $d+\Delta d$ 之间的原始粉体和粗粉的质量分别为 w_a 和 w_b，以粒度为横坐标，以 $(w_b/w_a)\times 100\%$ 为纵坐标，可绘出如图 3-17（b）所示的曲线 c，该曲线称为部分分级效率曲线。部分分级效率曲线也可用细粉相应的频率分布数据绘制，如图 3-17（b）中的虚线所示。

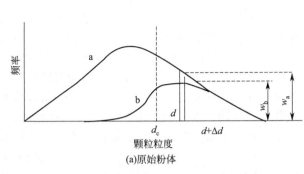
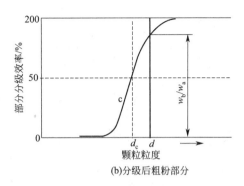

图 3-17　部分分级效率曲线

a—原始粉体的频率分布曲线；b—分级后粗粉部分的频率分布曲线；c—部分分级效率曲线

（3）牛顿分级效率（η_N）　牛顿分级效率又称综合分级效率，其综合考察合格细颗粒的收集程度和不合格粗颗粒的分级程度，在实际应用中经常采用，是一种最经典的分级效率表示方法。其计算公式如下：

$$\eta_N = \frac{细粒级部分中含有的粗颗粒量}{原料中实有的粗颗粒量} - \frac{粗粒级部分中含有的细颗粒量}{原料中实有的细颗粒量} \qquad (3-29)$$

设 Q 代表被分级的原料总量；Q_1 代表原料中粗颗粒量；Q_2 代表原料中细颗粒量；m、n、p 分别代表原料、粗粒级部分和细粒级部分中实有的粗粒级物料的百分含量，则有 $Q = Q_1 + Q_2$，$Q_m = Q_{1n} + Q_{2p}$，将此式代入牛顿分级效率公式并整理得

$$\eta_N = \frac{(m-p)(n-m)}{m(1-m)(n-p)} \qquad (3-30)$$

（4）理查德分级效率　理查德分级效率（η_R）也是较早被采用的一种分级效率计算方法，计算公式如下：

$$\begin{aligned}\eta_R &= 粗粒产物中的粗粒回收率 \times 细粒产物中的细粒回收率 \\ &= \frac{粗粒产物中的粗粒量}{原料中的粗粒量} \times \frac{细粒产物中的细粒量}{原料中的细粒量}\end{aligned} \qquad (3-31)$$

3.6.1.2　分级精度

分级精度 S 通常定义为部分分级效率为 75% 和 25% 的粒径 d_{75} 和 d_{25} 的比值，表示式为

$$S = \frac{d_{25}}{d_{75}} \qquad (3-32)$$

式中　d_{25}——产品中颗粒累积质量分数为 25% 时的颗粒粒径；

$\quad\quad\ d_{75}$——产品中颗粒累积质量分数为 75% 时的颗粒粒径。

当粒度分布范围较宽时，分级精度可用 $S = d_{100}/d_{10}$ 表示。对于理想分级，$S=1$。实际分级中，通常 S 值越大表明分级精度越高。

3.6.1.3　分级粒径

分级粒径有时又称切割粒径或中位分离点，它是评判某一分级设备技术性能的一个很重要的指标，也是实际生产中设备选型的一个重要依据。

在图 3-18 中，曲线 1 为理想分级曲线，曲线 2、3 为实际分级曲线。曲线 1 在粒径为 d_c 处发生跳跃突变，表明分级后粗粉中全部为 $d > d_c$ 的粗颗粒，无 $d < d_c$ 的细颗粒存在；而细粉中全部为 $d < d_c$ 的细颗粒，无 $d > d_c$ 的粗颗粒存在。这种情况如同将原有粉体从粒径 d_c 处切割分开一样，所以称为切割粒径。通常，将部分分级效率为 50% 的粒径 d_c 称为切割粒径。

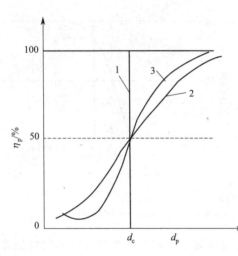

图 3-18 部分分级效率曲线

3.6.1.4 分级极限

分级极限在粉体分级技术的讨论及生产中经常遇到。众所周知，不同的分级设备有不同的分级极限，但如何定义分级极限，在粉体界的理解及说法不一。在有些文章中，将分级极限与分离极限经常互用，这在一些特定情况是可行的，而在某些情况则是不妥当的。在工程上通常理解为，分级极限是指某一特定设备对粉体进行分级时，实际所能获得的最小粒度限度。因此，在工程上往往将它与分级设备所能达到的最小分级粒径相联系，有时甚至互用。

3.6.1.5 分级效果的综合评价

判断分级设备的分级效果须从上述几个方面综合判断。譬如，当 η_N、S 相同时，d_{50} 越小，分级效果越好；当 η_N、d_{50} 相同时，S 值越小，即部分分级效率曲线越陡，分级效果越好。如果分级产品按粒度分为两级以上，则在考察牛顿分级效率的同时，还应分别考察各级别的分级效率。

3.6.2 重力分级

假设该重力场是按层流状态进行，并假设超细固体颗粒呈球形，在介质中自由沉降。此时，沉降速度逐渐增大，与此同时所受到的阻力也增大，沉降加速度逐渐减小。当所受阻力等于颗粒的重力时，沉降加速度为零，沉降速度保持恒定，该速度称为颗粒的沉降末速。

按重力场分级理论有

$$V_0 = \frac{\delta - \rho}{18\eta} g d^2 \tag{3-33}$$

式中 V_0——颗粒沉降末速；

δ——颗粒密度；

ρ——介质密度；

g——重力加速度；

η——介质黏度；

d——颗粒直径。

当介质和物料确定时，δ、ρ、η 即为定值，沉降末速只与颗粒的直径大小有关。根据这种差异可对不同直径的颗粒进行分级。对于超细颗粒，其沉降过程与自由沉降有所不同，沉降过程中往往受到较多干扰，属干涉沉降，其沉降末速往往较自由沉降时小，式 (3-33) 需进行修正方可使用。

从技术的角度来看，超细颗粒极细，粒径差异极小，所以其沉降末速之差极小。因此，单纯的重力场分级很难达到很好的效果，必须借助其他力场才能达到较好的分级效果。例如，采用离心力场或将两种力场结合，分级效果较好。

重力场分级方法只能用来对粒径较大的粉体进行分级，对于粒径极细的超细粉体，采用这种方法很难达到满意的分级效果，因此很少采用。

3.6.3 离心力分级

相对于重力场分级，离心力场分级方法产生的离心加速度相当于重力加速度的几十倍乃至几百倍。对于浓悬浮液中的超细颗粒，在离心力场作用下，其离心沉降速度按式（3-34）计算：

$$V_0 = (1-\lambda)^{5.5} \frac{d_c^2 j g}{18\eta} (\delta - \rho)$$

（3-34）

式中　V_0——离心力场沉降末速；

λ——悬浮液中固相颗粒的容积浓度；

d_c——颗粒的当量球体直径，若颗粒为非球形，直径为 d，则 $d_c = (0.7 - 0.8)d$；

j——分离因子；

g——重力加速度；

η——悬浮液黏度；

δ——颗粒密度；

ρ——介质密度。

可见，当颗粒、悬浮液等条件均确定时，提高离心沉降速度的关键是提高分离因子 j。

3.6.4　惯性力分级

颗粒运动时具有一定的动能，运动速度相同时，质量大者其动能也大，即运动惯性大。当它们受到改变其运动方向的作用力时，由于惯性的不同会形成不同的运动轨迹，从而实现大小颗粒的分级。图 3-19 所示为一实用惯性分级机的分级原理图。通过导入二次控制气流可使大小不同的颗粒沿各自的运动轨迹进行偏转运动。大颗粒基本保持入射运动方向，粒径小的颗粒则改变其初始运动方向，最后从相应的出口进入收集装置。该分级机二次控制气流的入射方向和入射速度以及各出口通道的压力可灵活调节，因而可在较大范围内调节分级粒径。另外，控制气流还可起一定的清洗作用。目前，这种分级机的分级粒径已能达到 $1\mu m$，若能有效避免颗粒团聚和分级室内涡流的存在，分级粒径可望达到亚微米级别，分级精度和分级效率也会明显提高。主气流的喷射速度、气流的入射初速度、入射角

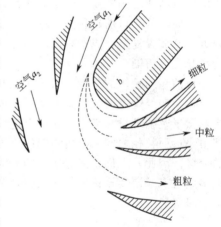

图 3-19　惯性分级原理示意图

度、各出口支路的位置与引风量对分级粒径及分级精度都具有重要影响。

3.6.5　电场力分级

电场力分级是利用静电场力对大小不同的带电超细粒子具有不同的吸引力或排斥力，从而可使大小不同的超细粒子在特定的装置中进行分级处理。静电场分级分为干法分级和湿法分级两种。干法分级通常是以空气为介质，湿法分级通常是以水为介质。

3.6.5.1　静电场干法分级

静电场干法分级原理及过程是：首先将超细粉体与空气混合形成气溶胶，然后将该气溶胶送入荷电区，使其带上正（或负）电，再将其送进分级区。分级区中心为一金属管，并带大小可调的负电。带电的气溶胶和金属管间用干净空气隔开，在一定大小的负电作用下，较小颗粒可被吸到金属管壁上，较大颗粒则随气流流出，因而达到了大小不同颗粒被分级的目的。然而此方法一般只适于实验室使用，且电压要求较高。

3.6.5.2　静电场湿法分级

静电场湿法分级是近年来南京理工大学超细粉体中心开发出的一种新型分级方法。其原理是基于胶体中的固体颗粒在电场的作用下能发生迁移（又称为电泳）。经研究发现，在某一特

定条件下，胶体中的固体颗粒在电场作用下，其运动速度与颗粒大小有关。因此，利用这一特点可以对固体超细颗粒进行分级处理。

静电场湿法分级过程是：首先将被分级的超细颗粒与水制成合适的、均匀的胶体，然后将该胶体缓慢连续地输入分级池中，在静电场力的作用下，大小不同的颗粒分别从分级池不同出口排出，从而达到分级的目的。

3.6.6　超临界分级

超临界分级方法是近来根据气体的超临界现象提出的。其原理是利用超临界条件下的二氧化碳作为介质对物料颗粒进行分级。在超临界条件下，二氧化碳的存在形式介于气液两种状态之间。它既有气态的低黏度和高分散性，又有液态的流动性。二氧化碳是直链型分子，分子间只有范德华力。因此，在粒子的运动过程中，二氧化碳分子对粒子的黏滞力极小。如在超临界条件下，采用离心力场对超细粉体进行分级，那么只要在低速下，就可对不同粒径的粒子进行有效分级。

由于在超临界条件下二氧化碳是一种强溶剂，几乎所有的有机物质都可被它溶解。因此，该法只能用于无机粉体的分级处理。该法的优点是：分级的后处理工作量少，粒子便于收集，并可获得高纯度的产品，而且分散性好，这是其他分级方法所无法比拟的。

然而，该法目前在我国无法工业化推广应用。其原因是：要使二氧化碳处于临界状态下的分级，其装置复杂，成本较高；另外，我国目前二氧化碳的纯度较差，采用该方法分级时，会给产品带来污染。

目前超细粉体的分级方法大多是基于重力场与离心力场的原理来进行分级。长期的研究及工业化生产经验表明，对于微米材料来说，采用上述力场是可以达到较理想的分级效果，而对于亚微米及纳米材料来说，采用上述力场是不能实现较理想的分级要求的。其原因是由于粒径都很小，而粒径之间的差所引起的重力及离心力的差也很小，因而无法实现大小不同粒径粒子的分级。因此，人们正在寻求新的分级原理与方法来实现对这类超细微材料的分级。目前研究较多，且有一定实用价值的分级原理有微孔隙分级及膜分级、磁场力分级、热力场分级以及色谱分级等。

3.7　超细粉体的分散

3.7.1　概述

超细粉体粒度小、质量均匀、缺陷少，与常规粉体材料相比具有良好的表面效应和体积效应，同时具有一系列优异的电性、磁性、光学性能以及力学和化学等宏观特性。因此，超细粉体技术已成为化工材料、金属和非金属材料、矿物深加工和矿物材料以及电子、医药等现代工业和高技术新材料的重要发展趋势。但同时由于超细粉体具有极大的比表面积和表面能，在制备和后处理过程中容易发生粒子凝聚、团聚，形成二次粒子，使粒子粒径变大，在最终使用时失去超细颗粒所具备的优异性能，因此如何解决超细粒子的团聚问题无疑是超细粉体性能持续稳定发展的关键。

造成超细颗粒团聚的因素很多，归纳起来主要包括：①超细颗粒表面积累了大量的正电荷或负电荷，由于静电吸引作用而导致团聚；②超细颗粒的表面积大，表面能高，处于能量不稳定状态，易自发团聚达到稳定状态；③超细颗粒间的距离极短，范德华力的大小与分子间距的7次方成反比，使相互间的范德华力远大于颗粒的重力，因此往往相互吸引而团聚；④超细颗粒间氢键、化学键的作用也易使粒子相互吸附发生团聚。其中前3个因素产生的是软团聚，是可逆的，可通过一些化学作用或施加机械能的方法使其大部分消除；最后一个因素产生的是硬团聚，是不可逆的，靠一般外力很难消除，因此在制备和后处理时就要采取措施，防止其团聚。

超细粉体的分散受粉体与分散介质的作用和颗粒间的相互作用两种基本作用支配，其中粉体与分散介质之间的相互作用尤为重要。悬浮态是工业生产粉体的一种主要存在状态，它包括：固体颗粒在气相中悬浮、固体颗粒在液相中悬浮、液体颗粒在液相中悬浮（不互溶）和液体颗粒在气相中悬浮。以下着重讨论固体颗粒在空气中的分散和固体颗粒在液体中的分散。

3.7.2　固体颗粒在空气中的分散

超细粉体在空气中极易团聚，这势必会影响粉体加工过程中涉及的分级、混匀、储运、粒度测定及实际使用效果。空气中超细粉体主要有 3 种存在状态：①原级颗粒；②硬团聚颗粒（是由于颗粒间的范德华力、库仑力及化学键合的作用等引起的）；③软团聚颗粒（是由于颗粒间的范德华力和库仑力引起的）。

硬团聚和软团聚在粉体颗粒间普遍存在，其中软团聚可以通过一般的化学作用或机械作用来消除。而硬团聚由于颗粒间结合紧密，要想得到理想的分散效果，必须采用大功率的超声波或球磨法等机械方式来解聚。

3.7.2.1　颗粒间作用力

一般而言，颗粒在空气中具有强烈的团聚倾向，团聚的基本原因是颗粒间存在着表面力，主要指范德华力、静电力和液桥力。

① 范德华力　范德华力是颗粒团聚的根本原因，也是无所不在的颗粒间力，与分子间距的 7 次方成反比，是典型的短程力。对于半径分别为 R_1 和 R_2 的两个球体，分子作用力 F_M 表示为

$$F_M = -\frac{A}{6h^2} \times \frac{R_1 R_2}{R_1 + R_2} \tag{3-35}$$

对于球与平板：

$$F_M = -\frac{AR}{12h^2} \tag{3-36}$$

式中　h——间距，nm；
　　　A——哈马克常数，J；
　　　R——颗粒半径。

哈马克常数 A 与构成颗粒的分子之间的相互作用参数有关，是物质的一种特征常数。当颗粒表面吸附有其他分子或物质时，A 发生变化，范德华力也随之发生变化。各种物质的哈马克常数不同，在真空中，A 的波动范围为 $(0.4 \sim 4.0) \times 10^{-10} J$。

② 静电力　在干空气中大多数颗粒是自然荷电的。荷电的途径有 3 种：一是颗粒在其生产过程中荷电，如电解法或喷雾法可使颗粒带电，在干法研磨中颗粒靠表面摩擦而带电；二是与荷电表面接触可使颗粒带电；三是气态离子的扩散作用是颗粒带电的主要途径，气态离子由电晕放电、放射性、宇宙线、光电离及火焰的电离作用产生。颗粒获得的最大电荷量受限于其周围介质的击穿强度，在干空气中，约为 1.7×10^{10} 个电子/cm^2，但实际观测的数值往往要低于这一数值。

a. 接触电位差引起的静电引力　颗粒可因传导、摩擦、感应等原因带电。库仑力存在于所有带电颗粒之间。若两个球形颗粒荷电量分别为 q_1 和 q_2，颗粒间的中心距离为 h，则作用于颗粒间的库仑力 F_{ek} 为

$$F_{ek} = \pm \frac{1}{4\pi\varepsilon_0} \times \frac{q_1 q_2}{h^2} \tag{3-37}$$

式中　ε_0——真空介电常数，8.854×10^{-12} F/m。

当颗粒表面带有相同符号的电荷时，颗粒间的库仑力为静电排斥力；当颗粒表面带有相反符号电荷时，则颗粒间的库仑力为静电吸引力。

b. 由镜像力产生的静电引力　镜像力实际上是一种电荷感应力。带有 q 电量的颗粒和具有介电常数 ε 的平面间的镜像力，可引起颗粒黏附在平面表面上。黏附力的大小可由式(3-38)确定：

$$F_{ed}=\frac{1}{4\pi\varepsilon_0}\times\frac{\varepsilon-\varepsilon_0}{\varepsilon+\varepsilon_0}\times\frac{q^2}{(2r+h)^2} \tag{3-38}$$

对于绝缘体颗粒，由于电子运动受限，从内部到表面都存积有相当数量的电子而形成空间电荷层，同时表面出现过剩的电荷。如果表面过剩电荷分别是 σ_1、σ_2，根据库仑定律，静电吸引力为

$$F_{ed}=\frac{\pi}{\varepsilon_0}\times\frac{\sigma_1\sigma_2 r^2}{1+\left(\dfrac{h}{2r}\right)^2} \tag{3-39}$$

式中　σ_1、σ_2——表面过剩电荷，C；

　　　r——球形颗粒半径，m；

　　　h——颗粒间的距离，m。

一般情况下，由镜像力产生的静电引力是可以忽略不计的。

③ 液桥力　对大多数粉体，特别是亲水性较强的超细粉体来说，在潮湿空气中由于蒸汽压的不同和粉体表面不饱和力场的作用，粉体均要或多或少凝结或吸附一定量的水蒸气，在其表面形成水膜。其厚度与粉体表面的亲水程度和空气的湿度有关。亲水性越强，湿度越大，则水膜越厚。当空气相对湿度超过 65％时，粉体接触点处形成环状的液相桥联，产生液桥力。

液桥力 F_γ 主要由因液桥曲面而产生的毛细管压力 F_1 及表面张力引起的附着力 F_2 组成，用式(3-40) 表示：

$$F_1=-\pi R^2\sigma\left(\frac{1}{r_1}-\frac{1}{r_2}\right)\sin^2\phi \tag{3-40}$$

$$F_2=2\pi R\sigma\sin\varphi\sin(\theta+\phi) \tag{3-41}$$

所以

$$F_\gamma=F_1+F_2=-2\pi R\sigma\left[\sin\varphi\sin(\theta+\phi)+\frac{R}{2}\left(\frac{1}{r_1}-\frac{1}{r_2}\right)\sin^2\phi\right] \tag{3-42}$$

式中　σ——液体的表面张力，N/m；

　　　θ——颗粒润湿接触角，(°)；

　　　ϕ——钳角，即连接环和颗粒中心扇形角的一半，也称半角，(°)；

　r_1，r_2——液桥的两个特征曲率半径，m；

　　　R——颗粒的半径，m。

对于不完全润湿的颗粒，θ 不等于 0，液桥作用力可由式(3-43) 表示：

$$F_\gamma=-2\pi R\sigma\cos\theta \quad（颗粒-颗粒） \tag{3-43}$$

$$F_\gamma=-4\pi R\sigma\cos\theta \quad（颗粒-平板） \tag{3-44}$$

显然，完全润湿的颗粒之间的液桥作用力最大。此外，当颗粒粒径大于 $10\mu m$ 时，液桥力与其他黏附力的差别尤其显著。

④ 空气中范德华力、静电力及液桥力的比较　图 3-20 给出了范德华力、静电力和液桥力随颗粒间距离 h 的变化关系。可以看出，随着颗粒间距离的增大，范德华力（曲线 4）迅速减小。当 $h>1\mu m$ 时，范德华力已不存在了。当 $h<2\sim3\mu m$ 时，液桥力的作用非常显著，而且

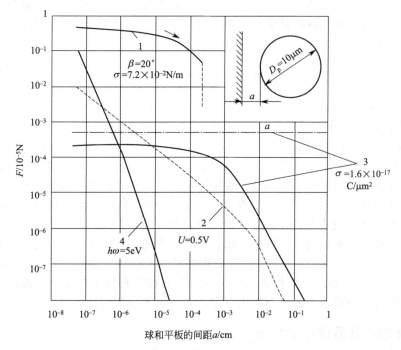

图 3-20 颗粒间的各种作用力与颗粒间距离的函数关系

1—液桥力；2—导体的静电力；3—绝缘体的静电力；4—范德华力

随着间距不同变化不大；如果再继续增大颗粒间距离，液桥力突然消失。当 $h > 2 \sim 3\mu m$ 时，能促进颗粒团聚，实际上此时只存在静电力了。

3.7.2.2 分散方法

分散方法有干燥分散、机械分散、表面改性、静电分散、复合分散等。

① 干燥分散 在潮湿空气中，粉体间形成的液桥是粉体团聚的主要原因，因此杜绝液桥产生或消除已经形成的液桥作用是保证超细粉体分散的主要手段。干燥是将热量传给含水物料，并使物料中的水分发生相变转化为气相而与物料分离的过程。固体物料的干燥包括两个基本过程：首先是对物料加热并使水分汽化的传热过程；然后是汽化的水扩散到气相中的传质过程。对于水分从物料内部借扩散等作用输送到物料表面的过程则是物料内部的传质过程。因此，干燥过程中传热和传质是同时存在的，两者既相互影响又相互制约。在几乎所有有关生产过程中都采用加温干燥预处理，如超细粉体在干法分级前，加温至 200℃ 左右，除去水分，保证超细粉体的松散。干燥处理是一种简单易行的分散方法。

② 机械分散 机械分散是指用机械力把超细粉体聚团打散的过程，这是目前应用最广泛的一种分散方法。机械分散的必要条件是机械力（指流体的剪切力及压应力）应大于粉体间的黏着力。通常，机械力是由高速旋转的叶轮或高速气流的喷嘴及冲击作用引起的气流湍流运动而造成的。这一方法主要通过改进分散设备来提高分散效率。

机械分散较易实现，但由于它是一种强制性分散方法，相互黏结的粉体尽管可以在分散器中打散，但颗粒之间的作用力仍然存在，从分散器中排出后又有可能迅速重新黏结聚团。机械分散的另一些问题是脆性粉体有可能被粉碎以及机械设备磨损后分散效果下降等。

③ 表面改性 表面改性是指采用物理或化学的方法对超细粉体进行处理，有目的地改变其表面物理化学性质的技术，以赋予粉体新的性能并提高其分散性。

④ 静电分散 通过上面对颗粒间静电作用力的分析便可发现，对于同质颗粒，由于表面电荷相同，静电力反而起排斥作用。因此，可以利用静电力对颗粒进行分散。问题的关键是如

何使颗粒群充分荷电。采用接触带电、感应带电等方式可以使颗粒带电，但最有效的方法是电晕带电。使连续供给的颗粒群通过电晕放电形成离子电帘，使颗粒带电。最终电荷量 q_{max} 可由式(3-45)确定：

$$q_{max} = \frac{1}{9 \times 10^{-9}} \times \frac{3\varepsilon_0}{\varepsilon_0 + 2} E_c r^2 \tag{3-45}$$

式中　r——颗粒半径；

　　　ε_0——颗粒的相对介电常数；

　　　E_c——荷电区的电场强度。

静电分散过程中可调控电压是一个重要因素。它的大小直接影响静电分选时的电流和分散效果。研究者分析了电压对碳酸钙和滑石粉体静电分散效果的影响。结果表明，碳酸钙和滑石粉体在不用静电分散处理时，其分散指数为 1，随电压的升高，电流迅速增大，碳酸钙和滑石粉体的分散效果提高。电流与粉体的分散效果具有很好的对应关系，即电流增大，粉体的分散效果提高；电流减小，粉体的分散效果降低。电压增大到 29kV 时，碳酸钙和滑石粉体的分散指数分别可达 1.430 和 1.422，分散指数分别提高了 0.430 和 0.422，说明静电分散效果显著。

⑤ 复合分散　对于要求分散性高、单一分散方法难以有效实现充分分散的情况，有研究者提出了复合分散，即集表面改性与静电分散两者优点于一体的高效分散方法。

3.7.3　固体颗粒在液体中的分散

固体颗粒在液体中的分散过程，本质上受两种基本作用支配：一是固体颗粒与液体的作用（润湿）；二是在液体中固体颗粒之间的相互作用。润湿是指由于固体表面对液体分子的吸附作用，使得固体表面的气体被液体取代的过程。固体颗粒被液体润湿的过程，实际上是液体与气体争夺固体表面的过程。固体颗粒润湿性好说明该颗粒在该液体中分散性好。

3.7.3.1　粉体的润湿

润湿过程的初始阶段牵涉粉体的外表面和聚团的内表面，因而润湿的特性取决于液相的性质、粉体表面的性质、聚团内空隙的尺寸以及用来使体系中各组分相互接触的机械过程的特性。润湿可分为黏附、浸湿和铺展 3 个步骤。

① 第一步：黏附　液体和固体接触是液-气界面和固-气界面变为固-液界面的过程。在恒温恒压条件下，体系单位面积自由能的变化为

$$W_a = \gamma_{lg}(1 + \cos\theta) \tag{3-46}$$

式中　W_a——体系单位面积自由能，J/m^2；

　　　γ_{lg}——液、气体之间的表面张力，N/m；

　　　θ——液、固体之间的润湿接触角。

根据热力学第二定律，当 $W_a \geqslant 0$ 时，过程能自发进行，即该过程可以自发进行的必要条件是 $\theta \leqslant 180°$。

② 第二步：浸湿　固体在液体中浸入是固-气界面被固-液界面所代替，而液-气界面不变的过程。该过程体系单位面积自由能的变化为

$$W_i = \gamma_{lg}\cos\theta \tag{3-47}$$

式中　W_i——体系单位面积自由能，J/m^2；

　　　γ_{lg}——液、气体之间的表面张力，N/m；

　　　θ——液、固体之间的润湿接触角。

同理，在恒温恒压条件下，该过程可以自发进行的必要条件是 $W_i \geqslant 0$，即 $\theta \leqslant 90°$。

③ 第三步：铺展　实际上固-液界面代替固-气界面的同时，液体表面也扩展。该过程体系单位面积自由能的变化为

$$-\Delta G=\gamma_{sg}-(\gamma_{sl}+\gamma_{lg})=W_s \tag{3-48}$$

式中　W_s——铺展功，J/m^2；

　　　γ_{lg}——液、气体之间的表面张力，N/m；

　　　γ_{sg}——固、气体之间的表面张力，N/m；

　　　γ_{sl}——固、液体之间的表面张力，N/m。

同理，只有当 $W_s \geqslant 0$，即 $\theta \leqslant 0°$ 时，液体才可能在固体表面自由铺展。通常，衡量粉体表面润湿性常采用润湿平衡接触角来表示。根据表面接触角的大小，粉体可分为亲水性和疏水性两大类。

接触角的大小取决于粉体的内部结构、表面不饱和力场的性质和粉体表面形状，其关系和分类见表 3-8。

表 3-8　粉体表面润湿性的分类和结构特征的关系

粉体润湿性	接触角范围	表面不饱和键特性	内部结构	实例
强亲水性	$\theta=0°$	金属键、离子键	由离子键、共价键或金属键等连接内部质点，晶体结构多样化	SiO_2、高岭土、SnO_2、$CaCO_3$、$FeCO_3$、Al_2O_3
弱亲水性	$\theta<40°$	离子键或共价键	由离子键、共价键连接晶体内部质点成配位体，断裂面相邻质点互相补偿	PbS、FeS、ZnS、煤等
疏水性	$\theta=40\sim90°$	以分子键为主，局部区域为强键	层状结构晶体，层内质点由强键连接，层间为分子链靠分子键力结合，表面不含或少含极性官能团	MoS、滑石、叶蜡石、石墨
强疏水性	$\theta>90°$	完全是分子键力	靠分子键力结合，表面不含或少含极性官能团	自然硫、石蜡

粉体表面润湿性对粉体分散具有重要意义。然而，表面润湿性主要是对块状固体的描述，其接触角大小也是磨光、平滑表面的测定值，显然不适合粉体及其集合体。

3.7.3.2　固体颗粒在液体中的聚集状态

固体颗粒被浸湿后进入液体中，在液体中是分散悬浮还是形成聚团颗粒取决于颗粒间的相互作用。液体中颗粒间的相互作用力远比在空气中复杂，除了分子作用力外，还出现了双电层静电力、溶剂化膜作用力及高分子聚合物吸附层的空间效应力。

① 分子作用力　当颗粒在液体中时，必须考虑液体分子与组成颗粒分子群的作用以及此种作用对颗粒间分子作用力的影响。此时的哈马克常数可用式（3-49）表示：

$$A_{131}-A_{11}+A_{33}-2A_{13}\approx(\sqrt{A_{11}}-\sqrt{A_{33}})^2 \tag{3-49}$$

$$A_{132}\approx(\sqrt{A_{11}}-\sqrt{A_{33}})(\sqrt{A_{22}}-\sqrt{A_{33}}) \tag{3-50}$$

式中　A_{11}、A_{22}——颗粒 1 及颗粒 2 在真空中的哈马克常数；

　　　A_{33}——液体 3 在真空中的哈马克常数；

　　　A_{131}——在液体 3 中同质颗粒 1 之间的哈马克常数；

　　　A_{132}——在液体 3 中不同质颗粒 1 与颗粒 2 相互作用的哈马克常数。

分析式（3-50）便可发现，当液体 3 的 A_{33} 介于两个不同质颗粒 1 与颗粒 2 的哈马克常数 A_{11} 和 A_{22} 之间时，A_{132} 为负值，根据分子作用力的公式有

$$F_M=-\frac{A_{132}R}{12h^2} \quad （球体-球体） \tag{3-51}$$

可见，F_M 变为正值，分子作用力为排斥力。

对于同质颗粒，它们在液体中的分子作用力恒为吸引力。但是，它们的值比在真空中要小，一般是真空中作用力的 1/5。

分子作用力虽然是颗粒在液体中互相聚团的主要原因，但是通过随后的讨论便可明白，它并不是唯一的吸引力。

② 双电层静电力　在液体中颗粒表面因离子的选择性溶解或选择性吸附而荷电，反号离子由于静电吸引而在颗粒周围的液体中扩散分布，这就是在液体中的颗粒周围出现双电层的原因。在水中，双电层最厚可达 100nm。考虑到双电层的扩散特性，往往用德拜参数 $1/k$ 表示双电层的厚度。$1/k$ 表示液体中空间电荷重心到颗粒表面的距离。例如，对于浓度为 1×10^{-8} mol/L 的 $1:1$ 电解质（如 NaCl、$AgNO_3$ 等）水溶液，双电层的德拜厚度 $1/k$ 为 10nm；但对同样电解获得的非水溶液，由于其电介常数 ε 比水小得多，$\varepsilon=2$，当离子浓度很稀时，如 1×10^{-1} mol/L，$1/k$ 可达 100μm。

对于同质颗粒，双电层静电作用力恒表现为排斥力。因此，它是防止颗粒互相聚团的主要因素之一。一般认为，当颗粒的表面电位 φ_0 的绝对值大于 30mV 时，静电排斥力与分子吸引力相比便占上风，从而可保证颗粒分散。

对于不同质的颗粒，表面电位往往有不同值，甚至在许多场合下不同号。对于电位异号的颗粒，静电作用力则表现为吸引力。即使对电位同号但不同值的颗粒，只要两者的绝对值相差很大，颗粒间仍可出现静电吸引力。

③ 溶剂化膜作用力　颗粒在液体中引起周围液体分子结构的变化称为结构化。对于极性表面的颗粒，极性液体分子受颗粒作用很强，在颗粒周围形成一种有序排列并具有一定机械强度的溶剂化膜；对于非极性表面的颗粒，极性液体分子将通过自身的结构调整而在颗粒周围形成具有排斥颗粒的作用的另一种"溶剂化膜"，如图 3-21 所示。

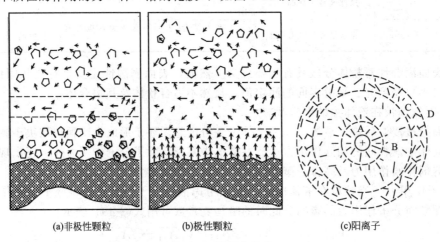

(a)非极性颗粒　　　　(b)极性颗粒　　　　(c)阳离子

图 3-21　溶剂化结构
A—直接水化层；B—次生水化层；C—无序层；D—体相水

水的溶剂膜作用力 F_0 可用式(3-52)表示：

$$F_0 = K\exp\left(-\frac{h}{\lambda}\right) \tag{3-52}$$

式中　λ——相关长度，尚无法通过理论求算，经验值约为 1nm，相当于体相水中的氢键键长；

K——系数，对于极性表面，$K>0$；对于非极性表面，$K<0$。

可见，对于极性表面颗粒，F_0 为排斥力；与此相反，对于非极性表面颗粒，F_0 为吸引力。

根据实验测定，颗粒在水中的溶剂化膜的厚度为几纳米到十几纳米。极性表面的溶剂化膜具有强烈地抵抗颗粒在近程范围内互相靠近并接触的作用。而非极性表面的"溶剂化膜"则引起非极性颗粒间的强烈吸引作用，称为疏水作用力。

溶剂化膜作用力从数量上看比分子作用力及双电层静电作用力大 1～2 个数量级，但它们的作用距离远比后两者小，一般仅当颗粒互相接近到 10～20nm 时才开始起作用，但是这种作用非常强烈，往往在近距离内成为决定性的因素。

从实践的角度出发，人们总结出一条基本规律：极性液体润湿极性固体，非极性液体润湿非极性固体。这实际上也反映了溶剂化膜的重要作用。

④ 高分子聚合物吸附层的空间效应力　当颗粒表面吸附无机或有机聚合物时，聚合物吸附层将在颗粒接近时产生一种附加的作用，称为空间效应。

当吸附层牢固而且相当致密、有良好的溶剂化性质时，它起对抗颗粒接近及聚团的作用，此时高聚物吸附层表现出很强的排斥力，称为空间排斥力。显然，此种力只是当颗粒间距达到双方吸附层接触时才出现。

也有另外一种情况，当链状高分子在颗粒表面的吸附密度很低，比如覆盖率在 50％ 或更小时，它们可以同时在两个或数个颗粒表面吸附，此时颗粒通过高分子的桥连作用而聚团。这种聚团结构疏松，强度较低，聚团中的颗粒相距较远。

综上所述，固体颗粒在液体中分散（稳定）与凝聚（不稳定）是对立的。电的排斥、分散剂、溶剂化层的影响促进了体系分散稳定，分子的吸引力和各种运动碰撞又促进了絮凝。

3.7.4　超细粒子的分散稳定机理

超细粒子在液体介质中的分散稳定一般包括润湿、分散和分散稳定 3 个过程。润湿是指颗粒与空气、颗粒与颗粒之间的界面被颗粒与溶剂、分散剂等界面取代的过程。颗粒与溶剂润湿程度的好坏，可用润湿热来描述：润湿热越大，则溶剂对颗粒表面的润湿效果越好。分散是指利用外力将大颗粒细化，使团聚体解聚并被再润湿、包裹吸附的过程。分散稳定是指将原生粒子或较小的团聚体在静电斥力、空间位阻斥力的作用下来屏蔽范德华引力，使颗粒不再聚集的过程。

3.7.4.1　润湿

粉体润湿过程的目的是使粒子表面上吸附的空气逐渐被分散介质取代。影响粒子润湿性能的因素有很多，如粒子形状、表面化学极性、表面吸附的空气量、分散介质的极性等。在无机粉体水浆料中加入润湿剂，降低固-液界面张力，减少接触角，从而提高润湿效率、润湿速度。由于空气被载体所代替，降低了粒子间的吸引力，这样减少了在以后加工过程中分散所需能量和粒子再絮凝现象，便于以后的分散。良好的润湿性能可以使粒子迅速地与分散介质互相接触，有助于粒子的分散。

3.7.4.2　分散

粉体粒子的分散可通过机械作用（剪切力、压碾等），如高速搅拌机将粒子分散。同时随着聚集体分散为更小的粒子，更大的表面积暴露在分散介质中，周围分散介质的数量将减少，分散体系的黏度增加，导致剪应力增大。当团聚体受到机械力作用（如搅拌等），会产生微缝，但它很容易通过自身分子力的作用而愈合。当分散介质中有表面活性剂存在时，表面活性剂分子自动渗入微细裂缝中，吸附在粉体表面上，如同在裂缝中打入一个"楔子"，起到一种劈裂作用，使微裂缝无法愈合，并且在外力作用下加大裂缝或分裂成碎块。如果表面活性剂是离子型的，它吸附在固体颗粒表面上，使颗粒具有相同的电荷，互相排斥，促进了颗粒在液体中分散。

通过设计合适的分散机械来提高体积和能量的利用率是值得研究的。因为大多数分散机械的有效体积为总体积的 10％，而传输给聚集体的效率只有 1％。在分散过程中，分散系浓度大幅度上升，能量浪费严重，分散的有效区域较小，限制了分散效率的提高。通过设计合适的分散机械可解决这一难题，但难度相当大。例如，用超声波分散，它的体积利用率提高到了 1，在某种意义上是比较优良，但它的能量利用率却很低。

3.7.4.3　分散稳定

实际应用中，人们最关心的就是粉体在分散介质中的分散稳定性。由于超细粒子的粒径近似于胶体粒子，所以可以用胶体的稳定理论来近似探讨超细粒子的分散性。胶体的稳定或聚沉取决于胶粒之间的排斥力和吸引力。前者是稳定的主要因素，而后者则为聚沉的主要因素。根据这两种力产生的原因及其相互作用的情况，形成较为成熟的胶体三大稳定理论：DLVO理论、空间位阻稳定理论、静电位阻稳定理论。

（1）DLVO理论　DLVO理论即为双电层排斥理论，该理论主要讨论了颗粒表面电荷与稳定性的关系。静电稳定是指通过调节pH值和外加电解质等方法，使颗粒表面电荷增加，形成双电层，通过Zeta电位增加使颗粒间产生静电斥力，实现体系的稳定。

（2）空间位阻稳定理论　DLVO理论不能用来解释高聚物或非离子表面活性剂的胶体物系的稳定性。对于添加高分子聚合物作为分散剂的物系，可以用空间位阻稳定机理来解释。分散剂分子的锚固基团吸附在固体颗粒表面，其溶剂化链在介质中充分伸展形成位阻层，充当稳定部分，阻碍颗粒的碰撞团聚和重力沉淀。聚合物作为分散剂在各种分散体系中的稳定作用在理论和实践中都已得到验证，但产生空间位阻稳定效应必须满足两个条件：①锚固基团在颗粒表面覆盖率较高且发生强吸附，这种吸附可以是物理吸附也可以是化学吸附；②溶剂化链充分伸展形成一定厚度的吸附位阻层，通常应保持颗粒间距大于10～20nm。

（3）静电位阻稳定理论　静电稳定结合空间位阻效应可以获得更佳的稳定效果。静电位阻稳定是通过固体颗粒表面吸附一层带电较强的聚合物分子层，带电的聚合物分子层既通过本身所带电荷排斥周围粒子，又用位阻效应防止布朗运动的粒子靠近，产生复合稳定作用。颗粒距离较远时，双电层产生斥力，静电稳定占主导作用；颗粒距离较近时，空间位阻阻止颗粒靠近。

除常用三大理论外，还有竭尽稳定机理和静电-空间位阻稳定机制。

竭尽稳定机理是：非离子型聚合物没有吸附在固体颗粒表面，只是以一定浓度游离分散在颗粒周围的悬浮液中。颗粒相互靠近，聚合物分子从两颗粒表面区域（即竭尽区域），在介质中重新分布。若溶剂为聚合物的良溶剂，聚合物的这种重新分布在能量上是不稳定的，两颗粒需要克服能垒才能继续靠近，即竭尽稳定。竭尽稳定机理适用于解释那些虽没有锚固基团，或只和固体颗粒发生弱吸附的聚合物分子也能够产生稳定分散作用的现象。

静电-空间位阻稳定机制认为，在水溶液介质中，静电、空间位阻效应是同时共存的，只是在不同的条件下哪一种起决定作用而已，若把静电位阻和空间位阻效应都增强，将对粉体体系的分散性、稳定性起到重大作用，主要表现为分散剂的协同作用和超分散剂作用。

3.7.5　颗粒在液体中的分散调控

改善超细粉体在液相中的分散性与稳定性有以下3个途径：①通过改变分散相与分散介质的性质来调控哈马克常数，使其值变小，颗粒间吸引力下降；②调节电解质及定位离子的浓度，促使双电层厚度增加，增大粒间排斥作用力；③选用附着力较弱的聚合物和聚合物亲和力较大的分散介质，增加粒间排斥力，降低吸引力。

通常，超细粉体悬浮液分散调控途径大致有介质调控、分散剂调控、机械搅拌分散和超声分散。其中，前两种属于化学分散方法，后两种属于物理分散方法。

3.7.5.1　介质调控

根据粉体表面的性质选择适当的分散介质，可以获得充分分散的悬浮液。选择分散介质的基本原则是：非极性粉体易于在非极性液体中分散，极性粉体易于在极性粉体中分散，即所谓相同极性原则。常用的分散介质大致有水、极性有机溶剂、非极性溶剂三类。

（1）水　大多数无机盐、氧化物、硅酸盐等矿物颗粒剂无机粉体（如陶瓷熟料、玻璃粉、炉渣等）倾向于在水中分散（常加入一定的分散剂）；煤粉、木炭、炭黑、石墨等炭质粉末则需要添加鞣酸、亚油酸钠、草酸钠等，令其在水中分散。

（2）极性有机溶剂　常用的极性有机溶剂有乙二醇、丁醇、环己醇、甘油水溶液及丙酮等。

（3）非极性溶剂　常用的非极性溶剂有环己烷、二甲苯、苯、煤油及四氯化碳等。

需要说明的是，相同极性原则需要同一系列确定的物理化学条件相配合才能保证良好分散的实现。极性粉体在水中可以表现出截然不同的分散团聚行为，说明物理化学条件的重要性。

3.7.5.2　分散剂调控

超细粉体在液相中的良好分散所需要的物理化学条件主要是通过添加适当的分散剂来实现的。分散剂的添加强化了粉体间的相互排斥作用。增强排斥作用主要通过以下 3 种方式来实现：①增大粉体表面电位的绝对值，以提高粉体间的静电排斥作用；②通过高分子分散剂在粉体表面形成吸附层，产生并强化位阻效应，使粉体间产生强位阻排斥力；③增强粉体表面对分散介质的润湿性，以提高表面结构化，加大溶剂化膜的强度和厚度。

不同分散剂的分散机理不尽相同，常用的分散剂主要有无机电解质、表面活性剂和高分子聚合物 3 种。

（1）无机电解质　常用到的无机电解质有聚磷酸钠、硅酸钠等。聚磷酸钠是偏磷酸钠的直链聚合物，聚合度在 20～100 之间。硅酸钠在水溶液中往往生成硅酸聚合物，为了增强分散作用，常在强碱性介质中使用。

研究表明，无机电解质分散剂在颗粒表面吸附，一方面，显著提高了颗粒表面电位的绝对值，从而产生强的双电层静电排斥作用；另一方面，聚合物吸附层可诱发很强的空间排斥效应。同时，无机电解质也可增强颗粒表面对水的润湿程度，从而有效地防止颗粒在水中的聚团。

（2）表面活性剂　阴离子型、阳离子型及非离子型表面活性剂均可用作分散剂。表面活性剂的分散作用主要表现在它对颗粒表面润湿性的调整。

为了改善纳米 $\alpha\text{-}Al_2O_3$ 在水中的分散稳定性，研究者分别添加无机电解质六偏磷酸钠（SHP）、非离子型表面活性剂聚乙二醇（PEG400）、阳离子型表面活性剂（CTAC）以及阴离子型表面活性剂十二烷基苯磺酸钠（SDBS）4 种表面活性剂作为分散剂进行对比试验。结果表明：无论添加何种分散剂都能改善 $\alpha\text{-}Al_2O_3$ 在水中的分散稳定性；分散剂的质量分数对分散体系的稳定性影响最大，每一种分散剂都有其达到理想分散效果的最佳值。选用 SDBS 为分散剂，分散剂质量分数为 2.0%，pH 值为 9，超声时间为 20min 时纳米 $\alpha\text{-}Al_2O_3$ 在水中的分散稳定性最好。

（3）高分子聚合物　高分子聚合物的吸附膜对颗粒的聚集状态有非常显著的作用，这是由于它的膜厚度往往可达数十纳米，几乎与双电层的厚度相当。因此，它的作用在颗粒相距较远时便可显现出来。高分子聚合物是常用的调节粉体颗粒聚团及分散的化学药剂。聚合物电解质极易溶于水，通常用于以水为介质的分散剂。而另一些聚合物的高分子分散剂则往往用于以非水介质的粉体分散，如天然高分子类的卵磷脂，合成高分子类的长链聚酯及多氨基盐等。

高分子聚合物作为分散剂，主要是利用它在粉体表面吸附膜的强大空间排斥效应。如前所述，这要求吸附膜致密，有一定的强度和厚度，因此，高分子聚合物分散剂的用量一般比较大。

研究者以氯化钙和碳酸钠为原料，通过添加分散剂聚乙二醇（相对分子质量 200）在机械化学条件下制备了分散性能良好的碳酸钙颗粒。以菱镁矿为原料，通过煅烧、湿法球磨、水热处理制备纳米片状氢氧化镁。对轻烧氧化镁湿法球磨过程中，通过添加聚乙二醇 400（PEG400）或聚乙烯吡咯烷酮 K30（PVP），有效地改善了产物氢氧化镁颗粒的分散性，减小其粒径，缩小了粒径分布。

3.7.5.3 机械搅拌分散

机械搅拌分散是指通过强烈的机械搅拌方式引起液流强湍流运动而使粉体团聚破碎悬浮。这种分散方法几乎在所有的工业生产过程中都要用到。机械搅拌分散的必要条件是机械力（指流体的剪切力及压应力）应大于粉体间的黏着力。

团聚破碎这一过程发生的总体概率 P_T 可分为两部分：一是团聚进入能够发生破碎的有效区域的概率 P_1；二是当团聚在有效区域内时，存在的能量密度能够克服原生粉体团聚在一起的作用力的概率 P_2。

对于悬浮体系 V_T，只有一部分体积 V_{eff} 能够在分散机械力作用下，对进入其中的团聚产生破解作用。则超细粉体团聚的破解总概率为

$$P_T = P_1 P_2 = \frac{N_d}{N_a} = (1 - e^{-k\frac{V_{eff}}{V_T}t})(1 - e^{-\frac{aE_n}{\sigma V}}) \tag{3-53}$$

式中　N_d——在某一时刻已破碎的团聚数；

　　　N_a——在某一时刻团聚总数；

　　　V_T——悬浮体系的体积，m^3；

　　　V_{eff}——部分体积，m^3；

　　　k——常数；

　　　t——时间，s；

　　　σ——聚团的张力，N/m；

　　　E_n——传输给团聚的能量，J；

　　　a——能量效率因子，无量纲常数，其值代表能量输入聚团的破解，a 越大，能量传输给团聚的效率越高。

超细粉体团聚的破解概率与超细粉体所处有效区域的体积分数、输入体系的能量及其有效效率和团聚的张力强度大小有密切关系。

超细粉体被部分浸湿后，用机械的力量可使剩余的团聚破解。浸湿过程中的搅拌能增加团聚的破解程度，从而也就加快了整个分散过程。事实上，强烈的机械搅拌是一种破解团聚的简便易行的方法。机械分散离开搅拌作用，外部环境复原，它们又可能重新团聚。因此，采用机械搅拌与化学分散方法结合的复合分散手段通常可获得更好的分散效果。

机械分散过程中，搅拌速度对分散效果影响很大。在最初，分散效果会随着搅拌速度的增大而趋于最佳；当搅拌速度继续增加时，分散效果又会变差。这是因为在最初，搅拌速度的增加会加快颗粒在悬浮液中的迁移，使得团聚在一起的粉体获得能量，软团聚得以打开，颗粒的平均尺寸减小；随着搅拌速率的增大，液体流动速度增大，颗粒有效浓度也增大；再继续增大搅拌速率，会使得分散开的大部分小颗粒随着液体的搅拌而发生碰撞，导致再次团聚的发生。

采用间歇搅拌方式的分散效果比采用连续搅拌好。这是因为在连续搅拌过程中，分散开的部分小颗粒随着液体的搅拌而发生碰撞，再次发生团聚，而间歇的过程能降低小颗粒再次碰撞的概率。

3.7.5.4 超声分散

频率大于 20kHz 的声波，因超出了人耳听觉的上限而被称为超声波。超声波因波长短而具有束射性强和易于提高聚焦集中能力的特点，其主要特征和作用是：①波长短，近似于直线传播，传播特性与处理介质的性质密切相关；②能量容易集中，因而可形成强度大的剧烈振动，并导致许多特殊作用（如悬浮液中的空化作用等），其结果是产生机械、热、光、电化学及生物等各种效应。超声波调控就是利用超声的能力作用于物质，改变物质的性质或状态。在超细粉体分散中，超声调控主要用于固体超细粉体悬浮液的分散，如在测量粉体粒度时，通常使用超声分散预处理。

超细粉体在液体介质中的分散涉及超细粉体分散在液体中的多相反应，其反应速率仍将取决于可能参与的反应面积与物质传质。超声处理可促进超细粉体分散，研究表明，粉体的超声分散主要由超声频率及粉体粒度的相互关系决定。

超声分散的机理：一方面，超声波在超细粉体体系中以驻波形式传播，使粉体受到周期性的拉伸和压缩；另一方面，超声波在液体中可能产生"空化"作用，使颗粒分散。

超声波在超细粉体分散中的应用研究较多，特别是对降低纳米粉体团聚更为有效。利用超声空化时产生的局部高温、高压或强冲击波和微射流等，可较大幅度地弱化纳米粉体间的作用能，有效地防止纳米粉体团聚而使之充分分散。但应避免使用过热超声搅拌，因为随着热能和机械能的增加，粉体碰撞的概率也增加，反而导致进一步的团聚。因此，应选择最低限度的超声分散方式来分散纳米粉体。

超声波的第一个作用是在介质中产生空化作用所引起的各种效应；第二个作用是在超声波作用下悬浮体系中各种组分（如集合体、粉体等）的共振而引起的共振效应。介质可否产生空化作用，取决于超声的频率和强度。在低声频的场合易于产生空化效应、而高声频时共振效应起支配作用。一般来说，大功率下的超声分散效果要好于小功率的超声分散效果，延长超声时间将有助于改善分散效果，但不论是功率还是超声时间对于具体的分散体系都有一个最佳值，故要酌情而定。

研究者采用十二烷基苯磺酸钠（SDBS）作为分散剂，通过超声波作用对纳米 SiO_2 粉体进行水中分散。结果表明：纳米 SiO_2 的粒径随分散剂含量、超声时间的增加，出现先减小后缓慢增大的变化趋势。在适量 SDBS 的条件下，纳米 SiO_2 分散体系因静电和空间位阻的作用表现出良好的分散稳定性，其最佳分散工艺为：SDBS 含量为 1.6%，超声处理时间为 18min。

超声分散虽可获得理想的分散效果，但大规模地使用超声分散受到能耗过大的限制，尚难以在工业范围中推广应用。

第 4 章
特殊形态非金属矿物的精细化加工

自然界存在的非金属矿物品种很多，形态也各不相同。有些非金属矿物由于自身特殊的形态及结构被广泛应用于社会的各个领域。例如，纤维状的海泡石、石棉等非金属矿物作为填料使用，拥有比普通颗粒非金属矿物更优异的增强及补强性；多孔结构的沸石因具有独特的孔道结构和大的比表面积，广泛应用于石油的催化裂解。本章将简单介绍这些具有特殊形态的非金属矿的晶形保护、颗粒整形及粉碎分级等一些精细化加工技术。

4.1 非金属矿物的晶形保护

非金属矿物种类繁多，晶形结构各异。由于非金属矿物自身晶形结构对其应用性能和应用价值影响很大，故在非金属矿物的精细化加工过程中要特别注意对其晶形结构的保护。所谓晶形保护，就是在非金属矿物加工过程中尽可能地使非金属矿物的天然晶形特征不被破坏或尽可能地使加工后的产品保留矿物的原有结晶特征。

在实际的非金属矿物加工中，特别需要保护的是一些特殊晶形的非金属矿物，见表 4-1。

表 4-1　非金属矿物的晶形及其保护依据

晶形	代表性矿物	保护依据
片(层)状	高岭土、滑石、鳞片石墨、蒙脱石、云母、绿泥石、蛭石等	具有独特的片层状特性及功能性,应用价值大,市场价格较高
纤维状	纤维海泡石、石棉、石膏、硅灰石、透闪石等	独特的纤维状结构,在复合材料中具有增强和补强性,应用价值大,市场价格高
天然多孔状	沸石、硅藻土、蛋白土、凹凸棒石等	独特的孔结构和高比表面积,具有吸附、助滤等功能,应用价值大,市场价格较高
八面体等	金刚石等	具有高硬度、高耐磨、高透明性等特性,颗粒越大,晶形越完整,价值越大

4.1.1 片（层）状非金属矿物的晶形保护

片（层）状非金属矿主要包括如高岭土、滑石、叶蜡石、云母、膨润土、绿泥石、蛭石、伊利石以及蛇纹石等一些片（层）状硅酸盐矿物。此类非金属矿物的晶形保护主要是指在粉碎、选矿提纯、干燥、改性等加工过程中采用合适的方法或技术措施，使最终产品尽可能保留矿物原有的片（层）状晶形结构，尽可能将晶形破坏减小到最低。

由于片（层）状非金属矿物种类繁多，结构特征及应用性能要求也不尽相同，故在实际加工过程中采取的保护方法或技术措施也不相同。几种代表性片（层）状非金属矿物在实际加工过程中采取的晶形保护措施见表 4-2。

表 4-2　片（层）状非金属矿物的晶形保护目的及措施

矿物名称	结构特征	应用性能要求	晶形保护目的	技术措施
云母	板状或片状，由两层硅氧四面体夹一层铝氧八面体构成的 2：1 型层状硅酸盐	颗粒径厚比越大越好，表面缺陷越小越好	保护其薄片状结构，片状颗粒表面少有划痕	采用选择性粉碎解聚工艺设备和湿法细磨、超细研磨剥片工艺与设备，分选、干燥、改性中避免高剪切力
鳞片石墨	六方晶系，层状构造，层内 C—C 为共价键，层间为分子键	鳞片越大，纯度越高，晶形越完整越好	保护大鳞片和六方晶系结构	选矿：粗磨初选后，粗精矿多段再磨、多段浮选；超细粉碎：采用湿法研磨剥片工艺设备
滑石	片状或鳞片状集合体，由两层硅氧四面体和一层八面体构成的三八面体结构	片状晶形越完整越好，颗粒径厚比越大越好	保护其片状晶形和层状结构	在选矿中采用选择性破碎解离工艺设备，在细磨和超细磨中采用研磨和冲击式工艺设备
高岭土	假六方片状，由一层硅氧四面体夹一层铝氧八面体构成的 1：1 型层状硅酸盐	片状晶形越完整越好，颗粒径厚比越大越好	保护其片状晶形和层状结构	在选矿中采用湿法分散、制浆和选择性解离工艺，在超细粉碎中采用湿法研磨剥片

对于云母来说，选矿提纯要根据入选云母原料性质和种类的不同，选取不同的选矿方法。片状云母通常采用手选、摩擦选和形状选；碎云母采用风选、水力旋流器分选或浮选将云母与脉石分开。目前剥片方法有手工剥片、机械剥片、物理化学剥片 3 种，主要用于加工各种云母片，如厚云母、薄片云母、电子管云母等，大部分是手工操作。细磨和超细磨云母粉的生产根据产地及其原矿性质不同而不同，分为干法和湿法两种流程。湿法生产出来的云母粉具有质地纯净、表面光滑、径厚比大、附着力强等优点。因此，湿磨云母粉性能更好，应用面更广，经济价值更高。

滑石由于其特殊的晶体结构和物理化学性能，大量应用于造纸领域。对于片状结构的滑石矿物来说，如何有效地解决其干法剥片问题，稳定和精确地控制滑石粉体的粒度分布和粒子晶体形态，是造纸涂料滑石产品生产的重要环节。通常情况下，造纸涂料滑石产品一般采用干法超细加工方法进行生产，通过选矿、初级破碎、超细研磨粉碎、分级等工艺过程，生产出平均粒径 D_{50} 为 2～3 μm 的滑石粉状产品，然后可根据客户的需要进行调浆后包装出厂，或者在使用现场进行调浆等多种供货方式。对于矿源质量较差，或者滑石含量相对较低的滑石矿来说，有时选用湿法研磨及浮选的方式来进行选矿和加工。对于粒径 2 μm 的粒子含量在 90％ 以上的超细滑石颜料来说，则采用干湿法相结合的超细加工方法。即干法超细研磨加工后粒径 2 μm 的粒子含量在 60％～70％ 的滑石粉体，加入润湿剂和助磨剂进行调浆后，利用湿法研磨加工设备进行超细加工至所需粒度要求。

4.1.2　纤维状非金属矿物的晶形保护

纤维状非金属矿主要有温石棉、硅灰石、纤维海泡石、透闪石、石膏纤维、纤维水镁石等。此类非金属矿物的晶形保护主要是指在粉碎、选矿提纯、干燥、改性等加工过程中采用合适的方法或技术措施，使最终产品尽可能保留矿物原有的纤维状晶形结构，将晶形破坏减到最低。

由于纤维状非金属矿物种类繁多，结构特征及应用性能要求也不尽相同，故在实际加工过程中采取的保护方法或技术措施也不相同。几种代表性纤维状非金属矿物在实际加工过程中采取的晶形保护措施见表 4-3。

表 4-3　纤维状非金属矿物的晶形保护目的及措施

矿物名称	结构特征	应用性能要求	晶形保护目的	技术措施
纤维海泡石	由八面体片连接两个硅氧四面体形成带(链)状结构、纤维状形态	纤维越长、长径比越大、链状结构越完整越好	保护长纤维和带(链)状晶体结构	在选矿中采用选择性粉碎、解离和分选工艺,在细粉碎和超细粉碎中采用冲击式细粉碎和超细粉碎工艺与设备
硅灰石	三斜晶系,[CaO_6]八面体和[Si_3O_9]硅氧骨干组成的单链结构,针状集合体形态	颗粒长径比大越好	保护其链状结构、针状粒形	采用冲击式细粉碎和超细粉碎工艺与设备,分级、干燥、改性中避免高剪切力
温石棉	单斜和斜方晶系,管状结构(氢氧镁石八面体在外,硅氧四面体在内),纤维状集合体形态	纤维越长、长径比越大越好	保护长纤维和纤蛇纹石结构	选矿采用多段破碎揭棉和多段分选工艺流程;破碎揭棉设备采用冲击式破碎机和轮碾机,分选采用筛分和风力吸选
透闪石	单斜晶系,链状结构,柱状、针状纤维,纤维状集合体	颗粒长径比大越好,链状结构越完整越好	保护其链状结构、针状粒形	采用冲击式细粉碎和超细粉碎工艺与设备,分级、干燥、改性中避免高剪切力

　　温石棉是能分裂成纤维状的含水镁质硅酸盐矿物,其良好的分裂性能、打浆性能、绝缘性能、保温隔热性能、高的摩擦系数使其广泛应用于社会的各个领域。温石棉的选矿提纯及深加工工艺的选取应尽可能保护其纤维结构的特性。传统的温石棉选矿工艺均为干法选矿,主要流程:矿石→初、中破碎、揭棉→第一次吸棉→长纤维净化、分级系统→成品;中碎、揭棉→第二次吸棉→短纤维净化、分级系统→成品;细碎、揭棉→第三次吸棉→短纤维净化、分级系统→成品。传统的石棉选矿工艺流程长,破碎、揭棉、吸棉段数多,设备总数多,装机容量高,且对石棉纤维状特性保护不够。目前,温石棉选矿的新工艺流程如图 4-1 所示。

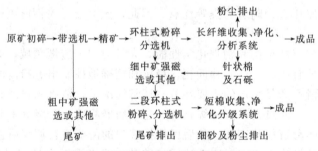

图 4-1　温石棉选矿新工艺流程示意图

　　在该工艺中,用到的最主要的设备就是环柱式粉碎分选机。潮湿的物料经预热之后,在磨机被热风逐步烘干;物料在相对旋转的碾辊与碾盘剪压力作用下破碎,上环又有加压弹簧,极大地加强了粉碎效果;碾辊的自转除了粉碎作用,还可游离石棉纤维,也就是具有很好的揭棉作用;被游离松散了的石棉纤维等,在热风的携带下通过分级机,进入降棉筒;而较粗砾石则没有通过分级机,返回磨室再磨。

　　温石棉加工过程中,打浆方式对温石棉的分散性影响很大。研究者考察了 3 种打浆方式(水力疏解、槽式打浆和 PFI 磨打浆)对温石棉纤维疏散性的影响,结果表明:水力疏解对温石棉纤维松解分丝程度较小,槽式打浆对温石棉纤维主要以切断为主,而盘磨打浆能使温石棉纤维产生良好的松解分丝。

4.1.3　天然多孔非金属矿物的晶形保护

　　天然多孔非金属矿物主要有沸石、海泡石、凹凸棒石、硅藻土、蛋白土等。此类非金属矿物具有独特的孔道结构、大的比表面积和孔隙率，在催化、吸附、环境保护等领域具有较实用价值。天然多孔金属矿物的晶形保护主要是指在粉碎、选矿提纯、干燥、改性等加工过程中采用合适的方法或技术措施，使最终产品尽可能保留矿物原有的孔道结构，将孔道结构破坏减到最低。

由于天然多孔非金属矿物种类繁多，孔结构和孔尺寸不尽相同，故在实际加工过程中采取的保护方法或技术措施也不相同。一般对于蛋白土、沸石、凹凸棒石等孔径小于 10nm 的多孔矿物，在机械磨矿和物理选矿过程中不会对其孔结构产生显著影响，但对于孔径分布数十纳米到数百纳米的硅藻土来说，高强度的机械研磨和物理选矿可能会对孔结构带来破坏。因此，对多数天然矿物孔结构可能的破坏主要来自化学提纯和煅烧。几种代表性天然多孔状非金属矿物在实际加工过程中采取的晶形保护措施见表 4-4。

表 4-4　多孔状非金属矿物的晶形保护目的及措施

矿物名称	孔结构特征	应用性能要求	保护目的	技术措施
沸石	笼形，孔隙率 50% 以上，孔穴直径 0.66～1.5nm，孔道长度 0.3～1.0nm	高纯度、高比表面积和完整的笼形孔结构	保护疏通笼形结构	化学提纯过程中控制好酸浓度，煅烧加工中控制好煅烧温度
海泡石	孔直径 0.37～1.10nm，孔体积 0.35～0.4mL/g，比表面积 100～900m^2/g	高纯度和高比表面积	保护和疏通孔道结构	化学提纯过程中控制好酸浓度，煅烧加工中控制好煅烧温度
硅藻土	孔径数十纳米到数百纳米，孔隙率 80%～90%，比表面积 10～80m^2/g	高的硅藻（无定形 SiO_2）含量和完整的硅藻结构	保护硅藻结构的完整性，疏通孔道	选矿过程中，避免长时间强烈研磨，化学提纯过程中控制好酸浓度，煅烧加工中控制好煅烧温度
凹凸棒石	孔道断面约为 0.37nm×0.64nm，孔道被水分子充填，比表面积 70～300m^2/g	高纯度和高比表面积	保护和疏通孔道结构	化学提纯过程中控制好酸浓度，煅烧加工中控制好煅烧温度
蛋白土	孔径小于 10nm，比表面积 100m^2/g 左右	高纯度和高比表面积	保护空隙结构，提高比表面积	化学提纯过程中控制好酸浓度，煅烧加工中控制好煅烧温度

天然硅藻土含有很多杂质，故其应用价值不高。硅藻土的化学成分以 SiO_2 为主，含有少量 Al_2O_3、Fe_2O_3、CaO、MgO、K_2O 和有机质等，其中 SiO_2 的含量是评价硅藻土质量的重要参数，SiO_2 含量越高，说明其质量越好。在一般情况下，如硅藻土中的 SiO_2 含量大于60%，均可被列为开采利用的范围。这种有固定结构的多孔性的无定形 SiO_2 具有较强的吸附性，可用作助滤剂、吸附剂等。因此，对硅藻土进行提纯处理是提高其应用性能的重要手段。硅藻土的选矿提纯经常采用的是焙烧、酸浸及先焙烧后酸浸等工艺过程，焙烧的目的是去除吸附于硅藻表面及填充于硅藻壳上微孔中的矿物及有机杂质，利用后续酸浸的进行，此类过程会对产品的物理性能及化学性能产生较大影响。

研究者分析了焙烧温度和焙烧时间对硅藻土助滤剂性能的影响。实验表明：焙烧温度过低、时间过短，原土烧不透，过滤速度很慢，影响产品收率和生产周期；而焙烧温度过高、时间过长，则会出现重烧和过烧现象，致使助熔剂和原土极易被烧结黏死在一起，或使部分硅藻土熔融、玻璃化，严重破坏硅藻土的结构；煅烧温度适中（900～1100℃），可相对保持硅藻结构原貌，增加硅藻土的孔隙率，并可得到预期的粒度分布。因此，在硅藻土助滤剂生产过程中，选择合理的焙烧温度和焙烧时间十分重要。研究者采用先焙烧后硫酸浸洗的工艺过程对硅藻土精土进行了处理，并研究了其工艺条件对产品性能的影响，得到了高酸度高温度的适宜处理工艺。目前来说，对硅藻土采用先焙烧后酸浸进行提纯的报道很多。

焙烧对沸石的结构及性能具有很大的影响：能够脱除非金属矿中的吸附水、结构水及有机杂质，使得非金属矿的比表面积增大，吸附性能提高，如沸石在 450～550℃下焙烧后，其对甲醛的吸附性能明显提高。但是，焙烧温度过高则会导致非金属矿多孔结构的坍塌或转变为其他非金属矿，如沸石在高温焙烧时有可能转变为方解石。

对于多孔天然矿物来说，在焙烧和化学提纯过程中应选取合适的工艺条件，既要保证非金属矿的天然多孔结构尽可能地不被破坏，又要达到选矿或提纯的目的。

4.1.4 其他非金属矿物的晶形保护

除以上叙述的片（层）状、纤维状、多孔结构的非金属矿物需要晶形保护外，还有一些其他非金属矿物，如金刚石、水晶、冰洲石等需要在加工过程中保护其晶形和晶粒大小。金刚石在加工过程中尤其要加以小心，必须确保其晶形和晶粒不被破坏或破损。因此，金刚石在选矿过程中采用粗选、精选、多段磨矿和多次精选的方法和比较复杂的工艺流程。

4.2 颗粒的形状分析

颗粒的几何性质除粒度和表面积外，还包括颗粒形状、表面结构等。颗粒的形状对粉体的许多性质都有重要的影响，如流动性、附着力、填充性、增强性及研磨特性和化学活性等。为了使产品具有优良的性质，工业上许多粉体应用场合在要求颗粒具有合适粒度的同时，还希望颗粒具有一定的形状，如鳞片石墨要求粉碎后仍旧保持其原有的片状结构，硅灰石粉碎后要求依然保持其针状结构，即应具有合适的长细比等。表 4-5 列举了一些工业产品对颗粒形状的要求。

表 4-5 一些工业产品对颗粒形状的要求

序号	产品种类	对性质的要求	对颗粒形状的要求
1	涂料、墨水、化妆品	固着力强、反光效果好	片状颗粒
2	橡胶填料	增强性和耐磨性	非长形颗粒
3	塑料填料	高冲击强度	长形颗粒
4	炸药引爆物	稳定性	光滑球形颗粒
5	洗涤剂和食品	流动性	球形颗粒
6	磨料	研磨性	多角状

4.2.1 颗粒的形状因子

4.2.1.1 形状系数

若以 Q 表示颗粒的平面或立体的参数，d 为粒径，则二者的关系为

$$Q = Kd^m \tag{4-1}$$

式中　K——形状系数。

（1）表面积形状系数　若用颗粒的表面积 S 代替 Q，有

$$S = \varphi_S d^2 \tag{4-2}$$

式中　φ_S——颗粒的表面积形状系数。对于球形颗粒，$\varphi_S = \pi$，对于立方体颗粒，$\varphi_S = 6$。

（2）体积形状系数　若用颗粒的体积 V 代替 Q，有

$$V = \varphi_V d^3 \tag{4-3}$$

式中　φ_V——颗粒的体积形状系数。对于球形颗粒，$\varphi_V = \pi/6$；对于立方体颗粒，$\varphi_V = 1$。

（3）比表面积形状系数　比表面积形状系数定义为表面积形状系数与体积形状系数之比，用符号 φ 表示：

$$\varphi = \varphi_S / \varphi_V \tag{4-4}$$

对于球形颗粒和立方体颗粒，$\varphi=6$。

各种不规则形状的颗粒，其 φ_S 和 φ_V 值见表 4-6。

表 4-6 各种颗粒形状的 φ_S 和 φ_V 值

各种形状的颗粒	φ_S 值	φ_V 值
球形颗粒	π	$\pi/6$
圆形颗粒（水冲蚀的沙子、熔凝的烟道灰和雾化的金属粉末颗粒）	2.7～3.4	0.32～0.41
带棱的颗粒（粉碎的煤粉、石灰石和沙子等粉体物料）	2.5～3.2	0.20～0.28
薄片状颗粒（滑石、石膏等）	2.0～2.8	0.10～0.12
极薄的片状颗粒（如云母、石墨等）	1.6～1.7	0.01～0.03

4.2.1.2 球形度

球形度又称为卡门形状系数，其定义为：与颗粒等体积的球的表面积与颗粒的实际表面积之比，用符号 ϕ_C 表示。若已知颗粒的当量表面积直径（与颗粒具有相同表面积的圆球直径）为 d_S，当量体积直径（与颗粒具有相同体积的圆球直径）为 d_V，则其表达式为

$$\phi_C = \frac{\pi d_V^2}{\pi d_S^2} = \left(\frac{d_V}{d_S}\right)^2 \tag{4-5}$$

若用 φ_S 和 φ_V 表示，则有

$$\phi_C = \frac{d^2 \pi \left(\dfrac{6\varphi_V}{\pi}\right)^{2/3}}{\varphi_S d^2} = 4.836\left(\frac{\varphi_V^{2/3}}{\varphi_S}\right) \tag{4-6}$$

根据此定义，一般颗粒的 $\phi_C \leqslant 1$；球形颗粒的 $\phi_C = 1$；其余非球形颗粒的 $\phi_C < 1$。因此，颗粒的 ϕ_C 值可以作为其与球形颗粒形状偏差的衡量尺度，即 ϕ_C 值越小，意味着该颗粒形状与球形颗粒的偏差越大，也就是说颗粒形状越不规则。表 4-7 列出了某些材料的形状系数测定值。

表 4-7 某些材料的 ϕ_C 测定值

材料名称	ϕ_C	材料名称	ϕ_C
钨粉	0.85	煤尘	0.606
糖	0.848	水泥	0.57
烟尘	0.82	玻璃粉尘	0.526
钾盐	0.70	软木颗粒	0.505
砂	0.70	云母颗粒	0.108

4.2.1.3 均齐度

一个不规则的颗粒放在一平面上，颗粒的最大投影面（最稳定的平面）与支承平面相黏合。此时，颗粒具有最大的稳定度。颗粒的两个外形尺寸的比值称为均齐度。其中：

伸长度＝长径/短径

扁平度＝短径/厚度

4.2.2 颗粒形状的图像分析

20 世纪 70 年代以来，随着计算机技术的高速发展和广泛应用以及用傅里叶级数法和分数谐函数表征颗粒形状研究的不断深入，使得颗粒的形状分析成为可能，图像分析则是借助于图像分析仪定量测定颗粒形状的重要方法。常见的图像分析仪由光学显微镜、图像板、摄像机和微机组成，其测量的范围为 $1\sim100\mu m$。若采用体视显微镜，则可以对大颗粒进行测量。有的电子显微镜配有图像分析仪，其测量范围为 $0.001\sim10\mu m$。单独的图像分析仪可以对电镜照片进行图像分析。

摄像机得到的图像是具有一定灰度值的图像，需按一定的阈值转变为二值图像。功能强的图像分析仪应具有自动判断阈值的功能。颗粒的二值图像经补洞运算、去噪声运算和自动分割等处理，将相互连接的颗粒分割为单颗粒。通过上述处理后，再将每个颗粒单独提取出来，逐个测量其面积、周长及各形状参数。由面积、周长可得到相应的粒径，进而可得到粒度分布。

由此可见，图像分析法既是测量粒度的方法，也是测量形状的方法。其优点是具有可视性、可信程度度高。但由于测量的颗粒数目有限，特别是在粒度分布很宽的场合，其应用受到一定的限制。

4.3 颗粒整形技术

颗粒形貌和材料宏观物性之间存在着密切的关系，对颗粒群的比表面积、流动性、填充性、附着力、研磨特性、化学活性等很多性能都有重要影响。对不规则颗粒进行整形处理，实现粉体颗粒的球形化，能提高堆积密度，改善流动性、烧结性、固相反应活性，优化固相颗粒堆积状态和颗粒之间的接触状态，从而改善材料性质和加工过程。非金属矿物颗粒很大的一个应用领域就是作为填料使用。对废金属矿物颗粒整形后，将有助于提高颗粒与聚合物基体的界面结合强度，对产品的致密度、使用周期都有帮助。颗粒整形就是利用一定的加工方法将不规则颗粒转变为规则颗粒的过程。球形颗粒具有以下优点。

① 因球形的比表面积小、具有良好的充填性和流动性，不易桥接。球形粉体堆积密实，充填密度均匀一致，充填量最高，孔隙率低。制备出的零件具有极好的尺寸重复性，产品质量稳定。

② 球形颗粒各向同性好、应力应变均匀、颗粒强度大。因此，制品应力集中小，强度高，并且运输、安装、使用过程中不易产生机械损伤。

③ 球形颗粒摩擦系数小，成模流动性好，应力集中小，对模具的磨损小。

采用机械方法实现颗粒球形化是利用非金属矿物粉体自身的塑性变形性，在冲击力作用下，将形状不规则的或片状的颗粒制备成球状或近球状颗粒的过程，从而改善粉体流动性，调整松散状态与振实密度等。

对粒状颗粒而言，其整形过程可归纳为研磨→混合吸附→固定嵌入，如图 4-2(a) 所示。

在整形的初始阶段是颗粒棱角的研磨，然后是细颗粒在粗颗粒表面的黏附和固定过程，黏附和固定过程也就是小颗粒在大颗粒表面的包覆过程。

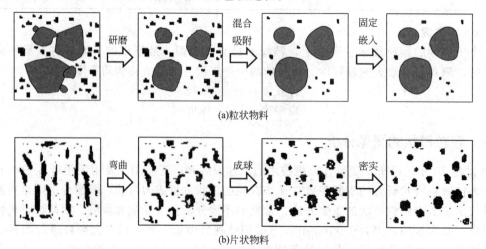

图 4-2   颗粒整形过程

对片状物料而言，其整形过程可归纳为弯曲→成球→密实，如图 4-2(b) 所示。在整形的初始阶段，片状颗粒的弯曲、叠合及成球过程以及小颗粒在片状颗粒表面的吸附、密实过程是同步进行的；然后是小颗粒被逐渐混揉、分散在片状颗粒基体中，实现颗粒的整形和均匀复合。小颗粒吸附在大颗粒表面主要发生在最初的几分钟内，牢固吸附主要发生在整形/复合后的几分钟内。

对有韧性的颗粒而言，其整形过程是不规整部分或突出部位在冲击力作用下逐渐软化、变形、卷曲与密实的过程。

4.4　非金属矿物的特殊处理

有些矿石，由于其中不同矿物在结构方面的不同特点，粉碎解离后呈现出不同的颗粒形状。如云母矿石中，云母呈片状，其他矿物呈粒状。因此，将矿石粉碎解离后用一定筛孔的筛子进行筛分可以达到分选的目的。同样，蛭石、滑石等片状结构矿物也可以通过选择性粉碎和筛分进行富集。形状选矿可采用振动筛和筒形筛。

矿物的硬度差异也可作为选别的依据，如石棉选矿，由于石棉纤维易于破碎进入细粒级中，可通过筛分富集石棉纤维。同样，滑石与脉石矿物由于硬度不同，滑石硬度低、易碎，通过选择性破碎，然后采用筛分进行富集。

第 5 章
非金属矿物的改性技术

5.1 概述

现代新材料的设计及功能化，离不开作为原料或产品的粉体性质的设计及功能化。粉体改性是指根据应用需要有目的地改变粉体的物化性质，如晶体结构、表面官能团、表面能、表面润湿性、表面吸附和功能特性等。作为一类重要的粉体原料和应用材料，为了获得更高附加值及应用性能的非金属矿物粉体，相比初级加工技术，非金属矿物的改性是工业矿物或岩石材料精细化加工的重要方法，经改性后的产品已不再是一种原料，而是具有特定功能、可供直接利用的一种材料。改性产品依然保持原料产物的单一材料性和固体分散相特征的同时，其矿物基本构造和化学成分一般不会发生本质的改变，但在其被利用的主要技术物理与界面性能上则有一个质的飞跃，也会经常伴随着发生物理形态或晶层结构等方面的变异。

工业矿物的种类繁多，对其应用性质的要求也有很大差异，因此对其进行改性加工的方法和技术也是多种多样，主要方式见表 5-1。

表 5-1　改性加工的方法和技术

改性方法	改性技术
表面处理改性	利用各种化学试剂和某些材料，通过物理、物化或化学作用，使矿粒表面特征发生变化，从而赋予矿物新的机能
湿法化学改性	选择利用适当的化学处理方法来改变目的矿物的物理与化学性能的工艺方法
热处理改性	通过高温处理方法，改善矿物的物理化学性能
物理改性	通过各种物理力（机械力、声、光、电等）对矿物进行加工处理的方法

矿物的改性可以根据其应用的需要，选择相应的物理或化学方法，有目的地改变矿物的应用性能，以提高产品的使用价值，同时开发出新的应用和研究领域。矿物的改性即是通过改变矿物的界面性质（吸附性、亲水性、亲油性等），改变矿物的物理结构和性质（孔隙率、膨胀性等），改变矿物的离子交换种类以及其他各种物理化学性能，以改变矿物的应用性能的方法和技术。

5.2 热处理改性

5.2.1 基本原理

热处理是将固体材料在一定介质中加热、保温和冷却，以改变其性能的一种技术。热处理的作用因素包括升温速率、处理温度、保温时间、氧化还原氛围等。

非金属矿物的热处理改性是指对矿物或岩石材料进行干法加热处理与改性。这是一种利用热物理方法来改变矿物（或岩石）材料状态的一种手段，它具有十分重要和广泛的用途，其方法类型也很丰富，见表 5-2。

表 5-2　热加工的方法

热加工	方　　法
干燥脱水	采用物理方法排除矿物颗粒或材料的自由水和吸附水(去湿)
热处理	在较高温度下脱去矿物或材料的吸附水及化合水，或同时脱除其他易挥发物质，进行热分解(轻烧)，也可能是在更高温度下使矿物再结晶(重烧)、烧结或熔融，变为另一类人造矿物材料

由表 5-2 可知，热加工虽然是一类物理作业，但也常伴随有热化学分解反应。

按照矿物处理后在形态、组成、结构等方面的变化，可将矿物热处理进行分类，见表 5-3。

表 5-3　热处理的分类

热处理	热处理后状态
改性热处理	经过热处理后，矿物内部晶体结构或物理构造方面有所变化，但此种变化除表面自由水、内部吸附水或结构水发生分解外，其他化学成分变化不大
高温膨胀煅烧	经过热处理后，矿物膨胀煅烧，如膨胀蛭石、膨胀珍珠岩、膨胀石墨的加工等
高温分解煅烧	矿物经过热处理后，主要化学成分(除水分外)发生重大变化。碳酸盐矿物如石灰石、菱镁矿煅烧后分解出一氧化碳，同时生成氧化钙、氧化镁等，即属于高温分解煅烧
高温熔融	固体矿物或岩石在达到熔点的温度下转变为液相高温流的工艺过程，包括单一成分的熔融及复合成分的熔融

矿物的热处理改性和高温煅烧加工，一般是在各种工业窑炉或其他加热装置中进行。窑炉的主要形式有立式窑、隧道窑、回转窑等。不同的矿物，因其改性的要求不同，因此即使采用同一种窑炉处理，其窑炉内部结构也常有所差别。

黏土矿物样品的热处理方式有以下 4 种：①未经预处理且未添加任何外加剂；②在加热前样品中添加各种试剂；③经过预处理后（如酸处理后）再加热；④预加热或者预处理后（如酸处理或加热后）再加热。不同类型的黏土矿物热处理在加热温度范围、加热过程及方法上有很大区别。而黏土矿物中普遍存在的杂质也对其热活化性质产生影响。对于不同矿物，根据对所需求的特性或者想要避免的某些特性来决定活化所需的温度。一些矿物需要加热到脱水的温度，而一些矿物则需要加热到脱羟基的温度。

非金属矿物在热处理条件下结构及化学组分都会发生改变，国内外研究人员为了某些特殊的应用，会对矿物因热处理而产生的结构和物性演化规律及其变化的本质进行研究和探讨，主要包括矿物结构转变、高温膨胀、高温分解、高温熔融等变化。

5.2.2　结构转变

在对某类型的非金属矿物进行热处理改性时，在某一温度下一种类型矿物可能会转化成另一种类型矿物，或者在同一类型下发生种类的转变，而相变的温度通常也取决于颗粒的大小和加热的方法。其中黏土矿物的热处理温度范围可以根据其加热的过程中发生的结构变化分为 3 个范围。

① 脱水-脱羟基温度范围：当温度从室温加热到脱羟基温度下限时，黏土开始脱出吸附水和结合水，其结果是导致层内空间坍塌，孔的空间发生变化，此时黏土矿物的表面和层内酸性发生本质变化。

② 高于脱羟基-结构彻底破坏温度范围：这个温度范围因矿物种类不同而差异很大。羟基的脱出会破坏八面体层的结构，一些矿物在保持晶体形态的状态下由晶体形态变为无定形态。

③ 出现新物相的温度范围：脱羟基的矿物可能并未转化成非晶态，但随着加热温度的升高，矿物可能直接转化为高温相的晶体形态。

对于一些三八面体矿物，如膨润土、凹凸棒石等，②和③之间转变的温度间隔很短，因此中间相形成后很可能未能被观察到。当新的晶体形态出现时，即使新产物的晶体方位跟初始矿物保持一致，其原始特性也会消失。

5.2.2.1 煅烧机理

高岭石煅烧温度接近 500℃ 时，晶体结构中的水分逸出。到 650℃ 左右完成脱羟，这时水合铝硅酸盐变成主要由三氧化铝和二氧化硅组成的煅烧陶土或偏高岭土。若继续使温度稳定而缓慢上升，偏高岭土经过硅铝尖晶石相，最终产物是莫来石和无定形二氧化硅。

从高岭土的标准差热曲线同样也可看出上述反应过程。由于不同矿区高岭土的结晶程度不同，因此其转变温度也不一样。高岭土经过高温热处理后会脱去结合水及挥发物而获得一类粉体材料。煅烧温度有低温、中温及高温的区别，其产品性能及用途也就有差别，具体的燃烧温度范围应由原料的差热曲线来制定。影响高岭土煅烧效果的主要因素是高岭土的烧成温度、煅烧时高岭土的物态、煅烧持续时间、不同技术作业条件及工艺性能，这些都决定着煅烧产品的质量。原料质量的差异也是影响产品优劣的主要因素。

煅烧高岭土产品有多种用途，不同用途有不同的质量要求，有些还要进一步加工处理，如表面改性、覆盖有机硅或树脂等材料。650℃ 下脱羟的煅烧高岭土具有优良的电性能，可用于电缆绝缘层的电性能改良剂，或用于橡胶制品及橡胶密封材料的填料。700~850℃ 煅烧的高岭土，其高岭土晶体形成了通向层间的孔道，从而扩大了吸附能力及表面积，可用于制备 4A 合成沸石、农药载体或催化剂载体等。高岭土脱羟后，进一步到 1000℃ 下煅烧的产品，具有更高的白度和亮度，油吸收值高、比表面积大、遮盖率好，作为纸张填料时具有明显的光学性能，并可部分或全部（表面改性后）代替钛白粉，降低造纸成本。在普遍涂布高岭土中加入煅烧高岭土可使透明度和白度提高，而涂布光泽不变。经过 1300~1525℃ 煅烧的高岭土，高岭石晶体发生相变，形成莫来石化，是生产耐火材料的主要方法。产品耐火度达 1770℃，莫氏硬度 7~8，耐磨性、热稳定性及化学稳定性均好，可广泛用于耐火制品的填料、光学玻璃坩埚内衬、陶瓷窑具匣体和高级陶瓷坯料配制，是制备精细陶瓷的重要原料之一。

关于高岭石煅烧过程中物相转变比较统一的看法是：高岭石进行煅烧时，在 110℃ 左右排出各种吸附水；在 110~400℃ 排出层间水；温度继续升高后，在不同的煅烧温度下的化学反应式为

$$Al_2O_3 \cdot 2SiO_2 \cdot 2H_2O \xrightarrow{450\sim750℃} Al_2O_3 \cdot 2SiO_2 + 2H_2O \qquad (5\text{-}1)$$
高岭石   偏高岭石

$$2(Al_2O_3 \cdot 2SiO_2) \xrightarrow{925\sim980℃} 2Al_2O_3 \cdot 3SiO_2 + SiO_2 \qquad (5\text{-}2)$$
偏高岭石   硅铝尖晶石

$$2Al_2O_3 \cdot 3SiO_2 \xrightarrow{1050℃} 2Al_2O_3 \cdot SiO_2 + 2SiO_2 \qquad (5\text{-}3)$$
硅铝尖晶石   似莫来石

从 450℃ 开始，高岭石中的羟基以气态逸出，到 950℃ 左右完成脱羟（不同类型的高岭石完成脱羟的温度略有不同），这时高岭石转变为偏高岭石，即由水合硅酸铝变成由 Al_2O_3 和 SiO_2 组成的物质；煅烧温度 925℃ 左右，偏高岭石开始转变为无定形的硅铝尖晶石，至 980℃ 左右完成硅铝尖晶石的转变；一般在 1050℃ 左右，硅铝尖晶石向莫来石相转变；当煅烧温度达到 1100℃ 以后，煅烧产物的莫来石特征峰已明显增强，其物理化学性能已发生变化；煅烧温度升至 1500℃ 后，偏高岭石已经莫来石化，是一种烧结的耐火熟料或耐火材料。

也有相关研究人员在分析煤系高岭石相转变时认为，煅烧煤系高岭石的相转变经历了 4 个阶段：脱羟基阶段（低于 550℃）、偏高岭石阶段（550~850℃）、SiO₂ 分凝阶段（850~

1100℃）及 Al_2O_3 分凝阶段（950～1100℃）。超过 1100℃ 为 SiO_2 与 Al_2O_3 反应生成莫来石阶段。偏高岭石莫来石的相转变过程中存在 SiO_2 和 Al_2O_3 的分凝，其中，SiO_2 的分凝温度是 850℃；Al_2O_3 的分凝温度是 950℃。950℃后的新生物相为 γ-Al_2O_3 而非 Al-Si 尖晶石。该过程用化学反应可以表示为

$$Al_2O_3 \cdot 2SiO_2 \xrightarrow{850℃} \underset{\text{偏高岭石非晶态 } SiO_2}{Al_2O_3 \cdot (2-\lambda)SiO_2 + \chi SiO_2} \qquad (5\text{-}4)$$

偏高岭石

$$\underset{\text{偏高岭石}}{Al_2O_3 \cdot (2-\chi)SiO_2} \xrightarrow{950℃} \underset{\text{非晶态 } SiO_2}{(2-\chi)SiO_2 + \gamma\text{-}Al_2O_3} \qquad (5\text{-}5)$$

从 1100℃ 开始，由偏高岭石分凝形成的 SiO_2 和 Al_2O_3 再反应生成莫来石。而 1200℃ 温度下，非晶态的 SiO_2 开始转变成方石英。

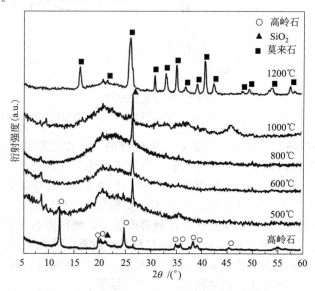

图 5-1　不同煅烧温度下高岭石的 XRD 图谱

图 5-1 所示为不同煅烧温度下高岭石的 XRD 图谱。由图 5-1 可知，未经焙烧的高岭石物相衍射峰清晰可见，高岭石结构完整。500℃煅烧试样结构有序程度下降，但还存在微弱的高岭石特征峰。600℃和 800℃煅烧样品已脱去结构水内层羟基，高岭石晶格被严重破坏，转变成无定形态，形成偏高岭石。1000℃煅烧样品与 600℃的相比 XRD 图谱出现了一些变化，高岭石的脱水产物发生重结晶逐步形成硅铝尖晶石并开始莫来石化，主要成分是非晶态 SiO_2、硅铝尖晶石和少量莫来石及方解石；在煅烧温度为 1200℃时，偏高岭石的莫来石化进一步加剧，莫来石的特征峰明显增加，此时产品的主要成分是莫来石和非晶态 SiO_2。

5.2.2.2　煅烧工艺

（1）低温煅烧　低温煅烧可选用的设备类型有快速脱水器、倒焰窑、连续式推板窑等。

① 快速脱水器煅烧　煅烧时，由空气预热室产生的热空气鼓入此脱水器，形成一个旋转向上的热气流，并控制脱水器产品出口外的气流温度为 600℃左右。极细的物料从图 5-2 的 1或 2 处注入，借助注入器或喷雾器分散，并以逆流方向进入圆锥内反应室中。热空气由 3 从小圆锥直径一端以平均 50～150m/s 速度切向旋转进入，煅烧后的物料由最大直径端 4 处排出，然后用旋风集尘分离和收集。由此制得的非晶态煅烧高岭土还可进一步加热处理，此时温度在偏高于高岭石转变温度以上，即高岭土放热反应开始的温度（900～1000℃）。由于二次热处理导致新的结晶和物理状态，物料比前面的煅烧高岭土白度更高，而且显示更优良的特性。这一加工过程也可通过将空气预热到 900～1000℃，然后在快速脱水器或一般的转炉煅烧完成。

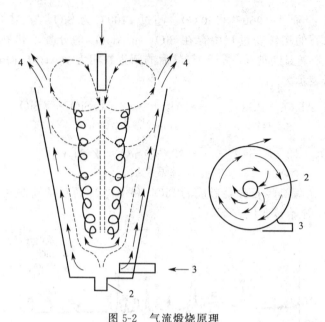

图 5-2　气流煅烧原理
1—顶端入料口；2—底端入料口；3—高温气体入口；4—被煅烧物料与气体出口

② 倒焰窑　倒焰窑是参照陶瓷制品烧制工艺进行的。如按间歇式操作，将高岭土粉装入陶匣钵中，以一定间隔堆码入窑内煅烧。一般的高岭土煅烧工艺，是将经水洗达到一定纯度的高岭土放入匣钵，送入陶瓷行业通用的倒焰窑，即可进行煅烧。为使煅烧过程中高岭土不被胶结，同时为了节约燃料，入窑高岭土所含外在水分要控制在 15% 左右，并经粉碎，使其呈粉末状。煅烧过程中，使用多根热电偶观察并控制窑内温度，使窑内各点温度尽可能达到均衡。

③ 连续式推板窑　采用耐火质推板输送装有粉料的匣钵，入窑烧成连续完成。窑体结构紧凑，占地小、设备简单、投产快，由于窑道截面小，一般窑内温差较小，产品烧成质量均匀，热利用率高，操作管理方便，煅烧温度在 1400℃ 以下。

（2）高温煅烧　高温煅烧采用的主要设备是回转窑和隧道窑。

① 回转窑　采用卧式回转窑煅烧高岭土的流程如图 5-3 所示。该工艺能连续生产，并采用低热值煤为燃料。回转窑的结构及工作原理如图 5-4 所示。

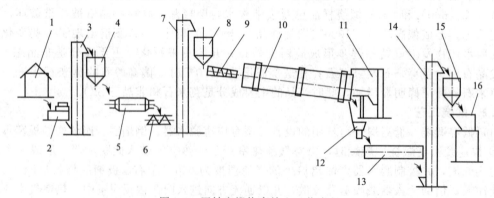

图 5-3　回转窑煅烧高岭土工艺流程
1—料仓；2—破碎机；3，7，14—提升机；4—储库；5—球磨机；6—螺旋输送机；8—高位料仓；
9—螺旋输送机；10—回转窑；11—沸腾炉；12—接料斗；13—冷却器；15—成品料仓；16—包装机

回转窑体为圆筒状钢结构，窑体外壁中部有齿圈，高岭土在窑内的煅烧是通过沸腾炉产生的高温烟气来完成。从鼓风机来的压缩空气，从沸腾炉底部的出风口冲出，使煤斗送入的煤处

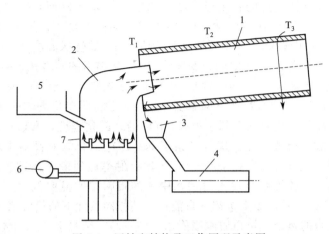

图 5-4　回转窑结构及工作原理示意图

1—回转窑；2—沸腾炉；3—接料斗；4—冷却器；5—煤斗；6—鼓风机；7—出风口

于悬浮状态燃烧，高岭土从回转窑 T_3 端（窑尾）给入，经窑中 T_2 从 T_1 端（窑头）排出，其中 $T_1 \sim T_2$ 段为煅烧段，$T_2 \sim T_3$ 段为预热段。由于窑的回转及窑轴线的倾斜，使高岭土在窑内进行螺旋状翻滚运动，并且该运动方向与高温气流方向相反，从而使高岭土与高温烟气通过辐射、传导、对流等形式进行较彻底的热交换。通过调节煤的添加量和鼓风机风管阀门开启度即可控制烟气温度，通过调整窑的安装角度和回转速度可控制高岭土在窑内的煅烧时间。经回转窑烧成后的高岭土从窑头流出，进入接料斗内，经冷却器冷却后，通过提升机进入成品料仓，最后给入包装机进行包装。

②隧道窑　隧道窑（图 5-5）属于逆流操作的热工设备，窑身分为预热、烧成、冷却 3 个带，制品与气流依相反方向运动。窑两端有窑门，每隔一定时间将装好的窑车用顶推机推入一辆，同时已烧成的制品被顶出一辆。窑车进入预热带后，车上制品首先与来自烧成带的燃烧废气接触预热，随后移入烧成带，借助燃料燃烧放出的大量热量达到烧成温度，并经一定保温时间后，制品被烧成，再进入冷却带，与鼓入的大量冷空气相遇，制品被冷却后出窑。

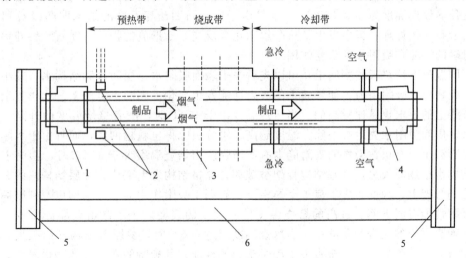

图 5-5　隧道窑示意图

1—进车室；2—烟道；3—燃烧设备；4—出车室；5—台车轨道；6—回车线

经 1500℃ 以上煅烧的高岭土是一种烧结的耐火熟料，英国瓷土公司生产的莫洛凯特熟料就是这种煅烧高岭土产品。产于康沃尔附近的瓷土原料经过精选加工后得低铁、高铝瓷土。煅烧经过以下步骤：首先将精选过的瓷土经压滤机使含水量降至 30%，制成滤饼，通过回转窑干燥，然后制成砖坯（水分约 16%），再用一定方式自动推上窑车，先送至隧道式烘房干燥，然后在长 150m 的隧道窑中煅烧。窑车在煅烧区停留 25h，煅烧区温度从 1300℃升高到煅烧结束时的 1525℃，采用油为燃料。一次煅烧循环约 60h，烧结后的砖料送入破碎、分级，并先制成标准粒级，一部分进入球磨至−120 目和−200 目，或送筛分分出 80~120 目产品。

Lu 等将高岭土与 $TiCl_4$ 混合后在不同温度下焙烧，获得了单层均匀的 TiO_2 纳米粒子包覆的高岭石，指出了较高的活化温度有利于提高 TiO_2 的结晶化程度，合成产物相较于高岭石基质有着明显优越的光散射指数。沈王庆等考察了 Na_2CO_3 活化煤系高岭土对城市生活污水中磷的吸附。结果表明：当焙烧温度在 700~750℃时吸附率达到最大，且在相同条件下，先活化后焙烧比先焙烧后活化的煤系高岭土对污水中磷的吸附率明显要低。当 Na_2CO_3 的浓度为 2mol/L、固液比为 10g/L 时，吸附率都各自能达到其相同条件下的最大值。

凹凸棒石进行适当的热处理可以脱除吸附水、沸石水、结晶水及八面体中的结构水，导致晶体内部孔道中的结构变化，增加其活性中心点，可以使杂乱堆积的束棒状结构变得疏松多孔。当处理温度过高时，可能导致其孔道坍塌、棒状结构烧结、孔道消失、比表面积锐减、吸附性能下降等。张先龙等研究了热处理对凹凸棒石结构及其脱硫性能的影响，考察了凹凸棒石经过不同条件热处理后对烟气中 SO_2 吸附性能的变化行为。利用 XRD、BET 等方法表征了凹凸棒石脱硫剂在热处理过程中的结构变化。探讨了凹凸棒石脱硫剂的结构特性与其脱硫性能的内在关系。研究发现，凹凸棒石的微观晶体结构随热处理温度的升高呈现显著的阶段性变化；而 SO_2 吸附实验结果表明，这种结构变化的程度与凹凸棒石表面不同形态水分子的脱除密切相关。随着热处理温度的升高，凹凸棒石对 SO_2 的吸附量呈现先增大后减少的趋势；凹凸棒石的表面吸附水和沸石水的存在占用大量的吸附位，对 SO_2 的吸附是不利的；而结晶水的存在对 SO_2 的吸附是有利的。谢晶晶等研究了不同矿石类型凹凸棒石黏土热处理后对磷的吸附性能，从明光官山采集灰白色、粉红色凹凸棒石，蒙脱凹凸石棒石，蛋白石凹凸棒石，以及白云石凹凸棒石黏土样品。在 400~800℃对各种类型矿石样品进行热处理改性，通过射线衍射分析表征热处理前后样品的物相组成和结构，通过静态吸附实验考察了各种类型矿石样品煅烧前后对低浓度磷的吸附效果，结果表明：白云石凹凸棒石煅烧后具有较好的吸附除磷效果。吸附除磷最佳热处理温度为 600~700℃，这是由于白云石凹凸棒石中的纳米凹凸棒石和亚微米多孔状白云石在热处理过程中发生了热分解和化合反应。新形成的物相方镁石、斜硅钙石和灰硅钙石对磷的沉淀和吸附起到重要作用。

在不同温度下焙烧天然膨润土，可以先后失去表面吸附水、层间水和结构水，减小水膜对有机物污染物质的吸附阻力，使膨润土的吸附性能发生变化。膨润土生产工艺比较复杂，对膨润土生产线上的要求也是比较高的。当焙烧温度小于 450℃时，随着焙烧温度的升高，膨润土的表面水、层间吸附水先后被去除，温度越高，水分去除得也就越彻底，而且由于水膜的逐渐消失也使膨润土对有机污染物的吸附能力有所增强。当焙烧温度大于 450℃时，膨润土中的水化水和结构水也逐渐失去，羟基结构骨架被破坏，晶格结构发生变化，片层结构间的金属阳离子被压缩到骨架上，因此丧失了离子交换性能，有利于吸附作用的卷边结构也遭到破坏，使膨润土的吸附性能有所下降。过高的焙烧温度使膨润土的表面发生了微熔，部分显微气孔被堵塞，从而使膨润土的比表面积减小。当焙烧温度超过 600℃时，蒙脱石结构开始破裂，层间的阳离子缩合到结构骨架上，完全丧失了离子交换的性能，其独特的卷边片状物也剥落，有利于吸附的构造遭到破坏。

Aytas 等以热活化后膨润土为吸附剂研究其对铀离子的吸附能力，考察了 pH 值、反应时间、反应温度以及铀离子浓度对活化后膨润土吸附能力的影响，并对其热力学及吸能性能进行了衡量。研究表明，活化后的膨润土对铀离子的吸附是自发进行的，并且具有较高的吸附容量，膨润土是廉价且高吸附能力的吸附剂。一般硅藻土经过 400℃ 热处理，会失去所含的大部分水；当温度达到 1100℃ 时，蛋白石会结晶为方石英。硅藻土经 900～1200℃ 的热处理会使无定形 SiO_2 转化为方石英。也有人研究指出，硅藻土经 900℃ 的热处理，仍可保持非晶态，这主要与矿体形成类型和其所含杂质有关。在 600～1150℃ 焙烧，其表面积随温度升高而逐渐下降。其中，在 600～950℃ 时，中孔平均直径、平均孔直径、毛细孔百分率逐渐上升；在 1150℃ 时，孔容陡然降低，这是因为其经焙烧后，孔洞内的有机质被燃尽，部分堵塞在圆筒体内及圆筒体表面微孔内的黏土杂质在 600～950℃ 时熔化。

Sun 等以硅藻土和石蜡为原料制备复合相变储热材料。在不同温度焙烧硅藻土以提高其吸附能力，作为复合材料的基体。研究结果表明在 450℃ 焙烧 1h，硅藻土具有较大的比表面积，与石蜡按一定比例复合可制备出相变温度为 33.04℃、相变潜热为 89.54J/g 的复合储热材料。

5.2.3　高温膨胀

某些非金属矿物（如蛭石、石墨、珍珠岩等），在遇到高温煅烧时，体积迅速膨胀，可达到原来的几倍、几十倍甚至上百倍。这一特殊的性能，使得它们在保温材料、过滤材料、化工填料、密封材料领域中得到广泛应用。

5.2.3.1　蛭石

（1）膨胀原理　蛭石是由金云母或黑云母在地下热液和水化作用下变质而成。它的结构特点是有许多由薄层组成的层状碎片，在碎片内部有无数细小的薄层空隙。到目前为止，对于蛭石膨胀原理的解释还没有确切的说法。我国某科研单位对蛭石的膨胀做了大量试验研究工作，并对蛭石膨胀原理给出如下解释：蛭石的许多鳞片间都形成水化层，层间水分有两种状态存在：一种是原生水化膜，称为结合水；另一种是处于自由状态的水分子，称为自由水。当蛭石被加热后，鳞片间的自由水在比较低的温度下排出，并在蛭石的鳞片层间产生蒸气，随着温度升高，蒸气在层间产生的压力逐渐增大，由于压力的作用，蛭石沿垂直于解理面的方向产生膨胀。

蛭石的膨胀受其水化程度的影响。当蛭石片急剧受热时，其四周的边缘要比解理面的中间部分先被加热。层间的水分从边缘部分排除比从中间部分加热速度越快，蛭石片边缘和中心上的温度梯度就越大，水分封闭周边也发生得越早，层间水分参与膨胀的过程越有效，因而膨胀程度越高。由于膨胀机理与珍珠岩不同，蛭石的膨胀不是向三维空间的各个方向膨胀，而是几乎完全沿着与层片垂直的一个方向膨胀，就像手风琴拉开一样。大量的试验表明，当加热温度在 730℃ 以下时，蛭石脱水速率不大，蒸气产生的压力不足以使蛭石膨胀；当加热温度大于 750℃ 时，加热速度增大，造成蒸气在层间的压力增大，促使蛭石在垂直解理面方向产生膨胀，加热速度越大膨胀倍数越大。实际上蛭石完成完善膨胀的温度在 900～950℃，需要的时间也很短，只要在 35～50s 瞬时内就可以完成膨胀。蛭石外观与云母相似，当层间结晶水脱出后，其厚度可增大 15～20倍，体积增大 8～15 倍（最大可达 40 倍），成为带有银色或金色光泽的质地疏松的物质。它具有隔热、保温、耐冻、抗菌、防火、吸水、吸声等优异性能，但它不耐酸、介电性能较差。

（2）煅烧工艺　蛭石的膨胀煅烧工艺与珍珠岩相似，但除原料准备、预热、煅烧外，一般还有一道冷却工序。选矿的任务是将煅烧时不膨胀或膨胀很小的矿物以及各种土壤杂质，从蛭石原料中分离出来。不能应用的矿物有以下两部分：长石、石英、角闪石、霞石、碳酸盐等矿物；原生云母以及水化很差的变体云母。运进工厂的蛭石原矿一般都含有 6%～12% 的水分，有时还多些，因此必须干燥到 5% 以下的水分才能进行筛分和破碎。蛭石的水分含量对膨胀时间和温度有影响，含水量大会使膨胀过程延长，浪费燃料，造成小粒径蛭石变成粉末，因此在膨胀前须将蛭石晒干或烘干。干燥方法一般是将蛭石松散地铺成薄层，在自然条件下借日光暴晒和通风干燥。蛭石原矿含水量对膨胀性能有一定影响（但不像珍珠岩那样大），一般含水量超过 5% 时，应进行干燥处理。烘干的另一目的是将蛭石原矿预热。

膨胀蛭石的用途不同，对粒度的要求也有差异。对于超过要求粒度的蛭石在干燥后要进行破碎。生产上一般选用小型颚式破碎机或锤式破碎机。与珍珠岩不同的是，蛭石原矿煅烧前一般需按晶体片度大小分为大于 15mm、15～4mm、4～2mm、小于 2mm 四个级别分别给料，由于蛭石膨胀主要是在其厚度上，在平行于蛭石片方向上基本无膨胀。因此，给矿最大粒度 15mm 并不太大。实践证明，当最大片度为 12～15mm 时，可得到最大粒度为 25mm 的膨胀颗粒。蛭石晶片厚度对其膨胀倍数影响最大，厚度以 1mm 左右为好，一般不超过 2mm。用立窑煅烧蛭石时，原料是用提升设备提至喂料口喂进窑内，物料自窑上部沿折挡装置曲折平稳减速降落。火焰及高温气流自燃烧室内按物料反方向自下而上沿曲折烟路上升。窑内温度由下往上逐渐降低，物料自上而下，首先接触低温逐渐接触高温而完成其膨胀，最后由卸料口排出。

为了保证蛭石的完善膨胀，必须保证按原料情况确定温度的稳定性。控制窑温的方法是在窑内高温带上部安装高温计来观测温度变化，及时调节窑温。窑温的调节主要靠调整燃烧室燃料的燃烧状况，一般一座蛭石立窑一个燃烧室就可以满足需要，另一个燃烧室处于闷火状态，作备用及调节窑温时使用。燃烧室添加燃料要勤，喂煤要均匀，经常排掉炉渣，保持窑温稳定。窑温达不到规定的温度或物料在窑内通过的时间不够，蛭石就膨胀不完全。窑温超过规定温度或物料在窑内通过时间过久，蛭石就会发脆，粉末含量增加，反而膨胀缩小，密度相应增大，膨胀蛭石质量变坏，同时也大大降低了煅烧的热利用率。蛭石的粒度、厚度对膨胀倍数影响很大。一般情况下，增大粒度、减小厚度，蛭石的膨胀倍数将提高（表 5-4）。当煅烧温度超过 950℃时，不但不增加膨胀倍数，反而有减缩现象（表 5-5）。

但在实际生产中，为了使蛭石膨胀完善一般要加热到 1000℃，促使蛭石层间处于悬空状况进行煅烧，使每个颗粒都能处于热温度之中。采用立窑煅烧，基本上能满足上述要求。试验表明，蛭石最适宜的煅烧时间为 45s，同时煅烧时间与粉末含量成正比（表 5-6）。

表 5-4　不同蛭石原料粒度与膨胀倍数、密度、粉末含量的关系

粒径/mm	膨胀前密度/(kg/m³)	膨胀后密度/(kg/m³)	膨胀倍数/倍	粉末含量/%
1.2～5	1280	150	6	1.9
5～10	1120	120	7.6	1.7
10～20	1110	110	7.5	1.6

注：煅烧温度为 950℃，时间为 45s。

表 5-5　蛭石煅烧温度与膨胀倍数、密度、粉末含量的关系

温度/℃	膨胀后密度/(kg/m³)	膨胀倍数/倍	粉末含量%	温度/℃	膨胀后密度/(kg/m³)	膨胀倍数/倍	粉末含量%
200	480	2.4	0.23	700	230	5	1.1
300	350	3.1	0.43	800	220	6.2	1.2
400	300	3.4	0.44	900	125	6.5	1.6
500	300	3.5	0.56	950	120	7.5	1.8
600	275	4	0.88	1000	136	7.2	2.1

表 5-6　蛭石煅烧时间与膨胀倍数、粉末含量的关系

时间/s	膨胀倍数/倍	粉末含量%	时间/s	膨胀倍数/倍	粉末含量%
10	5.5	0.7	50	6	1.7
25	5.5	1.50	60	6	1.6
35	6.2	1.40	89	6.6	2.2
45	6.8	1.37			

矿石经膨胀后的自然冷却过程具有类似于金属热处理后的油冷或水冷作用。从煅烧窑内出来的膨胀蛭石，应急速脱离高温环境，以保持其强度不变。

（3）煅烧设备　煅烧是生产膨胀蛭石的关键环节。倾斜炉和旋转炉的结构分别如图 5-6 和图 5-7 所示。倾斜炉的特点是炉床倾斜配置，焙烧道为立式且有窄口，工作时，燃烧装置把炉

体加热到 700~900℃，将炉体火道内的烟气速度调整至给定值，原料从料斗借助气动喷射装置被抛向反射挡墙。此时，蛭石组分被陡然加热到 500~600℃，得到最大膨胀并被带进沉降室，水云母通常为大粒度的，质量较大，靠惯性飞到挡墙，撞击后落到倾斜炉床上，在滚动过程中被加热到 750~850℃ 而膨胀，再被上升气流带入沉降室，而未膨胀脉石从炉端滚入脉石集料斗中。

卧式旋转炉的特点在于炉体旋转且转速可调。工作时，在旋转炉烟道中造成既定的通风量，启动旋转炉驱动装置，燃烧装置点火，启动振动给料机，用喷射装置将原料从料斗靠惯性力喷撒送入旋转炉进行膨胀。细颗粒直接在射流中膨胀，并被烟气带入沉降室；中、粗颗粒原料被环形反射挡墙弹回，落到旋转炉筒底上。由于炉体转动，颗粒常处于悬浮状态。即使最大的颗粒也不能马上落入废石斗。这种炉体结构可使原料中所有组成都能在最佳条件下热处理，保证最大程度的膨胀，但避免导致降低膨胀蛭石强度的过烧。

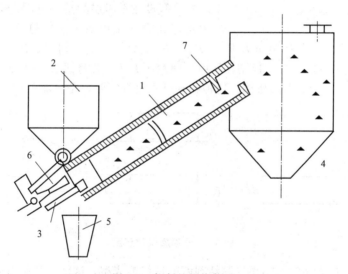

图 5-6　倾斜炉煅烧装置

1—炉体；2—料斗；3—燃烧装置；4—沉降室；5—脉石集料斗；6—气动喷射装置；7—挡墙

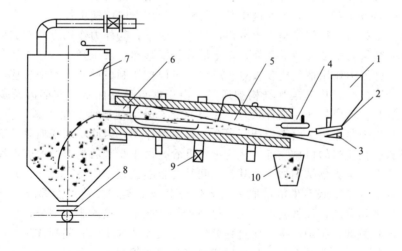

图 5-7　旋转炉煅烧装置

1—料斗；2—振动给料机；3—喷射装置；4—燃烧装置；5—回转炉；6—反射挡墙；
7—沉降室；8—卸料闸门；9—旋转炉传动装置；10—废石斗

5.2.3.2　石墨

(1) 膨胀原理　石墨经过化学处理，可以生成石墨层间化合物。应用最广泛的层间化合物是酸化石墨（或石墨酸），又称为可膨胀石墨。它是由氧原子等浸入石墨晶格层间，夺取了层间可自由活动的π电子，与碳形成共价键，这些层间化合物受到高温加热时，由于高速脱氧作用，吸附物被迅速分解气化而产生具有一定能量的推力，这种推力可以破坏层间范德华层间结合力，使石墨层间的金属键（π键）断裂，石墨晶格层沿垂直于层面方向迅速膨胀，这时原来鳞片状酸化石墨变成具有一定卷曲形状的蠕虫状膨胀石墨。将膨胀石墨置于显微镜下观察时似

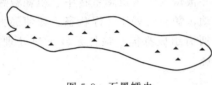

图 5-8　石墨蠕虫

蠕虫状，如图 5-8 所示。这是因为，当层间化合物在石墨层间气化时，产生的气体会形成一种压力，同时冲击两个相邻的层面，使其变成如图 5-9(c) 所示的形状。这一形状的形成过程和原因可用图 5-9(a) 和图 5-9(b) 来解释：假设在石墨层的某一范围内取 A、B、C、D、E 为层间化合物集中点，当加热这块石墨时，A、B、C、D、E 各点化合物气化产生压力 P_A、P_B、P_C、P_D、P_E，则 P_A-P_B 和 P_D-P_E 压住了 C 层面的两端，使之不能张开，但是在层面中间的压力 P_C 要将两层面推开，因此就形成了如图 5-9(c) 所示的蠕虫状的石墨块体。这种解释是否符合实际，是目前正在研究的问题。

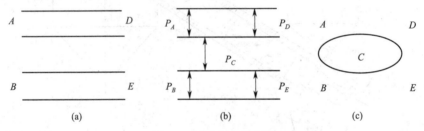

图 5-9　石墨膨胀示意图

膨胀后的石墨在成型时，不用加黏结剂就能良好地成型，这就是膨胀石墨的成型特性。其原因可以从蠕虫的结构和表面性质来说明。为了便于说明，把膨胀后的蠕虫简化为片状回旋弹簧。压制成型时所受外力可能来自 3 个方向：①外力作用方向沿蠕虫长度方向，这种外力作用的结果，先是层面被压缩，然后层片被压紧；②外力作用方向与蠕虫长度方向成一定角度，这种外力作用结果是蠕虫层片间先是产生滑移，然后被压紧；③外力作用方向与蠕虫长度轴线垂直，这种情况的结果与第 2 种情况类似，也是层片先滑移然后被压紧。

实际上第 2 种外力作用情况比较多见。所以，可以把压制成型分为两个过程：第一个过程是层平面滑移；第二个过程是层片结构被压紧。由于蠕虫呈卷曲状，外部边缘多毛刺呈锯齿状，虫与虫接触时，形成勾挂、咬合状态。在滑移时，外力使层面交错压紧，咬合更加牢固，压制时又产生互相楔紧作用。由于勾挂、咬合、楔紧等作用，因此不加任何黏结剂就能很好地成型，并且能够达到相当的机械强度。从能量角度看，由于膨胀后的石墨比表面积大，表面能增高，再加以外力，虽无黏结剂加入，其各层间结合自然比较牢固。

(2) 膨胀方法　可膨胀石墨的膨胀方法大体可分成 3 类。按使用能源分，可分为电热加热、气体燃料加热和微波、红外线、激光等热源加热膨胀法。按膨胀炉型分，可分为立式膨胀炉、卧式膨胀炉和微波膨胀炉。按工作过程分，可分为连续式工作和间断式工作两种膨胀。

(3) 膨胀设备　目前美国石墨制品厂以燃煤气的立式炉为主；日本的石墨制品厂以燃煤气的卧式炉为主；德国的柔性石墨制品厂立式和卧式炉都用，主要用电加热进行膨胀。立式膨胀炉是以煤气为燃料直接加热连续生产的，基本结构如图 5-10 所示。其工作过程是：煤气喷射器向炉内喷射燃烧的火焰，石墨喷嘴向火焰喷射可膨胀石墨。两者瞬间接触，温度达 1000℃

以上。石墨受热后，层间化合物被气化产生膨胀。膨胀好的"蠕虫"被抽风机从抽气口抽出，经过一套分离系统，除掉未膨胀的石墨（死虫），然后进入沉降室料中，再经过筛分除尘，进入下道加工工序或进入料仓包装。立式膨胀炉内温度通过燃烧器的煤气量和助燃风量控制在 1200℃ 左右。石墨粉给入要适量，并与火焰均匀接触。引风输送系统的气流以 600Pa（6kgf/cm²）压力将石墨粉压入，每千克石墨粉耗空气 0.5m³。系统内维持一定负压，保证膨胀好的物料能正常输送到各个料位。卧式辐射膨胀炉是输送带运载石墨物料进出炉子的。加热方式是靠辐射能源实现，其构造如图 5-11 所示。粉仓中的酸化石墨通过密封放料阀门给到传送带上，当传送带载着石墨通过炉子入口时，料层厚度控制闸门将料层刮成一定厚度才能进入辐射炉。在辐射装置发出的辐射能量照射下，石墨经过数秒或数十秒，便产生急剧膨胀。传送带及时将已膨胀的石墨送入卸料仓中储存。为了防止辐射装置过热，加入一套冷却系统进行冷却。

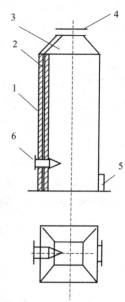

图 5-10　立式膨胀炉构造示意图

1—钢板外壳；2—耐火衬里；3—顶部锥体；4—抽气口；5—除渣门；6—煤气和石墨喷射管

　　这种膨胀炉中产生的高密度、高通量辐射能，可以是红外线、微波或激光等能源，能量密度大于 500kW/m²。使用微波辐射装置时，频率为 2450MHz。由于石墨为热和电的良导体，当辐射能量到达石墨粒子上后产生的焦耳热被粒子吸收，其内能增加，粒子间引起静电电弧而放热，在数秒至数十秒内即可使石墨粒子变成炽热状态而膨胀，这种加热方式与石墨在高温环境中加热是不同的。

　　卧式辐射膨胀炉的优点是：节省能源、热效率高；既能处理干物料，又能处理湿物料；可连续生产，且生产能力较大，密封性好，环境污染小。

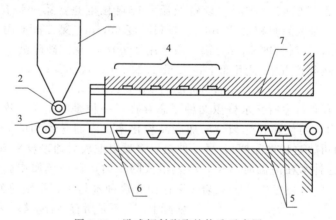

图 5-11　卧式辐射膨胀炉构造示意图

1—料仓；2—轮式放料阀门；3—料层厚度控制闸门；4—辐射装置；5—冷却装置；6—传送带；7—机壳

5.2.3.3　珍珠岩

　　目前我国膨胀珍珠岩主要用作工业及建筑保温。开发以膨胀珍珠岩为基料的新型墙体材料在助滤剂、吸附载体、农业等方面均有很大的发展潜力。

　　膨胀珍珠岩的优点是保温绝热性、吸声性、不燃性、化学稳定性、微孔、高比表面积及吸附性、价格低廉等。缺点是强度低、本身没有增强效果、无胶结能力、吸水性强。因此，生产膨胀珍珠岩制品时，可将膨胀珍珠岩视为复合材料中的颗粒状性能调节剂。对它的技术性能要求主要在堆积容量、颗粒大小及各粒级比例，颗粒强度、热导率以及是否改性（疏水或硬化处理）等。

（1）膨胀原理　珍珠岩是一种火山喷出的酸性岩急速冷却形成的玻璃质岩石，内部含有大量水分。其形成过程和膨胀性能是：当火山爆发时，酸性熔岩首先喷出地表，此时由于火山熔岩温度与空气温度相差悬殊，岩浆骤冷而具有很大的黏性，使大量水蒸气未能从岩浆中逸散而存在于玻璃质中（酸性火山玻璃质岩石），就形成了珍珠岩。当焙烧珍珠岩时，因突然受热达到软化温度时，玻璃质中结合的水气化，产生很大压力，在黏稠的玻璃质中体积迅速膨胀，这时如果玻璃冷却至软化温度以下，便凝成空腔结构，形成多孔的轻质保温材料，即膨胀珍珠岩。珍珠岩的膨胀倍数可达 7～30 倍。但当作为新型建筑材料作用时，膨胀倍数不宜很高，以保证制品强度。膨胀珍珠岩为洁白、轻质、蜂窝状颗粒，具有密度小、热导率低、耐火、可用温度高、吸声、吸湿、抗冻、耐酸、电绝缘等优点，但吸水强、耐碱性差。

（2）煅烧工艺　膨胀珍珠岩生产工艺流程如图 5-12 所示。从图 5-12 中看出生产工艺流程为原料→三段破碎→筛分→储料仓→预热→焙烧→产品。

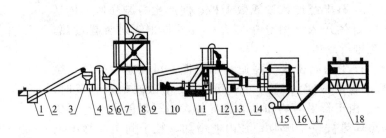

图 5-12　膨胀珍珠岩生产工艺流程图

1—颚式破碎机；2—带式输送机；3，6，9—给料机；4—圆锥破碎机；5—储料罐；7—辊式破碎机；
8—振动筛；10—预热炉；11—螺旋给料机；12—斗式提升机；13—储料仓；
14—回转焙烧窑；15—风机；16—卸料机；17—废气锅炉；18—料仓

① 破碎　该流程三段破碎选用的设备及给、排料粒度是：第一段破碎采用 500mm×250mm 颚式破碎机，最大给料粒度 200mm，排料粒度 50mm；第二段选用 ϕ900mm 圆锥破碎机，入料粒度 80mm，排料粒度 5mm；第三段选用 ϕ800mm 辊式破碎机，入料粒度 5mm，排料粒度小于 1mm。破碎产品粒度组如下：大于 1.24mm，10.6%；0.6～1.24mm，30.3%；0.3～0.6mm，21.3%；0.15～0.3mm，18.8%；小于 0.15mm，18.8%。

② 预热　珍珠岩矿石中所含水分以两种形态存在：一种是吸附水，这种水在高温焙烧时产生很大的蒸气压力，而使颗粒炸裂，增加产品粉化率，因而是不利的，在焙烧前必须除掉（在较低的温度下即可将这种水除掉）；另一种是岩浆喷出地表后遇冷没来得及逸散仍包裹在玻璃质中的结合水，这种水在高温时气化，产生很大的压力，在玻璃质中膨胀而形成膨胀珍珠岩，因而研究这种水与矿石膨胀的关系是很重要的。

实际上，并不是所有结合水都有利于矿石的膨胀，只有当物料中含某一个数值的结合水时，膨胀效果才最好，称这部分使膨胀最充分的含水量为"有效含水量"，应控制有效含水量为 2% 左右。当物料含水量大时，高温焙烧水分气化产生的压力过大，将冲破颗粒中玻璃质薄弱的地方，产生裂隙炸裂、粉化，使产品密度增大。当物料含水量小时，高温焙烧时没有足够的水变成气态，气体压力小，膨胀不充分，也使产品密度增大。因此，要通过预热控制矿石中有效含水量数值。

珍珠岩预热温度的确定可以通过测定珍珠岩加热温度与残存水含量的关系中得出。图 5-13 所示为珍珠

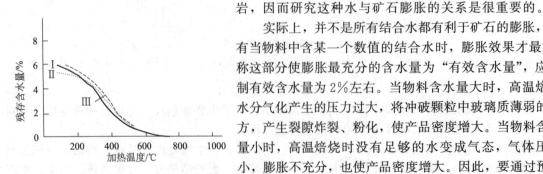

图 5-13　珍珠岩加热温度与残存含水量关系

Ⅰ—河北张家口矿石；Ⅱ—辽宁凌源矿石；Ⅲ—辽宁法库矿石

岩加热温度与残存水含量关系曲线。从图 5-13 中可以看出，残存含水量 2%时的加热温度为 400～500℃，因此珍珠岩的预热温度应控制在此范围之内，这时珍珠岩的膨胀率最大。

③ 焙烧　它是生产膨胀珍珠岩的关键。主要是窑型要选择得合理，工艺参数确定得合适。目前国内采用的窑型主要有卧式和立式两大类。卧式中又分为转动的（回转窑）和不转动的两种。从所使用的燃料来分，有重油、煤气和液化石油气等，近年来直接燃煤的方法也得到应用。下面简单介绍回转窑的构造及其工艺。

以重油为燃料的回转窑其生产流程如图 5-14 所示。回转窑窑体外壳为钢板，窑衬为耐火砖，窑体长 6m，窑内有效直径 0.6m，倾斜度为 2°30′，转速 4r/min，由 20kW 的电动机通过减速装置带动。回转窑以重油为燃料，一支喷油量为 200kg/h 的燃烧器沿炉中心线插入窑内 150mm。重油在进燃烧器之前油压为 0.2MPa，在燃烧器内，重油被压力为 0.4MPa 的蒸气雾化成小油滴，并与窑前端敞口进入的空气混合而燃烧。窑内呈正压。在窑的前端，物料由喂料量为 600kg/h 的螺旋给料机给入炉内下料口（在油喷嘴前端 150～200mm 处）。物料在窑内很快进入 1250～1300℃的焙烧带，经高温作用而膨胀成密度很小的产品。膨胀产品和燃料燃烧所产生的烟气靠窑内正压力和烟囱抽力而进入沉降分离室。由于沉降室的断面比回转窑大，从回转窑中出来的烟气进入沉降室后，气流速度减小，膨胀产品由于自重而沉降下来。烟气经过废热锅炉经烟囱排入大气。膨胀后的产品在沉降室中冷却并由沉降室下面的鼓风机鼓风吹入料仓。产品在料仓中进一步冷却然后等待包装。废热锅炉利用高温烟气的热量使水变成水蒸气，供重油雾化使用，从而提高了热效率。

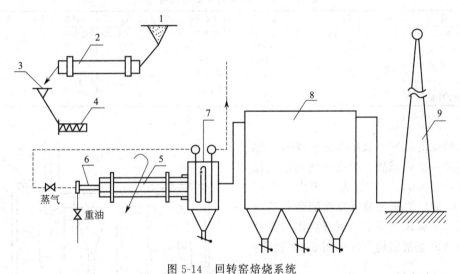

图 5-14　回转窑焙烧系统

1—矿碎后的料仓；2—回转预热炉；3—顶热后的料仓；4—螺旋给料机；
5—回转窑；6—重油燃烧器；7—废热锅炉；8—沉降室；9—烟囱

回转窑的优点：火焰水平运动，膨胀物料的阻力较小；由于窑体旋转，窑的断面温度较均匀；产量较大，每小时可产 10m³ 膨胀珍珠岩，成本较低。缺点：需要传动设备，投资较大，设备重量较大，耗电大，运行费较高。

影响珍珠岩焙烧的主要因素是膨胀温度和膨胀时间。焙烧温度的确定与矿石软化温度有关。软化温度高者，焙烧温度高些；反之，则低些。实践证明珍珠岩焙烧时膨胀温度大致在 1180～1250℃范围内波动。在这个温度范围内，珍珠岩预热温度与膨胀倍数的关系如图 5-15 所示。若焙烧温度过高，则矿石软化过度，甚至熔化，黏度很小，包裹不住压力很大的水蒸气，因此膨胀不好，产品密度大，已膨胀的产品也产生体积萎缩现象，颗粒变黄。此外，熔融的物料还容易黏结在窑壁上，造成结窑。若焙烧温度过低，矿石软化不够，水分气化所产生的

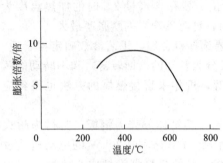

图 5-15　珍珠岩预热温度与膨胀倍数的关系

压力不大，有些颗粒没有膨胀，颗粒有裂纹，颜色变黑。

膨胀时间的长短主要由焙烧温度、矿石粒度来决定。在一定的温度范围内，当焙烧温度变化时，焙烧时间也应改变。通常，焙烧温度高，则焙烧时间应短。因为温度越高，在短时间内矿石膨胀倍数越大，但一达到最大膨胀倍数后便急剧引起收缩，温度越高，收缩越厉害。因此，应使物料达到最大膨胀而尚未引起收缩，就急速冷却使玻璃质固化，即焙烧时间必须要短。颗粒越大，则热量传递到颗粒中心使物料软化膨胀的时间越长，因此焙烧时间要长；反之，则焙烧时间要短。根据工厂经验，小于 1mm 的物料，在适宜的焙烧温度下，在回转窑中的焙烧时间以 2～3s 为宜。焙烧时间主要是通过调节焙烧带的长短、窑内气流速度来控制。焙烧带长，窑内气流速度小，则物料焙烧的时间长；反之，则焙烧时间短。此外，加热速度对物料的膨胀也有影响，加热速度越快，膨胀率越高。

焙烧膨胀珍珠岩用的燃料有液体燃料和气体燃料两大类。气体燃料有液化石油气、城市煤气、焦炉煤气、发生炉煤气等；液体燃料有柴油、重油等。几种燃料的主要热工特性见表 5-7。燃料的选择应根据当地燃料供应情况和生产工艺以及成本来决定。

表 5-7　几种燃料的主要热工特性

名称	单位	重油	液化石油气	焦炉煤气	城市煤气	发生炉煤气
发热量	kcal/m³(kg)	9800～10500	25000～27000	40000～45000	3200～3160	1350～1420
密度	kg/m³	900～950	2.3～2.4	0.42	0.71	1.16
理论燃烧温度	℃	2050～2080	2080	2010	2100	1900
理论空气需要量	m³	10～12	25～26	4.2	3.25	1.18
着火温度	℃	500～600	500	500	—	

注：1cal＝4.1868J。

立窑煅烧的燃料一般用重油或煤气。燃料被压缩喷入窑内燃烧，炉内煅烧温度应控制在 1000～1300℃。矿石进入炉内，遇热只需 3～8s 即可膨胀。抽风机将膨胀了的珍珠岩吸入一个旋风器系统，沉降后作为产品排出。珍珠岩立窑煅烧系统如图 5-16 所示。

5.2.4　高温分解

① 在适宜的气氛和低于矿物原料熔点的温度条件下，使目的矿物发生物理和化学变化如矿物（化合物）受热脱除结构水或分解为一种组成更简单的矿物（化合物）；矿物某些有害组分（如氧化铁）被气化脱除或矿物本身发生晶形转变，最终使产品的白度（或亮度）、孔隙率、活性等性能提高和优化。如高岭土因煅烧而脱结构水而生成偏高岭石、硅铝尖晶石和莫来石；凹凸棒石及海泡石煅烧后可排出大量吸附水和结构水，使

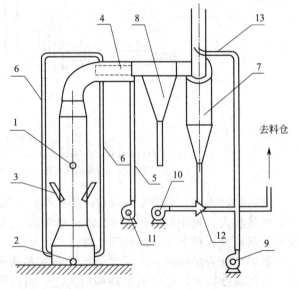

图 5-16　珍珠岩立窑煅烧系统

1—立窑；2—燃烧室；3—下料管；4—风火套；5—风管；
6—热风管；7—旋风分离器；8—放料斗；9—引风管风机；
10—吹料用鼓风机；11—热风鼓风机；12—吹料管；13—引风管

颗粒内部结晶破坏而变得松弛，比表面积和孔隙率成倍增加。

② 使碳酸盐矿物（石灰石、白云石、菱镁矿等）和硫酸盐矿物发生分解生成氧化物和二氧化碳。

③ 使硫化物、碳质及有机物氧化在一些非金属矿物（如硅藻土、煤系高岭石）及其他黏土矿物中，常含有一定的碳质、硫化物或有机质，通过在适宜的温度下煅烧可以除去这些杂质，使矿物的纯度、白度、孔隙率提高。

④ 熔融和烧成是将固体矿物或岩石在熔点条件下转变为液相高温流体。烧成又称重烧，是在远高于矿物热分解温度下进行的高温煅烧，目的是稳定氧化物或硅酸盐矿物的物理状态，变为稳定的固相材料。为了促进变化的进行，有时也使用矿化剂或稳定剂。这个稳定化处理，从现象上看有再结晶作用，使之变为稳定型变体，以及高密度化矿物常压稳定化。熔融和烧成常用来制备低共熔化合物，如二硅酸钠、偏硅酸钠、正硅酸钠以及四硅酸钾、偏硅酸钾、二硅酸钾、轻烧镁、重烧镁、铸石以及玻璃、陶瓷和耐火材料等。

5.3 表面有机改性

5.3.1 基本原理

无机粉体表面有机改性是表面改性的一种，其主要目的是改善粉体与有机聚合物之间的亲和性和复合材料的性能。填料表面改性过程机理主要包括两个方面：改性剂与填料表面间的相互作用机理和改性填料与有机基体间的相互作用机理。

（1）改性剂与填料表面的相互作用　对硅烷偶联剂与非金属矿物填料间作用的解释有化学反应、物理吸附、氢键作用和可逆平衡等理论，至今尚未形成定论。综合各种观点提出的共价键吸附机理比较符合实际。该理论认为，硅烷偶联剂与填料间的作用过程是：硅烷偶联剂接触水并发生水解反应；硅烷分子间缩聚成低聚物；硅烷水解物与填料表面羟基缩合、脱水，低聚物和填料表面羟基形成氢键；脱水反应发生，氢键转化为共价键。经上述过程后，填料表面最终被低聚物覆盖，形成界面区。一般认为钛酸酯偶联剂与硅烷一样，也是通过与填料表面之间形成化学键的方式进行吸附反应。但钛酸酯偶联剂的一个重要特点是：在单烷氧型钛酸酯中，只有一个异丙氧基团是能和无机填料偶联的水解基团，因此可以在无机填料表面形成单分子层。

（2）改性填料与有机基体之间的相互作用　对于改性填料与有机基体之间的作用机理，目前的解释有化学键理论、浸润效应和表面能理论、可变形层理论、拘束层理论、可逆水解理论等，其中大多最初是针对硅烷偶联剂处理玻璃纤维增强聚合物材料而提出来的。化学键理论认为，偶联剂含有两种化学官能团：一种可与填料表面质子形成化学键；另一种可与聚合物分子键合。偶联剂起到在无机相与有机相间"架桥"作用，导致较强的界面结合，从而提高填充复合材料的力学性能。浸润效应和表面能理论认为，液态树脂对被黏物的良好浸润对于复合材料的性能有重大影响，如果能将填料完全浸润，那么树脂对高能表面的物理吸附将提供高于有机树脂内聚强度的黏接强度。可变形层理论认为偶联剂改性填料可能择优吸附树脂中的某一配合剂，相间区域的不均衡固化可导致一个比偶联剂在聚合物与填料之间形成的单分子层厚得多的柔性树脂层，即变形层。它能松弛界面应力，防止晃面裂缝的扩展，因而改善了界面的结合强度。拘束层理论认为，复合材料中高模量的填料和低模量的树脂之间存在界面区，偶联剂是其中的一部分，如果界面区的模量介于填料与树脂之间，则可最均匀地传递应力。偶联剂一方面与填料表面黏合；另一方面在界面上"紧密"聚合。若偶联剂含有可与树脂起反应的基团，则可在界面上起到增加交联密度的作用。可逆水解理论则把化学键、刚性界面、应力松弛等理论观点结合起来。硅烷偶联剂与填料/聚合物体系的作用机理是：化学键形成传递应力的界面层；改善聚合物的浸润性；改善相容性；增加表面粗糙度；形成憎水层等。

影响无机粉体表面改性效果的主要因素如下。

（1）粉体表面性质　如粉体的比表面积、粒度大小和粒度分布、比表面能、表面官能团、表面酸碱性、表面电性、溶湿性、溶解或水解特性、水分含量、团聚性等均对其有影响。粉体表面性质是选择表面改性剂配方、工艺方法和设备的重要考虑因素。

（2）表面改性剂的配方　粉体表面化学包覆改性在很大程度上是通过表面改性剂在粉体颗粒表面作用来实现的。因此，表面改性剂的配方（品种、用量和方法）是表面改性技术的核心，对粉体表面的改性效果和改性产品的应用性能有着重要的影响。

（3）表面改性工艺　表面改性剂配方确定以后，表面改性工艺是决定表面有机化学包覆改性效果最主要的影响因素之一。改性工艺要满足表面改性剂的应用要求或应用条件，对表面改性剂的分散性好，能实现表面改性剂在粉体表面均匀且牢固的包覆；同时要求工艺简单、参数可控性好、产品质量稳定，且能耗低、污染小。因此，选择表面改性工艺时至少要考虑以下因素：①表面改性剂的特性，如水溶性、水解性、沸点或分解温度等；②前段粉碎或粉体制备作业是湿法还是干法，如果是湿法作业可考虑采用湿法改性工艺；③改性工艺条件，如表面改性温度和改性（粉体在改性机内的停留）时间等。

（4）表面改性设备　表面改性设备也是影响粉体表面化学包覆改性的关键因素之一。表面改性设备性能的优劣，不在其转速的高低或结构复杂与否，关键在于以下基本工艺特点：①对粉体及表面改性剂的分散性；②使粉体与表面改性剂的接触或作用机会的均等性；③改性温度和停留时间的可调节；④单位产品能耗和磨耗；⑤环保性能；⑥设备运行的稳定性。

无机粉体表面有机改性的目的是改善粉体与有机聚合物之间的亲和性和复合材料的性能。因此，表征方法主要有表征粉体改性效果的润湿性、浸渍热、吸附热、吸油值、在非极性溶剂中的黏度和分散性等以及表征改性粉体在聚合物基料中的应用性能的各种方法，如复合材料的力学性能、阻燃性能、电性能等。

反映无机粉体有机表面包覆改性后润湿性的最常用的方法是活化指数和润湿接触角，但润湿接触角测定较麻烦，因此，工业生产中常采用活化指数测定法，其公式见式(5-6)。表 5-8 所列为用硬脂酸包覆处理 $CaCO_3$ 后的润湿接触角，随着包覆程度的增加，填料接触角增大，面能显著降低。一般来说，无机粉体的活化指数与润湿接触角成正比关系，润湿接触角越大，活化指数越高。

$$H = \frac{样品中漂浮部分的质量}{样品总质量} \times 100\% \tag{5-6}$$

式中　H——活化指数。未经表面活化（即改性）的无机粉体，$H=0$；活化处理最彻底时，$H=1.0（100\%）$。

表 5-8　表面包覆率对润湿接触角和表面能的影响

包覆率/%	接触角/(°)		表面能/(erg[①]/cm²)	
	甲酰胺	溴萘	90℃	20℃
0	3.5±2	4.5±2	54±6	58±6
50	96±3	18±3	29±5	33±4
75	105±3	40±3	25±5	28±5
100	109±3	52±3	23±5	27±5

① 1erg=10^{-7}J。

此外，一些特定物理量的变化也可用来衡量改性效果。如采用几种不同性能的表面改性剂对云母进行表面改性，使云母表面由亲水性变为疏水性，同时在正己烷介质中的沉降体积降低。

表面改性后的无机粉体在聚合物基复合材料（如塑料、橡胶、胶黏剂等）中的应用性能可通过测定填充后复合材料的力学性能（如抗拉强度、冲击强度、断裂伸长率、弯曲强度、撕裂强度、硬度、耐磨性以及熔体流动指数等）来综合评价。表面改性后的无机填料在绝缘橡胶（如 EPDM）中的应用效果除前述力学性能外，还要通过测定电性能（如介电常数、体积电阻率、损耗功率因素等参数）来评价粉体表面改性的效果。表面改性后的无机粉体在涂料中的应用效果可通过测定填充体系的黏度、分散性以及涂膜的力学性能、光学性能、耐候性等来综合评价。矿物填料的表面改性处理方法很多，最主要的有化学包覆改性、沉淀法改性、机械力化学法改性、物理包覆法改性、粉体颗粒插层法改性以及高能表面法改性。但涉及对表面有机化改性的主要有化学包覆改性和物理包覆改性。

5.3.2　化学包覆改性

化学包覆改性是指通过一定的技术手段，利用有机表面改性剂分子中的官能团在颗粒表面吸附或化学反应，从而包裹在无机粉体的表面以达到改性的目的。化学包覆法是非金属矿物粉体表面改性最常用的方法，一般采用湿法工艺。具体方法有多种：①溶胶-凝胶法，此法不仅可以用于超细粉体的包覆，还可以用于制备超细粉体；②非均相凝聚法，此法先加入分散剂将两种物质分散，通过调节 pH 值或加入表面活性剂等使包覆颗粒和被包覆颗粒所带的电荷相反，然后通过静电引力形成单层包覆；③表面接枝聚合包覆法，此法通过化学反应将高分子材料连接到无机粒子表面上。表面接枝聚合包覆法的特点是最终接枝包覆在改性主体的聚合物改性剂是在改性过程中同时合成的。该法利用有机硅偶联剂处理碳化硅粉体，在适合的条件下，经聚合反应将有机单体接枝于颗粒表面上，形成聚电解质层，改性后的碳化硅粉体在水中的分散稳定性能大大优于未改性碳化硅粉。此法主要用在改性以补强作用为目的的矿物填料，一般添加到塑料和橡胶等材料中。通常采用的表面改性剂都是一端为极性基团，能与粉体表面发生化学反应而连接；另一端为非极性基团，能与基体形成化学键合，从而改变粉体的分散性。因此，如偶联剂、羟基类官能团聚合物等改性剂，一般均采用此法。

5.3.2.1　表面改性剂种类

无机粉体表面化学包覆改性所用的表面改性剂种类很多，根据所用表面改性剂种类，可将无机粉体表面化学包覆改性的方法分为偶联剂改性（硅烷、钛酸酯、铝酸酯、有机配合物、磷酸酯等）、表面活性剂改性（高级脂肪酸及其盐、高级胺盐、非离子型表面活性剂、有机硅油或硅树脂等）、聚合物或水溶性高分子改性、不饱和有机酸改性等。

（1）偶联剂改性　偶联剂改性法是无机粉体表面有机改性中应用最广泛、发展最快的一种技术。偶联剂的分子中通常含有几类性质和作用不同的基团，能够改善无机粉体与聚合物之间的相容性，并增强填充复合体系中无机粉体与聚合物基料之间的界面相互作用。如用钛酸酯偶联剂处理碳酸钙、炭黑和滑石粉表面，由于它能与粉体表面的自由质子发生化学吸附或化学反应，从而在粉体表面形成有机单分子层，显著提高了与聚合物基料之间的亲和性。

（2）表面活性剂改性　表面活性剂分子中一端为亲水性的极性基团，另一端为亲油性非极性基团。用它对无机粉体进行表面改性时，极性基团能吸附于粉体粒子表面。如用各种脂肪酸、脂肪酸盐、酯、酰胺等对碳酸钙进行表面处理时，由于脂肪酸及其衍生物对钙离子具有较强的亲和性，所以能在表面进行化学吸附，覆盖于粒子表面，形成一层亲油性结构层，使处理后的碳酸钙亲油疏水，与有机树脂有良好的相容性。

（3）聚合物或水溶性高分子改性　将分子量几百到几千的低聚物和交联剂或催化剂溶解或分散在一定溶剂中，再加入适量的无机粉体，搅拌、加热到一定温度，并保持一定时间，便可实现粉体表面的有机包覆改性。如采用分子量 340～630 的双酚 A 型环氧树脂和胺化酰亚胺交联剂溶解在乙醇中，加入适量的云母粉，经一定时间搅拌反应后，得到环氧预聚物与交联剂包覆的活性无机粉体。

（4）不饱和有机酸改性　不饱和有机酸（如丙烯酸等），与含有活泼金属离子（含有 SiO_2、Al_2O_3、K_2O、Na_2O 等化学成分）的粉体（如长石、石英、红泥、玻璃微珠、煅烧高岭土等）在一定条件下混合时，粉体表面的金属离子与有机酸上的羧基发生化学反应，以稳定的离子键结构形成单分子层，包覆在无机粉体粒子表面。由于有机酸的另一端带有不饱和双键，具有很大的反应活性，因此，这种填料具有较强的反应活性。在生产复合材料时，用这种带有反应活性的粉体与基体树脂混合，在加工成型时，由于热或机械剪切的作用，基体树脂就会产生自由基与活性填料表面的不饱和双键反应，形成化学交联结构。在使用过程中复合材料中的大分子在外界的力、光、热的作用下，也会分解产生自由基，这些自由基首先与活性粉体残存的不饱和双键反应，形成稳定的交接结构。

5.3.2.2　表面改性剂配方

无机粉体表面改性剂的配方包括改性剂品种、改性剂用量和改性剂用法三要素。一般是依据应用体系基料的种类和性质选择表面改性剂，优先选择能与粉体表面进行化学吸附或化学反应的表面改性剂；根据粉体材料的比表面积设计用量；根据表面改性剂的理化性质设计使用方法。

（1）表面改性剂品种　粉体表面有机改性常用的改性剂品种有硅烷偶联剂、钛酸酯偶联剂、铝酸酯偶联剂、锆铝酸盐偶联剂、有机铬偶联剂、高级脂肪酸及其盐、有机铵盐及其他各种类型表面活性剂、磷酸酯、不饱和有机酸及水溶性有机高聚物等。在一般情况下，应尽可能选择能与粉体颗粒表面进行化学反应或化学吸附的表面改性剂，因为物理吸附在其后应用过程中的强烈搅拌或挤压作用下容易脱附。例如，石英、长石、云母、高岭土等呈酸性的硅酸盐矿物表面可以与硅烷偶联剂进行键合，形成较牢固的化学吸附；但硅烷类偶联剂一般不能与碳酸盐类碱性矿物进行化学反应或化学吸附，而钛酸酯和铝酸酯类偶联剂则在一定条件下和一定程度上可以与碳酸盐类碱性矿物进行化学吸附作用。因此，硅烷偶联剂一般不宜用于碳酸盐类碱性矿物粉体，如轻质碳酸钙和重质碳酸钙的表面改性剂。

不同的应用领域对粉体应用性能的技术要求不同，如表面润湿性、分散性、pH 值、遮盖力、耐候性、光泽、抗菌性、防紫外线等，这就是要根据用途来选择表面改性剂品种的原因之一。例如，用于各种塑料、橡胶、胶黏剂、油性或溶剂型涂料的无机粉体（填料或颜料）要求表面与有机高聚物基料有良好的亲和性或相容性，这就要求选择能使无机粉体表面亲有机高聚物的表面改性剂；对于陶瓷坯料中使用的无机颜料不仅要求其在干态下有良好的分散性，而且要求其与无机坯料的亲和性好，能够在坯料中均匀分散；对于水性漆或涂料中使用的无机粉体（填料或颜料）的表面改性剂则要求改性后粉体在水相中的分散性、沉降稳定性和配伍性好。同时，不同应用体系的组分不同，选择表面改性剂时还应考虑与应用体系组分的相容性和配伍性，避免因表面改性剂而导致体系中其他组分功能的失效。此外，选择表面改性剂时还要考虑应用时的工艺因素，如温度、压力以及环境因素等。所有的有机表面改性剂都会在一定温度下分解，如硅烷偶联剂的沸点依品种不同在 $100\sim310℃$ 之间变化。因此，所选择的表面改性剂的分解温度或沸点最好高于应用时的加工温度。

改性工艺也是选择表面改性剂的重要考虑因素之一。目前的表面改性工艺主要采用干法和湿法两种。对于干法工艺不必考虑其水溶性的问题，但对于湿法工艺要考虑表面改性剂的水溶性，因为只有能溶于水才能在湿法环境下与粉体颗粒充分接触和反应。例如，碳酸钙粉体干法表面改性时可以用硬脂酸（直接添加或用有机溶剂溶解后添加均可）；但在湿法表面改性时，如直接添加硬脂酸，不仅难以达到预期的表面改性效果（主要是物理吸附），而且利用率低，过滤后表面改性剂流失严重，滤液中有机物排放超标。其他类型的有机表面改性剂也有类似的情况。因此，对于不能直接水溶而又必须在湿法环境下使用的表面改性剂，必须预先将其皂化、铵化或乳化，使其能在水溶液中溶解和分散。

（2）表面改性剂用量　在用表面改性剂对粉体填料进行表面改性时，一般情况下，粉体的比表面积越大，改性剂的用量也就越大。理论上改性剂的用量以能在填料表面形成改性剂单分子膜最为合适。用量不足，会使粉体颗粒表面得不到充分覆盖及活化；用量过多，既提高成本，又使多余的改性剂游离于填充体系内，影响复合材料的使用性能。对于湿法改性，表面改性剂在粉体表面的实际包覆量不一定等于表面改性剂的用量，因为总是有一部分表面改性剂未能与粉体颗粒作用，在过滤时流失掉了。因此，实际用量要大于达到单分子层吸附所需的用量。

（3）表面改性剂用法　表面改性剂的使用方法是表面改性剂配方的重要组成部分之一，对粉体的表面改性效果有重要影响。好的使用方法可以提高表面改性剂的分散程度和与粉体的表面改性效果；反之，使用方法不当就可能使表面改性剂的用量增加，改性效果达不到预期目的。表面改性剂的用法包括配制、分散和添加方法以及使用两种以上表面改性剂时的加药顺序。表面改性剂的配制方法要依表面改性剂的品种、改性工艺和改性设备而定。不同的表面改性剂需要不同的配制方法，例如，对于硅烷偶联剂，与粉体表面起键合作用的是硅醇，因此，要达到好的改性效果（化学吸附）最好在添加前进行水解。添加表面改性剂的最好方法是使表面改性剂与粉体均匀和充分地接触，以达到表面改性剂的高度分散和表面改性剂在粒子表面的均匀包覆。因此，最好采用与粉体给料速度联动的连续喷雾或滴（添）加方式，当然只有采用连续式的粉体表面改性机才能做到连续添加表面改性剂。在选用两种以上的表面改性剂对粉体进行处理时，加药顺序也对最终表面改性效果有一定影响。在确定表面改性剂的添加顺序时，首先要分析两种表面改性剂各自所起的作用和与粉体表面的作用方式（是物理吸附为主还是化学吸附为主）。一般来说，先加起主要作用和以化学吸附为主的表面改性剂，后加起次要作用和以物理吸附为主的表面改性剂。例如，混合使用偶联剂和硬脂酸时，一般来说，应先加偶联剂，后加硬脂酸，因为添加硬脂酸的主要目的是强化粉体的疏水性以及减少偶联剂的用量，降低改性作用成本。

高岭土是一种重要的工业矿物，在造纸、陶瓷、橡胶、塑料、涂料、耐火材料等领域得到广泛应用。高岭土属于层状硅酸盐矿物，经粉碎、选矿或煅烧加工后的高岭土粉体，表面含有羧基和含氧基团，因此在用作高聚物基复合材料的填料（如填充环氧树脂和乙烯树脂及涂料等）时需要进行表面改性处理。高岭土填料表面改性的目的是改善它在橡胶、电缆、塑料、涂料、化工载体等方面的应用性能。常用的表面改性剂有硅烷偶联剂、有机硅（硅油）、聚合物、表面活性剂以及有机酸等；用途不同，所用的表面改性剂的种类也有所不同。

高岭土表面经过改性后，能达到防水、降低表面能、改善分散性和提高塑料及橡胶等制品性能的目的。如在热塑性塑料中，改性高岭土对于提高塑料的玻璃化温度、抗张强度和弹性模量效果显著；在热固性塑料中，改性高岭土具有增强塑料及预防模压表面的纤维起霜及纤维表露的作用；在橡胶工业中，用改性高岭土作填料，可显著改善橡胶的性能；填充在电线电缆护套中，可改善耐磨性及抗切口延伸性；填充在绝缘橡胶中，可获得稳定的受潮电性能，并提高弹性模量和抗拉强度；填充在管料中，可改善耐溶剂性和耐磨性；在皮带中，可改进皮带耐磨性并增加抗撕裂强度；在鞋底中，可增加鞋底的挠曲寿命，提高耐磨性；在垫圈中，可减少压缩变形率；在工艺改进方面，改性高岭土可缩短胶料的混合周期，降低黏度。

图 5-17 所示为硅油与高岭土颗粒表面作用的模型图。其主要用于电线电缆的填料，

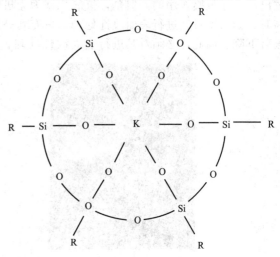

图 5-17　硅油与高岭土颗粒表面的作用
K—煅烧高岭土；R—有机官能团

不仅可以提高电线电缆的机械物理性能，而且还可以改善或提高电线电缆的电绝缘性能，尤其是在潮湿环境下的电绝缘性能。从燃煤电厂排放的废渣（粉煤灰）是一种性能良好的无机填料，可以广泛用作各种塑料、橡胶及聚酯等的填料。但作为无机填料，为了改善其表面与高聚物基料的相容性，也需要对其进行适当的表面处理。

粉煤灰或玻璃微珠的表面改性可以使用硅烷、钛酸酯、铝酸酯等偶联剂，硬脂酸等表面活性剂以及不饱和脂肪酸和有机低聚物或将两种以上的表面改性剂混合使用。郑水林等在工业生产线上用硅烷偶联剂处理玻璃微珠，然后与 LLDPE 混合后用单螺杆挤出机挤出造粒结构表面，填充于尼龙 66 中可以部分代替玻璃纤维，有一定的补强性能；选用适当的硅烷偶联剂进行表面处理，并与 LLDPE 混合制粒后填充 PP 保险杠，较之未改性的玻璃微珠可以显著提高其抗冲击强度。图 5-18 分别给出了未改性和改性粉煤灰在橡胶中应用时对胶料强度的影响。由图 5-18 可知，表面改性后，在 20%～120%范围内，胶料的拉伸强度随着填充量的增大而提高；而未经表面改性的粉煤灰在天然橡胶和氯丁橡胶中随填充量的增加而下降，在丁苯橡胶和丁腈橡胶中填充量超过 60%后随填充量增大而下降。

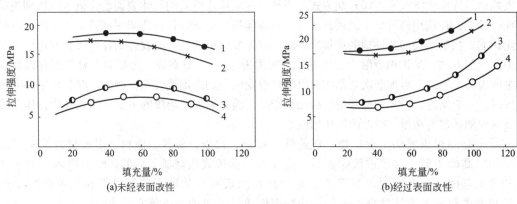

（a）未经表面改性 （b）经过表面改性

图 5-18 粉煤灰填料对胶料拉伸强度影响

1—天然橡胶；2—氯丁橡胶；3—丁苯橡胶；4—丁腈橡胶

氢氧化镁和超细水镁石［主要化学成分为 $Mg(OH)_2$］粉体是一种应用前景好的高聚物基复合材料的无机阻燃填料。与氢氧化铝一样，氢氧化镁阻燃剂是依靠受热时化学分解吸热和释放出水而起阻燃作用的。但是，氢氧化镁为无机物，表面与高聚物的相容性较差，当填充量较高时，如果不对其进行表面改性处理，填充到高聚物基材料中后，将导致复合材料的力学性能显著下降。因此，必须对其进行表面改性处理，以改善其与高聚物基料的相容性。图 5-19 所

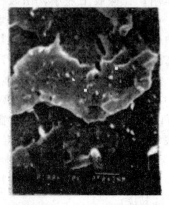

（a）未改性水镁石填料的PP材料（×300） （b）改性水镁石填料的PP材料（×3000）

图 5-19 PP/水镁石复合材料 SEM 照片

示为未进行表面改性和表面改性后的超细水镁石粉体在相同配方下填充 PP 材料并在液氮下脆断后其断裂面的扫描电镜照片。由图 5-19(a) 可知，因脆断时水镁石颗粒逃逸后形成的空洞，说明未改性的水镁石粉在 PP/水镁石体系中只是起一个填充阻燃的作用，而不与 PP 发生化学键合。由图 5-19(b) 可知，经过表面改性后的水镁石粉在 PP 基体中分散均匀，颗粒大多以原级颗粒或小团聚颗粒的形式分散存在于材料中。

表面改性剂一般使用硅烷偶联剂、焦磷酸酯型钛酸酯偶联剂、铝酸酯偶联剂、硬脂酸、有机硅、阳离子表面活性剂等。表面改性工艺主要有湿法和干法两种。湿法工艺主要用于湿法制粉（如水镁石的湿法超细粉碎）；干法工艺则主要用于干法制粉和原料粒度较粗的场合。阴离子表面活性剂类改性剂如硬脂酸钠、油酸钠、十二烷基苯磺酸钠等在水中稳定性很好，一般均选用湿法改性；偶联剂类改性剂一般采用干法改性。影响氢氧化镁粉体表面改性效果的主要因素有氢氧化镁颗粒的表面性质，表面改性剂的种类、用量和用法以及工艺设备和操作条件等。

氢氧化铝（三水氧化铝 $Al_2O_3 \cdot 3H_2O$）具有良好的阻燃性和消烟作用，是一种用量最大的无机阻燃剂，广泛应用于热固性塑料和合成橡胶之中。但是，氢氧化铝作为无机填料和高分子聚合物在物理形态和化学结构上极不相同，两者亲和性差。为了改善其与聚合物的相容性，一般是通过加入适当的表面活性剂或偶联剂进行表面包覆处理，以达到提高氢氧化铝和树脂之间的亲和力、改善物理机械性能、增加阻燃性、改善加工性能、提高制品的电性能以及降低成本等目的。氢氧化铝的表面改性通常采用干法处理，采用连续式或间歇式表面改性设备。

氢氧化铝填料表面改性中，适用的改性剂品种有：氨基硅烷、乙烯基硅烷、甲基丙烯酰氧基硅烷，钛酸酯偶联剂，铝酸酯偶联剂，硬脂酸。单独使用一种改性剂往往不能使复合 EVA 阻燃材料的力学性能、阻燃性能和加工性能全部得到提高，需要不同改性剂复配使用。各类改性剂对复合阻燃材料性能指标的作用见表 5-9。

表 5-9　各类改性剂对复合阻燃材料性能指标的作用

改性剂	拉伸强度	断裂伸长率	氧指数	熔融指数
氨基硅烷	↑	—	↑	↗
乙烯基硅烷	—	↑	↑	↗
甲基丙烯酰氧基硅烷	↑	↑	↑	↗
钛酸酯	—	↑	↘	↑
铝酸酯	—	↑	—	—
硬脂酸	—	↑	—	↗

注：↑为较大；↗为极好；↘为一般；—为无。

单分散复合磁性微球在材料、化学、生物和医药等领域具有广泛的应用前景。复合磁性微球在磁场中的定向移动性能可用于定向药物输送的载体，也可用于活体内外的细胞分离；此外，复合磁性微球在磁流变仪、磁力显微镜、精细流可视系统以及酶的固定化过程均有应用。采用硅烷偶联剂 KH-570，用分散聚合法对磁性 Fe_3O_4 微粒进行表面改性。红外光谱（FT-IR）、光电子能谱（XPS）分析结果表明，偶联剂与磁性微粒表面以化学键形式结合。改性后的 Fe_3O_4 微粒与单体及其聚合物之间具有良好的亲和性，采用改性后的磁性微粒可以显著改善磁性微球的性能指标。如图 5-20 所示，通过两种复合磁性微球的 SEM 照片可以看出，未经改性的铁黑颗粒容易趋附在聚苯乙烯表面，而由改性铁黑制得的复合微球表面则很难找到铁黑微粒。这是由于改性使得铁黑微粒与单体及聚合物具有较好的亲和性，容易被包覆在聚苯乙烯颗粒内部的缘故。

Kan 等采用新型的双子表面活性剂（GN16-1-16）对蒙脱石进行表面改性，研究其对甲基橙的吸附去除作用，并和 CTMAB 改性的蒙脱石进行对比。红外光谱和 X 射线衍射表明，这两种表面活性剂均成功插入膨润土层间，GN-蒙脱石的层间距为 2.65nm，CTMAB-蒙脱石的层间距则为 2.14nm。说明 GN16-1-16 比 CTMAB 更能有效地扩大蒙脱石的层间距。GN16-1-

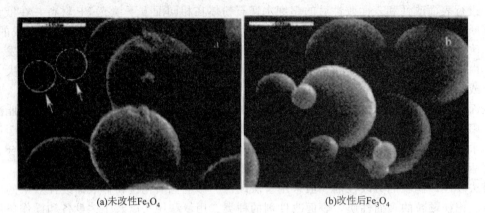

(a)未改性Fe₃O₄　　　　　　　　　(b)改性后Fe₃O₄

图 5-20　复合磁性微球的形貌（SEM）

16 的最佳改性时间和温度为 1h，30℃；CTMAB 的则为 3h，70℃。GN16-1-16 和蒙脱石的反应速率比 CTMAB 快。改性后的蒙脱石可以吸附溶液中的甲基橙，使溶液脱色，并且 GN-蒙脱石比 CTMAB-蒙脱石脱色快。GN-蒙脱石的甲基橙溶液的脱色率和化学耗氧量（COD）为 99.02% 和 90.62%，而 CTMAB-蒙脱石的为 80.12% 和 75.49%。

武占省等为了提高有机膨润土对苯的吸附能力，采用超声波辐照处理膨润土改性合成有机膨润土。通过研究不同的改性条件对苯吸附量的影响，获得了最佳工艺条件：超声处理时间 20min，固液比 1∶10，十六烷基三甲基溴化铵（CTAB）添加量为 120mmol/100g，以及超声波功率 600W。在此条件下制备的有机膨润土对苯的吸附平衡研究表明，在开始 30min 内吸附非常快，吸附 150min 后基本达到吸附平衡，其对苯的吸附量达 51.28mg/g。超声波用于膨润土的有机改性能够明显提高膨润土对苯的吸附能力，有望拓宽作为有害气体吸附的应用领域。另外，超声波反应无需机械搅拌，常温下能顺利进行，且反应时间短。所以，采用超声波技术进行膨润土的有机改性，提高其吸附性能是切实可行的，具有重要的现实意义。

埃洛石纳米管（HNTs）与碳纳米管具有相似结构形态，是一种具有一定长径比的天然纳米管状粒子，它无毒无害，具有良好的生物适应性。由于其具有价格便宜、来源丰富的优点，HNTs 现已广泛应用于陶瓷、医药、催化、环境、能源和复合材料等多个领域，在高分子纳米复合材料应用中日益受到研究者的关注。

HNTs 虽然也是纳米粒子，但其具有一定长径比的管状结构，有利于在聚合物中的分散；另外，HNTs 表面主要是硅氧键，管表面的羟基密度较低，氢键作用较弱，表面电荷分布较特殊，不容易发生团聚。相比常见的碳纳米管、蒙脱土等其他常见纳米粒子，HNTs 较容易在聚合物基体中分散。为了满足工业发展的需要，通常在使用前对其进行前处理及改性，以获得更好的分散效果及与树脂基体良好的界面结合强度。研究表明，使用硅烷偶联剂 KH550 可以有效地接枝到 HNTs 表面，改善 HNT 的疏水性，接触角由原来的 3°左右提高到改性后的 110°左右。TEM 表征显示改性 HNTs 能更好地分散于高分子基体中。

Yah 等利用埃洛石纳米管内外表面性质的特性，采用疏水脂肪酸对埃洛石纳米管内壁进行选择性表面改性，研究发现埃洛石是由内层的 Al（OH）₃ 和外层的硅氧烷组成，磷酸正十八酯和埃洛石铝位点反应，不和硅位点反应，从而实现对埃洛石纳米管内壁进行选择性表面改性。构筑具有特殊表面性质的埃洛石纳米管胶束，使得其内腔疏水外壁亲水，应用于水源净化、药物固定及缓释。

Yuan 等研究了氨丙基三乙氧基硅烷对 HNTs 的表面接枝反应的规律与效果，并指出 HNTs 的管内、外部表面以及端面的羟基都能直接与硅烷交联接枝，甚至氨丙基三乙氧基硅烷本身也能发生齐聚，从而形成交联结构，可以用于制备高性能 HNTs/高分子纳米复合材料。

通过向分散在有机溶液中的 HNTs 加入二异氰酸酯，经一定物理化学方法处理，可以使 HNTs 表面上键接酰亚胺基团，制得表面功能有机化的 HNTs，明显促进 HNTs 在复合材料中的分散，提高 HNTs 对高分子的改性效果。

近年来，埃洛石由于其天然的纳米管状结构以及无毒无害、生物相容性良好的优良性能，使其在医药学领域具有广泛的应用。提高酶在埃洛石表面的负载对其实际应用是至关重要的。Chao 等将埃洛石作为固定酶的基体，采用多巴胺将埃洛石进行表面改性，合成了高负载量的埃洛石。多巴胺自身聚合负载于埃洛石表面并形成一层活性涂层。改性后的埃洛石对虫漆酶进行了负载，负载能力达到 168.8mg/g，远远高于负载于埃洛石表面的 11.6mg/g。30d 后，固定化虫漆酶可以保持初始活性的 90% 以上，而自由虫漆酶只能保持 32%。经过 5 次循环使用后，固定化虫漆酶可以保持初始活性的 90% 以上。这些优势表明，新型埃洛石复合材料可以作为低成本固定酶的有效载体。

目前，在 HNTs 改性高分子纳米复合材料研究领域已取得不少成果，但还需在以下几个方面进行更深入的研究：其一，充分利用 HNTs 表面具有一定含量的硅羟基，但存在相互作用力不大、极性不强的特点，应进一步改善高填充量 HNTs 在高分子材料中的分散及分布状态；其二，由于 HNTs 具有一定的长径比，研究 HNTs 在高分子材料中的取向结构的形成及其对复合材料性能的影响，从而指导加工工艺的确定；其三，研究 HNTs 对高分子纳米复合材料的结构、形态、性能的影响作用机理；其四，利用 HNTs 管内外都含有羟基的特点，对其进行接枝改性，改善其结构性质，使 HNTs 功能化。HNTs 是一种具有较高长径比的无毒无害的天然纳米矿物，具有来源丰富、价格便宜、性能优异等特点。前人的研究已经表明，其与常见的纳米粒子填充聚合物复合材料相比展现出独特的优势。简而言之，在增强改性聚合物、阻燃复合材料以及泡沫塑料领域，HNTs 具有广泛的研究应用前景。

江苏盱眙具有丰富的凹凸棒石蕴藏量，被誉为"凹土之乡"。凹凸棒石晶体多为针状纤维，单晶直径大多为 10～100nm，长度为 0.1～1μm，属于天然的一维纳米材料。正是由于凹凸棒石的蕴藏量丰富、价格便宜以及盱眙县政府对凹凸棒石开发的重视，进一步提高凹凸棒石高附加值的研究成为当今的热点之一。而凹凸棒石作为聚合物的填料与聚合物复合是提高凹凸棒石高附加值的一个方向。但是，凹凸棒石黏土作为无机矿物具有亲水疏油性质，凹凸棒石的表面含有大量的极性羟基和带负电，它与非极性的有机高聚物的亲和性相当差，与聚合物复合时相容性不好，通常只能作为惰性填料在橡胶、塑料中应用，制得的产品理化性能较差，常含有大量的微气泡。因而有必要对其进行有机化改性，即在其亲水基团上接枝疏水基团或反应功能基团，改善其与有机物的相容性，提高纳米复合材料的性能。

Sarkar 等用不同浓度的 ODTMA 和 DODMA 对凹凸棒石进行表面改性，用氮气吸附分析表征了改性凹凸棒石的比表面和孔隙结构。吸附在 DODMA 和 ODTMA 改性凹凸棒石上橙色染料的量是凹凸棒石阳离子交换量的两倍，高达 92mg/g 和 88mg/g。ODTMA 和 DODMA 改性凹凸棒石在吸附性能上并没有很大差别。

天然硅藻土由于储量丰富、价格低廉、孔隙丰富、比表面积巨大、吸附能力强，在含 Pb^{2+} 等重金属离子的污水处理中脱颖而出。但由于天然硅藻土呈粉体状、杂质较多，容易流失和堵塞吸附器，且再生困难，使得硅藻土在含重金属污水处理中的应用受到了很大限制，因而必须实施功能性改性。

韩永生等采用硅烷偶联剂（KH550）对硅藻土进行改性，得到了改性硅藻土填料，随着填料的增加，对保鲜起关键作用的透气和透湿性能明显上升，有利于保鲜，达到了改性的目的。席国喜等采用硬脂酸改性硅藻土可制备出性能良好的复合相变储能材料。利用改性硅藻土填充制备的复合材料经 200 次冷热循环后，相变温度和相变潜热变化较小，热稳定性良好，循环过程中没有明显的液体泄漏，说明改性硅藻土在相变储能过程中起到非常重要的作用。王彩丽等使用表面包覆方法以氨基硅烷改性剂对硅灰石粉体进行了表面改性，取得了硅酸铝包覆硅灰石复合粉体最适宜的硅烷改性工艺，所制得的硅酸铝包覆硅灰石复合粉体，可改善复合粉体与PA6的结合界面，明显提高其力学性能。李增新等根据硅藻土对有机物的吸附特性，利用壳聚糖在酸性溶液中带有正电荷的特性，将壳聚糖负载在硅藻土上，制成复合吸附剂用于处理实验室有机废液。将廉价的硅藻土与壳聚糖结合可以提高吸附效率，减少壳聚糖的用量、降低成本。商平等通过改变有机硅藻土的改性方法与添加量，测试不同条件下改性后硅藻土对发泡酚醛树脂固化时间、磨损率以及阻燃性能的影响，确定了酚醛泡沫复合材料添加改性硅藻土的最佳方案。添加硅烷偶联剂（KH550）及十六烷基三甲基溴化铵（CTAB）改性的硅藻土，均可提高发泡酚醛树脂的阻燃性与耐磨性，在添加质量分数为10％时，发泡酚醛的阻燃性有最大程度的提高。随着有机硅藻土加入量的增加，发泡酚醛树脂的磨损率显著降低；随着改性硅藻土加入量的增加，酚醛树脂的磨损率下降，加入KH550改性硅藻土的酚醛树脂耐磨损性能略高于CTAB改性硅藻土。

García-López等通过熔融挤出成功制备PA6/针状海泡石纳米复合材料。采用三甲基氢化油脂季铵（3MTH）对海泡石进行有机改性，随着改性剂质量的增加，海泡石的催化性能下降。PA6/有机改性海泡石纳米复合材料的弹性模量和热变形温度（HDT）比PA6增加了2.5倍。改性程度越高，针状海泡石的分散性和取向性越好。García等采用含水凝胶状的功能化的烷基对针状的海泡石进行表面改性，并和在有机溶剂中改性在水溶液中反应的海泡石进行对比，结果发现：在水凝胶中对海泡石进行改性，可以调控海泡石的表面性质（如比表面积、润湿性和化学功能），同时可以实现一系列的调控，使海泡石具有良好的分散性，可与多种有机物混合进而提升各方面的性能。

5.3.3 物理涂覆改性

物理涂覆改性即表面包覆改性，当无机粉体和改性剂按照一定比例混合时，由于搅拌作用，改性剂通过静电引力或范德华力吸附在粉体表面，从而形成单层或多层包覆。与化学包覆改性不同的是，改性后改性剂与粒子表面无化学反应。由于包覆层的存在，粒子间产生了空间位阻斥力，对其再团聚起到了减弱或屏蔽的作用。该法几乎适用于所有无机粉体的表面改性。用于物理涂覆改性的改性剂主要有表面活性剂、超分散剂等。无机粉体经过物理涂覆后，其分散性、与有机体的相容性均显著提高。

用酚醛树脂或呋喃树脂等涂覆石英砂以提高精细铸造砂的黏结性能，这种涂抹后的铸造砂既能获得高的熔模铸造速度，又能保持模具和模芯生产中得到高抗卷壳和抗开裂性能；用呋喃树脂涂抹的石英砂用于油井钻探可提高油井产量。与表面化学包覆改性不同的是，物理涂覆时，表面改性剂与粉体颗粒表面之间基本上是一种物理吸附或简单的黏附作用。以用树脂涂覆石英砂为例，表面涂覆改性工艺可分为冷法和热法两种，在涂覆处理前要对石英砂进行冲洗或擦洗和干燥。

（1）冷法覆膜 冷法覆膜是在室温下制备。工艺过程为先将粉状树脂与砂混匀，然后加入溶剂（工业酒精、丙酮或糠醛），溶剂加入量根据混砂机能否封闭而定。封闭者，乙醇用量为树脂用量的40％～50％；不能封闭者为70％～80％，再继续混碾到挥发完，干燥后经粉碎和筛分即得产品。

（2）热法覆膜 热法覆膜是将沙子加热进行覆膜。工艺过程是先将石英砂加热到140～160℃，而后与树脂在混砂机中混匀（其中树脂用量为石英砂用量的2％～5％）。这时树脂被热炒软化，包覆在砂粒表面，随着温度降低而变黏，此时加入乌洛托品，使其分布在砂粒表面，并使砂激冷（乌洛托品作为催化剂可在壳模形成时使树脂固化）；再加硬脂酸钙（防治结块）混数秒钟出砂；然后粉碎、过筛、冷却后即得产品。此法工艺效果较好，适合大量生产；但工艺控制较复杂，并需要专门的混砂设备。影响表面涂覆效果的主要因素有颗粒的形状、比表面积、孔隙率、涂覆剂的种类及用量、涂覆工艺等。

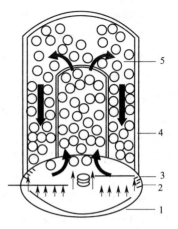

图 5-21 Wurster 流态化床
1—空气分配盘；2—空气流；3—喷涂器；
4—涂覆区；5—颗粒运动区

　　研究用高聚物涂覆无机颗粒时颗粒粒度和孔隙率对表面涂覆效果的影响，其试验是在如图 5-21 所示的 Wurster 流态化床中进行的。在流态化室中插入一根引流管，流态化室的直径为 200mm。在 Wurster 流态化床的底部安装有两相喷嘴以使高聚物溶液雾化后涂覆于颗粒表面，用这种流态化床装置涂覆处理的操作条件见表 5-10。

　　结果表明，颗粒越细（比表面积越大）的粉体表面涂覆的高聚物的量越多，涂层越薄（表 5-11）；另外，带孔隙的颗粒，由于毛细管的吸力作用，涂覆材料（即高聚物）进入孔隙中，表面涂覆效果较差，无孔隙的高密度球形颗粒的涂覆效果最好。

表 5-10　Wurster 流态化床装置操作条件

项　　目	参　　数	项　　目	参　　数
进口气流温度/℃	85～90	高聚物温度/℃	同周围温度
气流速度/(m/s)	0.5	喷嘴直径/mm	1
床内温度/℃	40	雾化空气压力/Pa	15000
物雾化速度/(g/min)	30	引流管高度/mm	50
高聚物固体含量/%	40	引流管直径/mm	70

表 5-11　不同粒径颗粒的涂覆厚度和涂覆率　　　　　　　　　　μm

粒度分布	平均粒径	涂覆率	估计涂覆厚度	粒度分布	平均粒径	涂覆率	估计涂覆厚度
180～250	215	47.8	43.4	355～500	490	31.4	57.1
250～355	320	42	53.8	500～710	605	24.3	62.5

　　对于球形颗粒，涂层的厚度 t 与涂覆层的质量分数 x、颗粒（内核）的直径 r_1、颗粒密度 p_1、涂覆层的密度 p_2 以及颗粒（内核）的质量分数 $(1-x)$ 有关，其关系式为

$$t = \left[\frac{xr_1^3 p_1}{(1-x)p_2} + r_1^3\right]^{\frac{1}{3}} - r_1 \tag{5-7}$$

　　图 5-22 所示为用式(5-7)计算的颗粒（内核）及涂覆层（高聚物）的密度分别为 1500kg/m^3 和 1000kg/m^3 时，不同粒径颗粒的涂层厚度与涂覆层质量分数之间的关系。对于非球形颗粒可用式(5-8)估算涂覆层厚度 t：

$$t = \frac{xr_3 p_1}{3(1-x)p_2} \tag{5-8}$$

式中　r_3——颗粒（内核）的当量球体直径。

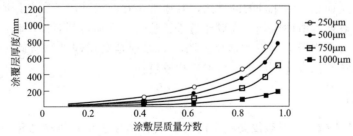

图 5-22　涂覆层质量分数对不同直径颗粒涂覆层厚度的影响

上述模型只适用于没有孔隙的颗粒，对于有孔隙的颗粒，还要考虑孔隙率的影响。

管道防腐层涂覆可分为管道制造厂内加工及管道的施工现场作业两种。一般管道的整体防腐处理都是在制造厂进行，而特殊管道段及焊口的防腐是在管道的施工现场完成。钢管的涂装包括内涂装和外涂装，涂装工艺有"先内后外"和"先外后内"之分。"先内后外"适用于钢管从制管厂出厂后随即进行内涂，钢管运到异地后进行外涂装的场合。这种方式可以有效地防止存放过程中钢管内表面产生的锈蚀，保证内表面的平整，同时可以减少外涂层在运输过程中的损伤。"先外后内"生产工艺为在一个预制工厂内同时完成内涂和外涂的生产作业。由于内涂是在外涂装结束之后进行，所以这种工艺可以有效地防止外抛丸除锈、外涂加热对内涂层的损害。

管道现场防腐处理时，首先应把溅在管子上的油污、泥土等杂质用溶剂洗掉。给管子刷底漆几乎和清理同步进行，机械化刷底漆常需用手工刷漆作为辅助工序，以保证过剩底漆分布均匀，全部覆盖掉不平整的表面。涂覆机具有沿管子推进及驱动泵的动力源。泵把熔融沥青从机器底部的集油槽中抽起，强制通过分配系统，在整个管周上布上一层沥青漆。除此之外，给管线涂覆减阻内涂层也是一项必要而新兴的举措。研究表明，在相同的设计输量下，管道施加内涂层后可以延长平均站间距，减少压气站数和清管次数，降低燃料耗量，提高系统运行的可靠性，还可以提高管道的输送能力，从而大大降低固定投资和运行费用。为了提高塑料制表面抗静电层的牢固度，又不致显著降低覆盖层的抗静电效果，可在塑料制品表面涂覆一层含有2%~5%抗静电剂的成膜物质，或含有成膜物质的高分子抗静电剂，就可得到一定的抗静电效果。

为了制备适宜于抗静电的漆，可将漆溶解在有机溶剂中配成溶液。选用的抗静电剂必须与成膜物很好地混溶，并且抗静电剂要有高的抗静电效果。涂覆的方法可用高压喷涂、真空喷涂、在高压电场作用下喷涂、电沉积涂覆，或将塑料件置于溶剂蒸气气氛中用浸渍法或喷涂法进行涂覆等。

5.4 机械化学活化改性

5.4.1 基本原理

表面活化是非金属矿常用的加工手段，主要是利用物理化学方法提高非金属矿表面活性，增强其吸附性、胶凝性、催化性等。常用的表面活化方法分为物理活化和化学活化，物理活化包括热活化、机械活化等，化学活化包括酸活化、碱活化等。非金属矿物表面热活化的原理是通过加热方法影响矿物表面化学成分、晶体结构和表面性质，从而提高表面活性。热活化一般与其他活化方法配合使用，用于非金属矿预处理。机械活化的原理是通过机械研磨或球磨的手段，借助机械能，降低颗粒尺寸，增加矿物颗粒新鲜断面，从而提高非金属矿表面活性，一般主要用于水泥工业原料提高胶凝性能。非金属矿酸活化是指通过酸溶液对非金属矿表面进行清洗和选择性浸出的从而达到活化目的的方法，其原理是在溶液环境下，利用酸与非金属矿表面发生反应，去除其表面的惰性成分，或对孔道进行疏通，从而达到表面活化。非金属矿碱活化是指利用碱性物质与矿物表面反应的活化方法，其原理是利用碱性物质破坏矿物表面惰性基团，增加其表面活性和反应性，常用于增加矿物胶凝性。

5.4.2 结构变化

Tang 等研究了机械活化对酸浸高岭土渣的影响。结果表示，机械活化诱导高岭土渣从针状粒子转换为球形颗粒，并降低颗粒尺寸。San Cristóbal 等通过对高岭石进行煅烧和机械活化制备沸石。热碱活化或机械改性使高岭土样品 w_T 和 w_M 的阳离子交换容量分别从 23.7mmol/kg、29.8mmol/kg 增加到 2928.3mmol/kg、2799.1mmol/kg。张立颖等进行了机械活化淀粉基膨润土复合高吸水树脂性能的研究，合成可降解复合高吸水树脂（CSA）。CSA 呈多孔层状结构，适量的引入 BT（其用量为淀粉质量的 30%）可使 CSA 的吸水率从 1604g/g 提高到 1807g/g，并能提高 CSA 的热稳定性和保水能力。在 700℃ 下，CSA 的失重率为 79.3%，低于未添加 BT 树脂的失重率（83.4%）；CSA 在 1912Pa 的承压下保水率为 48.3%，高于未添加 BT 树脂的保水率（45.5%）。

5.5　功能化改性

5.5.1　功能体的表面负载

功能体在矿物表面负载研究较多的是无机功能粒子，它在克服因无机纳米粒子团聚而影响材料性能的问题上，是一条可行而有效的途径。由于制备机理和工艺条件不同，不同的制备方法可以得到表面性能和结构差异很大的负载型复合材料。常用方法主要有浸渍法、溶胶-凝胶法、共沉淀法、离子交换法、水热合成法等。为了得到表面负载效果更好的复合材料，也可将多种制备方法结合起来。

5.5.1.1　浸渍法

浸渍法是目前催化剂工业生产中广泛应用的一种方法。浸渍法是基于活性组分含助催化剂以盐溶液形态浸渍到多孔载体上并渗透到内表面而形成高效催化剂的原理。通常将含有活性物质的液体去浸各类载体，当浸渍平衡后去掉剩余液体再进行与沉淀法相同的干燥、焙烧、活化等工序的处理。经干燥将水分蒸发逸出，可使活性组分的盐类遗留在载体的内表面上，这些金属和金属氧化物的盐类均匀分布在载体的细孔中，经加热分解及活化后即得高度分散的载体催化剂。常用的多孔性载体有氧化铝、氧化硅、活性炭、硅酸铝、硅藻土、浮石、石棉、陶土、氧化镁、活性白土等，可以用粉状的也可以用成型后的颗粒状的。氧化铝和氧化硅这些氧化物载体就像表面具有吸附性能的大多数活性炭一样很容易被水溶液浸湿。另外，毛细管作用力可确保液体被吸入整个多孔结构中，甚至一端封闭的毛细管也将被填满。而气体在液体中的溶解则有助于过程的进行，但也有些载体难以浸湿，如高度石墨化或没有化学吸附氧的碳，可用有机溶剂或将载体在抽空下浸渍。

浸渍法有以下优点：①附载组分多数情况下仅仅分布在载体表面上，利用率高、用量少、成本低，这对铂、铑、钯、铱等贵金属型负载催化剂特别有意义，可节省大量贵金属；②可以用市售的、已成型的、规格化的载体材料，省去催化剂成型步骤；③可通过选择适当的载体为催化剂提供所需物理结构特性（如比表面积、孔半径、机械强度、热导率等）。

浸渍法广泛用于制备负载型催化剂，尤其是低含量的贵金属负载型催化剂。其缺点是焙烧热分解工序常产生废气污染物。浸渍法工艺可分为粒状载体浸渍法和粉状载体浸渍法。粒状载体浸渍前通常先做成一定形状，抽真空后用溶液接触载体并加入适量的竞争吸附剂。也可将活性组分溶液喷射到转动的容器中翻滚到载体上，然后可用过滤、倾析及离心等方法除去过剩溶液。粉状载体浸渍法与粒状载体浸渍法类似，但需增加压片、挤条或成球等。浸渍的方法对催化剂的性能影响较大，粒状载体浸渍时催化剂表面结构取决于载体颗粒的表面结构，如比表面积、孔隙率、孔径大小等，催化反应速率不同对催化剂表面结构的要求也不同。负载于载体表面金属的最终分散度取决于许多因素的相互作用。虽然浸渍过程中大多数金属试剂都可以不同程度地吸附在载体上，但是吸附过程相当复杂，不同类型的吸附都可能发生，可以是金属离子与含有羟基的表面吸附，也可以是含有碱金属及碱土金属离子的表面进行阳离子交换。载体的表面结构还可能因浸渍步骤不同加以改变从而更改表面的吸附特性。这些在工艺实施过程中必须加以考虑。若载体遭受浸蚀，情况会更复杂。在少数情况下为使有效组分更均匀地分散，可将浸渍过的催化剂浸入到一种试剂中使之发生沉淀，从而可使活性组分固定在催化剂内部。但是必须注意浸渍溶液体积是浸渍化合物性质和浸渍溶液黏度的函数，确定浸渍溶液体积应预先进行试验测定。浸渍法主要分为以下几类。

① 过量溶液浸渍法　将载体泡入过量的浸渍溶液中，待吸附平衡后滤去过剩溶液，干燥、活化后便得催化剂成品。这种方法常用于已成型的大颗粒载体的浸渍，或用于多组分的分段浸渍，浸渍时要注意选用适当的液固比，通常是借助调节浸渍液的浓度和体积控制吸附量。

② 等体积浸渍法　预先测定载体吸入溶液的能力，然后加入正好使载体完全浸渍所需的溶液量，这种方法称为等体积浸渍法。应用这种方法可以省去过滤多余的浸渍溶液的步骤，而且便于控制催化剂中活性组分的含量。

③ 多次浸渍法　即浸渍、干燥、焙烧反复进行数次。采用这种方法的原因有两点。a. 浸渍化合物的溶解度小，一次浸渍不能得到足够大的附载量，需要重复浸渍多次。b. 为避免多组分浸渍化合物各组分间的竞争吸附，应将个别组分按秩序先后浸渍。每次浸渍后必须进行干燥和焙烧，使之转化为不溶性的物质，这样可以防止上次浸载在载体的化合物在下一次浸渍时又溶解到溶液中，也可以提高下一次浸渍时载体的吸收量。

④ 浸渍沉淀法　在浸渍法的基础上辅以均匀沉淀法发展起来的一种新方法，即在浸渍液中预先配入沉淀剂母体，待浸渍单元操作完成之后，加热升温使待沉淀组分积在载体表面上。此法可以用来制备比浸渍法分布更加均匀的金属或金属氧化物负载型催化剂。

⑤ 流化床喷洒浸渍法　浸渍溶液直接喷洒到流化床中处于流化状态的载体中，完成浸渍以后升温干燥和焙烧。在流化床内可一次完成浸渍、干燥、分解和活化过程。该法适用于多孔载体的浸渍，制得的催化剂与浸渍法没有区别，但具有流程简单、操作方便、周期短、劳动条件好等优点。

⑥ 蒸气相浸渍法　除了溶液浸渍之外，也可借助浸渍化合物的挥发性以蒸气相的形式将它负载到载体上。这种方法首先应用于正丁烷异构化过程中的催化剂，催化剂为 $AlCl_3$/铁钒土。在反应器内先装入铁钒土载体，然后以热的正丁烷气流将活性组分 $AlCl_3$ 升温后气化，并使 $AlCl_3$ 微粒与丁烷一起通过铁矾土载体的反应器，当附载量足够时便转入异构化反应。用此法制备的催化剂在使用过程中活性组分也容易流失。为了维持催化性稳定，必须连续补加浸渍组分，适用于蒸气相浸渍法的活性组分沸点通常比较低。

5.5.1.2　溶胶-凝胶法

溶胶-凝胶法是一种条件温和的材料制备方法。溶胶-凝胶法就是以无机物或金属醇盐作为前驱体，在液相将这些原料均匀混合，并进行水解、缩合化学反应，在溶液中形成稳定的透明溶胶体系，溶胶经陈化，胶粒间缓慢聚合，形成三维空间网络结构的凝胶，凝胶网络间充满了失去流动性的溶剂，形成凝胶。凝胶经过干燥、烧结固化制备出分子乃至纳米亚结构的材料。近年来，溶胶-凝胶技术在玻璃、氧化物涂层和功能陶瓷粉料，尤其是传统方法难以制备的复合氧化物材料、高临界温度氧化物超导材料的合成中均得到成功的应用。

凝胶是一种由细小粒子聚集成三维网状结构和连续分散相介质组成的具有固体特征的胶态体系。按分散相介质不同而分为水凝胶、醇凝胶和气凝胶等，而沉淀物是由孤立粒子聚集体组成的。溶胶向凝胶的转变过程，可简述为缩聚反应形成的聚合物或粒子聚集体长大为小粒子簇逐渐相互连接成三维网络结构，最后凝胶硬化。因此，可以把凝胶化过程视为两个大的粒子簇组成的一个横跨整体的簇，形成连续的固体网络。在陈化过程中，胶体粒子逐渐聚集形成网络结构。但这种聚集和粒子团聚成沉淀完全不同。形成凝胶时，由于液相被包裹于固相骨架中，整个体系失去流动性，同时胶体粒子逐渐形成网络结构，溶胶也从牛顿体向宾汉体转变，并带有明显的触变性。溶胶-凝胶的转化是胶体分散体系解稳。溶胶的稳定性是表面带有正电荷，用增加溶液 pH 值的方法（加碱胶凝），由于增加了 OH^- 的浓度，就降低了粒子表面的正电荷，降低了粒子之间的静电排斥力，溶胶自然发生凝结，形成凝胶。除加碱胶凝外，脱水胶凝也能使溶胶转变为凝胶。凝胶粒子的结构因生长动力学不同而有所不同，它既受控于生长动力学（即反应或扩散），也受控于胶粒的生长形式（即单体-簇生长或簇-簇生长）。目前，解释凝胶化现象及凝胶体系中时间-性能关系的理论有经典理论、穿透理论和动力学模型。这些模型均未考虑溶剂效应和分子间相互作用，整个体系被看成是由随机联结的化学键组成，某时刻体系中所有化学键的确定空间分布构成体系的一个状态，体系的所有状态等概率出现。然而在真正的凝胶化体系中，溶剂分子与单体分子处在热平衡中，它们的运动受到其相互作用的控制。溶剂存在下，凝胶化过程的临界行为（如分形维数和临界指数）与经典理论、穿透理论所预言的大不相同。溶剂改变了体系中静电作用和氢键作用的本质和大小。溶剂不同时，活性单元与溶剂分子之间的相互作用就不同，使得凝胶化时间及最终的凝胶结构和力学性质等都不相同。近年来，已经有计算机模型将单体及聚合物的运动纳入化学凝胶化过程，但溶剂效应仍被其中的大多数模型忽略。

从凝胶的一般干燥过程中可以看到持续的收缩和硬化、产生应力、破裂 3 个现象。湿凝胶在干燥初期，因为有足够的液相填充于凝胶孔中，凝胶减少的体积与蒸发掉液体的体积相等，无毛细管力起作用。当进一步蒸发使凝胶减少的体积小于蒸发掉的液体的体积时，凝胶承受一个毛细管压力，将颗粒挤压在一起。由于凝胶中毛细孔孔径大小不匀，产生的毛细管压力的大小不等，由此造成的应力差导致凝胶开裂。实践表明，除了凝胶本身的尺寸因素，干燥速率也是一个重要因素。要保持凝胶结构或得到没有裂纹的烧结前驱体，最简单的方法是在大气气氛下进行自然干燥。对于自然干燥制备干凝胶，为了防止伴随溶剂蒸发过程而产生的表面应力以及凝胶中不均匀毛细管压力的产生，干燥速度必须限制在较低的值。

溶胶-凝胶法与其他方法相比具有如下独特的优点。

① 由于溶胶-凝胶法中所用的原料首先被分散到溶剂中而形成低黏度的溶液，因此，就可以在很短的时间内获得分子水平的均匀性，在形成凝胶时，反应物之间很可能是在分子水平上被均匀地混合。

② 由于经过溶液反应步骤，就很容易均匀定量地掺入一些微量元素，实现分子水平上的均匀掺杂。

③ 与固相反应相比，化学反应将容易进行，而且仅需要较低的合成温度。一般认为溶胶-凝胶体系中组分的扩散在纳米范围内，而固相反应时组分扩散是在微米范围内，因此反应容易进行，温度较低。

④ 选择合适的条件可以制备各种新型材料。但是，溶胶-凝胶法也不可避免地存在一些问题，如原料金属醇盐成本较高；有机溶剂对人体有一定的危害性；整个溶胶-凝胶过程所需时间较长，常需要几天或几周；存在残留小孔洞；存在残留的碳；在干燥过程中会逸出气体及有机物，并产生收缩。

目前，有些问题已经得到解决。例如，在干燥介质临界温度和临界压力的条件下进行干燥可以避免物料在干燥过程中的收缩和碎裂，从而保持物料原有的结构与状态，防止初级纳米粒子的团聚和凝聚；将前驱体由金属醇盐改为金属无机盐，有效地降低了原料的成本；柠檬酸-硝酸盐法中利用自燃烧的方法可以减少反应时间和残留的碳含量等。金属化合物经溶液、溶胶、凝胶而固化，再经低温热处理而生成纳米粒子。其特点是反应物种类多，产物颗粒均一，过程易控制，适于氧化物和 Ⅱ～Ⅵ 族化合物的制备。

溶胶-凝胶法按产生溶胶凝胶过程机制主要分成以下 3 种类型。

① 传统胶体型　通过控制溶液中金属离子的沉淀过程，使形成的颗粒不团聚成大颗粒而

沉淀得到稳定均匀的溶胶，再经过蒸发得到凝胶。

② 无机聚合物型　通过可溶性聚合物在水中或有机相中的溶胶过程，使金属离子均匀分散到其凝胶中，常用的聚合物有聚乙烯醇、硬脂酸等。

③ 配合物型　通过配合剂将金属离子形成配合物，再经过溶胶-凝胶过程变成配合物凝胶。

具体应用领域：①材料学方面，如高性能粒子探测器、隔热材料、声阻抗耦合材料、电介质材料、有机-无机杂化材料、金属陶瓷涂层耐蚀材料、纳米级氧化物薄膜材料、橡胶工业；②催化剂方面，如金属氧化物催化剂、包容均相催化剂；③色谱分析方面，如制备色谱填料、制备开管柱和电色谱固定相、电分析、光分析。

目前，对溶胶-凝胶法的研究主要集中在以下几个方面。一是在工艺方面值得进一步探索的问题：较长的制备周期；应力松弛，毛细管力的产生和消除，孔隙尺寸及其分布对凝胶干燥方法的影响；在凝胶干燥过程中加入化学添加剂的考察，非传统干燥方法探索；凝胶烧结理论与动力学以及对最佳工艺（干燥、烧结工艺）的探索。二是自蔓延法连用制备常规方法较难制备的新型纳米材料，如制备一些具有纳米结构的功能性材料。随着人们对溶胶-凝胶法的进一步研究，该方法一定能得到更为广泛的应用，在各个方面取得更大进展。

5.5.1.3　共沉淀法

共沉淀法是指在溶液中含有两种或多种阳离子，它们以均相存在于溶液中，加入沉淀剂，经沉淀反应后，可得到各种成分的均一的沉淀，它是制备含有两种或两种以上金属元素的复合氧化物超细粉体的重要方法。

制备纳米陶瓷粉体所用的共沉淀法是在含有多种阳离子的溶液中加入沉淀剂，使所有金属离子完全沉淀的方法。利用共沉淀法制备纳米粉体，需要控制的工艺条件包括：化学配比、溶液浓度、溶液温度、分散剂的种类和数量、混合方式、搅拌速率、pH 值、洗涤方式、干燥温度和方式、煅烧温度和方式等。李江等通过在 NH_4HCO_3 溶液中滴加 $NH_4Al(SO_4)_2$ 和 $Y(NO_3)_3$ 的混合溶液，共沉淀生成 YAG 的碳酸盐前驱体，然后在 1000℃煅烧得到平均粒径为 40nm 且分散性较好的 YAG 纳米粉体。

化学共沉淀法不仅可以使原料细化和均匀混合，且具有工艺简单、煅烧温度低和时间短、产品性能良好等优点。该方法在比表面积较小、表面交换离子能力不强的矿物负载中研究较多，如云母、高岭石等。Stengl 等用此法将钛、铬、铁、铝、钴、镍、锌、铜的氧化物负载到云母片上，发现复合材料的性能与载体云母片的大小及厚度、金属氧化物的负载厚度及其化学成分和晶体结构相关。

5.5.1.4　离子交换法

离子交换法是将含有阳离子的前驱体溶液与具有离子交换能力的矿物载体接触，使之发生离子交换反应，即载体上可被交换的阳离子被前驱体的阳离子所取代，形成含活性组分的载体，然后经洗涤、烘干、焙烧及还原，即得负载型复合材料。Magana 等将蒙脱石在 550℃高温煅烧和球磨处理后，采用离子交换法将银负载上去后得到一种复合抗菌材料。该方法主要适用于具有较好吸附性能和离子交换性能的硅酸盐矿物，如蒙脱石、凹凸棒石、海泡石、硅藻土等。

5.5.1.5　水热合成法

水热合成法的基本原理是，把在常温常压下溶液中不易被氧化的物质或者不易合成的物质，通过将物质置于封闭的高温高压条件下来加速氧化反应的进行，主要特点如下。①在水溶液中离子混合均匀。②水随温度升高和自生压力增大变成一种气态矿化剂，具有非常强的解聚能力。水热物系在有一定矿化剂存在下，化学反应速度快，能制备出多组分或单一组分的超微结晶粉末。③离子能够比较容易地按照化学计量反应，晶粒按其结晶习性生长，在结晶过程中，可把有害杂质自排到溶液当中，生成纯度较高的结晶粉末。水热法的这些特点和作用，早已引起人们的关注。19 世纪中叶，水热法最初是由法国学者道布勒、谢纳尔蒙等开始进行研究的，主要目的是合成水热成因矿物，探索它们在自然界的生成条件，为水热合成工业用矿物和晶体奠定了基础。到 20 世纪初，水热法进入了合成工业用矿物和晶体阶段。1904 年，意大利斯匹捷最初制成了稍大晶体；到 1948 年前后，美国地球物理研究所开始使用了新型的弹式高压筒，于是在水热合成实验方面出现了一个新局面，当时，摩勒等所设计制造的水热实验用高压高温装置，已达到了比较高的水平，使用压力达 100～300MPa，使用温度达 500～600℃。装置的不断改进，促进了水热条件下合成矿物科学的发展。20 世纪 60 年代，水热合成法被用来合成功能陶瓷材料用的各种结晶粉末（如 $BaTiO_3$、$CaTiO_3$、$SrTiO_3$ 等）。80 年代日本在用水热法合成 PZT 压电体结晶粉末方面取得成功。近几年，用水热法合成无机材料，制备各种超细结晶粉末的研究与应用，在我国也引起了许多人的关注。中国科学院冶金研究所在水热研究方面做了许多研究工作；吉林大学化学系从美国进口设备，建立了研究室，无机微孔晶体材料的水热合成已取得可喜进展；原西北轻工业学院无机非金属材料与工程系自制水热合成设备，建立了相应的研究机构，在 PZT 热电体、压电体结晶粉末和 $BaTiO_3$ 结晶粉末的合成方面取得了较大进展。这些均说明，水热合成法已成为当今制造高性能、高可靠性陶瓷材料的一种具有竞争力的方法。这种方法在湿法冶金、环境保护、煤的液化等诸多领域也具有广阔的前景。

水热合成是指温度为 100～1000℃、压力为 1MPa～1GPa 条件下利用水溶液中物质化学反应所进行的合成。在亚临界和超临界水热条件下，由于反应处于分子水平，反应性提高，因而水热反应可以替代某些高温固相反应。又由于水热反应的均相成核及非均相成核机理与固相反应的扩散机制不同，因而可以创造出其他方法无法制备的新化合物和新材料。

根据加热温度，水热法可以被分为亚临界水热合成法和超临界水热合成法。通常在实验室和工业应用中，水热合成的温度在 100～240℃，水热釜内压力也控制在较低的范围内，这是亚临界水热合成法。为了制备某些特殊的晶体材料（如人造宝石、彩色石英等），水热釜被加热至 1000℃，压力可达 0.3GPa，这是超临界水热合成法。水热法能使金属合金在一定条件下转变成超细微粉，也能使含有多种金属离子的溶液在高温高压下反应生成结晶粉末，在电子材料、磁性材料、光学材料、红外线反射膜材料和传感器材料中得到广泛应用。

5.5.2　功能体在孔道层间的组装

使用上述方法实现功能粒子负载在矿物表面时，同时也会将其组装到矿物的孔道或层间，这种情况主要出现在层间距较大、孔道系统发达的矿物中，如蒙脱石、沸石等。除了以上方法，功能粒子在孔道及层间组装的方法还有固体扩散法和化学镀法两种。

Durgakumari 等通过固体扩散法将纳米 TiO_2 负载在疏水沸石中，过程是将纳米 TiO_2 和疏水沸石放入刚玉臼中，倒入无水乙醇作为溶剂，用杵研磨，使两者相互混合分散均匀，直到无水乙醇全部挥发为止，再将材料 110℃干燥后，放入马弗炉中 450℃下灼烧 6h，得到纳米 TiO_2 负载的沸石基复合光催化剂。研究表明该方法可以使 TiO_2 与沸石处在机械复合状态，比起两者之间存在化学结合来说其光降解能力更强。

自从 Brenner 和 Riddel 于 1944 年首次提出化学镀工艺以来，化学镀以其优良的物理化学性质得到广泛的应用。化学镀是一种不需要通电，依据氧化还原反应原理，利用强还原剂在含有金属离子的溶液中，将金属离子还原成金属而沉积在各种材料表面形成致密镀层的方法。化学镀常用溶液有化学镀银、镀镍、镀铜、镀钴、镀镍磷液、镀镍磷硼液等。在镀液中添加粉体制得镍包覆粉末，可以大大改善含镍复合粉末及其制备的含镍复合材料的性能。现在，用化学镀法已制备出了多种复合粉末，如镍包金刚石、镍包铝、镍包石墨、镍包硅藻土等粉末，是化学镀的一个新的研究领域。包覆粉末可以最大限度地均匀分散两种组分，目前应用较多的是制备镍包覆非金属粉末。但是，用化学镀法对非金属粉末施镀前，必须对其进行敏化和活化处理，且处理完后需水洗多次，操作复杂，采用贵金属作活化剂成本高，以及镀液不稳定是化学镀法制备镍包覆粉末需要解决的课题。

化学镀优点是：①工艺简单，适用范围广，不需要电源，不需要制作阳极，一般操作人员均可操作；②镀层与基体的结合强度好；③成品率高，成本低，溶液可循环使用，副反应少；④无毒，有利于环保；⑤投资少，数百元设备即可，见效快。化学镀不及电镀、电刷镀沉积速度快，前者阳极形状比较灵活，特别适用于局部镀和工件修复；后者阳极材料、形状要求比较高，可获得厚镀层，适于批量生产。但电镀、电刷镀均需电沉积镀层，需要上万至数万元的设备，工艺复杂。电镀、电刷镀铜、锌、银等不同程度地使用氰化物剧毒品，"三废"处理比较烦琐，成本高。

5.5.3　有机功能体的插层复合

插层法是制备有机/无机复合材料的一种重要方法。相比于传统的材料，插层复合材料是由一层或多层有机分子或聚合物插入层状无机物形成的。复合后不仅可以提高力学性能，还能获得许多功能特性。因此，插层研究已引起相关学者的广泛重视。插层复合法是制备聚合物/层状硅酸盐复合材料（PLS）的重要方法之一。首先将单体或聚合物插入经插层剂处理的层状硅酸盐片层之间，进而破坏硅酸盐的片层结构，使其剥离成层状硅酸盐基本单元，并均匀分散在聚合物基体中，以实现高分子与黏土层状硅酸盐的复合。

在制备聚合物/层状硅酸盐纳米复合材料的过程中，无论采取何种制备手段和工艺，聚合物分子链能否顺利进入层状硅酸盐的片层之间都是决定其是否成功的关键。只有采取适当的技术手段使聚合物的大分子链进入层状硅酸盐片层之间，才能够在复合材料中形成纳米尺度的无机分散相，得到真正的纳米复合材料。如果无法达到这样的分散程度，所得到的材料就仅仅是普通的聚合物基复合材料。孤立地看，聚合物分子链从自由体积较大的有机相进入层状硅酸盐片层之间的受限空间是一个高分子链构象熵减小的热力学过程，无法自发进行，必须依靠一定的外界驱动力。因此，必须对制备聚合物/层状硅酸盐纳米复合材料的过程中聚合物分子链插层及层状硅酸盐层间膨胀这两个关键步骤进行分析，揭示出在采取不同的制备方法时迫使聚合物分子链向层状硅酸盐层间迁移的热力学驱动力，并且根据热力学和动力学的分析结果寻找出有利于聚合物/层状硅酸盐纳米复合材料制备的条件，指导人们制备出性能优异的 PLS 纳米复合材料。

聚合物对黏土的插层，一方面，插层初期聚合物直接进入黏土的层间；另一方面，聚合物包围在黏土的微粒外层，聚合物由外层缓缓插入到晶层的间隙中。聚合物的用量越多，插层的速度越快；插层的时间越长，晶层间的插层聚合物越多。但在黏土的晶层间，聚合物插层存在一个动态平衡，足够的插层时间使插层体系达到了动态插层平衡。此时，再多的聚合物、再长的插层时间对黏土晶层间的聚合物插层量也无济于事。温度越高，插层速率越快。插层的客体不同，插层的动力学也不同。插层主体的初级粒径大小对聚合物的插层动力学有较大影响。聚合物在黏土晶层内外的环境不同，对外界的动态因素的刺激响应也有所不同。

在 PLS 纳米复合材料研究领域中，对此类材料的分类往往是笼统地将其分为插层型纳米复合材料和剥离型纳米复合材料两大类。所谓插层型的 PLS 纳米复合材料，其理想的结构是聚合物基体的分子链插层进入层状硅酸盐的层间，使层间硅酸盐层间距扩大到一个热力学允许的平衡距离上。而在理想的剥离型 PLS 纳米复合材料中，聚合物分子链大量插入硅酸盐层间，导致层状硅酸盐以单个片状的形式分散在聚合物基体中。在实际的 PLS 纳米复合材料中，很难得到纯粹的插层型或剥离型纳米复合材料，当人们观察 PLS 纳米复合材料的透射电镜照片时，往往能同时看到插层型和剥离型的结构特征形态，说明它们的实际微观结构形态是介于插层型和剥离型之间的。在一个实际的 PLS 纳米复合材料之中，外界的剪切诱导作用以及热历史（包括熔体加工或原位聚合过程中的热历史）等动力学参数都会导致层状硅酸盐片层在体系中形成不同的分布形态，使同一材料中同时出现纳米级（1～100nm）、亚微米级（100～500nm）以及微米级（500～1000nm）的分散状态。有机聚合物与层状硅酸盐的复合主要是将有机聚合物插入硅酸盐的层间，将无机物的刚性、尺寸稳定性与聚合物的韧性、易加工性等完美结合起来，并赋予其相应的功能，从而获得性能优异的复合材料。

　　Balazs 认为，对 PLS 体系相态的描述可分为两部分：确定硅酸盐片层在聚合物介质中的相互作用及根据这种作用来计算所形成的相态。这涉及对两种不同尺度系统的分析：为获得插层剂有机分子与黏土表面及聚合物熔体在纳米尺度上作用的信息，可以把黏土片层作为无限大的平面来处理；而对整个系统的宏观相态，黏土片层可作为分散于不可压缩流体中并通过排除体积效应及长程效应而作为相互作用的刚性粒子来处理。前者关系到受限于黏土片层表面的聚合物，后者则是一个各向异性的胶体粒子分散在熔体或溶液中的热力学问题。

　　由于硅酸盐片层有很大的径厚比，在很低的体积分数下，其在聚合物熔体中的取向及有序排列就会导致强烈的各向异性，这使得体系在液相和固相（胶体晶体）外，还呈现出不同于普通聚合物-胶体体系的液晶态结构，如向列型、近晶型、柱状型、塑性固体。而刚性的椭圆形粒子在聚合物熔体中分散可以形成液晶相已得到文献的证实。黏土片层的有序分布可应用 Somoza-Tarazona 的密度泛函理论模型来描述，而聚合物熔体中黏土之间的有效相互作用可以用 Scheutiens-Flee 自洽场理论来计算。两者结合起来，可以定量地预测与不同黏土含量相对应的相态。在计算过程中，引入聚合物与插层剂的 Flory-Huggins 参数补插层剂的接枝密度和插层剂的链长。接枝密度是指把非极性长链插层剂中的官能团看成是接枝物而计算所得。插层聚合的局限性在于，很多复合材料都不能用这种方法制备。此外，插层聚合受单体浓度、反应条件、引发剂（自由基聚合时）品种和用量等因素的影响，并且化学溶剂会对环境产生不利影响，从而其应用受到了限制。

　　(1) 溶液插层法　溶液插层法是用来制取复合纳米高分子材料的一种方法。溶液插层法是高分子链在溶液中借助于溶剂而插层进入无机物层间，然后挥发除去溶剂，从而获得高分子纳米材料与无机材料的复合纳米高分子材料。该方法需要合适的溶剂来同时溶解高分子和分散黏土，而且大量溶剂不易回收，对环境不利。如在溶液中聚环氧乙烷、聚四氢呋喃、聚己内酯等很容易嵌入到层状硅酸盐和 V_2O_5 凝胶中。如 PE/黏土纳米复合材料的制备方法主要有溶液插层复合法、熔融插层复合法和原位插层聚合复合法（简称原位聚合法）3 种。溶液插层复合法是将 PE 溶解在溶剂中，PE 分子链借助于溶剂插层进入层状硅酸盐片层中，除去溶剂后得到 PE/黏土纳米复合材料。熔融插层复合法是在 PE 的熔点以上通过机械力的作用实现 PE 在黏土层间插层或使黏土层间剥离来制备 PE/黏土纳米复合材料。原位插层聚合复合法是将催化剂引入黏土层间，然后进行乙烯聚合，通过聚合力的作用使黏土层间剥离，从而形成 PE/黏土纳米复合材料。

　　(2) 共混法　共混法是先制成各种形态的纳米粒子，然后通过各种方式与聚合物混合制备纳米复合材料的方法。它是制备纳米复合材料最直接的方法。由于此法工艺简单、应用广泛，可适用于大规模的工业化生产，所以有着极其广阔的应用前景。但应用此法制备高性能的纳米复合材料需要解决一个关键性问题，那就是纳米粒子的分散问题。

　　溶液共混法要求有合适的溶剂能同时溶解聚合物和分散层状硅酸盐。其过程为：先将聚合物配制成一定浓度的溶液，在一定温度下，将其与已经有机化处理的矿物分散液混合。在溶剂作用下，聚合物能插层于硅酸盐片层间。经干燥处理后，即可得到 PLSN。目前，能较好用于溶液插层的聚合物大多为极性聚合物，这是因为能较方便地得到聚合物的溶液，并能与层间插层处理剂较好地作用。由于在制备过程中需要使用大量溶剂，待插层结束后，又要除去这些溶剂，这就给环境带来极大的污染。因此，该方法的发展也受到一定限制。

（3）熔融插层法　熔融插层过程实际上是聚合物分子链向硅酸盐片层扩散的过程。随着扩散程度的不同，可以得到从插层型到剥离型不同结构的复合物。在静态退火过程中，聚合物扩散主要由聚合物分子与硅酸盐有机插层剂的相互作用决定。

"层-层剥皮"机理认为，在剪切力作用下，蒙脱土团聚体首先被破坏，形成堆叠的硅酸盐片层，并在剪切力作用下继续破碎，堆叠成更小的片层。最终的结果是逐层剥离并扩散到聚合物熔体中，形成聚合物/蒙脱土纳米复合材料。根据这一机理，熔融插层过程中剪切力作用极为重要。显然，若需得到理想的剥离结构的复合物，对聚合物施加更强的剪切力是必要的。聚合物熔融插层是应用传统的聚合物加工工艺，在聚合物熔点或玻璃化转变温度以上，通过混合或剪切的作用，聚合物分子扩散并插入蒙脱土片层间共混制备纳米复合材料的方法。熔融插层制备聚合物/蒙脱土纳米复合材料的过程分为两个阶段：一是矿物的有机化处理，这一步的重点是选择合适的插层剂，对许多聚合物而言，这是插层成功与否的关键；二是有机化蒙脱土与聚合物的熔融共混插层，它又可根据加工方式的不同分为双辊共混插层、挤出插层、注射插层等。当然，如果聚合物本身可以与蒙脱土存在强的相互作用而形成键合力，蒙脱土就不需要有机化，直接与聚合物进行熔融插层也完全可行。

熔融插层具体可分为静态退火、剪切共混或两者的结合。熔融插层分散剥离的程度，除依赖于聚合物基体与硅酸盐片层插层处理剂的相互作用外，还受到混合剪切条件的强烈影响。熔体赫度、剪切速率、挤出机对熔体的剪切强度（如螺杆结构）以及混合温度和停留时间等因素，都会影响插层的效果和复合材料的最终性能。

原位插层和溶液插层这两种方法制备聚合物/蒙脱土纳米复合材料都受到一定条件的限制，使得熔融插层法成为制备聚合物/蒙脱土纳米复合材料最有发展前途和最能实现大规模生产的一种方法。熔融插层法具有以下优势：首先设备简单，熔融插层法制备聚合物/蒙脱土纳米复合材料采用双辊混炼机、单螺杆挤出机、双螺杆挤出机或者注塑机等作为混合加工设备，不需要投入专门的设备，从而更加高效、可行，同时也具有更大的工业化前景。采用常规的加工设备，利用熔融插层法制备聚合物/蒙脱土纳米复合材料的过程中，关键是选择合适的插层剂或对蒙脱土进行有效的表面处理，增加聚合物和蒙脱土之间的相容性，以增加纳米蒙脱土在聚合物基体中的有效分散。其次是无单体困扰，采用原位插层聚合法须使用基体聚合物的单体，如将己内酰胺单体插入蒙脱土片层中，通过缩聚反应原位聚合，制备聚酰胺/蒙脱土纳米复合材料网。

将甲基丙烯酸甲酯或苯乙烯单体插入蒙脱土片层中，采用原位插层自由基聚合法，分别制备聚甲基丙烯酸甲酯/蒙脱土、聚苯乙烯/蒙脱土纳米复合材料。除己内酰胺、甲基丙烯酸甲酯、苯乙烯、丙烯酸、丙烯腈、丙烯酸酯类等少数单体可以进入蒙脱土片层间聚合外，很多单体都不能插层进入蒙脱土片层中聚合。有些单体虽然可以插层进入蒙脱土片层之间聚合，但是由于受催化条件的限制，聚合物的相对分子质量过低，难以达到聚合物基体的强度要求，而且还受到单体浓度、反应条件、引发剂（自由基聚合时）品种和用量等因素的影响。采用熔融插层法制备聚合物/蒙脱土纳米复合材料不涉及单体的聚合，聚合物基体的相对分子质量和强度都不会受到影响，也不存在单体和催化剂的选择问题。最后是不需要使用溶剂溶液插层法制备聚合物/蒙脱土纳米复合材料，而采用溶剂溶解聚合物和分散蒙脱土，搅拌使两者充分混合，并借助溶剂的作用，使聚合物插层进入蒙脱土片层间；然后真空下挥发掉溶剂，制得纳米复合材料。聚合物从溶液中嵌入的推动力来自溶剂分子解析得到的熵，它补充了嵌入高分子链的构象熵的减少，相当多的溶剂分子应从蒙脱土中解析出来以纳入聚合物链。这一方法虽然简化了复合过程，制得的材料性能稳定，但该法一方面难以找到既能溶解聚合物又能分散蒙脱土的溶剂；另一方面使用大量的溶剂对人体有害，还会污染环境。采用熔融插层法的优点是避免使用溶剂，对环境有利并更经济，而且提供了常规技术，研究在二维空间受限制聚合物的理想体系。

对于不能或较难采用熔融插层法制备的聚合物/蒙脱土纳米复合材料，针对不同的体系采用不同的方法改进。对于热力学上不能进行的体系，一种手段是可以对基体进行化学改性或者在体系中加入相容剂，增大聚合物与插层剂之间的相互作用。PP 不能直接与有机蒙脱土熔融插层制备纳米复合材料，一方面可以对 PP 化学改性，在分子链上引入极性基团（如马来酸酐改性 P 或羟基改性 PP）；另一方面通过加入相容剂尽量降低蒙脱土的极性，增加蒙脱土与 PP 的相容性，从而增大 PP 和蒙脱土之间的作用力，使它们达到纳米尺度的复合。另外一种有效的手段是将原位聚合与熔融插层法结合起来。这种制备方法需要分两步来完成：用容易插层聚合并且与基体聚合物相容性较好的聚合单体原位聚合后，再将已经原位聚合的蒙脱土通过熔融插层法与基体聚合物复合制备纳米复合材料。这种方法的第一步与原位插层聚合制备纳米复合材料并不完全相同，其对原位聚合物的相对分子质量要求不高，对聚合物的量也要求不多，只要单体能充分渗透到蒙脱土片层之间形成少量的聚合物即可。当进行熔融插层时，形成的少量聚合物一方面提高了蒙脱土与基体聚合物之间的相容性；另一方面，增大蒙脱土片层的间距，有利于基体聚合物向蒙脱土片层之间渗透。如制备 PPI 蒙脱土纳米复合材料时，可以用丙烯酸丁酯对有机蒙脱土进行原位聚合改性，丙烯酸丁酯单体渗透到蒙脱土片层之间并发生聚合。由于聚丙烯酸丁酯与 PP 的相容性好，改性后的蒙脱土与 PP 通过熔融插层法可以较好地复合形成纳米复合材料。对热力学上可行的体系，在体系中加入稀释剂或有机溶胀剂降低基体聚合物的黏度，增大聚合物分子的扩散速度，将更有利于聚合物向蒙脱土插层。

（4）机械力化学插层法　机械力化学插层法是通过机械搅拌、研磨、压缩、剪切、摩擦、抽滤等作用对改性物施加机械能而诱发其物理化学性质变化，使矿物生产设备和与其相接触的改性物发生化学变化，从而实现矿物的插层改性。许涛等采用机械研磨法成功制备了乙酸钾/偏高岭土插层复合材料，推测其插层机理和结构模型为：首先乙酸钾与水分子以配位键结合，然后通过机械研磨作用进入偏高岭土层间，并且将偏高岭土片层撑开。当进行热处理时，水的挥发也对偏高岭土片层起到撑开作用，最终导致偏高岭土被撑开、剥离。

该法的机械化学反应主要发生在固相之间，是不需任何溶剂的环境友好型方法，具有过程简单、高能量以及低成本等显著特点。Yoshimoto 等以钠基蒙脱石和氯化苯胺为原料，加入 $(NH_4)_2S_2O_8$ 混合机械球磨后，经静置、洗涤过滤、干燥等过程，制得了聚苯胺/蒙脱石纳米复合功能材料。Bekri-Abbes 等也用这种方法合成了具有导电功能的聚苯胺/蒙脱石纳米复合材料，由于有蒙脱石作为载体，该复合材料的导电性和热稳定性得到了显著提高。

（5）新方法　传统改性工艺是用上述原理再辅以浸泡、加压、离心沉降、加热、搅拌、抽滤、研磨等物理手段或加入催化剂等化学方式来达到插层改性目的。这些方法步骤烦琐、制备周期长、受外界的影响也较大，且制得的复合物一般不太稳定，不适合实现大规模的工业生产。近年来，在不断寻找合适的预插层体和插层剂的同时，越来越多的人开始关注高岭土插层改性的新方法和新工艺。

① 微波辐射插层　微波常被用来催化化学反应，微波的辐射能量一般为 $10\sim100J/mol$，而一般的化学键的键能为 $100\sim600kJ/mol$，氢键的键能为 $8\sim50kJ/mol$，因此微波可以破坏氢键，但不会造成化学键的断裂，故可利用微波辐射来研究高岭土的插层改性。极性分子在微波作用下从原来的热运动状态转向依照电磁场的方向交变的排列取向，引起分子的转动进入亚稳态，能使极性分子在一定的条件下插入高岭土层间，从而实现聚合物分子对高岭土的插层。此外，微波具有加热速度快、加热均匀的特点，且可实现在分子水平的搅拌，有助于层间的快速膨胀以及层间氢键的断裂。当微波作用时间很长时，甚至可以使高岭土剥片。孙嘉等以 KAc、DMSO、尿素为插层剂，对高岭土进行微波辐射插层的研究，发现微波对 DMSO/高岭

土插层反应（偶极矩大的极性小分子）有明显的促进作用，且缩短了插层时间。DMSO/高岭土插层反应 1h 时，插层率可达 82.2%，但是对 KAc/高岭土、尿素/高岭土插层复合物的制备并无明显促进作用。利用微波辐射作用制备插层复合物的关键是找到合适的插层剂，只有大偶极矩、分子大小相近的质子惰性分子才具有明显的促进作用。水是吸收微波最好的介质，因此，在微波辐射插层改性时，常用水作为溶剂和促进剂。

② 超声波插层　超声波是频率在 20kHz 以上的波段，它具有频率高、波长短、传播方向性好、穿透能力强等特点。在制备过程中，超声波的机械特性可促进液体的乳化、凝胶的液化和固体的分散，使高岭土和插层剂混合均匀。在超声振荡的过程中，其空化作用可以提供局部超高温、超高压等特殊反应条件，清除层间杂质和提供插层所需能量，对插层反应有明显的促进作用。超声波作用可以缩短插层反应时间，提高插层效率。此外，利用超声波进行插层改性还能节约能源，有利环保。韩世瑞等用超声化学法制备高岭土/DMSO 插层复合物，在 3~4h 内，插层率可达 90%左右，大大缩短了反应时间。阎琳琳对高岭土插层复合物进行超声处理，得到均匀纳米化、保持良好晶型的剥片高岭土。

③ 其他改性新方法　曹秀华等利用甲醇钠强烈夺氢的作用，夺取高岭土层间内表面羟基上的氢，从而制得高岭土插层复合物。同时发现，当甲醇钠质量分数和温度都较高时，会破坏高岭土的层间结构。质量分数为 10%、15% 的甲醇钠溶液和高岭土在 80℃时发生插层反应；甲醇钠质量分数为 20% 或 25%、反应温度 60℃时，产物出现多个不同的插层相；反应温度高于 80℃时，高岭土无定形化。由于制备的复合物 Na^+ 吸附于高岭土片层表面，使得高岭土在催化剂、阴离子聚合引发剂方面具有应用价值。王林江等以高岭土/丙烯酰胺复合物为前驱体，经碳化、碳热还原、氮化反应，合成了 Sialon 粉体。该方法缩短了反应时间，插层效果较好，插层复合物的层间结构得以保留，结晶度较高。

第6章
非金属矿物的改型技术

6.1 柱撑改型

柱撑（也称改性、夹层、插入）技术是20世纪70年代以来发展起来的提高具有层状结构物质的层间距、稳定性、比表面积及表面活性等的工艺技术。柱撑黏土是由柱化剂在黏土矿物层间呈"柱"状支撑接触的新型层柱状纳米多孔材料，具有大孔径、大比表面积、耐热性好、表面酸性强等特点。它是利用某些具有层状结构的黏土矿物中层间所存在的可交换性阳离子通过交换反应引入外界的离子型化合物，从而在其原位生成分子级别的支撑柱，并通过干燥、烧结等手段将柱化剂转化为具有一定吸附或催化性能的大孔径和具热稳定性的复合材料。由于所合成的这类材料具有大的比表面积或催化活性的层间支撑柱，使得其能够有效吸附或转化各类有机物质，从而在环境修复、环境净化方面得到了广泛应用。

柱化剂是柱撑黏土的重要组成部分，也是柱撑研究中的主要内容。早期的柱化剂类型主要是有机阳离子化合物，其合成目的也多是用于石油工业的裂解催化方面，但此类柱撑黏土材料的一个主要不足就是其热稳定性差，因此无法在石油催化裂解领域得到广泛的应用。早在1955年人们就已利用不同链长的烷基铵和二烷基铵离子插层，制得了最早的层状黏土复合材料。柱化剂研究经历了从有机到无机再到有机/无机复合的历程，从中演变出了有机阳离子、有机金属阳离子、金属簇配合物、混合氧化物溶胶、聚合羟基单金属阳离子、聚合羟基多金属阳离子、模板剂聚合羟基金属阳离子等种类繁多的柱化剂，从而获得从不稳定到稳定、从单层离子构成到多层离子构成、从一元到多元、从矮到高、从简单形态（如粒状 Al_2O_3 柱）到复杂形态（如管状伊毛缟石柱）的各种柱子。

关于无机柱撑黏土的研究范围逐渐扩大，涌现了大量关于过渡金属柱化剂的研究，如铁、钴、镍、铬、铜等，它们或独立成为柱子，或与硅、铝、钛、锆共聚形成柱子，或以催化组分被后续加载到柱子和黏土层片上。在柱子结构和稳定性调控方面，引入了稀土及稀有元素。在柱化剂制备工艺上，从独立水解聚合到原位水解聚合和共水解聚合，从常温常压到使用回流老化。总之，为了获得较高有效离子浓度、聚合度和最佳离子分布，应获得均匀分布的稳定柱子，最终使层柱黏土结构最稳定和性能最优。

各种柱化剂可分为有机、无机和有机/无机三大类，见表6-1。

用于制备柱撑黏土的矿物很多，如蒙脱石、皂石、贝得石、水滑石、累托石、氟云母、蛭石、海泡石、坡缕石等。大量研究表明，制备热稳定性和水热稳定性良好的柱撑黏土，其母体通常应具备两个性质：结构层稳定，同时又能膨胀；四面体层中有较多 Al^{3+} 取代 Si^{4+}。最近几年除蒙脱石的柱撑研究方面取得不少进步外，在以前认为难以实现柱撑化的蛭石、金云母、伊/蒙间层等矿物的柱撑化研究方面也取得了突破。

表 6-1   柱化剂分类

类别			举例	
			柱化剂（溶液中）	柱子类型（焙烧后）
有机	有机阳离子		烷基铵、二烷基铵	无柱
	金属簇配合物		$Nb_6Cl_{12}^{n+}$、$Ta_6Cl_{12}^{n+}$、$MO_6Cl_8^{n+}$	无柱
无机	聚合羟基金属离子	聚合羟基单金属阳离子	$Al_{13}O_4(OH)_{24}(H_2O)_{12}^{7+}$	金属氧化物柱
			$Zr_4(OH)_8(H_2O)_{16}^{8+}$	
			$Ti_{20}O_{32}(OH)_{12}(H_2O)_{18}^{4+}$	
		聚合羟基多金属阳离子	Ga/Al	混合（金属）氧化物柱
			Al/Fe	
			Al/Zr	
	溶胶	氧化物溶胶	TiO_2、SiO_2	氧化物柱
		人工黏土/胶体矿物	铝硅酸盐（伊毛缟石）、一水氧化铝（勃姆石）	人工黏土胶体矿物
	杂多阴离子		GaW_9Z_3	杂多酸柱
有机/无机	有机金属配合物		三乙基胺钴（Ⅲ）	金属氧化物柱
			乙酰丙酮硅（Ⅳ）	
	模板剂	模板剂/聚合羟基金属阳离子	聚乙烯醇 PVA/Al	叠层金属氧化物柱
		模板剂/混合氧化物溶胶	十八烷基三甲胺 OTMA/SiO_2-TiO_2	

蛭石层间电荷主要源于四面体层中 Al^{3+} 取代 Si^{4+}，且结构稳定性好，其柱撑化研究一直受到关注。但早期研究结果不甚理想，仅获得了 1.4nm 的底面间距。Al 柱撑蛭石在 800℃ 条件下焙烧后，d_{001} 值仍达 1.7nm，比表面积为 $184m^2/g$，微孔容为 $0.057cm^3/g$，显示了良好的热稳定性、高的比表面积和微孔容，且 B 酸含量是相同条件下制备的 Al 柱撑皂石的两倍。采用同样的方法，还制备了柱撑金云母，其性能也颇佳，与柱撑蛭石相似。

伊/蒙间层黏土矿物具有蒙皂石和云母矿物的双重特性，既有蒙皂石的层间可膨胀性和阳离子交换性，又有云母层的不可膨胀性和结构上的稳定性，二者的有机结合是制备柱撑黏土的一种理想材料。有学者利用我国湖北钟祥累托石合成的 Al-PILC，经 800℃、100％水蒸气条件下长达 17h 的预处理，其比表面积仅从 $174m^2/g$ 下将至 $129m^2/g$；而相同条件下制备的 Al 柱撑蒙脱石经 800℃、水蒸气处理 1h 后，结构则完全崩塌。

由于天然黏土矿物中所含杂质种类及数量不尽相同，即使同一种黏土矿物，因产地不同，成分有时也相差甚远，且有些黏土矿资源有限，因此利用人工合成的具有规则结构、组成确定、离子交换性能强、层间膨胀性强、热稳定性好的黏土来进行柱撑化研究也日益受到人们的青睐。目前除对蒙脱石进行了大量合成及柱撑化研究外，对贝得石、绿脱石以及其他含铁蒙皂石、皂石、锂绿脱石、富镁蒙脱石、氟云母等也都进行了合成与柱撑化研究。另外，柱撑化合成氟云母研究已取得很大进展，比如 Al 柱撑氟云母在 600℃ 焙烧后，比表面积高达 $403m^2/g$；800℃时，底面间距仍达 2.6nm，比表面积达 $300m^2/g$。

柱撑黏土是黏土矿物层间域中可交换离子全部或部分被一些特定离子或离子团所代替并固定在其层间的一类新型材料。由于层间域的高度在纳米范围，因而也有人将它划入纳米材料。有关它的研究是在矿物学、化学和材料科学相互交叉的基础上形成的一个新的生长点。柱撑黏土之所以受到不同领域研究者的广泛重视，主要是因为它具有如下重要的特性：具有二维通道结构；层间距达 0.9～5.2nm，且孔径和孔结构可调；有众多的黏土矿物和柱化剂可与其配伍；可制备出具有不同的酸度、孔结构、机械强度和水热稳定性的材料用于各种不同的目的。

从柱撑离子的性质来看，柱撑黏土的类型可以分为无机柱撑材料、有机柱撑材料和有机/无机复合型柱撑材料。

插层复合法已成为当今制备聚合物/黏土纳米复合材料的最常用的方法之一。插层复合法主要包括溶液插层法、乳液插层法、熔融插层法和原位聚合法 4 种方法。

（1）溶液插层法　该方法用溶剂先将高聚物溶解，同时将黏土矿物在溶液中分散，充分搅拌使二者均匀混合，并在溶剂的作用下，使聚合物进入黏土层间，然后在一定条件下使溶剂挥发，从而制得纳米复合材料。这种方法最大的好处是简化了复合流程，同时制得的材料性能稳定。但这一方法有两个方面的不足：一方面难以找到既能溶解聚合物又能分散黏土的溶剂；另一方面对环境产生污染。一般情况下，这一过程中使用的溶剂对人体有害，还会污染环境。

（2）乳液插层法　该方法与溶液插层法相似，是将溶剂溶解的乳液和黏土充分搅拌均匀，并借助溶剂的作用，使溶液大分子插层进入黏土矿物层间，然后在真空条件下挥发掉溶剂，从而制得纳米复合材料。

（3）熔融插层法　该方法是将聚合物和黏土矿物充分均匀混合后，将其加热到聚合物的玻璃化转变温度以上退火，通过混合或剪切的作用，使得聚合物分子扩散并进入黏土矿物层，从而得纳米复合材料。黏土矿物颗粒玻璃化并均匀分散于聚合物载体中是该方法的关键。该方法无需借助任何溶剂，与上述两种插层复合方法相比有两个优点：一方面解决了寻找适合单体及溶剂方面的限制；另一方面在一定程度上避免了使用大量有机溶剂而带来的环境污染问题。而且熔融插层法工艺简单，易于工业化，所以日益成为制备聚合物/黏土纳米复合材料最常用的方法，现已成功合成了磷腈聚合物、聚醚、聚苯乙烯、聚酰胺、尼龙、聚碳酸酯、聚酯、聚硅氧烷以及硅橡胶等多种类型的非极性和极性高分子量的聚合物/黏土复合材料。

（4）原位聚合法　该方法是先将有机高聚物单体和黏土矿物分别溶解到某一溶剂中，均匀分散后混合，并清理搅拌，充分反应后使得单体进入黏土层间，然后在合适的条件下引发单体在黏土层间进行聚合反应。通过原位聚合的放热反应过程，将层状黏土矿物片层剥离并分散到高聚物基体中。该方法首先被广泛地应用于合成尼龙为基础的复合材料中，现已成为合成热固性聚合物/黏土复合材料的常用方法。

从插层结构功能材料的微观和介观结构实施控制，通过在生产工艺层面认识、提出和突破系列插层组装技术，创制系列可控性组装方法，是开发新型插层结构并进一步实现产业化的关键。层状硅酸盐矿物的剥离可分为机械剥离和化学剥离。机械剥离多采用机械剥片和研磨方法，如湿法或干法旋转磨（滚动磨、回转磨）、搅拌磨、振动磨和气流磨等。剥离效果的好坏主要取决于机器的种类和研磨的时间。化学剥离是利用插层作用使矿物材料层间膨胀，键合力大为减弱，除去插层客体后，原来堆垛的片状矿物就自然分解成为小片状，达到自然剥离的目的。

6.1.1　有机柱撑

有机柱撑黏土的研究始于 20 世纪三四十年代。最初是在简单有机物复合黏土矿物中发现某些简单有机化学物质能够将纯蒙脱石中可交换无机阳离子替换出来，接着又发现了一些极性有机分子不通过离子交换即可进入黏土矿物层间。有机阳离子是最早使用的柱化剂，有机分子进入层间，矿物的层间距会发生变化。通过 X 衍射可了解 OPILCs 的底面间距变化并据 XRD、TG 结果和分子几何学可以推断有机分子可能的堆垛和定位方式。根据化学分析、红外光谱及 X 衍射的研究结果提出了黏土表面和被吸附分子之间的相互作用的假说。假定 N—H⋯O、H—O⋯O 和 C—H⋯O 型氢键的键长，认识到给予有机复合物稳定性的范德华力的重要性。不仅可区分与单分子层及双分子层的复合，且能辨别复合物中有机分子是"平躺"还是"垂直"于硅氧层面（α 型和 β 型复合物）。

　　有机柱撑黏土研究在近几年取得了突飞猛进的发展，其种类与应用领域都迅速拓展。有机与无机柱撑蒙脱石的形成有一些类似之处：①两者都可以以离子交换方式进入层间；②都能使层面间距有不同程度的改变；③都能在层间域内形成柱子。不同的是，有机物进入蒙脱石层间可以是离子交换吸附和疏水键吸附两种方式。另外，无机柱撑黏土形成的是刚性的柱子，而有机柱撑蒙脱石所形成的是柔性的柱子。如用烷基铵进行阳离子交换的方式是制备有机柱撑蒙脱石，通常用作离子表面活性剂的烷基铵盐能将亲水性的无机硅酸盐矿物改性成为憎水亲油性复合物。进入层间的有机基团采取不同的定位排列方式使蒙脱石的层面间距发生变化，从原始样品的 12～15nm 可以增大到 20～40nm，经过有机柱撑后，有机物热失重率能够达到 30% 甚至更高。短链烷基铵阳离子（如 TMA、TMPA、TEA 等）呈孤立地吸附在蒙脱石表面上，相互不接触；而长链烷基铵阳离子（如 HDTMA、OTMA 等）在蒙脱石层间的排列比较复杂，有机相可以成单层平卧、双层平卧、倾斜单层、假三层和倾斜双层等排列方式。

　　插层和剥片是层状非金属矿物改性的主要手段。由于层状无机非金属化合物是一类具有层状主体结构的化合物，如硅酸盐、磷酸盐、钛酸盐等。具有特定的结构单元通过共角、边、面堆积而成的空间结构，层间距一般为几纳米，处于分子水平，层间有可移动的带相反电荷的离子或中性分子，用以补偿层板的电荷平衡。层内存在强烈的共价键作用，层间则有一种弱的相互作用：电中性时，一般是范德华力；电正性或电负性时，是静电力。基于层状化合物的这一结构特点，其具有两个特殊性质：①层间离子的可交换性（不改变层的主体结构）；②交换后的产物具有较高的稳定性。层间离子可以被交换而不破坏层板的基本结构，这为基于层状化合物构筑复合材料打下了基础。利用层状无机非金属化合物材料的片状结构，将插层复合技术用于制备插层复合材料，是当前材料科学领域研究的热点之一。在复合材料的研究中，插层是指在保持层状主体骨架的前提下，引入功能性客体形成具有主客体特征的插层结构的过程。

　　当有机小分子进入无机非金属矿物的层间后，其分子活性受到一定限制，同时分子排列趋向更加有序，这在热力学上是一个熵减化学反应过程，即在 $\Delta G = \Delta H - T\Delta S$ 式中 $\Delta S < 0$。因此插层反应在热力学上是不利的，非自发反应过程。如果增加有机/无机分子与矿物片层之间的相互作用点数量，与有机/无机分子有关的构象熵的损失就能被克服，或者两者之间的相互作用将增强。另外，插层反应过程是一个放热过程，即只有当 $\Delta H < 0$，且在 $\Delta H - T\Delta S < 0$ 的情况下，插层反应过程才能进行。要使 $\Delta H > 0$，只有有机/无机分子与矿物层间有特殊的相互作用才有可能，这些特殊的相互作用主要包括：阴阳离子的交换、酸-碱作用、氧化-还原作用以及配位作用。剥离是指在某种剥离剂的作用下，主体完全分散到水中或其他溶剂中形成一胶状交换并絮凝下来。对于一些体积较大的客体分子，在插层过程中，由于动力学及热力学的原因，并不能直接进行插层，剥离法不仅为这些客体分子在层状化合物层间的有效组装提供了另外一种途径，而且为利用"层层"组装功能性客体分子插层化合物的薄膜提供了依据。在制备体积较大的分子插层层状硅酸盐、钛酸盐等时，经常采用剥离法。

6.1.2　无机柱撑

　　无机柱撑是指利用层状结构材料的可膨胀性和离子交换性能，以一些无机离子或金属聚合物为柱撑剂，插入层间，像柱子一样将层状结构撑开，经过进一步加热或煅烧，层间柱撑剂脱水，或者脱羟基而转化为稳定的氧化物，形成二维的微孔材料。

　　无机柱化剂主要包括金属簇、聚合羟基金属阳离子、聚合多金属阳离子以及杂多阴离子等。金属簇即采用金属簇化合物向黏土层间引入过渡金属。用 Nb、Ta、Mo 的氯化物在黏土表面进行交换，在 240℃ 真空条件下氧化，转变为金属氧化物形式。其优点是半径大，但比表面积小。聚合羟基金属阳离子是迄今为止研究最多也最有前途的一类柱化剂，通过控制金属盐的水解和聚合而形成，具有柱化所需的性质：高电荷、大体积、受热可转变成稳定柱子。无机聚合羟基金属阳离子在柱撑后，经焙烧、脱水和脱羟，反应生成稳定的金属氧化物柱子。

（1）聚合单金属阳离子　聚合单金属阳离子包括 Al、Zr、Ti、Cr、Fe、Si、Ga、Ta、B、Bi、Mg、Pb、Ni、Sn、Pd、La、Zn、Ce、Mn 等，以 Al、Zr、Ti、Cr、Fe、Si 等单元素的聚合羟基阳离子最为常见。相对而言，Al 的水解最容易控制，也研究得最多，Al_{13} 柱子尺寸对不同水解条件下不太敏感，通常所获层间距 0.7～1nm。有关 Zr 柱的研究也不少，但对其结构至今仍不太明了。一种较流行的看法认为，Zr 四聚体聚合成片，片片相连成柱，柱的高度由连续的片数目决定，依赖于水解条件。

（2）聚合多金属阳离子　为了获得性能更加卓越的多孔材料和催化材料，采用多金属复合多核羟基聚合离子作为柱化剂，这是极具发展前景的研究方向。据不完全统计，聚合多金属阳离子多达十余种，如 Si/Al、Cr/Al、Ca/Al、REE/Al（La/Al、Ce/Al）、Zr/Al、Zr/Ni、La/Zr、Al/Mg、B/Zr/Al、B/Si/Al、UO_2/Al、Rh/Al、Al/Rh、Fe/Al、Si/Fe、Fe/Cr、Fe/Zr、Si/Ti 等，其中最有意义的要数 Si/Al、Ga/Al、REE/Al。

（3）金属氧化物溶胶　金属氧化物溶胶直接插层是获得稳定氧化物柱子的好办法。具有均匀粒径（0.2～0.8nm）的水溶性氧化物溶胶可用于介孔层柱黏土，所获材料也被称为超级长廊层柱黏土。该术语涵盖了所有绝对层间距大于原土厚度的基材，如钛溶胶柱撑黏土层间距为 1.3nm，比表面积达 $300m^2/g$。用混合溶胶 SiO_2-TiO_2 获得层间距 2.5～3.5nm，但孔径尺寸不一。Pinnavaia 等用管状伊毛缟石 $Si_2Al_4O_6(OH)_8$ 柱撑蒙脱石和贝得石，所获材料 BET 比表面积增至 $460m^2/g$，微孔容高达 $0.21cm^3/g$，暗示微孔源自柱子本身，而非柱子之间的侧向间隔。管状伊毛缟石柱实际是非晶态胶体物质向晶质过渡的产物。

（4）杂多阴离子　杂多阴离子仅见于人工合成类水滑石阴离子黏土的柱撑，类水滑石阴离子黏土具有与天然黏土类似的层状结构，不同的是其骨架为阳离子，层间为阴离子，显碱性，层间距可通过填充离子半径不同的阴离子来调变。将大半径柱化剂杂多酸阴离子引入黏土层间，具有酸-碱协同催化功能，是一类全新的催化剂，但其热稳定性普遍较低。

黏土矿物柱撑机理复杂，主要通过柱化剂与黏土矿物之间的反应体现，反应过程受到水解条件、柱化剂浓度、反应时间、陈化条件、搅拌温度、活化方法等因素的影响，对于柱撑机理研究早在 20 世纪 80 年代就已经开始。黏土矿物在进行了撑柱改性之后，理化特征会发生变化，主要表现在层间距增大，大量羟基进入黏土层间空隙，部分金属阳离子与黏土的硅氧四面体和铝氧八面体发生同晶替换，改变黏土矿物所带电荷。这些改变有利于黏土矿物吸附性能的改善和吸附能力的提升，研究人员主要是采用 X 射线衍射对黏土矿物柱撑前后的层间距进行了研究，从中探知黏土矿物无机柱撑改性机理。不同类型柱撑对同一种黏土矿物的改性效果不同，以膨润土为例，羟基铝的改性效果最好，羟基铁铝次之，羟基铁最差，原因在于铁离子和铝离子与羟基之间的结合力不同，而这对羟基的束缚力也就不同，进而导致改性效果有所差异。而同一种柱撑方法对不同黏土矿物改性效果也不尽相同，以羟基铝柱撑为例，用羟基铝分别对膨润土、蒙脱石和蛭石实施柱撑改性不难发现，膨润土的改性效果最好，蛭石次之，蒙脱石最差，这主要是与各类黏土矿物理化构造有所差异所致。除了上述情况，还存在同类柱撑方法对同类黏土矿物实施改性时，其改性效果也不一致，这是因为同种黏土矿物因产地不同，其理化特征也有所差别。对黏土矿物实施柱撑改性的主要目的就是希望大幅度地提高其吸附性能，大部分研究表明无机柱撑改性能够明显地提高黏土矿物的吸附容量。

研究柱撑黏土矿物的吸附条件，主要是想了解黏土矿物柱撑前后的吸附条件是否发生变化，系列研究表明柱撑前后黏土矿物的吸附间无明显变化。曹明礼等用羟基铝柱撑蒙脱石吸附水溶液中的 Cr^{6+}，研究结果表明，柱撑蒙脱石吸附性能明显优于原土：当溶液温度为室温、初始 pH 值为 4.0、Cr^{6+} 的初始浓度为 4.0mg/L、柱撑蒙脱石投加量为 40g/L、吸附时间为 40min 时，柱撑蒙脱石对 Cr^{6+} 的去除率最高，可达到 90% 以上。

　　黏土矿物作为一类良好的天然吸附材料，在环境污染治理中有着自己独特的作用与优势，而无机柱撑黏土矿物的制备、结构和性能表征、柱撑机理、吸附机制以及应用研究为黏土矿物的开发利用开辟了广阔的前景。尽管如此，仍需要在以下几个方面取得新的突破：研究人员目前并没有对柱化剂及柱撑黏土制备工艺条件进行深入系统研究，有必要了解和掌握柱化剂浓度、柱化剂与黏土矿物的配比、反应温度、反应时间等因素对柱撑黏土矿物配备过程及改性效果的影响。人们对柱撑机理的认识还只局限于对黏土矿物层间距的研究，对柱撑机理的研究有待继续深入，应从分子水平上的基础理论为基点，开展对黏土矿物柱化机理的深入研究。寻求新的柱化剂作为改性剂，制造出更高性能的黏土矿物。

6.1.3　有机/无机柱撑

　　单纯采用有机或无机柱化剂合成的黏土复合材料虽然各有优势，但它们本身也都存在一定的局限性，如前者具有较差的热稳定性，而后者对所转化的有机物具有较低的吸附性能，于是就出现了将两者结合起来的有机/无机柱撑黏土复合材料。这种柱撑方法一般是先将有机或无机阳离子化合物为前驱体与黏土混合，起到一个预柱撑的作用，然后再通过离子交换反应插入另一种离子化合物，不进行热处理或者通过烧结温度调控即可得到有机/无机柱撑黏土。它不但具有无机柱撑黏土的大的比表面积，而且还具有有机柱撑黏土对疏水性有机物的高效吸附性能。黏土矿物具有层间离子可交换性、层间可膨胀性、吸附性等特性，因而其纳米级层间域是一个良好的纳米化学反应器，用特定离子或离子团替代黏土纳米层间域中的可交换离子并使其固定在层间，能够制备性能优良的纳米复合材料，即层柱黏土（也称交联黏土或柱撑黏土）。层柱黏土在新型催化剂、吸附剂以及纳米塑料的制备和应用方面日益广泛，已有不少国内外学者对其制备方法、结构与机理、性能与表征及应用等方面从不同的角度进行过评述和讨论。但研究发现，传统的柱化剂柱撑方法所得材料往往层柱不匀、孔径分布宽、稳定性不高，因而选择性吸附和催化能力差，难以满足工业应用的要求。十多年来，为提高层柱材料的热稳定性以及拓展层柱黏土在吸附和催化等方面的多功能性等，在柱化剂中引入第二种或两种以上成分调控复合层柱黏土结构从而增强其功能特性方面的研究日益得到重视。因此，层柱黏土的研究和应用正从传统的单一有机柱撑和无机柱撑扩展到有机和/或无机复合柱撑的过程。

　　除了不同柱化剂的选择对复合材料的性能有显著影响，黏土基质种类的多样性、合成过程中的热处理方式以及表面酸性的处理都会使所制得的复合材料的性能具有相当大的差别。一般制备柱撑黏土复合材料所选用的黏土矿物多为钠基或钙基膨润土，两者的主要区别在于 Na^+ 和 Ca^{2+} 这两种阳离子相对含量的多少。由于钠基土的层间结合力小而易分散、膨胀与亲水，使得阳离子易于扩散进入层间域，从而可大大提高离子的交换速率，因此一般柱撑采用的是钠基土。若原土为钙基土，则会在制备前将其浸渍于 Na^+ 水溶液中，用 Na^+ 把 Ca^{2+} 交换下来，这样可把钙基土转化为钠基土，增强了原土的离子交换性能。

　　柱撑材料制备过程中最为关键的影响因素是洗涤后湿水材料的干燥、烧结等热处理步骤，这是因为不同的干燥处理方式和不同的烧结温度都会影响到材料的表面积以及无机支撑柱的晶体结构，而许多具有催化活性的晶型也都有其特定的转化温度。因此不同的热处理方式将会在整个复合材料的合成中起到举足轻重的作用。无论是有机还是无机柱撑黏土材料，其热处理的第一个步骤都是干燥，即在原土悬浮液与支撑体溶胶反应后需将此含水的混合物在一定温度下干燥后才能够烧结，干燥的方式对合成材料的性能有一定影响。有学者比较了在空气直接干燥、乙醇中脱水处理以及超临界干燥 3 种干燥方式所制得的 TiO_2 柱撑黏土的催化特性。结果表明，在超临界干燥条件下得到的柱撑黏土催化剂具有最大的外比表面积和微孔比表面积，而且具有最多和最小粒径的锐钛矿晶体，因而使其具有最大的光催化活性。无机柱撑黏土复合材料的烧结也是整个复合柱撑材料合成的至关重要的一步。对于具有催化活性的支撑柱来讲，因为不同的催化剂结晶都有最适宜的转化温度，烧结温度过高或者过低都会导致最后催化材料活性的降低，这是由于在焙烧时可能会发生以下两种影响结构变化的过程：①要使柱撑进入的无机柱化剂转化为具有一定催化活性的晶型，则必须有一定的温度范围，如 TiO_2 仅在 $300\sim600℃$ 时形成活性较大的锐钛矿晶型，烧结温度高于或低于此温度范围都无法得到具有良好催化活性的晶体；②若烧结温度过高，黏土层结构会发生崩塌，失去其特有的空间结构，使得插入其中的催化剂柱也将无法与外界有机物分子有效接触，从而无法起到相应的催化作用。当采用水热处理法对所制备的黏土复合材料进行处理后，试验结果显示 TiO_2 柱撑黏土中 TiO_2 的结晶度得到了提高，同时水热处理对黏土表层的疏水性并未产生破坏。此外，郭锡坤等比较了采用不同温度（$200\sim650℃$）烧结以羟基锆离子交换钠基膨润土后再引入 SO_4^{2-} 所制备的固体酸催化剂。在对合成材料进行分析及以柠檬酸和正丁醇酯化反应为探针测定其反应活性后表明，烧结温度为 $500℃$ 时，SO_4^{2-} 与锆氧化柱形成了具有超强酸性的结构，催化剂活性较佳，能使柠檬酸酯化反应转化率达 96.6%，反应酯化率也达 95.72%。

由于黏土矿物表面上的 B 酸和 L 酸在有机物的转化方面起着重要的作用，因此黏土基质若经过酸处理同样也会对其合成材料的活性产生一定的影响。采用普通钠基蒙脱石和预先经过硫酸处理的钠基蒙脱石，研究所合成的铬柱撑黏土的性质。测试发现，未经酸活化所合成的黏土催化剂具有较大的比表面积、微孔体积和层间距，但经过酸处理后得到的黏土材料却具有更大的中孔体积、平均孔径和表面酸度。在这两种催化剂对异丙醇和甲醇的催化转化反应中，后者具有更大的活性，这可能是由于酸处理使黏土表面的 B 酸位数量增加所致。除了以上几个主要合成条件对柱撑黏土复合材料合成时的影响较大，其他的合成条件如柱撑反应时的溶液 pH 值、阳离子交换总量 CEC 的大小等也同样对所合成材料的性质具有相应的影响。

无机/有机复合柱撑过程主要使用聚合物或表面活性剂作为第二种成分。聚合物和表面活性剂用以促进黏土层间的溶胀和扩大层间距，以利金属多价离子嵌入层间，再焙烧除去聚合物和表面活性剂，得到无机/有机复合层柱黏土。合成过程中有机成分的加入有先加入、后加入、与无机成分同时加入 3 种方式，其最终结果受柱撑机理所调控。有机与无机柱撑黏土的形成有一些类似之处：①两者都可以以离子交换方式进入层间；②都能使层面间距有不同程度的改变；③都能在层间域内成"柱"。不同的是，有机物进入黏土层间可以是离子交换吸附和疏水键吸附两种方式。另外，无机柱撑黏土形成的是刚性的柱，而有机柱撑黏土所形成的是柔性的柱。因此，无机/有机复合柱撑克服了传统的无机柱撑技术制得的 PILCs 存在层柱不均匀、孔径分布宽、稳定性不高、结构和性能不易调变和控制的缺陷，为设计、调控制备特定功能材料（如催化、选择性吸附材料等）提供了新途径。

经过有机/无机柱撑改性后的黏土复合材料相对于原土不仅具有更大的层间距和更强的表面吸附能力，而且其表面由原来的亲水性改为疏水性，这样就大大提高了对脂溶性毒害有机污染物的吸附，使得这类合成材料在有机污染物的吸附治理方面得到了很好的应用。在黏土矿物的层间插入分子级的 TiO_2 支撑柱是目前研究得最为广泛的一类催化型黏土复合材料的合成手段。最早的复合型黏土催化剂其实是在工业多相催化上使用的。因其具有理想的比表面积、较为规整的大孔结构、耐高温及高活性和高酸性的表面而应用于重油的催化裂解，它对汽油的选择性比 Y 型沸石高，与沸石混合制备的催化剂可更有效地提高汽油的产率。因此，除对水相中的有机污染物有着显著的处理效果外，有机或无机柱撑黏土材料在气相有机污染物的去除方面同样有着良好的应用前景。目前，世界各国的科研工作者已利用各种复合黏土对气相污染物进行了一定的吸附性研究工作。通过研究苯蒸气在膨润土原土、单阳离子有机膨润土及阴阳离子有机膨润土上的吸附性能、机理和影响因素，结果表明，经过有机物修饰过的膨润土对苯蒸气有良好的吸附能力，其吸附量远远超过原土；阴阳离子有机膨润土对气态苯能够产生较强的协同吸附作用，是一种优良的气态有机物吸附剂。苯蒸气在原土上的吸附以矿物质表面吸附为主，而在有机膨润土上的吸附主要由有机质的分配作用和矿物质表面两种吸附所致；其吸附系数与表面积呈负相关关系，吸附能力随温度的升高而降低，吸附速率大小与改性膨润土的有机碳含量呈正相关关系。

柱撑复合黏土是近 30 年来迅速发展起来的一类新型环保材料，它的优点主要集中在以下几个方面。①原材料来源广泛、价格低廉。我国的黏土资源储量丰富，开采便利，为以后大范围的推广应用奠定了良好基础。②柱撑黏土材料具有较好的沉降性能，能够高效回收利用，因此大大降低了实际使用的成本。③柱撑黏土本身具有较高的化学和生物稳定性，确保了污染物处理过程的安全性。尽管柱撑黏土复合材料具有以上诸多的优点，但目前大部分的研究还都处于小型实验室规模，真正用于实际废水与大气处理方面的例子还鲜有报道。除了对水体及气相中的有机污染物可以进行有效的吸附或降解外，不同类型的柱撑黏土还在其他环境领域得到了广泛应用。天然膨润土由于具有低水力传导性和优良的吸附性，对阳离子核素吸附较好，但通常对阴离子的吸附效果欠佳。研究表明，通过季铵盐阳离子改性后的膨润土对阴离子放射性核素具有良好的吸附性能。要想使这种 21 世纪的环保材料在更大领域得到广泛推广和应用，科研工作者还应在以下几个方面加大研究的力度。①研究开发具有更大孔径和表面积的柱撑黏土。当前所合成的绝大部分黏土材料的层间距仅为几纳米，这就使那些较大分子的有机物和无机物离子很难进入具有活性的层间域而达到满意的处理效果。②进一步提高柱撑黏土的热稳定性。所有的柱撑黏土都会在几百摄氏度的烧结高温下发生层塌陷，致使合成材料的活性与表面积大大降低。尽管在采用无机物为柱化剂后柱撑黏土的热稳定性有了很大提高，但对于一些比较特殊的应用场合（如高温催化等），大部分的无机柱撑黏土仍无法保持良好的结构稳定性，因此应继续改善黏土复合材料在高温下的热稳定性能。③拓宽柱撑黏土复合材料在不同条件下的应用范围。目前主要报道的光催化剂型柱撑黏土仍主要是在 UV 下才能够发挥其光催化活性，故限制了它在其他许多催化条件下的应用，如可开拓能够利用可见光或者不用光照射的催化剂作支撑柱制备柱撑黏土。④减少柱撑黏土在环境治理中的二次污染。大部分柱撑黏土材料在反应后表面会残存、吸附相当数量的污染物，常用的方法无非是采用燃烧或填埋，但这会对大气、土壤及地下水造成潜在的二次污染，如何研制能够高效回收利用的新型材料也是当前的一项重任。开发与现有的污染治理技术（如微生物降解、光催化净化等技术）相结合的原位净化技术，必将会更大程度地提高环境污染物的处理效率并可以成功解决二次污染的问题。相信经过科研工作者的不断努力，柱撑黏土复合材料这一新型材料必将会为我国的环境保护事业做出更大的贡献。

有机/无机改性黏土的一个重要特点是在黏土矿物层间的阳离子交换位点上的聚合金属阳离子是不可交换的，因此吸附的表面活性剂离子没有置换聚合金属阳离子，而是吸附在黏土层间域的金属阳离子柱上。无机/有机柱撑黏土中有机物的表面取向不同于有机黏土矿物中有机物的取向。研究表明，CPC（溴化十六烷基吡啶）-Al-蒙脱石中 CPC 的憎水有机基团紧靠黏土表面，带电亲水基团远离黏土表面。而 CPC-蒙脱石中的 CPC 的取向则完全相反，其带电亲水基团紧靠黏土表面，憎水有机基团远离黏土表面。这两种不同的取向导致其在水中分散性能的不同，最终影响到它们对有机污染物的吸附能力。在制备过程中，无机柱撑剂与有机柱撑剂直接混合柱撑时，两者受热力学和离子交换动力学的影响发生协同柱撑；先有机柱撑后无机柱撑时，因改性黏土的疏水性增强，不利于进一步无机柱撑；先无机柱撑后有机柱撑的效果最好，因为无机柱撑并不明显改变黏土的疏水特性，也不影响进一步有机柱撑。

将 HDPM 柱撑的有机黏土作为吸附剂与光催化剂 TiO_2 混合处理低浓度 2-氯苯酚水溶液时，会发现有机改性黏土的疏水特性能够有效地将水溶液中少量的有机物吸附在黏土的纳米层间，与光激活氧化钛产生的自由电子反应后彻底矿化为不具毒性的无机物，而此时有机黏土纳米层间的有机柱撑剂并不因光催化的影响而降解。在纳米层柱黏土的功能化设计方面，磁性修饰一直是备受关注的研究方向：一方面在于新型磁流体材料的设计与制备；另一方面在于纳米黏土环境材料使用过程中分离循环工艺的要求。将预制好的铁系氧化物磁颗粒与 PVA 溶液加入铝基柱撑混合液中制备得到的是磁性包覆的铝基柱撑黏土，而不是生成"固定"于黏土层间的"磁柱"。即使采用铁系羟基聚合阳离子柱撑剂，在合成及后处理过程中只有当黏土层间的铁氧化物"转移"到黏土表面才能形成有效的"磁颗粒"，而此时的黏土却依然具有原始黏土的溶胀和可离子交换特性，其中的转移机理仍不清楚。

6.2 结构转变改型

6.2.1 钠化改型

膨润土钠化改型方法有直接钠化法和酸化后钠化改型法两种。酸化后钠化改型法是向膨润土的悬浮液中加入一定浓度的盐酸或硫酸，加热水浴一段时间后漂洗干燥。这种处理能提高膨润土的水化性能和工艺性能，使之成为人工钠基膨润土，但工艺工序复杂，成本高，一般很少在实际生产中应用。

直接钠化法又分为悬浮液法、堆场法、挤压法等。悬浮液法是将膨润土和过量的纯碱配成矿浆，一般使液固比不小于 50%，然后经过长时间的预水化，让 Na^+ 和 Ca^{2+} 进行充分的离子交换。其钠化效果受钠化剂种类、钠化剂用量、钠化时间、钠化温度、矿浆浓度等多方面因素的影响。悬浮液法如果能够在钠化前进行湿法提纯，先去掉膨润土中含的一些非蒙脱石杂质的成分，则制得的钠基膨润土质量会更高。堆场法首先在意大利使用，它是将 $2\%\sim4\%$（根据原矿品位而不同）的钠化剂溶液或干粉撒在含水量大于 30% 原矿堆场或经过粉碎的原矿矿石中，一般还伴有翻动搅拌，然后存放 10d 左右的时间。堆场法耗时较长，虽然工序较简单，但得到钠基土的质量很差。特别指出的是挤压法，它是在实际生产中使用最广泛的一种钠化方法。它是在加入钠化剂的同时施加一定的压力（主要为剪切应力）将聚结的颗粒和蒙脱石层间打开并产生断键，增加了原土颗粒表面的负电荷，有利于钠化反应的进行，使钠化的进行更为充分，其在改型过程中，需选定的主要工艺参数有以下几个。

(1) 钠化剂类别　钠化剂的选择对钙基膨润土钠化改型质量的优劣至关重要。在选择钠化剂时要考虑钠化的彻底性、价格的高低、使用过程中有无副作用等因素。目前，工厂用于大批量生产人工钠基土的钠化剂主要是碳酸钠。实验室还有用氯化钠、氟化钠、三聚磷酸钠、六偏磷酸钠、焦磷酸钠、氢氧化钠等作为改型剂，但这些钠盐有的价格太贵不能批量投入生产，有的效果不好不能得到令人满意的高质量的膨润土，因此在实际生产中也很少应用。

(2) 钠化剂用量　一般情况下，随着钠化剂用量的增加，钠化效果也会越好。当 Na^+ 达到一定浓度时，Na^+ 与 Ca^{2+} 的离子交换反应也达到了平衡状态，此时如果继续加入更多的钠化剂就会产生过量的 Na^+。由于 Na^+ 电离率大，电动电位高，活动性强，将会使原来已经达到平衡的离子交换状态受到破坏，使膨润土质量下降。所以，这里有一个钠化剂最佳用量的问题。钠化剂的最佳用量也并不是对所有膨润土都是一个固定值，因产地和品位不同而异。

(3) 钠化时间　使用不同的工艺方法，钠化时间也不同，但每种方法都有一个最佳钠化时间，而不是钠化时间越长越好。因为钠化反应达到平衡后，若再延长时间，离子交换平衡受到破坏，钠化效果反而降低，不利于反应。

(4) 挤压次数　在钠化时施加一定的挤压力作用，晶层之间、颗粒之间产生相对运动而发生挤压，这会增加钠离子与钙离子的接触面积。在这个过程中会产生热量，膨润土的温度也有所升高，这有利于 Na^+ 和 Ca^{2+} 的交换过程。因此在钠化过程中，挤压次数起很大作用，次数少，压匀不够，钠化不充分；次数多，会起反作用，也不经济。

这些方法采用了各种试剂进行钠化反应，不可避免地要在体系中引入负离子或产生钙镁等离子的不溶物沉淀附在改型土的表面形成杂质，这势必会降低改型土的纯度，甚至会影响产品的应用，如改型土质量不高，则只能用在对钠基蒙脱石产品的纯度要求不高的场合。总之，对膨润土进行钠化改型时，要根据不同产地和品位的膨润土，对各个影响因素进行确定。如对钠化剂的种类进行选择后，还需选择钠化剂用量、加水量、存放时间及挤压次数等，因此要不断地实验和对实验数据进行分析，以求得到最佳的钠化工艺。

6.2.2 黏土矿物制备多孔材料

以天然矿物为原料制备多孔材料，既可降低生产成本，又解决了我国资源高价值利用问题，取得巨大的经济和社会效益。其主要特点表现在：①以天然层状硅酸盐为原料进行高铝硅比的纳米多孔材料研究，是制备纳米多孔材料的新思路；②在纳米多孔材料上进行功能组装，实现纳米颗粒的分散和颗粒的均一性，是纳米材料领域的一大进步；③以廉价的层状硅酸盐为原料生产纳米多孔材料，为该材料的大规模应用创造了条件，提高了高岭土的应用价值；④生产过程中母液循环利用，降低了原材料消耗，减少了环境污染，是一套环境友好的生产工艺。

天然黏土矿物在自然界中广泛存在，这类水合层状硅铝（镁）酸盐物质具有一些独特的性能（如层间离子或分子的可交换性、大的比表面积、层间可膨胀性等），因此易于吸附有机分子和极性分子，并由于同晶置换在层间可产生一定量的酸性催化活性点，从而常被用作催化材料和吸附材料。在早期的石油加工过程中黏土就曾作为催化剂被广泛使用，但天然黏土矿物本身的层间距小、孔分布不均匀、耐热性差，这些缺点制约了它的应用。在20世纪60年代中期，它被具有较为均匀孔结构和良好选择性的沸石催化剂所替代。随着人们对石油产品的需求日益增加，沸石催化剂已不能满足需要，人们开始寻找性能更为优越的催化材料。层柱黏土矿物是近年来得到广泛研究的一种类分子筛复合材料。柱撑法是利用某些层状黏土矿物的膨胀性、离子交换性和吸附性，将一些聚合羟基金属阳离子引入黏土矿物的层间域，接着进行热处理，在层间域形成柱状的金属氧化物群，黏土矿物层间被撑开，产生纳米级大小的多孔材料，其孔径可以达到2.0nm左右。这种材料在保持黏土矿物层状结构的同时，获得了一些主客体所没有的优良性能，有望在催化剂及其载体、择形吸附剂、离子吸附剂、离子导体、电极、传感器和光功能材料等领域得到广泛应用。用于制备层柱黏土的基质黏土应该具有合适的离子交换含量、本身易于膨胀、层间阳离子易于交换等特点。在层状硅酸盐矿物中，由于广泛存在类质同向取代现象，晶层结构中硅氧四面体中的硅离子可被铝、铁离子取代，铝氧八面体中的铝离子可被镁、铁离子等取代，使得晶胞电价不饱和，层间带负电荷。这些负电荷一般由层间水合阳离子来平衡，因此层间具有良好的离子交换性。原则上可膨胀性层状硅酸盐矿物均可作为基质黏土，但实际应用最多的是蒙脱石。

机械活化浸出法是一种制备多孔材料的新方法。其主要原理是先利用机械粉磨使层状硅酸盐矿物的颗粒粒径减小，比表面积增大，同时使得层状硅酸盐的结构部分破坏，产生大量的活性点，然后利用一定浓度的酸或碱进行处理，使样品中的部分金属离子（主要是 Mg^{2+}、Al^{3+} 等）被浸出，在样品中留下大量的孔，形成多孔材料。一般来说，用酸浸出八面体空位离子，用碱浸出四面体空位离子。层状硅酸盐矿物天然的晶体结构本身就为制备多孔材料提供了模板。这一观点在柱撑法制备多孔材料中也体现出来了。所用矿物的晶体结构对于制备多孔材料来说显得尤为重要，在选择原料时必须考虑其晶体结构。层状硅酸盐矿物一般都是由四面体层和八面体层构成。组成八面体层的元素有很多，Mg^{2+} 和 Al^{3+} 是最常见的八面体空位离子，但有时它们会被 Fe^{3+} 取代。处于四面体空位的 Si^{4+} 常被 Al^{3+} 取代，引起的电荷不平衡由层间离子（如 Na^+、K^+、Ca^{2+}）来平衡。

介孔材料由于其规则有序的介孔结构，可有效用于催化、吸附等领域。介孔材料孔径在

2～50nm 范围可调，近些年来一系列不同结构、组成、形态的介孔材料合成并应用于光、电、电介质、燃料电池、储氢等方面。一般来说，介孔材料是以表面活性剂或者高分子材料通过自组装形成的超分子结构为模板合成得到的。无机前驱体如何与表面活性剂进行相互作用是各种不同合成路线所要讨论的主要问题。1992 年，移动公司报道了 M41S 系列介孔材料的合成，同时提出了液晶模板（LCT）机理和协同作用机理（图 6-1）。这个机理认为表面活性剂形成的液晶相是 MCM-41 结构的模板剂，表面活性剂的液晶相是在加入无机反应物之前形成的。具有亲水和疏水基团的表面活性剂（有机模板）在水体系中先形成球形胶束，再形成棒状胶束，当表面活性剂浓度较大时，生成六方有序排列的液晶结构，溶解在溶剂中的无机单体分子或者低聚物因与胶束外表面的亲水端相吸引而沉淀在胶束棒之间的孔隙间，并进一步聚合固化构成孔壁。协同作用机理与 LCT 机理一样，认为表面活性剂形成的液晶或者胶束是形成 MCM-41 结构的模板，但与液晶模板机理不同的是，协同作用机理认为表面活性剂的液晶相是在加入无机反应物之后形成的，形成表面活性剂介观相是胶束和无机物种相互作用的结果，这种相互作用表现为胶束加速无机物种的缩聚过程，以及无机物种的缩聚反应对胶束形成类液晶相有序结构体的促进作用。胶束加速无机物种的缩聚过程主要由有机相与无机相界面之间复杂的相互作用（如静电吸引力、氢键作用或配位作用等）导致无机物种在界面上的浓缩。Kimura 和 Kuroda 对以层状硅酸盐合成有序介孔硅做了大量的研究，并对其合成方法、机理、不同结构产物、物理性能、有机修饰、引入金属及有序介孔硅的应用等方面进行了全面的研究。常见多孔材料的孔径分布如图 6-2 所示。

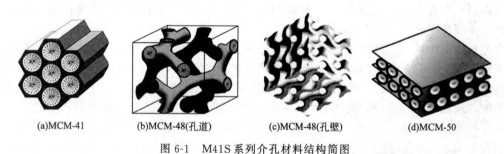

(a)MCM-41　　(b)MCM-48(孔道)　　(c)MCM-48(孔壁)　　(d)MCM-50

图 6-1　M41S 系列介孔材料结构简图

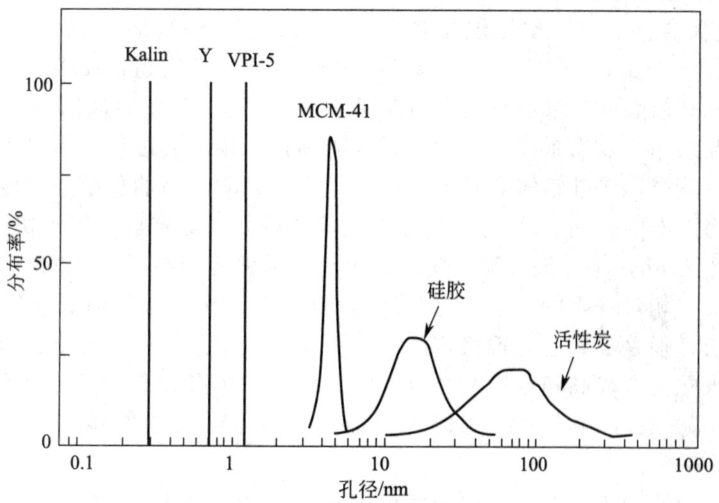

图 6-2　常见多孔材料的孔径分布

　　凹凸棒石黏土矿物（以下简称凹土）又称为坡缕石或坡缕缟石，是一种具链层状结构的含水富镁硅酸盐黏土矿物，化学式为 $Mg_5Si_8O_{20}(OH)_2(OH_2)_4 \cdot 4H_2O$，结构属 2∶1 型黏土矿物。白度和铁含量是矿物黏土合成 4A 分子筛的两个重要影响因素。张磊等选取的原材料为甘肃临泽凹土，为富铁型红色黏土，自身存在显色离子，不仅影响了白度，而且导致了金属离子（特别是铁离子）高浓度溶解于碱液中，使合成出的分子筛纯度不高。所以，脱铁与脱色是该凹土合成 4A 分子筛的两个关键因素。他们首先采用超声波法对凹土进行除铁增白，再以除铁增白后的凹土为原料对分子筛进行了合成。实验过程首先取 700℃ 煅烧漂白后的凹土与一定量的碳酸钠混合，放入马弗炉中在 800℃ 下焙烧，其主要目的是使凹土转化为可溶性的硅铝酸盐。然后采用水热法，向焙烧后的熟料中加入一定浓度的铝酸钠溶液和适量的水，在 60℃ 下形成凝胶，升温至 90~100℃ 晶化。反应结束后用蒸馏水洗涤到 pH 值为 7~8，洗涤后放入烘干箱中烘干，即得分子筛。所得分子筛具有较好的性能，当硅铝比为 2:1、碱硅比为 1.5:1、水碱比为 60:1、合成时间为 6h 时，钙交换量为 335.6mg/g，达到国家化学工业标准。

Yang 等通过机械活化加酸浸工艺提取天然凹凸棒石中的硅铝成分，以表面活性剂 CTAB 为模板，水热合成有序介孔 Al-MCM-41。合成产物 Al-MCM-41 具有规则孔道结构，且有序度较高。在此基础上探讨出由天然凹土矿物到介孔材料的机理：球磨过程使凹土层状结构的无定形化，导致纤维束状凹土转变成棒状颗粒，局部分解及矿物结构无定形化导致比表面积、孔容减小，同时导致结构中部分 Al^{3+} 迁移到 Si—O 四面体中。酸浸过程中八面体结构进一步破坏，去除了结构中的 Mg^{2+}、Fe^{3+} 和 Al^{3+}，整个过程棒状颗粒结构得以保持。由于 Si—O 四面体缩聚以及表面吸附八面体配位 Al^{3+}，残余的硅酸盐表面形成无定形二氧化硅，此过程导致比表面积、孔容增大，平均孔径减小。水热反应过程中，在 CTAB 的作用下，通过液晶模板机理得到六方有序的硅-表面活性剂介孔相混合体。焙烧过程加剧结构缩聚，同时去除表面活性剂，得到有序介孔 Al-MCM-41。

高岭石属于 1:1 型层状硅酸盐黏土矿物，由硅氧四面体和绍氢氧八面体组成，其化学式为 $2SiO_2 \cdot Al_2O_3 \cdot 2H_2O$。Du 和 Yang 以天然高岭石为原料，碱性条件下低温水热合成四方相，高结晶度的 4A 分子筛，颗粒尺寸为 $4\mu m$。通过优化其工业参数，有效提高 4A 分子筛粉体结晶度，从而获得性能较好的 4A 分子筛干燥剂。随着无机黏结剂（蒙脱石）量的增加，产物成球，可有效用于工业除湿。研究表明，其吸湿性随着 4A 分子筛结晶度的增加而增高，静态水吸附量为 21.0%，抗压强度为 51.0 N/g，达到工业应用标准。Duan 等为制备分子筛分别选取硫酸、盐酸、磷酸处理高岭土以获得硅铝源。通过对合成工艺条件的调节获得制备沸石最佳条件为 8.2mol/L 盐酸、96℃ 预处理高岭土 3h、H_2O 与 SiO_2 含量比为 3~4、TEAOH 与 SiO_2 含量比为 0.06、Na_2O 与 SiO_2 含量比为 0.05、170℃ 晶化超过 16h。Loiola 等以高岭土为硅铝源水热合成高结晶度、吸湿性好的 4A 沸石分子筛。Zhou 等采用两步合成法，分别通过低温结晶、高温结晶，以煤系高岭土为原料合成沸石。预结晶过程是指以煤系高岭土煅烧后形成的偏高岭石后溶解形成硅铝酸盐溶胶和核子。研究表明，高的预结晶温度和长的预结晶时间有利于最终产物沸石的结晶。3h 的结晶过程使偏高岭石完全溶解，核子快速生长形成沸石，结晶最终平衡时间为 6h，超过该时间会使产物溶解，从而降低结晶度。Na_2O 和碱性环境是形成沸石的关键因素，相对较高的 Na_2O 与 SiO_2 含量易于二次成核，降低其值可降低成核时间，加速晶体生长，但是不利于获得稳定的沸石产物。李艳慧等以高岭土为原料，加入一定量的硅酸钠，利用水热法合成高稳定性复合分子筛。样品中具有介孔和微孔双重结构，所合成分子筛比表面积为 $550.43m^2/g$，平均孔径 2.74nm，样品经过 800℃ 焙烧 3h、100℃ 水热处理 10d 后，结构依然存在。

Okada 等首先以高岭土、TEOS 作为两种不同硅源在 NaOH 环境下，以 CTAB 为模板剂水热合成两种介孔二氧化硅，研究不同工艺参数对合成产物的影响。当 CTAB 与 Si 含量比为 0.2~0.4、NaOH 与 Si 含量比为 0.3~0.6、H_2O 与 Si 含量比为 60 的条件下，以高岭土为原料合成的介孔二氧化硅比表面积大于 $1500m^2/g$、孔径 2.4~2.5nm，以 TEOS 为硅源合成

的产物比表面积为 $1300m^2/g$、孔径 2.8nm。但是对比两种原料合成产物形貌发现，以 TEOS 为硅源合成产物孔道结构更规则。介孔结构在反应初期即已形成，水热过程可以使介孔结构更加规则。两种原料合成产物的孔性能不相同的原因是合成过程中原料溶解速率不同，进而导致硅浓度不一样。之后将两种不同二氧化钛引入两种介孔二氧化硅结构中，得到 4 种产物并探讨其光催化效率，详细研究了吸附、光催化二氧化钛机理。在无二氧化钛的情况下，染料降解仅由介孔材料高比表面积吸附所致，二氧化钛的引入可以产生光催化作用，加快染料降解。Maeda 等以偏高岭石、石英、熟石灰粉末压实，在不同压力下水热合成介孔材料。所获材料具有宽孔径分布，大约集中在 3.4nm，比表面积及孔容均随着合成压力的降低而增大。研究表明，合成的介孔材料具有很好的湿度控制能力，以及对水蒸气的吸附-脱附能力。Li 等以高岭土为硅铝源水热合成含镧系离子的微孔/介孔复合分子筛 Ln-ZSM-5/MCM-41（硅铝比为5）。复合分子筛具有规则孔道结构，孔径为 $3.5\sim4.0$nm，比表面积 $700m^2/g$，孔壁厚于纯硅的 MCM-41。微孔/介孔复合分子筛可作为催化材料，高岭土可作为合成复合分子筛的廉价原料。Wu 和 Li 以煤系高岭土为原料、CTAB 为模板剂，水热合成高比表面积的介孔材料，孔径集中分布于 3.82nm。水热反应时间和模板剂用量对产物比表面积影响较大，当模板剂与 Si 含量比为 0.135、水热 12h 合成产物比表面积高达 $1070m^2/g$。Du 和 Yang 以机械活化后酸浸天然高岭土产物为硅铝源，水热合成具有规则六方孔道结构的 Al-MCM-41。着重研究了以高岭土为原料合成 Al-MCM-41 的机理：浸入后硅氧四面体进行结构重排、缩聚。根据协同作用机理中的电荷匹配原则，球状胶束与独立的 CTAB 棒状胶束与硅铝酸盐结合后，通过自组装形成有序介孔相。被烧后，Si—O 结构进一步缩聚、重排，同时去除了表面活性剂得到了六方有序介孔 Al-MCM-41。获得产物比表面积高达 $1041m^2/g$，孔体积 0.97mL/g，孔径集中分布在 2.7nm，平均孔径 3.7nm。机械活化减小颗粒尺寸，使得结构破坏，最终使高岭石的晶体结构无定形化。Jiang 等以预处理的高岭土为原料合成高稳定性 Y/MCM-41。获得产物比表面积为 $550.4m^2/g$，平均孔径 2.74nm，具有较高的稳定性，800℃煅烧 3h、100℃水热处理 10d 样品的介孔结构依然保持完好，同时具有较好的催化能力。Liu 和 Yang 以高岭土酸浸后获得的滤液为原料，以液晶模板法合成了 Al_2O_3 介孔材料，产物的比表面积达 $320m^2/g$，孔径为 4.5nm。合成过程中 Al 的形态经历了高岭土到聚合铝再到介孔氧化铝的过程，具有链状结构的聚合铝（Al_{13}^{7+}）与模板剂之间靠静电力相互吸附、交错缠绕从而形成有机/无机复合介孔结构。聚合铝中独特的 Keggin 结构和絮凝机制有利于与模板剂相互作用，在前驱体中形成稳定的介孔框架结构，在介孔氧化铝产物中 Al_{13} 单体结构仍可完整保持。Pan 等以煅烧煤系高岭土为原料、CTAB 为模板剂在室温条件下成功合成较大介孔的氧化铝材料。经过 700℃焙烧后，样品转变为介孔 γ-氧化铝，其比表面积为 $253.4m^2/g$，孔体积 $1.487cm^3/g$，平均孔径12.9nm，具有蠕虫状孔结构。之后 Pan 等又以煅烧煤系高岭土为原料，改变模板剂为 Triton X-100（TX-100），成功合成介孔 γ-氧化铝。研究表明：模板剂 TX-100 用量对介孔的形成极其重要，当 TX-100 与 Al^{3+} 比例为 $0.03\sim0.15$ 时，所获样品比表面积在 $193.0\sim261.0m^2/g$ 之间，相对孔径为 $5.04\sim6.71$nm。

硅藻土是一种硅质岩石，它主要由古代硅藻的遗骸所组成，矿物成分为蛋白石及其变种。其化学成分以 SiO_2 为主，含有少量 Al_2O_3、Fe_2O_3、CaO、MgO 等和有机质，SiO_2 通常占80% 以上，最高可达 94%。硅藻土的颜色为白色、灰白色、灰色和浅灰褐色等，有细腻、松散、质轻、多孔、吸水性和渗透性强的物性。Du 等首次通过新型水浴法，在 90℃下分别以硅藻土、氢氧化钠、氢氧化铝为前驱体合成 P 型沸石。研究表明以六偏磷酸钠预处理硅藻土原矿可有效疏通硅藻土空隙，去除原矿中黏土堵塞部分；四角形介孔 P 型沸石可通过 90℃水浴 $6\sim24$h 获得，其比表面积高达 $56\sim60m^2/g$；增加水浴时间可以有效改善 P 型沸石介孔结构；该种沸石吸附 Ca^{2+} 能力高达 3000mmol/kg。这种高比表面积的沸石可以作为含钙、镁离子废水的优异吸附剂。孙燕等以废弃硅藻土作为硅源、CTAB 为模板剂，通过水热合成介孔 MCM-41。研究表明：所合成的材料具备介孔结构，孔道排列较为整齐，产物比表面积为 $1060.2cm^2/g$，平均孔体积约 $1.05cm^3/g$，孔径为 3.95nm，孔径分布窄，对重金属离子 Cu^{2+} 有很好的吸附性能；研究对硅藻土的综合利用及重金属的治理具有一定参考价值。

海泡石是一种富含镁纤维状硅酸盐黏土，其结构比较特殊，属于 2：1 层链过渡型结构，沿 C 轴方向有一系列孔道，具有大的比表面积和孔体积。Jin 等以天然海泡石为原料，首先对其进行酸浸处理，后水热合成有序介孔分子筛 MCM-41。研究表明，在碱性条件（pH 值为 12）下，100℃水热晶化 24h 可得到具有规则六方孔道结构的介孔分子筛 MCM-41，其比表面积高达 $1036m^2/g$，孔体积为 $1.06cm^3/g$，平均孔径 2.98nm。研究发现，随着水热反应时间、表面活性剂与 SiO_2 比例的增加，以及 Mg 含量的减少，MCM-41 结晶性增大。Mg 含量是决定产物是否具有长程有序介孔结构的关键因素，降低 Mg 含量可形成高结晶度的 MCM-41。得到的 MCM-41 对聚苯乙烯具有较高的催化效率，选择性佳。此方法在得到高效催化材料的同时，拓宽了天然非金属矿物海泡石的应用领域。

Yang 等对以滑石为原料合成多孔材料及其功能化应用做了大量研究。多孔硅材料通过机械化学处理滑石原矿后，80℃浸出得到。通过该方法获得的多孔硅比表面积为 $133m^2/g$、孔体积 $0.22mL/g$，其孔径分布表明，多孔硅具有大量微孔结构。孔径通过延长浸出时间在 $1.2\sim5.5nm$ 可调。球磨导致滑石结构坍塌，加速了 Mg 离子浸出。探讨了滑石机械活化后酸浸动力学行为，其酸浸过程属表面扩散过程，活化能为 21.6kJ/mol，远小于未经机械活化处理的酸浸活化能，说明机械活化推动了酸浸过程，使反应易于进行。另以滑石机械球磨、浸出后合成的滑石多孔材料为基体，组装二氧化锡颗粒。组装后，对于 Sn 与 Si 含量为 0.4 的样品，比表面积及孔体积由原滑石多孔材料的 $260m^2/g$ 与 $0.51mL/g$ 降至 $178m^2/g$ 与 $0.32mL/g$，两组数据的降低证明二氧化锡颗粒成功组装进入滑石多孔材料孔道中。在此基础上，以滑石浸出的 Si 为硅源合成有序介孔 MCM-41，所合成的产物比表面积高达 $1102m^2/g$，平均孔径 2.8nm，介孔孔壁由无定形二氧化硅组成，样品热稳定性、水热稳定性较好。以二氧化锡纳米颗粒为客体，所合成有序介孔材料为主体，采用水热法成功制备了 $SnO_2/MCM-41$ 复合材料。SnO_2 颗粒主要存在于介孔孔道中，且其存在并没有破坏主体 MCM-41 的有序结构，极少部分 Sn 原子进入有序介孔材料硅氧骨架及取代部分六配位 Al，并未见 SnO_2 富集现象。通过调节 Sn 与 Si 含量比例，实现对复合材料荧光性能的调控。$SnO_2/MCM-41$ 复合材料荧光强度随 Sn 与 Si 含量比增大而减少，相比于原 SnO_2，复合材料荧光性能提高了近 7 倍，说明有序介孔的孔道能有效抑制 SnO_2 晶粒长大，使其在室温下呈现荧光性能。

煤矸石是采煤过程中产出的固体废弃物，随着煤炭生产的不断扩大与日俱增。大量煤矸石堆积侵占农田、耕地，造成严重的环境污染，如何高效利用成为急需解决的问题。杨建利等在分析陕西澄合矿区煤矸石化学组分的基础上，改变不同的工艺条件通过添加导向剂和柠檬酸助剂水热法制备 4A 分子筛，成功合成了粒径为 $1\sim2\mu m$、性能优良的 4A 分子筛。煤矸石的化学组成以 SiO_2 和 Al_2O_3 为主，这些组分正是合成分子筛的主要原料。以煤矸石制备分子筛不但解决了分子筛合成的高成本问题，而且又能提高煤矸石制品的附加值，同时对煤矸石资源化、精细化高效利用提供了新的有效途径，达到变废为宝的效果，实现了环保低碳的要求。Wang 等结合焙烧与酸浸处理，提取煤矸石中硅酸钠为原料，P123 为模板剂，水热合成高度有序介孔材料 SBA-15。研究表明：在较低的水热合成温度（100℃）下即可形成高度有序的介孔材料 SBA-15；样品比表面积、孔体积、孔径分别为 $552m^2/g$、$0.54cm^3/g$ 和 0.7nm。该研究表明煤矸石可有效提取其中硅成分作为合成介孔材料的硅源。

Yang 等以天然膨润土为原料，通过直接碱熔预处理，获得了 Al-MCM-41，同时采用正交实验方法优化了制备工艺条件，获得合成 Al-MCM-41 的最优条件。该条件下制备的

Al-MCM-41 比表面积高达 $1018m^2/g$，孔体积可达 $0.91mL/g$，孔径集中在 3nm 左右分布。同时分析了 Si 与 Al 的比例对样品的结构、孔性能的影响，得到了控制 Si 与 Al 的比例在 $30\sim45$ 之间更易获得规则有序 Al-MCM-41 的结论，进而通过溶胶-凝胶法获得了离子掺杂 TiO_2/MCM-41 系列复合材料；同时考察了不同离子掺杂对样品结构和性能的影响。结果表明 TiO_2 成功进入了 MCM-41 的孔道中，TiO_2 晶粒尺寸得到了有效控制；Ag 掺杂和 Y 掺杂对样品的紫外吸收边影响不明显，Ni 掺杂使 $(Ni)TiO_2$/MCM-41 的紫外吸收边蓝移，而 Ce 掺杂则明显使其吸收边红移至可见光区域；$(Ag)TiO_2$/MCM-41、$(Ni)TiO_2$/MCM-41 中的 Ti 均以 $+4$ 价 TiO_2 存在，Ag 以单质形式在样品表面发生了富集，而 Ni^{2+} 则成功地实现了对 Ti 的掺杂。通过溶胶-凝胶法成功获得了高比表面积的 $ZnFe_2O_4$-TiO_2/MCM-41 系列复合材料。研究结果证明 TiO_2 纳米颗粒存在于 MCM-41 孔道中，且主体材料的孔道结构保存良好。$ZnFe_2O_4$ 不仅可以抑制 TiO_2 颗粒的生长，还可以促进 TiO_2 向金红石相转变；MCM-41 主体则有效抑制了 TiO_2 颗粒的生长和晶相转变。随着 $ZnFe_2O_4$ 掺杂量的增加，$ZnFe_2O_4$-TiO_2/MCM-41 复合材料的紫外吸收边规则红移。Adjdir 等以高钠膨润土碱熔提取 Si、Al 成分作为低成本硅铝源水热合成介孔 Al-MCM-41。所得产物具有高铝含量（比常规方法合成的 Al-MCM-41 铝含量高 4 倍），高度有序介孔结构，比表面积高达 $1060m^2/g$，孔体积 $0.8cm^3/g$，孔径 3.8nm。该方法可有效提取膨润土黏土矿物中的规律有效成分，同时提升黏土矿物附加值。Du 等分别以蒙脱石、高岭石作为硅源，水热合成两种介孔分子筛 P-M 和 P-K。P-M 和 P-K 比表面积和孔径分别为 $512.3m^2/g$、$432.5m^2/g$ 和 3.4nm、10.6nm。同时研究了两种介孔材料用于 Pb(II) 吸附，吸附类型均为 Langmuir 型，主要为表面配合作用，取决于 pH 值，P-M 和 P-K 最大吸附量分别为 117.0mg/g、94.70mg/g。P-M 和 P-K 可富集、固化大量水系中的 Pb(II)。

6.2.3　黏土矿物制备矿物凝胶

　　矿物凝胶是无机非金属矿物深加工产品中一种非常重要的胶体类产品。黏土原矿通过不同的制备工艺可以制备出无机矿物凝胶和有机矿物凝胶，它们可以广泛地应用于医药、涂料、牙膏、化妆品等精细化学品领域，从而替代一些化学助剂，不仅降低了生产成本，而且提高了产品的综合性能，是一种重要的黏土矿深加工产品。矿物凝胶不论是无机凝胶还是有机凝胶，国外开展的相关研究均较早，也有着广泛的应用。它的产品制备工艺在国外已经具有一定的成熟度。无机凝胶在欧美等国家已经达到工业化生产规模，同时可按照应用行业的要求而进行产品定向生产。膨润土有机凝胶在国外研制和应用起步也较早，但是相关的研究报道较少，工业化生产的规模和应用领域较有限。

　　近年来，高附加值的精细化学品行业对凝胶的大量需求，使得对于膨润土凝胶的研究备受关注。当前国际市场上主要的凝胶产品有美国的范德比尔公司生产的 Veegum 系列膨润土凝胶和美国胶体公司生产的 Magnabrite 系列膨润土凝胶。它们生产的膨润土凝胶产品主要应用于化妆品、医药、个人护理、涂料、家居用品、工业和农业产品中。Veegum 膨润土凝胶系列中的 F 和 HV 两个品种是范德比尔公司膨润土凝胶的主打产品，F 是一种用于粉末成型和直接压片且需要干燥物料的微细粉末，HV 主要用于低固含量、高黏度的行业，如化妆品业和制药业。Veegum 膨润土凝胶系列还有 HS、K、PRO、D 和 B 等品种，分别用于化妆品中的面膜、口腔药物、防晒乳液、牙膏和农业杀虫剂及液体清洁剂等方面。国际上的无机矿物凝胶市场基本由美国的范德比尔和胶体化学公司所控制，产品极为畅销。此外，英国的拉波特工业公司生产的合成膨润土矿物凝胶也慢慢成为凝胶市场的新宠。国外对有机膨润土凝胶的研究报道较少，但是美国早在 1949 年就生产出了凝胶型有机膨润土 Bentone-18，紧接着研究出了系列有机膨润土商品 Stockmeyer 等。目前，根据有机膨润土制备凝胶的应用研究极具商业价值，美国、英国、比利时、日本等国开发出了系列有机膨润土产品，使有机膨润土列入高新技术应用领域。

矿物凝胶是一种有着广泛应用前景、性能优良的凝胶产品。目前，国内以膨润土为原料生产无机凝胶的理论研究在文献报道中还较少，而进行有机凝胶的研究则更少。我国非金属矿储量巨大，非金属矿资源的储量条件为精细化深加工产品的生产提供了庞大的原料基础。但是我国对膨润土的深加工特别是凝胶方向的研究较晚，当前能够成熟地生产凝胶产品的企业极少。矿物凝胶的发展严重滞后于国内各行业对于它的需求，凝胶产品的应用范围没有得到推广，尤其是在精细化学品行业方面。每年我国大量的凝胶产品需要从国外进口，不仅价格昂贵，而且市场供应有限。因此，急需加快膨润土矿物凝胶在国内的研究和产业化。在我国，仅牙膏行业中每年从美国范德比尔公司进口的无机矿物凝胶就达 30t 左右。若根据国内牙膏市场的需求量计算，每年我国牙膏行业需求的无机矿物凝胶需求量可达 6300t 左右。此外，加上国内化妆品、印染、医药、陶瓷、食品加工等行业需求量，预计无机矿物凝胶在国内需求量可达12000t。如考虑国际市场上凝胶产品的紧缺，生产的凝胶产品部分出口，其市场将十分可观。预计当前我国涂料产量为 900×10^4 t，根据有机凝胶在涂料产业的使用情况，每年我国仅涂料行业中使用的膨润土有机凝胶需求量就达 18×10^4 t，加之有机凝胶在树脂、玻璃纤维素等其他行业中的应用，预计我国有机凝胶需求量将达 25×10^4 t 左右。可用于矿物凝胶制备的黏土矿物有膨润土、蒙脱石、蒙皂石等，最常用的是膨润土，下面以膨润土为例，介绍无机凝胶和有机凝胶的制备。

6.2.3.1　工艺步骤

无机膨润土矿物凝胶的制备通常要经过以下几个工艺步骤：钙基膨润土—钠化—磷化—胶化—无机凝胶，每一步工艺对于凝胶的制备及其产品性能均有重要影响。世界各地的膨润土以钙基膨润土最为常见，但是由于钠基膨润土的性能优于钙基土，所以通常要将钙基土进行钠化改型成为钠基膨润土。钙基膨润土钠化的工艺方法可分为干法和湿法两大类。一般情况下若蒙脱石含量较低的膨润土在进行钠化改型时用湿法。干法钠化由于钠化不充分，经常导致产品质量较湿法差，很难达到制备凝胶需要的钠化标准。钠化反应的工艺较多，目前人工钠化膨润土的途径主要有悬浮液法、堆场钠化法、挤压钠化法、双螺旋钠化法、超临界处理法、轮辗钠化法等。

由于膨润土层间原有的阳离子（Ca^+、Mg^{2+} 等）膨胀倍数低，水化膜薄，阳离子交换容量（CEC）较小；低价阳离子（Na^+、K^+）膨胀倍数高，水化膜厚，阳离子交换容量较大。同时，钠基膨润土在物理化学性能方面较钙基膨润土具有更好的热稳定性和吸水率、更强的黏结性和可塑性以及更优异的胶体悬浮液润滑性和触变性。因此，将钙基膨润土改型为钠基膨润土在无机凝胶的制备过程中显得尤为重要。通常钙基膨润土中蒙脱石层间所吸附的阳离子主要为钙、镁离子，钙、镁离子与蒙脱石晶体的结合力不很牢固，易被低价钠离子所置换，从而对钙基膨润土成功地进行了改型。改型机理如下：

$$Ca\text{-膨润土} + Na^+ \longrightarrow Na\text{-膨润土} + Ca^+ \tag{6-1}$$

以上反应中由于 Ca^{2+} 的交换场力大于 Na^+，故容易导致反应的平衡向左进行。为了能够使钙基膨润土钠化充分，必须使反应向右移动。根据浓度对反应的推动作用，可通过提高 Na^+ 浓度或降低 Ca^{2+} 的浓度，使上述平衡向右移动。

无机凝胶的制备工艺过程中磷化改性的目的是脱除因蒙脱石边缘的正电性和表面的负电性相互吸引所造成的"卡房"式结构，一些细小的固体杂质被这种结构支托和包裹着而难以被去除。现在磷化过程的已知常用磷化剂有多聚磷酸钠、六偏磷酸钠、焦磷酸钠等。磷化作用机理以六偏磷酸钠为例叙述如下。

磷化剂在蒙脱石矿浆中可解离出大量的 PO_3^-，蒙脱石晶层间的各种金属阳离子与 PO_3^- 结合形成一种产生特性吸附的螯合物，使得蒙脱石的层间的层内表面产生较高的负表面电位，出现势垒，使蒙脱石层之间的双电层作用位能形成很强的排斥作用，蒙脱石的网格结构被充分破坏，而使蒙脱石片层充分分散开来。磷化剂必须在最佳用量时才能使料浆体系达到最大的稳定和分散状态。当磷化剂用量不足时，没有被磷化剂处理的颗粒依然会聚集，并形成大量的网格连接而产生沉淀；反之，用量过大，过量的磷化剂会破坏已经形成的双电层，引起电荷的不平均分布，导致体系黏度增大。

胶化是制备膨润土凝胶的最重要的一步。由于磷化改性后蒙脱石片层缔合结构被破坏，矿浆黏度降低，体系触变性变差，因此必须除去磷酸根，消除磷化的双电层影响。用高价阳离子与磷酸根反应可以达到目的，使蒙脱石片层重新缔合形成凝胶结构。当前常用的胶凝剂有镁盐、氧化镁、铝盐等，其作用机理为：加入以上胶凝剂后，为矿浆体系提供了部分阳离子，这些阳离子与荷负电的断面晶片静电吸附结合，消除或降低蒙脱石边缘的少量负电性，蒙脱石颗粒片层靠正负电性的吸引力，重新缔合形成凝胶结构。

根据凝胶体系中分散相质点的性质，凝胶可分为弹性凝胶和刚性凝胶两类。弹性凝胶体系的分散相质点易于流动，本身具有柔性，因此弹性凝胶在释出或吸收液体时常常改变了它的体积，表现出膨胀性特点；而刚性凝胶骨架和质点本身具有刚性，可活动性较小，故凝胶释出或吸收液体时自身体积发生的变化很小，属于非膨胀型。膨润土有机凝胶质点为蒙脱石片层，骨架为连接片层的有机溶剂都具有柔性，在充分吸收分散介质后体积会增大，表现出膨胀特性，因此膨润土有机凝胶可定义为一种弹性凝胶。

6.2.3.2　合成机理

膨润土有机凝胶的合成机理为经过一定改性剂进行改性后的有机膨润土分散于有机介质中形成的具有一定黏度的有机矿物凝胶，经过提纯、钠化的膨润土经过季铵盐的改性使得片层间均匀吸附一层有机阳离子，制备出具有一定特性的有机膨润土，膨润土分散于二甲苯和甲醇体系后形成膨润土有机凝胶。

膨润土有机凝胶是分散在有机介质中的有机蒙脱石薄片以端-面、端-端结合形成包裹含有大量溶剂的卡房结构的假塑性体，当大量有机溶剂润湿有机蒙脱石片层后，层间将被溶入一定量的低分子量极性分散剂，沿着蒙脱石结构中的 Si—O 四面体层间嵌入有机阳离子与层之间的空间，这样将抬高有机阳离子的长链，扩大了蒙脱石的层间距，形成了一定的内膨胀；在有机溶剂的溶剂化力作用下，层状聚集体被内膨胀力撑起剥离成更小的薄片，这就是有机膨润土在有机分散介质中的分散过程。分散的有机蒙脱石薄片端面由于端面效应带有一定量的正电荷，薄片层面上的部分有机季铵盐阳离子在少量有机分子和极性分散剂的帮助下，有部分有机改性剂转移到溶剂中而使蒙脱石层面呈一定量的电负性，因此有机溶剂化下的蒙脱石层面和端面由于电性相异，容易端-端、端-面缔合，形成具有一定黏度的假塑性体凝胶。膨润土有机凝胶的结构模型如图 6-3 所示。

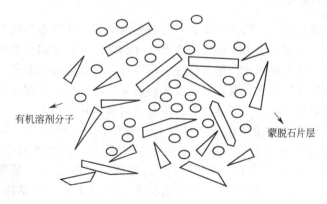

图 6-3　膨润土有机凝胶的结构模型示意图

第7章
非金属矿物精细化加工技术的应用

7.1 新型矿物材料

狭义矿物材料是指可直接利用其物理、化学性能的天然矿物岩石，或以天然矿物岩石为主要原料加工、制备而成，而且组成、结构、性能和使用效能与天然矿物岩石原料存在直接继承关系的材料。广义矿物材料是指以天然矿物岩石为主要原料制备的材料。20世纪80年代以来，我国矿物材料研究发展迅速，取得了一系列重要成果。近年来，由于新理论、新技术的出现和引入，矿物材料研究异常活跃，矿物材料类型繁多，涉及领域广泛，矿物材料的分类至今没有统一方案。

矿物功能材料是指具有电、光、磁、声、热等功能效应的天然矿物岩石或以其为主要原料制备的具有电、光、磁、声、热等功能效应的矿物材料，在军工、航天、电子及环保等领域具有重要作用。我国是矿产资源大国，具有特殊功能效应和可用于制备功能材料的矿物资源十分丰富，如金红石、电气石、冰洲石、云母、刚玉、压电石英、光学萤石及石墨等。长期以来，我国对具有功能效应和可制备功能材料的矿物的研究及制备功能材料的关键技术研究不够深入、不够系统。近年来，我国矿物功能材料（主要包括环境矿物材料、生物医用矿物材料及矿物电子电学材料等）研究得到加强并取得了一系列新成果。随着纳米材料与技术的兴起，矿物纳米材料研究更是方兴未艾。

7.1.1 生态环境功能材料

依据源自天然、兼容天然、用于自然、回归自然的准则，从生态环境友好材料的设计理念出发，把矿物—材料—环境—生态—健康的理念结合起来，充分利用天然硅酸盐矿物的功能属性，以仿生的方式加工微集料基元，使其成分、功能与人居环境协调兼容。董发勤等人提出了生态环境矿物功能材料多功能化、复合化、微集料的复合特征与集成规律，并首次提出了制造功能微集料和生态功能基元材料的"基因"技术和"材料芯片"技术。

(1) 重金属离子吸附　重金属离子的排放不仅浪费资源，同时对生态、农业、健康有很大的影响。因此对重金属离子进行回收一直是研究的重点，在各种回收技术中，吸附是一个常用和有效的技术。目前常用的吸附材料有人造树脂、香蕉皮、葡萄渣、麦糠、蘑菇、绿海藻、煤炭、膨润土等。埃洛石具有比表面积大、孔隙率大、羟基团丰富的特点，是一种良好的天然吸附材料。针对其管内壁、外表面及晶层间的断键及表面性质差异、离子正负性等特点进行表面改性或插层处理，可获得具有较优的吸附、孔道过滤、层间离子交换等性能的产品，可用于废水、废气以及某些废渣的处理，如将埃洛石经过固体酸处理后可开发高聚物废料降解催化反应器。另外通过各种改性处理，还可以提高其吸附和负载性能。其吸附反应原理如图 7-1 所示。

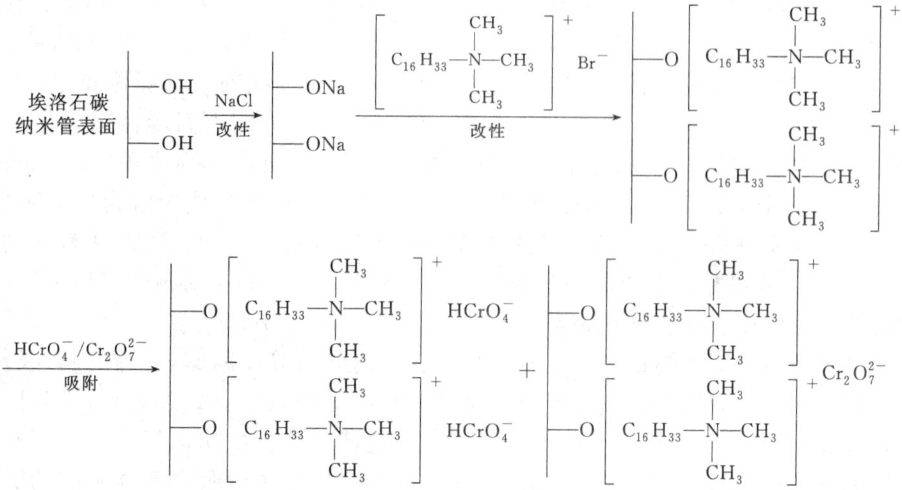

图 7-1　吸附反应原理

（2）调湿　调湿材料的概念是由日本的西藤等首先提出来的，它是指不需要借助任何人工能源和机械设备，依靠自身的吸放湿特性感应所调空间空气的湿度变化，自动调节空气相对湿度的功能材料。蒙脱石、沸石、海泡石、硅藻土等层状或微孔状结构的铝硅酸盐矿物具有阳离子的可交换性，使得这些材料能够吸附和释放水蒸气，因而可作为调湿材料。无机矿物的湿容量虽然可以通过表面改性、扩孔等手段得到改善，但很难得到大幅度提高，仅为百分之几。天然硅酸盐矿物湿容量及成膜能力较差，而有机高分子材料的湿容量高、成膜性好，但其放湿性能较差。因此将无机矿物与有机高分子材料通过一定的方式进行复合，可充分发挥每一组分的优点，不仅能充分利用高分子聚合物优越的吸水性，而且能经填料复合，使聚合物内部离子浓度提高，进而增大聚合物内外表面的渗透压，加速聚合物外表面水分进入内部，从而制备出具有高湿容量、高吸放湿速度的新型复合调湿材料。

Gonzalez 等将活性炭小球加入海泡石中制成海泡石/碳复合材料，这种复合材料能够在相对湿度 39%～89% 的范围内发挥有效的调湿作用。他们还将 $CaCl_2$ 填充到海泡石中制成了一种吸湿容量和调湿速率都大幅提高的复合调湿材料。究其原因，海泡石是一种多孔材料，$CaCl_2$ 所吸收的水分能及时被输送到海泡石中，解决了 $CaCl_2$ 易潮解、污染环境的问题。与纯海泡石相比，$CaCl_2$ 的加入提高了海泡石的保水能力，同时也增加了放湿量。

（3）产生负离子　家庭日常生活中的香烟、油烟、装饰材料和家具释放的甲醛、苯、氨等化学污染物质，它们一旦带上正电，随着空气中飘浮的灰尘就会成为正离子，而这种正离子一旦摄入人体就会削弱细胞活性，降低细胞吸收营养和排泄废弃物的功能，使人的心情变得焦躁不安，导致各种疾病，轻者得建筑物综合征，重者可致癌。空气中的负离子具有降尘、灭菌、净化及生理保健等功能。电气石就是一种能产生负离子的硅酸盐矿物，用它研制出的负离子材料不需要任何辅助能量激发无源负离子发生装置以及负离子涂料添加剂，它产生的羟基离子能去除宠物、油烟、空调、发霉等各种异味，保持空气新鲜，净化生存环境，从而达到净化、消除有害气体的目的。而通过与纳米二氧化钛、稀土氧化物等物质的复合处理后得到的材料，有可能具有更好的释放负离子性能。

袁昌来等以电气石和纳米二氧化钛及 4 种镧系稀土氧化物为原料，采用机械化学复合的方法制备了空气负离子保健基元材料。研究表明，电气石和二氧化钛的最佳复合比例是 1∶1，100g 复合粉体产生的空气负离子浓度可达 2000 个/cm^3；在 18h 内，表面能量对空气分子的离解达到饱和，且随样品测试试量的增加呈递减关系。他们正以稀土作添加剂制备能够释放空气负离子的涂料，利用这种涂料激活内墙涂料，以优化室内生活环境。

（4）水污染治理　生活污水、工业污水的排放不当造成了水资源的严重污染，黏土矿物在水污染治理中，主要用于化工和生活用水过滤、水中重金属离子（Hg^+、Cd^{2+}、Pb^{2+}、Cr^{3+}、As、Ni^{3+} 等）的去除、阳离子染色物和有机污染物的吸附；除吸附重金属离子之外，还能够处理水中的有机污染物、离子型化合物。Srinivasa 等使用表面活性剂氯化十六烷基吡啶改性的柱撑蒙脱石去除 3，4 苯并芘，效果超过活性炭，并可用溶剂法再生；Michot 等报道了在柱撑蒙脱石中引入非离子型表面活性剂后，不仅提高了从水溶液中吸附三氯苯酚的能力，而且已经吸附的载体在 500℃ 焙烧后能重新使用；孙家寿等报道 Si/Ti PILC 可较好地除去废水中的 COD。因此，柱撑黏土有望成为理想的污水处理剂。柱撑黏土对 Sr^{2+} 和 Cs^+ 等也具有快速吸附的特性，从而在清除放射性核素方面显示出了巨大的应用潜力。

（5）大气污染治理　蒙脱石、海泡石、坡缕石及高岭石等，因比表面积大、吸附能力强，作为吸附过滤材料广泛应用于空气污染的净化。这些矿物经简单的处理之后，即可用于臭气、毒气及有害气体（如 NO_x、SO_x、H_2S 等）的吸附过滤。现已成功地用其迅速、有效地去除与腐烂变质物臭气有关的 1，4-丁二铵和 1，5-戊二铵以及包含排泄物臭气中的吲哚、丁烷一类气体。利用柱撑蒙脱石来制备对某些气体的选择性还原催化剂是近几年引起关注的研究领域。诸如 NO 之类的气体对大气的污染已经是人所共知，对这类气体的无害化处理不仅是化工问题，而且是环保问题。环境催化剂就是人类对这类有害气体处理的期盼下产生的。尽管用于这种气体处理的还原催化剂在工业上已经存在并在使用，但制备性能更好的新型催化剂一直是人们追求的目标。柱撑蒙脱石是制备酸类催化剂的最引人关注的材料。研究表明，铜柱撑蒙脱石、铁铝柱撑蒙脱石、钒钛柱撑蒙脱石等是 NO 气体的优良选择性催化剂，在 250～450℃ 可使 NO 气体在 NH_3 的还原反应转化率达到 90%～100%，显示了作为环境催化剂的良好潜力。柱撑黏土还可以用于 NO 的选择性还原、N_2 和 O_2 的分离等。

（6）固体废物治理　有机黏土对垃圾渗滤液中的卤代烷烃、苯系物、氯代苯类、酚类、硝基苯类、萘胺、重金属及化合物等主要污染物都有很好的吸附阻隔能力，这种优越的性能应在日益严重的垃圾污染中得到更深入的研究、开发和更广泛的综合利用。有机污染物在土壤中的迁移能力依赖于土壤对污染物的吸附程度，在填埋防渗材料中加入少量有机黏土矿物，将提高防渗材料对有机污染物的吸附能力，明显延缓污染物穿透填埋防渗材料的速度。若采用有机黏土矿物作用于垃圾填埋场的衬层中，其阻断渗滤液与环境联系、防止渗滤液外漏、防止外界水体进入的作用将会更好，实现了垃圾卫生填埋场适当的衬层设计，即通过低渗透材料（如高分子材料和压实黏土）和一定厚度的组合来完成，从而达到"防止对地下水及周围环境污染"的最终目的。有机黏土矿物将成为一种简单、有效、经济的污染控制和环境修复的有用工具。卫生填埋作为一种经济最为合理、最适合我国国情的垃圾处理方式，在其衬层中加入对有机污染物有很好吸附阻隔作用的有机黏土，将对生活垃圾进行"减量化、资源化、无害化"处置具有重要的意义。柱撑黏土也可以用来过滤清除放射性气体及尘埃，净化被放射性污染的水体，也可作为危险废物的稳定剂，对放射性物质永久性吸附固化。

7.1.2　催化功能材料

催化领域中，利用碳纳米管以获得负载型高效催化剂的研究很多。例如，以碳纳米管为载体负载过渡金属氧化物、稀有金属氧化物的复合纳米催化剂已经用在火箭固体推进剂、光催化降解、有机合成等方面。现有研究表明，通过对其表面进行化学修饰达到改善表面性能的目的，可在外表面或内腔里沉积金属粒子形成性能优异的纳米复合材料。张道洪等以氯铂酸为原料、乙醇为溶剂，制备了埃洛石固载铂的催化剂，具有多相固体催化剂的性能稳定、不腐蚀设备和易回收再利用等特点，又具有均相配合催化剂高活性和高选择性的优点，可利用在硅氢加成反应中。傅玉斌等利用钯负载在埃洛石内外作催化中心，在埃洛石空腔内外沉积 Ni，如图 7-2(a)、图 7-2(b) 所示。沉积的 Ni 直径为 20～30nm；负载率为 24%～33%。在气体传感器、锂离子电池负极材料以及高效催化剂方面有潜在的应用价值；Papoulis 等在室温条件下，以钛酸丁酯（$[CH_3(CH_2)_3O]_4Ti$）为原料、无水乙醇为溶剂、浓硝酸为抑制剂，通过钛酸丁酯的水解反应在埃洛石上负载纳米 TiO_2，制备 TiO_2/埃洛石纳米复合材料，如图 7-2(c)、图 7-2(d) 所示。其催化性能在可见光下是 TiO_2 的 2.61 倍，在紫外线下是 TiO_2 的 1.15 倍；替代了价格高、难以工业化的碳纳米管，TiO_2/埃洛石纳米复合材料在降解有机物过程中没有污染物产生，同样能达到效果，有可能成为水体净化处理，甚至气体中有机物污染物治理的有效材料。

　　目前，关于埃洛石纳米管复合材料研究的热点主要是：①埃洛石纳米管的分散及表面改性问题；②选择适当的合成方法与工艺制备埃洛石纳米管复合材料；③埃洛石纳米管作为载体与活性组分的结合强度及结合机理；④ 埃洛石纳米管及负载的物种在催化反应过程中扮演的角色、催化活性位的确定。

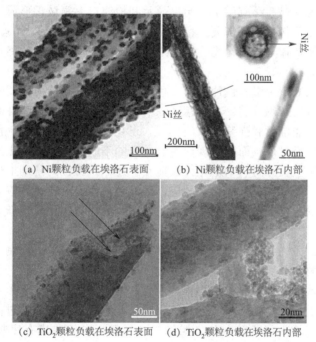

(a) Ni颗粒负载在埃洛石表面　　(b) Ni颗粒负载在埃洛石内部

(c) TiO_2颗粒负载在埃洛石表面　　(d) TiO_2颗粒负载在埃洛石内部

图 7-2　埃洛石纳米复合材料负载情况

　　层状硅酸盐矿物在层间和层面内的化学键结合能力和结构差异性，可以使其他原子、分子、离子非常容易地进入其层间，形成层间化合物和柱撑化合物。这种新型的复合光催化剂具有较大的比表面积和较强的吸附能力，有利于催化反应的进行，其中以对柱撑蒙脱石载体复合催化材料的研究最为热门，如铝/镧柱撑蒙脱石，纳米铂粒子/蒙脱石，选择性氧化 H_2S 的 V 掺杂钛柱撑蒙脱石催化材料等。Louloudi 等以硝酸镍为原料、铝柱撑蒙脱石为载体通过浸渍法制备了镍/铝柱撑蒙脱石催化复合材料，并用于催化苯环加氢。研究表明，催化剂的活性不仅依赖于活性镍的含量而且有赖于其与载体之间的相互作用，当镍负载于蒙脱石载体表面酸位附近时能够提高催化活性。

7.1.3 光功能材料

光功能材料是指在外场（如力、声、热、电、磁和光等）作用下，其光学性质发生改变的材料。近年来光功能矿物材料的研究在光致变色、光催化和发光材料等方面取得重要进展。

（1）光致变色矿物材料　光致变色是某些化合物在一定波长和强度的光作用下分子结构发生变化，使其对光的吸收峰值（即颜色）发生相应改变，且改变一般是可逆的。光致变色在光信息存储与显示、光过滤与防护、生物识别与改性等材料和光电子器件领域有广阔的应用前景。

（2）光催化矿物材料　光催化技术是反应体系在催化剂的辅助下将吸收的光能直接转化为化学能或生物化学能，使原先难以实现的反应在某种光源条件下顺利进行。光催化功能矿物材料能够应用于降解废水中有机污染物、去除有害无机气体、杀菌和净化空气等领域。以 TiO_2 改性为重点的新型光催化材料，具有催化效率高、低能隙等突出优点，有着广阔的应用前景。

（3）发光矿物材料　发光材料是能够将吸收的能量转化为辐射的功能材料。矿物发光材料具有生产成本低、工艺简单等优点，有很好的应用前景。

自 20 世纪 60 年代稀土氧化物实现高纯化后，稀土发光材料有了重大突破，尤其在彩电荧光粉、三基色灯用荧光粉和医用影像荧光粉方面发展迅猛。现在稀土发光几乎覆盖了整个固体发光的范畴。稀土发光材料广泛应用于照明、显示和检测三大领域，形成了很大的工业生产和消费市场规模，并正向着新兴领域拓展。稀土化合物的功能和应用技术是 21 世纪化学化工的重要研究课题，而发光是稀土化合物光、电、磁三大功能中最突出的功能，因此稀土发光材料的研究具有格外重要的意义。

稀土发光材料的发光谱带窄，色纯度高，色彩鲜艳；光吸收能力强，转换效率高；发射波长分布区域宽；荧光寿命从纳秒到毫秒，达到 6 个数量级；物理和化学性能稳定，耐高温，能承受大功率电子束、高能辐射和强紫外线的作用。正是这些优异的性能，使稀土化合物成为探寻高技术材料的主要研究对象。而随着现代科学研究的不断深入，对稀土发光材料的研究已经开始趋向纳米化，将稀土发光材料纳米化无疑能在上述原始特性的基础上赋予它们纳米粒子的一些新的特性，如量子尺寸效应、小尺寸效应、表面效应和宏观隧道效应等。可见，将稀土发光材料纳米化将会给这方面的科学研究注入新的活力，将更有利于发现新的发光材料和新的发光特性。

稀土有机配合物的发光性能优良，但光、热、化学稳定性较差，限制了其在很多领域的实际应用，而无机基质材料具有良好的光、热和化学稳定性，尤其是层状、多孔固体等有组织的刚性无机介质主体能改变客体分子的结构环境和化学微环境，从而显著影响客体分子的发光性能。因此，精细选择有机配合物与层状硅酸盐，仔细控制反应条件，通过离子交换反应将有机光活性配合物客体分子插入层状硅酸盐二维纳米片层间，自组装成有序超分子纳米团簇复合物，对改善稀土有机配合物性能、开发新型稀土发光材料、拓宽稀土发光配合物应用领域具有重要意义。

蒋维等将铕（Ⅲ）的联吡啶氮氧化物配合物插层组装到了蒙脱石的层板间，制备出了一类具有良好发光性能的新型层柱超分子复合发光材料。研究发现硅酸盐矿物的引入使得复合材料 $Eu(Ⅲ)$ 的相对荧光强度明显优于相应纯铕配合物。他们还通过离子交换反应将四足配体铕配合物 $[EuL(NO_3)]^{2+}$［L＝1，1，1′，1′-四（吡啶-2-羧酸酯基）联三甲基丙烷］插层组装到蒙脱石层板间。结果表明，制备的超分子复合发光材料保持了蒙脱土良好的层柱结构特征，在紫外线激发下，复合材料发出较强的 Eu^{3+} 特征荧光，其相对荧光强度、荧光单色性和荧光寿命大大优于相应单纯配合物的乙醇溶液，复合材料中配合物的发光性能、光稳定性和热稳定性较纯配合物也有明显提高。刘杰凤等通过离子交换法将铕的邻菲罗啉配合物插层组装到蒙脱石的片层间，制备的超分子复合发光材料也得到了与蒋维等同样的结论。此外，将螺吡喃、偶氮、二芳基乙烯、芘、香豆素等有机染料分子插入二维纳米片层的独特微观结构及其相互作用，使光致变色与光致发光染料在层状硅酸盐片层间表现出独特的光学性质，对光学材料的开发也具有重要意义，这类研究最多的层状硅酸盐是蒙脱石。

7.1.4　导电功能材料

导电功能材料的开发应用随着电子信息工业的发展应运而生。早在 20 世纪 30 年代，消除静电的导电材料就已经得到应用。到 50 年代，在美国就公开报道了银系和碳系导电材料，其中银系导电材料具有电阻率低（可达 $10^{-5} \sim 10^{-4} \Omega \cdot cm$）、抗氧化能力强及导电性能稳定等优点，但其价格昂贵且湿热条件下容易导致导电性能下降，其主要应用于具有特殊要求的高精密电子仪器、航空航天等高科技领域，民用电子产品一般都很少使用该系产品。碳系导电材料虽然成本低廉，但其体积电阻率为 $10^{-2} \sim 10^{3} \Omega \cdot cm$，通常用于抗静电领域。到 70 年代，镍系导电材料由美国首先开发，起初主要作为军用产品。80 年代初的铜系导电材料成本较低，导电性好，但其暴露在空气中时易氧化，加以改善后在应用上取得了重大突破，开始进入工业实用化阶段。到了 20 世纪 90 年代，国外（如日、美、德、法等）开始致力于开发新型导电材料，相继研制出金属氧化物导电材料。后来又出现以价廉、质轻的材料（如金属氧化物和一些非金属物质）作为基体或芯材，在其表面包覆一层或几层化学性质稳定、耐腐蚀性强的导电材料（如银、锡、铜或氧化物等）。它们大多颜色浅、分散性和耐候性好，且制造成本低。新型导电材料的研制开发以日本的商业化和工业化程度最高。

硅酸盐矿物目前在导电材料中的应用，主要是通过在其表面负载导电功能粒子或者在层间插入导电聚合物来实现的。该方法能充分利用硅酸盐矿物在结构方面的特性，制备出片状、纤维状、棒状、粒状等各种形貌的导电颗粒，且能最大化地降低导电材料的制备成本，改善复合材料的性能。

通过在棒状高岭石基体表面包覆多层纳米锑掺杂氧化锡（ATO）复合物，控制合成了一种体积电阻率小于 $10 \Omega \cdot cm$ 的复合导电材料。Tan 等以尿素为沉淀剂，利用均相沉淀法在云母钛表面包覆多层纳米 ATO 颗粒，制备了一种 $(1-x)SnO_2 \cdot xSb_2O_3$ 复合云母钛导电材料，并探讨了 ATO 与载体云母钛的复合机理。同样，Sadeh 等采用溶胶-凝胶法在云母片表面包覆 ATO 颗粒制备了一种半透明的导电颗粒，并作为电极材料使用。

除了在硅酸盐矿物表面包覆 ATO 导电颗粒的情况，还有负载其他导电功能粒子的报道。如 Dai 等采用化学镀法在云母表面负载 Ni-P 复合物，获得了一种平均电阻率为 $4.85 \times 10^{-2} \Omega \cdot cm$ 的导电粉体。也有将导电聚合物通过插层法将其插入层状硅酸盐矿物层间，制备导电性功能材料的。对这类复合材料（如聚吡咯/蒙脱石、聚苯胺/蒙脱石等）的研究较多。研究表明，含有一定量的层状硅酸盐矿物复合导电材料的电导率甚至高于纯的导电聚合物。

7.1.5　磁性功能材料

磁性材料是一类应用广泛、品类繁多、与时俱进的功能材料。人们对物质磁性的认识源远流长，神话传说中，黄帝大战蚩尤于涿鹿，迷雾漫天，伸手不见五指，黄帝利用磁石指南的特性，制备了能指示方向的原始的指南器，遂大获全胜。古时的磁石为天然的磁铁矿，其主要成分为 Fe_3O_4，古代取名为慈石，所谓"慈石吸铁，母子相恋"，十分形象地表征磁性物体间的相互作用。磁性材料的进展大致上分几个历史阶段：当人类进入铁器时代，除表征生产力的进步外，还意味着金属磁性材料的开端，直到 18 世纪金属镍、钴相继被提炼成功，这一漫长的历史时期是 3d 过渡族金属磁性材料生产与原始应用的阶段；20 世纪初期，FeSi、

FeNi、FeCoNi 磁性合金人工制备成功，并广泛地应用于电力工业、电机工业等行业，成为 3d 过渡族金属磁性材料的鼎盛时期，从此以后，电与磁开始了不解之缘。磁性材料一直是国民经济、国防工业的重要支柱和基础，广泛应用于电信、自动控制、通信、家用电器等领域。目前矿物基磁性材料主要以负载型的复合材料研究居多，符合现代社会磁性材料向高性能、新功能方向发展的要求。

汤庆国等充分利用凹凸棒石作为药物载体材料具有的对细菌、病毒及所分泌的毒素能够产生较强的选择性吸附和抑制作用，促进代谢平衡，可为人体提供必需的铁、锌、硒、锶、锰等微量元素，显示出其化学稳定性和无毒本质等诸多优势，以提纯凹凸棒石矿物为原料，通过在其表面负载纳米磁性粒子，制备成新型矿物磁性靶向药物载体材料。制备的载体材料不会在胃、肠液或磁场作用下发生分散或偏析，具有较高的化学稳定性和磁控靶向特性。

在其他应用开发领域，庆承松等在凹凸棒石矿物表面负载 $\gamma\text{-}Fe_2O_3$ 和炭（C），制备了凹凸棒石/$\gamma\text{-}Fe_2O_3$/C 纳米复合材料。结果表明，凹凸棒石/$\gamma\text{-}Fe_2O_3$/C 纳米复合材料具有良好的磁性能，且复合材料中出现了 C—H 和 C=O 官能团，复合材料对有机污染物的亲和性明显高于凹凸棒石，同时实现了吸附剂亲有机物和强磁性的改性。Gao 等成功制备了 CuO/Fe_2O_3/柱撑蒙脱石复合磁性材料，其中蒙脱石与金属氧化物的质量比为 2∶1，能有效地应用到水处理领域。

7.1.6 电磁屏蔽与吸波功能材料

随着电子工业的高速发展，各种商用和家用电子产品数量急剧增加，电磁干扰（EMI）已成为一种新的社会公害。电磁辐射会给其他电器造成电磁干扰，影响设备运行的可靠性和稳定性，它通过热效应、非热效应、累积效应可能诱导人类基因突变。此外，电磁屏蔽与吸波功能材料在国防建设中也有非常重要的作用。

电磁波屏蔽是指电磁波的能量被表面反射或吸收而使其传播受阻或减少，它是实现电磁兼容的有效方法之一。吸波材料的吸波原理是吸收或衰减入射电磁波，并将电磁能转变成热能或其他形式的能量而耗散掉。在吸波材料制作过程中发现，良好的吸波材料必须具备两个要点：

① 能使入射的电磁波最大限度进入材料内部，具有波阻抗匹配特性，即使入射电磁波在材料介质表面的反射系数 R 最小。电磁波由自由空间垂直射到介质表面时 $R=(Z \cdot Z_0)/(Z+Z_0)$，Z 为介质波阻抗，Z_0 为自由空间波阻抗。理想的匹配是电磁波由自由空间进入介质时，反射系数 $R=0$，即 $Z=Z_0$。

② 将进入的电磁波衰减，使其转化为热能耗散掉，即具有衰减特性。当介质有损耗时，介质的相对磁导率 μ_r 和相对介电常数 ε_r 都为复数，要使这两个复数参量的实部与虚部比值越大，即损耗角越大，越有利于电磁波衰减损耗。

综上可知，提高吸波性能的基本途径是提高吸波材料电损耗和磁损耗。同时，还必须符合阻抗匹配的条件。

Sudha 等对聚苯胺/黏土纳米复合电磁屏蔽材料的制备技术与性能进行了大量研究，认为天然黏土的低成本和基于两性掺杂的可再生性，为封装和电子设备电磁屏蔽材料的制备提供了乐观前景。王鹏等以十二烷基苯磺酸（DBSA）作为乳化剂和掺杂剂，通过乳液聚合的方法制备了 DBSA 掺杂聚苯胺/蒙脱石（PANI-DBSA/MMT）纳米复合物，并对其微波吸收特性进行了研究。结果表明，复合材料中蒙脱石的层间距离明显扩大，PANI-DBSA 和 PANI-DBSA/MMT 的吸波特性存在显著差异，PANI-DBSA 在 12GHz 处存在的最大反射损耗仅为 −7.6dB，而蒙脱石载体的引入使得纳米复合物在 5~14GHz 频率范围内的吸波性能明显增强，在 9.1~12.5GHz 范围内反射损耗小于 −10dB，在 11GHz 处存在的最大反射损耗为 −15.8dB。

7.1.7　相变储能功能材料

相变储能材料是指在一定的温度范围内，利用材料本身相态或结构变化，向环境自动吸收或释放潜热，从而达到调控环境温度目的的一类物质。利用此特性，相变储能材料可被用于储存能量或控制环境温度目的，在建筑节能等许多领域具有应用价值。相变储能材料是继纳米材料后材料界的又一次革命，该技术对建筑节能、解决能源紧张有着重要的应用价值。使用相变材料还有以下优点：其一，相变过程一般是等温或近似等温的过程，这种特性有利于把温度变化维持在较小的范围内，使人体感到舒适；其二，相变材料有很高的相变潜热，少量材料可以储存大量热量，与显热储热材料（如混凝土、砖等）相比，可以大大降低对建筑物结构的要求，从而使建筑物采用更加灵活的结构形式。

固-固相变材料不是靠相变前后物质的状态变化而实现吸放热，它是通过晶格的变化实现吸放热，相变前后都保持固体状态，无液体或气体产生，无毒和腐蚀性，过冷很小，寿命长，是一类前景广阔的相变材料。目前这类相变材料正处于开发之中，常用品种有聚乙二醇和层状钙钛矿等。

上述相变材料中，并不是所有的相变材料品种都能用于建筑节能，建筑节能用相变储能材料要符合如下要求：①具有较高的储热能力和热传导性能，即热熔值和热导率高；②相变温度要适合应用的环境要求，一般要求接近人体的舒适温度（冬季 18～22℃，夏季 22～26℃）；③发生吸放热温度变化时相变材料的体积变化小；④相变可逆性好，保证使用寿命长。严格地讲，目前的相变材料都存在许多不足，主要存在的问题为相变温度不匹配、相变热值低、导热性不好、与载体材料易分离等，满足不了实际需要。在实际应用前，还需要对其进行封装、添加、共混等改性处理后才可应用。

为弥补无机或有机类 PCM 单独使用的局限，达到最佳的应用效果，现在的发展趋势是将大量有机类 PCM 负载到无机类载体材料上。目前合适的载体主要是结构稳定、比表面积大、吸附性能好、热导率适中、价格便宜的无机非金属矿物。这其中研究较多的载体有层状硅酸盐矿物、凹凸棒石和沸石等。方晓明等采用"液相插层法"制备出了硬脂酸/膨润土复合相变储热材料，在 34％的硬脂酸质量含量下，XRD 图谱显示硬脂酸嵌入到膨润土的纳米层间并形成了一种新型的复合相变材料。500 次连续循环储热/放热实验表明，此材料的层间距和相变温度及相变潜热变化很小，证明其具有很好的结构和性能稳定性。施韬等基于凹凸棒石对有机物的良好吸附性能，以凹凸棒石为吸附介质、石蜡为吸附对象，制备了有机/无机复合相变材料。由于有机相变材料被吸附到基体微孔中，使其相变在固定的空间内进行，从而避免了材料在液相状态下的流动和渗漏问题且载体含量越高，其吸附能力就越强，复合相变材料的熔变值也就越大。

脂肪酸类有机相变材料具有相变潜热较高、热稳定性与化学键稳定性好、无过冷现象、相变过程中体积变大、价格低廉、无毒等优势，但存在热导率较低和相变过程由固相转变为液相时易泄漏等缺点，因而对它们的直接利用受到很大的限制。在相变储能材料中添加金属线、环或片等高导热材料虽然可以提高相变材料的导热性能，但明显增加了储能系统的重量和体积，且部分相变材料对金属材料还具有腐蚀性，增大了整个储能系统的成本。采用某些高分子物质可以对相变材料进行封装，解决其泄漏问题，但导热性会进一步降低，并且制备成本也很高。席国喜等制备的埃洛石/硬脂酸相变复合材料，埃洛石添加量为 25％～75％时，相变潜热为 60.56～167.26J/g，可达到相变潜热高、无泄漏和导热性好的效果。

7.1.8　储氢功能材料

氢由于其高效清洁、无污染及易于生产运输等特点被视为未来最理想的能源载体。目前氢气的储存方法主要有氢气压缩存储、氢气液化存储、金属氢化物吸附存储等。而多孔固体材料储氢的研究已由传统多孔活性炭储氢扩展到了新型多孔碳材料储氢、有机-金属复合多孔材料储氢及矿物储氢等领域。储氢和输氢技术要求能量密度大（包含质量储氢密度和体积储氢密度）、能耗少、安全性高。当氢作为车载燃料使用（如燃料电池动力汽车）时，应符合车载状况的要求。高容量储氢系统是储氢材料研究中长期探索的目标，也是当前材料研究的一个热点项目。为此，新型高容量储氢材料研究作为我国关键基础科学问题，被列入 2009 年重点基础研究发展计划。

目前被广泛进行储氢性能研究的硅酸盐矿物主要有坡缕石-海泡石族矿物、沸石等。木士春等提出了矿物储氢的概念，指出具有储氢功能的矿物主要是具有结构性纳米孔道的结晶物质，其纳米孔道可在一维或多维尺度上分布。他们采用水热、酸活化、热活化等处理方式制备了坡缕石和海泡石储氢功能材料，其矿物含量均为 $80\%\sim100\%$（质量分数），储氢容量分别达到了 $1.0\%\sim1.5\%$（质量分数）和 $1.7\%\sim2.0\%$（质量分数）。该矿物储氢材料具有比表面积大、微孔独特、表面具极性等特征，对氢的吸附有利，而且与活性炭、纳米碳纤维、碳纳米管等多孔碳素储氢材料相比，还具有资源丰富、生产成本低廉等无可比拟的优势。金娇等以天然埃洛石为原料采用一步法合成了 Pt/MCM-41 纳米复合材料并成功用于储氢材料。一步法合成过程破坏了埃洛石的孔道结构，并利用排列有序的孔道吸附铂的易于高度分散的颗粒，使得该材料的储氢性能得以提升。同时在室温下对不同埃洛石纳米管（HNTs）的氢吸附能力进行了研究。3 种不同的处理方法包括热、酸和钯修饰。热处理过的 HNTs 的氢吸附能力在 298K 和 2.63MPa 条件下为 0.436%，Pt/HNTs 和酸处理 HNTs 在相同的条件下分别为 0.263% 和 $1.143\%\sim1.371\%$。与硅铝酸盐 HNTs 结构直接相关的是大的比表面积引起的物理吸附机制。同时，通过与钯结合也可以提高化学吸附能力或增强溢出机制。

7.2　传统矿物材料

7.2.1　耐火材料

有色冶炼是使用耐火材料的重要领域之一，但有色冶炼用耐火材料所占比例比钢铁要小得多，一般只占 $4\%\sim7\%$。在有色金属生产中，铝的年产量居第一位，远远超过其他有色金属。日本与德国每年需要的金属铝全从国外进口。铝工业每年消耗的耐火材料量比铜、铅、锌冶炼消耗的耐火材料总量还多得多。从铝矾土的储量以及天然能源的资源来说，我国在世界铝工业开发及其所用耐火材料的领域内都应起更大作用。但是在耐火材料方面，我们研究、报道甚少，重视不够。随着铝冶炼技术的发展，耐火材料的使用条件日益苛刻，传统的耐火材料已难以适应越来越高的要求，因此探索铝冶炼用耐火材料对提高铝的产量、质量和降低生产成本有重要意义。金属尾矿排放会危害自然环境，而尾矿资源中的 SiO_2 和 Al_2O_3 可以作为耐火材料的原材料而加以利用。耐火材料是高温工业发展中的一类核心材料，其研究的发展直接推动高温行业科学技术的进步，被钢铁、有色金属、陶瓷等许多高温工业广泛地使用。我国耐火材料年使用量巨大，每年大约消耗 20Mt 耐火材料，并且种类繁多。2004 年以镁质材料作为主要原料的耐火材料占所有耐火材料使用量的比例已经超过 30%。

（1）碳素原料　碳素原料种类很多，主要包括各种类型的石墨和炭黑等。石墨材料是一种良好的导热体，它的热导率可与一些金属媲美。其靠晶格原子的热振动传热，其热导率随温度的升高而降低。常温下，石墨的化学性质稳定，结构不会被强酸、强碱及有机溶剂破坏。高温条件下，石墨与 MgO、CaO 等耐火氧化物无共熔点，不会形成低熔物。炭黑是一类不定形碳，不同于金刚石和石墨有一定晶型。相比于石墨的大晶粒和空间结构层状有序，炭黑的晶粒尺寸小，碳原子之间相连形成六角形环结构，六角形环联结成层，各层排列无序并且形状不规则。炭黑的原子层间距比石墨的大很多。因而炭黑的微晶体积比石墨小得多。

镁碳砖热震稳定性的提高得益于石墨的引入，其主要原因在于 MgO 骨料和鳞片石墨之间固有热膨胀性的不同，以及各向异性的石墨由于热膨胀所产生的微裂纹的晶核作用。但是，石墨的加入量要随材料的使用条件而定。如果石墨加入量偏高，则材料由于碳的氧化会使组织劣化，空隙增加，导致脱碳层中所侵入的熔渣数量增加，促进了熔渣与材料的反应，使得氧化物向熔渣中的熔损加速。另外，石墨加入量越多，材料中所引入的灰分量也越高，从而会导致材料的性能降低。欧阳军华等研究了当石墨加入量为 4% 时，不同粒度（100 目、200 目、325 目和 $10\mu m$）的石墨对低碳镁碳砖性能的影响。结果表明，用细石墨取代大粒径石墨制成的低碳镁碳砖，其物理性能、抗氧化性和热震稳定性均有所提高，且石墨粒度为 200 目时镁碳砖性能最优。郭敬娜等也研究了石墨粒度对低碳镁碳砖热震稳定性的影响，其结果表明，加入 1000 目超细鳞片石墨的试样热震稳定性优于加入 180 目普通鳞片石墨的试样。有学者研究了石墨种类对镁碳砖热震性能的影响，结果表明当石墨含量在 6% 以上时，添加微细化石墨的镁碳砖的热震稳定性能明显优于添加鳞片石墨的。造成这种差异主要是由于石墨细粉相对于大鳞片石墨更易于分散，结构更趋于均匀；而当含碳量不大于 4% 时，上述两种试样的热震稳定性能没有差别。在含碳量为 3.5% 的低碳镁碳砖中引入 $10\mu m$ 左右的碳原料和新型结合剂，实验结果表明，该方法研制的低碳镁碳砖在热震稳定性、抗渣性、抗氧化性以及导热性等方面均取得了比普通镁碳砖更好的效果。

（2）镁橄榄石制品的开发与应用　镁橄榄石的结构特点使其成为耐火材料的候选原料，天然镁橄榄石中含有氧化铁、氧化铝、氧化钙等杂质，因此在材料领域研究镁橄榄石时不使用天然料，而采用固相反应合成的纯镁橄榄石。但通过现有方法直接分离天然镁橄榄石矿中含有的杂质在经济和技术上都有相当大的困难，所以国内外对天然镁橄榄石矿制备耐火材料的研究和开发只进行了有限工作。国外开发利用天然镁橄榄石矿的代表工作是日本和俄罗斯。如日本新日铁八幡钢铁厂在 120t LF 钢包炉内壁使用镁橄榄石-碳砖，使用效果比高铝制品好。俄罗斯科学院科拉科学中心与科夫多尔斯克采选矿公司从磁铁矿选矿产生的尾矿渣中浮选镁橄榄石，所得镁橄榄石精矿用于生产耐火陶瓷。日本和俄罗斯在加热炉蓄热室格子房用牌号 Φ-10 的镁橄榄石耐火砖，取得了一定使用效果。

在国内，赵凯等研究了河南西峡镁橄榄石的矿物组成、矿物结构、高温下的质量变化和高温体积稳定性，发现该镁橄榄石在 1300℃ 以下体积变化小，可以直接使用生矿制备普通镁橄榄石质耐火材料；对使用温度高于 1300℃ 的耐火材料，所用镁橄榄石矿则需要进行高温煅烧。胡莉敏等以菱镁矿、粉石英、二氧化硅微粉为原料，利用原位分解形成气孔技术制备轻质镁橄榄石材料，研究了烧成温度对轻质材料的物相组成和显微结构的影响。结果表明：制备轻质镁橄榄石材料的最佳烧成温度为 1300～1400℃，在这一温度范围内烧成制得的轻质镁橄榄石材料有较高的气孔率，气孔平均孔径小于 $10\mu m$ 且分布均匀，耐压强度可达 40～50MPa，是一种高强度的轻质耐火材料。

综上所述，国内外关于天然镁橄榄石制备耐火材料的研究和开发应用还仅限于初级阶段，主要是通过直接使用镁橄榄石原料或者添加镁砂生产高氧化镁含量的镁橄榄石质耐火材料，其他领域主要限于少量机械铸造型砂、涂料、冶金炉料添加剂等。这些开发利用主要问题是缺乏相关制备理论和技术来有效处理天然镁橄榄石矿中的杂质和改变镁橄榄石内部结构而优化材料的性能，无法避免高含量的二氧化硅，因此不适合现代炼钢工艺的需要。以天然镁橄榄石为主要原料开发的高温材料不多，产品的性能和技术含量不高。所以，充分利用天然镁橄榄石的特点，采用新思想和新理论，改变镁橄榄石材料的晶体结构，使其高含量的二氧化硅转变成高性能的非氧化物相，以满足现代炼钢工艺技术的要求和有效处理天然镁橄榄石中的杂质、制备高性能耐火材料将具有非常重要的理论与实际意义。

7.2.2 橡胶

橡胶是一种有弹性的聚合物。橡胶可以从一些植物的树汁中取得，也可以是人造的，两者皆有相当广泛的应用，例如轮胎、垫圈等。橡胶的种植主要集中在东南亚地区。橡胶传入英国后，按照制成方式的不同，橡胶可以分为合成橡胶和天然橡胶两类。

程宏飞等将经插层后进行剥片的高岭土作为填料制备出高岭土/橡胶纳米复合材料，研究插层剥片对高岭土/橡胶复合材料阻隔性能的影响。研究表明，经过乙酸钾插层后再进行剥片的高岭土颗粒具有粒径小、比表面积大、径厚比高等特点，其作为填料加入橡胶复合材料后，可大幅改善高岭土/橡胶纳米复合材料的气体阻隔性能。插层过程中，插层剂质量分数、插层磨剥过程等因素均对橡胶复合材料气体阻隔性能产生影响。以质量分数为 15% 的乙酸钾对高岭土插层后再进行剥片所制备的高岭土/橡胶复合材料的气体阻隔性能最好，并阐明了插层磨剥高岭土对橡胶复合材料的阻隔性能贡献机理。Rybiński 等研究了添加碳纳米纤维或埃洛石对交联有机过氧化物丁腈橡胶的热力学性能及可燃性的影响。基于热分析，氧指数和锥形量热计获得的结果显示，纳米纤维的使用有效提高了丁腈橡胶的热稳定性，降低了其可燃性和火灾隐患。

7.2.3 造纸

在造纸工业的原料中，非金属矿的用量仅次于植物纤维。目前我国造纸业常用的非金属矿物有 10 多种，主要有煅烧高岭土、硅灰石、碳酸钙、滑石、膨润土等。随着造纸业的快速发展，造纸用植物纤维供应的短缺不断加大，特种工业、生活、信息等用纸需求快速增长，促进了非金属矿在造纸业的应用。在造纸中用非金属矿主要有填料和颜料两个用途。前者是用于纸张制造过程中以分散液的形式直接添加到纸的浆料中与纤维同时成形的，后者是在纸的表面利用涂布方式在表面施工。因此，填料与颜料的技术要求也不同。除此之外，纸张的品种不同对它们也有不同的技术性能要求。

非金属矿作为造纸填料是纸料中除纤维之外占比例最大的组分，一般用量为纤维量的 20%～40%。但由于填料与纤维表面性质与形态不同，诸如表面极性、表面化学组成、表面能等方面存在巨大差异，导致二者相互作用力弱，界面结合力差，从而造成填料留着率低、纸张强度下降和印刷时的掉粉、掉毛等现象。为了解决填料的应用问题，科技工作者做了大量研究，比如新发明的纤维加填，利用细胞加填技术在纤维胞壁和纤维内腔沉淀部分填料。此方法与传统的直接加填相比，提高了填料的留着率，减轻了水处理负担，但由于其工序复杂、成本高，阻碍了在实际生产中的应用。目前比较有效的方法是在浆中加入各种助留剂，将填料通过电荷中和作用絮凝成大颗粒以被架桥截留在植物纤维中。由于填料仍和纤维无法结合，所以并不能很好解决加填量增大和纸面强度降低之间的矛盾。

研究表明，纤维状矿物经加工处理后能够与植物纤维产生交织作用，构成植物纤维与矿物纤维的网状结构，对矿物纤维进行改性处理会更好地同植物纤维相结合，得到植物-矿物复合纤维材料，这种复合纤维材料可替代部分植物纤维纸浆造纸。目前，国内用于植物纤维替代品的矿物纤维主要为硅灰石、海泡石、石膏纤维以及水镁石纤维等。

(1) 硅灰石　根据用途划分，硅灰石产品可分为两大类：一类是高长径比的硅灰石产品，主要利用其针状性能，用于填料方面作为增强剂；另一类是细磨硅灰石粉，主要利用其矿物化学性质。孙传敏等将云南腾冲白石岩的硅灰石粉碎到 1250 目后，获得直径约为 $10\mu m$、长径比 15、白度 90% 左右的超细纤维。为使硅灰石纤维具有更好的白度和遮盖力，对表面进行了无机物 SiO_2 涂覆，使用一些有机物质对硅灰石纤维进行了改性处理，使之能更好地与植物纤维结合，使纸张具有较高的强度。硅灰石纤维最显著的优点在于，可大量添加到新闻纸中（20%），留着率高（90%）且纸的强度下降不大，可极大地改善纸的白度、不透明度及适印性。这些优良性质对于那些含有大量脱墨废纸浆的再生新闻纸尤为重要，提供了一种使用脱墨废纸浆生产高品质新闻纸的低成本方法。

（2）海泡石　海泡石在水和其他中高极性溶液中一般呈纤维状，纤维束易解散形成不规则的纤维网络，可在低浓度下形成高黏度的稳定悬浮液。在海泡石表面存在大量的 Si—OH 基，对有机物结合分子有很强的亲和力，可与有机物反应剂直接作用。海泡石因其特有的晶体结构，具有良好的吸附性、流变性和催化性。其所具有的这些特性，使它在很多方面有较高的应用价值。国内出现了不少对海泡石在造纸工业中的加工应用研究。高玉杰等利用海泡石配抄其他纤维作原料进行造纸研究，湿法抄造不同用途的页纸。通过对海泡石的打浆特性进行初步探讨，尝试了用不同黏合剂来提高海泡石的成纸强度。通过海泡石与针叶木浆、玻璃棉浆等其他纤维配抄，制备吸附类用纸、阻燃纸等。海泡石纤维具有较好的抄纸性能，若条件掌握适当，完全可以采用湿法造纸；而且成纸匀度好，有较好的白度，强度适当。掌握不同的条件，配比不同的纤维，可以抄制不同定量、不同用途的纸张以满足不同的需要，具有广阔的开发前景。

（3）石膏纤维　石膏纤维（纤维硫酸钙，也叫石膏晶须）是矿物纤维的一种，属单斜晶系，Ca^{2+} 联结 SO_4^{2-} 四面体构成双层的结构层，而 H_2O 分子则分布于双层之间。Ca^{2+} 的配位数为 8，除与属于相邻的 4 个 SO_4^{2-} 中的 6 个 O^{2-} 相联结外，还与 2 个水分子相联结。结构层平行于 {010}，石膏通常具有平行于 {010} 的板状形态和极完全解理。它是一种性能优良、价格低廉的矿物纤维。石膏纤维化学性能稳定，水溶性低，具有正交斜方晶系，白色光泽的外观，在特定条件下形成的纤维状结晶具有高强度和较大的长径比（100∶1 左右），长度数十至数百微米，最长大约 $250\mu m$，纤维直径基本一致。如果采用某些添加剂，石膏微纤维的直径可以稍有增加，这有助于石膏微纤维更好地分散。石膏微纤维主要技术指标为：晶须平均直径 $1\sim4\mu m$，平均长径比 $30\sim80$，水溶性 22℃时小于 1200mg/L。石膏晶须的制备方法包括以天然石膏为原料的水压热法和常压酸化法，以卤渣为原料制备硫酸钙晶须法，石膏溶液法，废气脱硫法以及湿法磷酸法等。毛常明等在湿法磷酸中制造磷石膏晶须，将其应用在造纸中，可替代 30%～70% 的木浆或草浆。把磷石膏晶须按 36%、52%、65% 的比例混入木浆，造出的纸张洁白光滑，其白度、抗拉强度等性能指标和纯木浆制成的纸张相差不大。李鸿魁等在不同打浆度的针叶木浆中添加 40% 石膏纤维、阔叶木浆中添加 20% 石膏纤维、草木混合浆中添加 20% 石膏纤维抄片造纸（添加 2.5% 的助留剂），然后检测成纸的裂断长、撕裂指数、耐破指数和耐折度等指标，得出了石膏微纤维应用于纸张增强时纸浆打浆度的最佳工艺条件。

（4）水镁石纤维　由于水镁石纤维具有良好的打浆性能以及白度高、纤维长等优点，具有可用于造纸和制造纸板制品的潜在用途。董发勤等首次对水镁石纤维进行了抄纸试验，并取得了很好的效果。水镁石纤维按不同方式（搅拌、振荡、不搅拌、剪短、打浆）分散后，在光板上抄纸、脱水、干燥、起揭，并进行打浆纤维湿片加压、加矾处理。试验表明：水镁石纤维的打浆度好，纤维较长，但纯纤维抄纸强度很低，不易揭起，表明纤维间的搭接、交叉网联能力和紧密度、摩擦力很低，因此纯纤维制造纸和纸板时底面需要支撑基层。加矾 3% 后，则成纸性、起揭性变好，粘接现象减轻。添加试验又表明，加入一定量的木质纤维，则水镁石纤维成纸性、纸的强度、起揭性比纯水镁石纤维有很大改变，木质纤维增多，纸的定量下降。水镁石纤维纸的最大特点是灰分高，遇明火不燃，且具有一般纸没有的高温强度和湿强度，可以制成防水纸、防火纸和纸板、壁板及防火建材制品。水镁石纤维具有抄纸的性质，在一定程度上表明它有湿纺的性质，国内已有厂家制成水镁石纤维绳，水镁石纤维可取代温石棉绳、网、布、纸以及许多需要上述性能的复合制品。

（5）其他矿物纤维　胡琳娜等对由玄武岩纤维和植物纤维制备复合纸板等材料进行了

研究，讨论了打浆度、玄武岩纤维等因素对复合材料性能的影响。罗果等通对在不同处理剂浓度下不同比例的玻璃纤维与植物纤维混合配抄出来的成纸物理性能进行研究和比较，得出了较佳的处理剂浓度，玻璃纤维与植物纤维的混抄比例与成纸物理性能的对应关系。玻璃纤维分散性较差，用浓度为 0.5% 的处理剂处理后的分散效果较好。玻璃纤维单独抄纸的成纸强度较差，因此可以将玻璃纤维与剑麻纤维以一定比例混合配抄，这样抄出来的纸既具有一定的过滤性能，又具有一定的强度。

矿物纤维在造纸中应用的初步研究与实践表明，非金属矿物纤维比传统矿物填料更具有特点与优势，纤维状矿物的有效开发利用是我国造纸原料供应与选择多元化重大课题的研究内容之一，也对改善我国纸品结构、增加特殊纸种、减少环境污染等具有重大意义。矿物纤维在造纸中应用需进一步研究矿物纤维的抄造纸适应性问题、良好分散与解离问题、均匀成形和矿物与植物纤维良好结合问题，在不影响纸产品主要性能条件下替代更多的植物纤维。

7.2.4　化妆品

随着社会的进步和发展，化妆品在日常生活中已越来越被重视，人们对化妆品的期望和社会关心也在日益提高，特别是化妆品的安全性、稳定性和功效性正逐步受到人们的普遍关注。人们需要的是一系列对人体健康无害同时美容保健效果好的纯天然的化妆品。非金属天然矿物质由于具有稳定的物理化学性质而广泛地用于化妆品，因其具有的安全性、稳定性、无毒性和功效性等特点越来越受到广大消费者青睐。

非金属黏土矿物已广泛用于护肤保健品中，如法国以天然黑泥制成的梦幻湖蕴，以矿物黏土为主的天然护肤品等。西班牙 Anesi 公司的机械化矿物泥，美国 Borghese 用火山泥浆制成的活性泥，以色列死海的矿物淤泥等都具有美化肌肤、治疗皮肤病和关节疾患的功效，并大量作为脸部和身体的美容保健。我国五大连池温泉及火山灰泥浴，因具有治疗皮癣、瘙痒症，促进生发和美容的功效，每年都吸引成千上万的旅游观光者来休假疗养和美容。一般的洗涤产品过于刺激，往往会破坏皮肤正常的屏障功能，刺激皮脂腺分泌。人们开发了绿石泥、红泥、二氧化硅等矿物添加剂。当添加量为 3% 时，就具有较好的洁肤效果，并能降低洁面剂对皮肤的刺激性。微细的矿物粒子很容易分散于水中，形成一定黏度的泥浆，到达毛孔及皮肤的褶皱深部。其特有的吸附能力能彻底清除肌肤深层污垢及油脂，保持皮肤清洁，有利于其他营养成分的吸收。其特有的负电荷和与皮肤天然 pH 值相同的酸碱值，能激发细胞活力，促进皮肤新陈代谢。含有的镁和铝等金属离子能有效调节皮肤毛细血管的渗透性，起到收敛肌肤的作用。

天然岩石矿物经风化分解、水力搬运、自然沉积和分异后，形成无机物的聚集体，其颗粒细小，90% 以上颗粒的粒径为 0.001～0.05mm，10% 的颗粒为小于 100nm 的天然纳米粒子，比表面积超过 $100m^2/g$。矿物质的颗粒越小，形成的泥质越细腻，使用效果越好。矿物中含有多种微量元素、盐类、氨基酸、维生素、酶类等。通过与皮肤的接触，能够吸附、抑制或杀灭皮肤表面寄生的微生物及难以排出的代谢物。如含有硫黄或硫化氢的泥浆，就能够很好地治疗瘙痒，改善皮肤的血液循环。另外，磷酸盐可以促进皮肤组织吸收水分，氯化物可以促进汗腺与皮脂腺分泌，钙盐与镁盐具有消炎镇痛作用，碘可以软化皮肤上的疤痕等。而矿物中的微量元素（如 Cu、Zn、Fe、Sr、Mn、Mo、Se、I 等）具有激活体内的超氧化物歧化酶的作用，可防止细胞组织老化，促进细胞再生和细胞内物质的代谢；还能促进血液循环、扩张毛细血管、加速表皮角质细胞代谢，使皮肤细腻，富于弹性，更柔润亮丽。

黏土矿物特殊的晶体结构，使其具有护肤品所需要各种性能，能够调节皮肤的酸碱性，确保营养成分的缓慢渗透和吸收。黏土中丰富的胶体物质，具有较强的吸水保湿能力，胶体成分越多，可塑性和黏滞性越大，越易在皮肤表面形成保护膜。在泥浆干燥的过程中，体积会收缩，产生柔和的压迫感，这种压迫作用及矿物微粒对皮肤的摩擦，可对皮肤产生按摩作用，促进皮肤的血液循环和淋巴液回流；矿物粒子的运动与皮肤间产生摩擦，使皮肤表面产生微电流，这种电流可以刺激皮肤末梢神经，增强皮肤的免疫功能，提高皮肤对外界刺激的抵抗力，从而消除皱纹。黏土的吸水保湿性，可促进皮肤水分的吸收，使皮肤更滋润。泥浆的黏滞性和吸附性，可使泥浆紧贴皮肤，将死亡的皮肤角质细胞、汗腺孔及皮脂腺孔中的污物裹挟到泥浆中去，促进皮脂腺孔通畅，对痤疮及黑头粉刺有很好的治疗作用。

除此之外，天然黏土矿物中含有丰富的有机物和多种微生物，能合成氨基酸、维生素、各种酶、抗生素和噬菌体等生物活性物质，有利于皮肤的新陈代谢，增强皮肤营养，延缓皮肤衰老。目前，以黏土矿物为功能添加剂的护肤品主要包括保湿、增白、防紫外线等多种产品。

膨润土几乎出现在所有泥土面膜之中，利用其多孔的性质来吸附皮肤分泌的过多油脂，这种吸附能力不但有限而且只是暂时的效果。蒙脱石是由颗粒极细的含水铝硅酸盐构成的矿物，它们一般为块状或土状。根据层间主要阳离子的种类，分为钠蒙脱石、钙蒙脱石等成分变种。水的含量与环境的湿度和温度有关，可多达 4 层。蒙脱石在电子显微镜下可见到片状的晶体，颜色为白灰、浅蓝或浅红色。高岭土在很宽的酸碱范围内都有很好的不透明性。漂白土由于具有对油和其他液体的脱色能力，其性能优于蒙脱土。蒙脱土主要作为增稠剂。由于 3 种黏土具有保水和清洁皮肤的能力，被广泛应用于面膜中。蒙脱土（绿土）包含大量具有离子交换特性的矿物粒子，它的离子交换能力取决于其物理扩展性和胶体性质。沉积作用促使温度和压力增加，从而导致了岩石的形成，蒙脱土正是通过这种天然的成岩作用转变成伊利石。虽然伊利石在世界各地分布广泛，但化妆品中最为常用的只有来自地中海盆地的伊利石。由于蒙脱石特殊的内部结构，带有不饱和的负电荷，以及具有强烈的阳离子交换能力，所以还是一种良好的治癣药物，在化妆品中主要作填充剂、药物吸着剂、消毒剂、增稠剂、净化剂使用。

7.2.5 制药

目前已发现的非金属矿物达 3500 多种，但被有效利用的只有 200 多种。在医药行业有直接入药的（如石膏、硫黄、蒙脱石等）、作药物载体的（如重钙、轻钙、高岭土、滑石等）和制作新型高效医药产品的（如电气石等），并呈现出由传统的以中药为主兼向西药发展、以载体等辅料为主兼向主料发展、以外用为主兼向内用发展的趋势。非金属矿药物的优点在于作用缓和、持久、疗效稳定、无副作用等，在国内外医药领域中均占有重要地位。

我国非金属矿物药用历史悠久，在中医药史上占有重要地位的《黄帝内经》是现存最早开始收录矿物入药的中医理论著作。秦汉时代《神农本草经》已收载矿物药 46 种（占药物总数的 12.6%）。明朝《本草纲目》收载矿物药 161 种（占药物总数的 8.5%），并将矿物药分别记述在土部和金石部中，特别在金石部，记载比较完整，分为金、玉、石、卤 4 类，以 4 卷的篇幅对矿物药进行了全面的阐述。后在《拾遗》里又增加矿物药 38 种。此外，与中医药并存的蒙医药、羌医药、藏医药中都有大量利用矿物药的记载。《现代中国中药资源》列出药用矿物 80 种，占全部中药资源不到 1%。《中国药典》共收载品种 4615 种（其中中药 2136 种、化学药 2348 种、生物药 131 种），但收载矿物药仅 25 种。

西方国家将黏土矿物作为药物、洗浴和美容品的历史，可以追溯到史前时期。人们将黏土矿物与赭石、水混合服用，治愈伤寒；将该糊剂涂于皮肤上，可减轻患者的痛苦。美索布达米亚人和古埃及人用黏土矿物作为药物治疗腹泻和炎症。努比亚人甚至用黏土制备人体木乃伊标本。古希腊人将黏土作为治疗皮肤病的杀菌糊剂，并用于治疗蛇咬伤。埃及王后克利奥帕特拉用来自死海的淤泥作为化妆品。意大利旅行家马可•波罗在旅行中曾发现：穆斯林朝圣者服用粉红色黏土来治愈发热症。早在文艺复兴时期，意大利人就将黏土矿物作为制剂写入药典，随后英国、西班牙、美国等陆续使用黏土矿物作为药剂。结晶学、矿物学、生物化学、药理学和临床医学的发展，为黏土矿物在医药、保健品和化妆品中的应用奠定了扎实的理论基础。

由于历史条件的限制，对非金属矿物的组成及含量、微量元素的种类和赋存状态、有关矿物晶体结构及晶体化学特点以及水溶速率、浸出及吸附等物化性能，缺乏系统的研究和先进的分析测试技术。对药用非金属矿物功能的解释多建立在古典阴阳五行学说基础上，缺乏循证医学的有力证据，有的还处在经验和感性认识水平，定性不足，定量更难。因而导致药用非金属矿物的利用一度被冷落，在使用上也多以配药出现，成药极少。除个别传统药品外，新产品、高科技产品更是难以见到。在国外，随着经济、技术的飞速发展，人们日益关注药用非金属矿物的应用研究和开发利用。非金属矿物的应用领域已经从外科临床进展到内科临床，以及人体保健的各个领域。

药用非金属矿物是生药中不可再生的重要资源，包括天然矿物（多数可供药用，如朱砂、炉甘石、辰砂、寒水石等）、矿物的加工品（如芒硝、轻粉等）和动物及其骨骼的化石（如石燕、浮石、龙骨等）。矿物药的种类虽少，但在临床上应用颇广（表7-1、表7-2），它们代表了现代药用非金属矿物开发利用的先进水平。如以蒙脱石为主要成分，治疗胃炎、肠道炎和急慢性腹泻，抗肿瘤、抗病毒、抗高血压，并对顽固性皮肤瘙痒、神经性皮炎、足癣、体癣、湿疹、痤疮等皮肤病症及风湿关节肿痛等有显著疗效。此外，非金属矿物在现代农业的应用前景也非常广泛，如具有选择性杀虫功能且无抗药性的生物农药。

近年来，黏土矿物（主要有硅酸盐类化合物、硅藻土和层状双金属氢氧化物类化合物等）在医药、化妆品以及生物工程等方面的应用研究不断升温，成为国内外学者研究的热门话题，其因性能独特（巨大的比表面积，良好的吸附性能，较高的吸附容量和离子交换能力，出色的黏附性、润滑性、悬浮性、流变性、稳定性）而广泛应用于工农业生产、精细化工、新材料、环保和养殖业等。

表 7-1　主要药用非金属矿物

非金属矿物	药物及功效
蒙脱石	医药载体，起控释剂功效，能促进黏膜糖蛋白和磷脂的合成，增强黏膜疏水性，改善胃黏膜血流量，保护黏膜，促进上皮修复，有利于增强黏液和黏膜屏障，广泛用于消化系统疾病（如急、慢性腹泻，胃及十二指肠溃烂和食管炎等）的治疗。如蒙脱石散等
信石	用于哮喘，疟疾。外用杀虫、蚀疮去腐，用于溃肠腐肉不脱、牙疳、痔疮等。砒霜主成分三氧化二砷，为信石升华精制而成，溶于葡萄糖注射液可治疗急性早幼粒白血病
石膏	能清热泻火，除烦止渴。用于外感热病，高热烦渴，肺热喘咳，头痛，牙痛。煅石膏可外治溃烂不敛，湿疹瘙痒，水火烫伤，外伤出血，以石膏为主要的"白骨汤"用于治疗急性传染病（如流脑、乙脑等症）的高热和惊厥
朱砂	性微寒，味甘，有毒，能清心镇惊，安神，明目，解毒。用于治疗心悸易惊、失眠多梦、癫痫发狂、小儿惊风、视物昏花、口疮、疮疡肿毒。如辰砂等
雄黄/雌黄	能解毒杀虫，燥湿祛痰，截疟。用于蛇虫咬伤、虫积腹痛、疟疾，具有抗病原微生物作用，水浸剂对皮肤真菌、常见的化脓性球菌、肠道致病菌等有抑菌作用，对金黄色葡萄球菌、大肠杆菌有杀灭作用；此外，还有抗肿瘤作用。如雄黄散等
滑石	能吸着大量化学刺激物或者毒物形成被膜，吸收分泌物促进干燥结痂，对皮肤、黏膜具有保护作用，内服可保护肠管，消炎止泻，利尿通淋，清热解暑；外用祛湿敛疮，用于热淋、石淋、尿湿涩痛、暑湿烦渴、湿热水泻，外治湿疹、痱子。如六一散、碧玉散等
赭石	能平肝潜阳，重镇将逆，凉血止血，用于眩晕耳鸣、呕吐、窒息、吐血、崩漏下血等。但对肺和肝功能不可久服。如旋复花代赭石汤等
芒硝	能泻下通便，润燥软坚，清火消肿。用于实热积滞、腹满胀痛、大便燥结、肠痈肿痛、外治痔疮中通，一般待汤剂煎后，融入汤药中服用。如西瓜霜等

表 7-2　《中国药典》收藏的其他矿物类生药

药名	来源	主要成分	功效
大青盐	卤化物类石盐族湖盐结晶体	氯化钠（NaCl）	清热，凉血，明目
白矾	硫酸盐类矿物明矾石经加工提炼制成	含水硫酸铝钾[$KaAl(SO_4)_2 \cdot 12H_2O$]	外用解毒杀虫，燥湿止痒；内服止血止泻，祛除风痰

续表

药名	来源	主要成分	功效
自然铜	硫化物类矿物黄铁矿族黄铁矿	二硫化铁(FeS_2)	散淤止痛,续筋接骨
红粉	红氧化汞	氧化汞(HgO)	拔毒,除脓,去腐,生肌
赤石脂	硅酸盐类矿物多水高岭土族多水高岭土	含四水硅酸铝[$Al_4(Si_4O_{10})$ $(OH)_3 \cdot 4H_2O$]	涩肠,止血,生肌敛疮
花蕊石	变质岩类矿物水绿矾的矿石	碳酸钙($CaCO_3$)、碳酸镁($MgCO_3$)	化瘀止血
皂矾(绿矾)	硫酸盐类矿物水绿矾的矿石	含水硫酸亚铁($FeSO_4 \cdot 7H_2O$)	解毒燥湿,杀虫补血
青礞石	变质岩黑云母片岩或绿泥石化云母碳酸盐片岩	钾镁铁铝硅酸盐[$K(Mg,Fe)_2(AlSi_3O_{10})(OH,F)_2$]	坠痰下气,平肝镇惊
金礞石	变质岩类蛭石片岩或水黑云母片岩	钾镁铁铝硅酸盐[$K(Mg,Fe)_2(AlSi_3O_{10})(OH,F)_2$]	坠痰下气,平肝镇惊
炉甘石	碳酸盐类矿物方解石族菱锌矿	碳酸锌($ZnCO_3$)	解毒明目,收湿止痒,敛疮
轻粉	氯化亚汞	氯化亚汞(Hg_2Cl_2)	外用杀虫,攻毒,敛疮;内服祛痰消积,逐水通便
钟乳石	碳酸岩类矿物方解石族方解石	碳酸钙($CaCO_3$)	温肺,助阳,平喘,制酸,通乳
禹余粮	氢氧化物类矿物褐铁石	碱式氧化铁[$FeO(OH)$]	涩肠止泻,收敛止血
紫石英	氟化物类矿物萤石族萤石	氟化钙(CaF_2)	温肾暖宫,镇心安神,温肺平喘
磁石	氧化物类矿物尖晶石子磁铁矿	四氧化三铁(Fe_3O_4)	镇惊安神,平肝潜阳,聪耳明目,纳气平喘

黏土矿物无毒或低毒的本质,使其作为医药和化妆品的原料被广泛应用。黏土矿物的耐酸碱稳定性确保其不会被胃液或肠液溶解而吸收。它巨大的表面积、特殊的晶体结构及非均匀性电荷分布,使其对细菌、病毒及所分泌的毒素、氨或有机氨类化合物、重金属离子等有害物质能够产生选择性吸附和抑制作用。它所含的可交换阳离子还可为人体提供部分必需的铁、锌、钴、钼、钙、硒、锶、锰等微量元素,具有促进代谢平衡、增强人体健康的功能。在欧美国家,目前已有多种以蒙脱石、凹凸棒石、高岭石或滑石等黏土矿物为主要成分的药物制剂,主要用于治疗腹泻和胃肠疾病等,如在我国热销的 Smecta 和 Luvos 的主要成分均为蒙脱石。黏土矿物主要作为胃、肠道疾病,腹泻、皮肤疾病及炎症的治疗药物或药物的辅料及保健品、美容品等常用药物的填料。

(1) 黏土矿物对于胃、肠道疾病的治疗和保护 黏土矿物用于胃、肠道疾病的治疗,是由于其特殊的表面结构、巨大的比表面积和吸附性能。由于黏土矿物颗粒细小,能迅速分散并覆盖于消化道溃疡面的黏膜表面,形成稳定的黏膜屏障,减少和阻止攻击因子对胃黏膜的损伤。黏土矿物对肠道内的致病因子、水分、气体和毒素等有极强的选择性吸附、固定和抑制作用。黏土矿物吸附的有害菌、病毒及分泌物等将随大便排出体外,起到均衡肠道内菌群、调节胃肠功能、促使病理组织愈合的作用。研究证实:在治疗胃、肠道疾病或腹泻时,黏土药物具有减轻黏膜上皮腺体及绒毛的生理性退变、坏死的作用,使黏膜上皮腺体及肠绒毛增殖,兴奋造血功能,促进尿素氧的排泄。蒙脱石广泛用于消化道系统疾病如急、慢性腹泻,胃及十二指肠溃疡和食管炎等的治疗。由于蒙脱石能增加黏膜糖蛋白和磷脂的合成,增强黏膜疏水性,改善胃黏膜血流量,保护黏膜,促进上皮修复,有利于增强黏液和黏膜屏障,因此,蒙脱石是一种良好的消化道黏膜保护剂。幽门螺旋杆菌是引起消化性溃疡的主要病因,作为幽门螺旋杆菌阳性消化性溃疡患者的治疗,常以铋剂为主,但铋剂的副作用较大。李茂科等将蒙脱石与奥美拉唑合用,治疗幽门螺旋杆菌感染的消化性溃疡,溃疡愈合率达94%,幽门螺旋杆菌的根除率为

62%。利用黏土的离子交换性在水滑石层间插入布洛芬，制成黏土消炎药物，明显改善药物在肠内的流动性和缓释性。凹凸棒石口服制剂用于治疗消化道黏膜病变及治疗溃疡性结肠炎，可迅速改善临床症状，缩短疗程。由于凹凸棒石药物制剂不会被消化道黏膜吸收入血，因而可作为多种药物的载体材料，具有载药容量高、缓释性能好、作用时间长的优点。黏土矿物还能够提高药物的生物利用度，增加胃肠道黏膜糖蛋白的多糖成分，促进胃黏膜屏障的修复。

　　（2）黏土矿物药物辅料的作用　凹凸棒石、蒙脱石、高岭石和滑石等是常用的药用辅料。黏土矿物对药物活性成分生物利用度影响的研究表明：药物和黏土矿物结合后，其在消化道中的降解速度降低，药物的稳定性提高。由于黏土的吸附性能和交换性能，药物在单位时间内的释放量减少，虽然降低了血液中药物的峰值浓度，却提高并延长了血液中药物的有效浓度，成为长效缓释药物，如服用蒙脱石-安非他明硫酸盐制剂时，尿液中排出的药物浓度大幅降低，血液中药物浓度则能维持14h。单独服用同样剂量的苯丙胺硫酸盐，血液中药物的有效浓度仅能维持3h。由于苯丙胺硫酸盐以离子形式被吸附到带电黏土粒子表面，肠胃的蠕动和渗透压使药物缓慢释放，转变成游离态药物，被释放出的药物大多数能够被直肠有效吸收，因而药物有效成分的生物利用率提高，疗效改善。医药工业中黏土矿物的润滑性和黏性能显著改善片剂药物的加工性能，提高药品质量。黏土矿物的膨胀性、分散性能够加速片剂的崩解，提高药物的初始浓度，促进药物成分的吸收。黏土矿物的悬浮性和乳化性可作为液态药物的悬浮稳定剂，避免或减少由于电解质存在造成的药物成分偏析和沉淀。黏土矿物作为惰性填料或添加剂与药物结合，可以提高药物的稳定性，产生特殊的药理作用。

　　（3）黏土矿物在皮肤病中的应用　在皮肤疾病或炎症治疗中，黏土矿物可用于疱疹、痤疮、脓肿、溢脂性皮炎等皮肤病的治疗，并减轻慢性风湿性关节炎所造成的痛苦及治疗运动创伤。通常将黏土矿物制成粉剂、乳剂或油膏敷于患处，以吸收皮肤或病变部位分泌出的油脂、毒素、细菌和病毒等，促使炎症痊愈。黏土矿物用于皮肤类疾病治疗的方法主要可分为泥敷疗法、泥浴疗法和蜡泥疗法。由于黏土矿物较强的吸水性能，能够在皮肤表面形成干燥、温和的杀菌环境，并有刺激毛孔舒张、促进脂肪团分泌、增加血液流通和清洁皮肤的功效。

参 考 文 献

[1] 郑水林.非金属矿加工与应用 [M].北京：化学工业出版社，2003.

[2] 胡兆扬.2000 年中国非金属矿工业发展战略 [M].北京：中国建材工业出版社，1992.

[3] 王利剑.非金属矿物加工技术基础 [M].北京：化学工业出版社，2010.

[4] 韩跃新，印万忠，王泽红，等.矿物材料 [M].北京：科学出版社，2006.

[5] 郑水林，袁继祖.非金属矿加工技术与应用手册 [M].北京：冶金工业出版社，2005.

[6] 郑水林.非金属矿加工工艺与设备 [M].北京：化学工业出版社，2009.

[7] 李川泽.非金属矿采矿选矿工程设计与矿物深加工新工艺新技术应用实务全书 [M].北京：当代中国音像出版社，2005.

[8] 谢广元.选矿学 [M].徐州：中国矿业大学出版社，2001.

[9] 匡亚莉，欧泽深.跳汰过程中水流运动的数学模拟 [J].中国矿业大学学报，2004，33 (3)：254-258.

[10] 李树军.浅谈介质粒度对重介质分选的影响 [J].山西焦煤科技，2011，(9)：20-22.

[11] 戴惠新.选矿技术问答 [M].北京：化学工业出版社，2010.

[12] 王淀佐.矿物浮选和浮选剂-理论与实践 [M].长沙：中南工业大学出版社，1986.

[13] 陈小丹.黄药在浮选领域的作用 [J].广东化工，2012，39 (6)：338-339.

[14] 杨耀辉，张裕书，刘淑君.季铵盐类表明活性剂在矿物浮选中应用 [J].矿产保护与利用，2011，(5-6)：108-112.

[15] 张泾生，阙煊兰.矿用药剂 [M].北京：冶金工业出版社，2009.

[16] 田建利，肖国光，黄光耀，等.两性浮选捕收剂合成研究进展 [J].湖南有色金属，2012，28 (1)：13-17.

[17] 卜显忠，刘振辉，张崇辉.应用组合药剂常温浮选云南某白钨矿的研究 [J]，，2012，34 (7)：78-82.

[18] 王国芝，徐刚，徐盛明，等.浮选药剂结构与性能关系的研究进展 [J].矿产保护与利用，2012，(1)：53-59.

[19] 王淀佐.浮选药剂作用原理及应用 [M].北京：冶金工业出版社，1982.

[20] 冯其明，席振伟，张国范，等.脂肪酸捕收剂浮选钛铁矿性能研究 [J].金属矿山，2009，(5)：46-49.

[21] 李仕亮，王毓华.胺类捕收剂对含钙矿物浮选行为的研究 [J].矿冶工程，2010，30 (5)：55-58.

[22] 李正勤.晶体化学基本原理在浮选中的应用 [J].湖南有色金属，1985，(3)：18-22.

[23] 刘凤霞.氧化铅浮选黄药分子结构与性能研究 [D].南宁：广西大学，2007.

[24] 罗思岗，王福良.分子力学在研究浮选药剂与矿物表面作用中的应用 [J].矿冶，2009，18 (1)：1-4.

[25] 何向文，谢国先，杜灵英.药剂不同添加方式对胶磷矿浮选的影响研究 [J].化工矿物与加工，2012，(3)：4-6.

[26] 覃文庆，姚国成，顾帼华，等.硫化矿物的浮选电化学与浮选行为 [J].中国有色金属学报，2011，21 (10)：2669-2677.

[27] 王振宇，刘滢.高岭土选矿除铁工艺研究现状 [J].甘肃冶金，2012，34 (1)：52-55.

[28] 马圣尧，周岳远，李小静.吉林硅藻土磁选除铁工艺研究 [J].中国非金属矿工业导刊，2012，(3)：13-15.

[29] 刘晓龙，韦宗慧，冯超，等.磁流体制备及性质研究 [J].物理实验，2012，32 (8)：6-10.

[30] 陈恭，王秀玲，刘勇健，等.表面活性剂二次包覆制备 Fe_3O_4 水基磁流体 [J].苏州科技学院学报：自然科学版，2012，29 (3)：46-50.

[31] 胡大为，王燕民，潘志东.不同形貌纳米 Fe_3O_4 粒子磁流体的稳定性及其流度学性能 [J].硅酸盐学报，2012，40 (4)：583-589.

[32] 韩调整，黄英，黄海舰.磁流体的制备及应用 [J].材料开发与应用，2012，27 (4)：86-92.

[33] 赵猛，邹继斌，胡建辉.磁场作用下磁流体粘度特性的研究 [J].机械工程材料，2006，30 (8)：64-65.

[34] HUI C, SHEN C M, YANG T Z. Large-scale Fe_3O_4 nanoparticles soluble in water synthesized by a facile method [J]. Journal of Physics and Chemistry C, 2008, 112 (30): 1336-1338.

[35] 张侃，蒋荣立，种亚岗.磁流体静力分选机理研究 [J].选煤技术，2011，(4)：10-14.

[36] 于凤芹，章新喜，段代勇，等.粉煤灰摩擦电选脱碳的试验研究 [J].选煤技术，2008，(1)：8-12.

[37] 龚文勇，张华.电选粉煤灰脱碳技术的研究 [J].粉煤灰，2005，(3)：33-36.

[38] 杨波，王京刚，张亦飞，等.常压下高浓度 NaOH 浸取铝土矿预脱硅 [J].过程工程学报，2007，(5)：922-927.

[39] 邱冠周，袁明亮，杨华明，等.矿物材料加工学 [M].长沙：中南大学出版社，2006.

[40] 李勇，王玉连，秦炎福，等.石英砂除铁方法的研究 [J].安徽科技学院学报，2008，22 (2)：35-38.

[41] 郑翠红，孙颜刚，杨文雁，等.石英砂提纯方法研究 [J].中国非金属矿工业导刊，2008，(5)：16-18.

[42] 张雪梅，汪徐春，邓军，等.草酸络合除石英砂中铁的研究 [J].硅酸盐通报，2012，31 (4)：852-856.

[43] KIM J, KIM B. Chemical and low-expansion treatments for purifying natural graphite powder [J]. Physicochemical Problems of Minerals Processing, 2007, (41): 37-49.

[44] 葛鹏，王化军，赵晶，等.加碱焙烧浸出法制备高纯石墨 [J].新型炭材料，2010，25 (1)：22-28.

［45］　葛鹏，王化军，张强．药剂种类对焙烧碱酸法提纯石墨的影响［J］．金属矿山，2011，(3)：95-98.

［46］　王红丽，董锦芳，杜高翔．硅藻土提纯改性及应用研究进展［J］．2007，(6)：9-13.

［47］　王利剑，刘缙．硅藻土的提纯实验研究［J］．化工矿物与加工，2008，(8)：6-9.

［48］　杨晓光，侯书恩，靳洪允，等．不同试剂对超细金刚石提纯效果的影响［J］．金刚石与磨料磨具工程，2008，(1)：43-46.

［49］　刘小燕．高岭土除铁工艺探讨［J］．佛山陶瓷，2010，(11)：19-20.

［50］　张乾，刘钦甫，吉雷波，等．双氧水和次氯酸钠联合氧化漂白高岭土工艺研究［J］．非金属矿，2006，29(4)：36-38.

［51］　王在谦，唐云，舒聪伟，等．难选褐铁矿氯化离析焙烧-磁选研究［J］．矿冶工程，2013，33(2)：81-84.

［52］　王星昊．循环流化床燃烧及其磁化焙烧铁矿石的提质试验研究［D］．杭州：浙江大学，2011.

［53］　谢刚，李晓阳，臧健，等．高纯石墨制备现状及进展［J］．云南冶金，2011，40(1)：48-51.

［54］　葛鹏，王化军，解琳，等．石墨提纯方法进展［J］．金属矿山，2010，(10)：38-43.

［55］　王娜，郑水林．不同煅烧工艺对硅藻土性能的影响研究现状［J］．中国非金属矿工业导刊，2012，(3)：16-20.

［56］　王明华，李钢，李济．黑滑石增白实验研究［J］．陶瓷，2012，(9)：21-22.

［57］　GONZALEZ J A，RUIZ M D C. Bleaching of kaolins and clays by chlorination of iron and titanium［J］. Applied Clay Science，2006，(33)：219-229.

［58］　魏婷婷．砂质高岭土选矿提纯试验研究［D］．武汉：武汉理工大学，2009.

［59］　李安，李宏煦，郭云驰，等．生物选矿的基本理论及研究进展［J］．金属矿山，2010，(6)：109-114.

［60］　PARTHA P，NATARAJAN K A. Microbially induced flocculation and flotation for pyrite separation from oxide gangue minerals［J］. Minerals Engineering，2003，16(10)：965-973.

［61］　PARTHA P，NATARAJAN K A. Microbially induced flocculation and flotation for separation of chalcopyrite from quartz and calcite［J］. International Journal of Mineral Processing，2004，74(1-4)：143-155.

［62］　PARTHA P，NATARJAN K A. Microbially induced flocculation and flotation of pyrite and sphalerite［J］. Colloids and Surfaces B：Biointerfaces，2004，36(2)：91-99.

［63］　ANA E C B，et al. Fundamental studies of Rhodococcus opacus as a biocollector of calcite and magnesite［J］. Minerals Engineering，2007，20：1026-1032.

［64］　叶菁．粉体科学与工程［M］．北京：科学出版社，2009.

［65］　陶珍东，郑少华．粉体工程与设备［M］．2版．北京：化学工业出版社，2010.

［66］　韩跃新．粉体工程［M］．长沙：中南大学出版社，2011.

［67］　盖国胜．粉体工程［M］．北京：清华大学出版社，2009.

［68］　李莎莎，徐基贵，史洪伟，等．不同分散剂对纳米 ZnO 分散性能的影响［J］．煤质技术，2012，18(5)：39-41.

［69］　孙强强，韩选利，项中毅．均匀沉淀结合微波制备纳米氧化锌［J］．应用化工，2011，40(12)：2172-2175.

［70］　王泽红，蔡珊，邓善芝，等．助磨剂对云母破裂能的影响［J］．金属矿山，2010，(6)：80-84.

［71］　盖国胜．超细粉碎分级技术［M］．北京：中国轻工业出版社，2000.

［72］　蔡祖光．陶瓷原料球磨细碎的影响因素［J］．佛山陶瓷，2012，(5)：39-45.

［73］　刘玲玲，吴帅，张大卫，等．纳米滑石粉的制备及机理研究［J］．2011，25(18)：16-18.

［74］　徐政，岳涛，沈志刚．助磨剂对煅烧高岭土在振动磨中粉体流动度的影响［J］．中国粉体技术，2012，18(5)：61-64.

［75］　冯拉俊．纳米颗粒团聚的控制［J］．微纳电子技术，2003，7(8)：536-542.

［76］　孙吉梅．超细微粉分散稳定性和表面改性研究［D］．郑州：郑州大学，2007.

［77］　丁中建．超细粉体在丁羟胶中分散性研究［D］．南京：南京理工大学，2003.

［78］　曹连静，孙玉利，左敦稳，等．水相体系中纳米 α-Al_2O_3 的分散稳定性研究［J］．机械制造与自动化，2011，40(6)：12-14.

［79］　谢元彦，杨海林，阮建明，等．碳酸钙的制备及其分散体系的流变性能［J］．中南大学学报：自然科学版，2011，42(8)：2274-2277.

［80］　杨素萍，卢旭晨，王体壮，等．机械球磨对煅烧菱镁矿制备纳米片状氢氧化镁颗粒的影响［J］．过程学报，2011，11(6)：1010-1016.

［81］　李娟，姜世杭，顾卿赟．物理分散方法对那么碳化硅在水体系中分散性的影响［J］．电镀与涂层，2011，30(8)：21-23.

［82］　檀付瑞，李红波，桂慧，等．超声分散对单壁碳纳米管分离的影响［J］．物理化学学报，2012，28(7)：1790-1796.

［83］　王力，李建舫，徐向群，等．超声方式和分散时间对钼钨粉末粒度测量的影响［J］．兵器材料科学与工程，2012，35(2)：86-88.

[84] 刘吉延，孙晓峰，邱骥，等．纳米 SiO_2 水中分撒性能的影响因素 [J]．硅酸盐通报，2010，(6)：207-210.

[85] 余力，戴惠新．云母的加工与应用 [J]．矿冶，2011，20 (4)：73-77.

[86] 狄宏伟，宋宝祥．造纸涂料级滑石的应用于发展概况 [J]．中国造纸，2010，29 (4)：62-66.

[87] 丁大武．温石棉选矿新工艺研究 [J]．非金属矿，2006，29 (5)：37-38.

[88] 夏新兴，郑君熹，马娜．打浆方式对温石棉纤维性能及其抄取板强度的影响 [J]．中国造纸学报，2006，21 (3)：48-51.

[89] 郑水林，王利剑，舒锋，等．酸浸和焙烧对硅藻土性能的影响 [J]．硅酸盐学报，2006，34 (11)：1382-1386.

[90] 薛东孚，李宏涛．硅藻土的处理工艺与性能影响研究 [J]．化学工程师，2010，(12)：1-4.

[91] 王利剑，刘缙．硅藻土的提纯实验研究 [J]．化工矿物与加工，2008，(8)：6-9.

[92] 古阶祥．沸石 [M]．北京：中国建筑工业出版社，1980.

[93] 范树景，张杨，肖昊轩，等．焙烧及改性对沸石吸附甲醛性能的影响 [J]．佳木斯大学学报：自然科学版，2010，28 (1)：95-97.

[94] 张学清，项金钟，胡永茂，等．天然沸石对磷的吸附研究 [J]．云南大学学报：自然科学版，2011，33 (6)：767-682.

[95] KAN T，JIANG X，ZHOU L，et al. Removal of methyl orange from aqueous solutions using a bentonite modified with a new gemini surfactant [J]. Applied Clay Science，2011，54 (2)：184-187.

[96] ZHU J，WANG T，ZHU R，et al. Novel polymer/surfactant modified montmorillonite hybrids and the implications for the treatment of hydrophobic organic compounds in wastewaters [J]. Applied Clay Science，2011，51 (3)：317-322.

[97] XIN X，WEI S，YAO Z，et al. Adsorption of benzoic acid from aqueous solution by three kinds of modified bentonites [J]. Journal of Colloid and Interface Science，2011，359 (2)：499-504.

[98] LI C，WANG J，FENG S，et al. Low-temperature synthesis of heterogeneous crystalline TiO_2-halloysite nanotubes and their visible light photocatalytic activity [J]. Journal of Materials Chemistry A，2013，1 (27)：8045-8054.

[99] ZHANG Y，HE X，OUYANG J，et al. Palladium nanoparticles deposited on silanized halloysite nanotubes：synthesis，characterization and enhanced catalytic property [J]. Scientific Reports，2013，3：2948-1-6.

[100] WENG O Y，TAKAHARA A，LVOV Y M. Selective modification of halloysite lumen with octadecylphosphonic acid：New inorganic tubular micelle [J]. Journal of the American Chemical Society，2011，134 (3)：1853-1859.

[101] TAN D，YUAN P，ANNABI-BERGAYA F，et al. Natural halloysite nanotubes as mesoporous carriers for the loading of ibuprofen [J]. Microporous and Mesoporous Materials，2013，179 (10)：89-98.

[102] CONG C，LIU J，WANG J，et al. Surface modification of halloysite nanotubes with dopamine for enzyme immobilization [J]. ACS Applied Materials and Interfaces，2013，5 (21)：10559-10564.

[103] SARKAR B，XI Y，MEGHARAJ M，et al. Orange II adsorption on palygorskites modified with alkyl trimethylammonium and dialkyl dimethyl ammonium bromide -An isothermal and kinetic study [J]. Applied Clay Science，2011，51 (3)：370-374.

[104] GARCIA N，GUZMÁN J，BENITO E，et al. Surface modification of sepiolite in aqueous gels by using methoxysilanes and its impact on the nanofiber dispersion ability [J]. Langmuir，2011，27 (27)：3952-3959.

[105] MAIA A Á B，ANGÉLICA R S，NEVES R D F，et al. Use of 29Si and 27Al MAS NMR to study thermal activation of kaolinites from brazilian amazon kaolin wastes [J]. Applied Clay Science，2014，87 (2)：189-196.

[106] HOUNSI A D，LECOMTE G L. Kaolin-based geopolymers：Effect of mechanical activation and curing process [J]. Construction and Building Materials，2013，42 (9)：105-113.

[107] ANDRIC L，ACIMOVICC-PAVLOVICC Z，PAVLOVIE N，et al. Mechanical activation of talc in high-energy speed rotary mechanoactivator [J]. Ceramics International，2012，38 (4)：2913-2920.

[108] 张立颖，梁兴唐，潘宁，等．机械活化淀粉基膨润土复合高吸水树脂性能的研究 [J]．精细化工，2014，31 (5)：551-555.

[109] 李道华，沈王庆．活化煤系高岭土对生活污水中有机物的吸附性能研究 [J]．四川师范大学学报：自然科学版，2013，36 (4)：622-625.

[110] HUO C，OUYANG J，YANG H. CuO nanoparticles encapsulated inside Al-MCM-41 mesoporous materials via direct synthetic route [J]. Scientific Reports，2014，4：3682-1-9.

[111] DU C，YANG H. Synthesis and characterization of zeolite 4A-type desiccant from kaolin [J]. American Mineralogist，2010，95 (11)：741-746.

[112] DUAN A，WAN G，ZHANG Y，et al. Optimal synthesis of micro/mesoporous beta zeolite from kaolin clay and catalytic performance for hydrodesulfurization of diesel [J]. Catalysis Today，2011，175 (1)：485-493.

[113] LOIOLA A R，ANDRADE J C R A，SASAKI J M，et al. Structural analysis of zeolite NaA synthesized by a cost-ef-

fective hydrothermal method using kaolin and its use as water softener [J] . Journal of Colloid Interface Science, 2010, 367 (1): 34-39.

[114] ZHOU Z, JIN G, LIU H, et al. Crystallization mechanism of zeolite A from coal kaolin using a two-step method [J] . Applied Clay Science, 2014, 97-98 (8): 110-114.

[115] OKADA K, YOSHIZAWA A, KAMESHIMA Y, et al. Adsorption and photocatalytic properties of TiO/mesoporous silica composites from two silica sources (acid-leached kaolinite and Si-alkoxide) [J] . Journal of Porous Materials, 2011, 18 (3): 345-354.

[116] OKADA K, YOSHIZAWA H, KAMESHIMA Y, et al. Porous properties of mesoporous silicas from two silica sources (acid-leached kaolinite and Si-alkoxide) [J] . Journal of Porous Materials, 2010, 17 (1): 19-25.

[117] LI X, LI B, XU J, et al. Synthesis and characterization of Ln-ZSM-5/MCM-41 (Ln = La, Ce) by using kaolin as raw material [J] . Applied Clay Science, 2010, 50 (1): 81-86.

[118] WU Q, LI S. Effect of surfactant/silica and hydrothermal time on the specific surface area of mesoporous materials from coal-measure kaolin [J] . Journal of Wuhan University of Technology-Mater. Sci. Ed. , 2011, 26 (3): 514-518.

[119] DU C, YANG H. Investigation of the physicochemical aspects from natural kaolin to Al-MCM-41 mesoporous materials [J] . Journal of Colloid Interface Science, 2012, 369 (1): 216-222.

[120] JIANG T, QI L, JI M, et al. Characterization of Y/MCM-41 composite molecular sieve with high stability from kaolin and its catalytic property [J] . Applied Clay Science, 2012, 62-63: 32-40.

[121] LIU M, YANG H. Large surface area mesoporous Al_2O_3 from kaolin: Methodology and characterization [J] . Applied Clay Science, 2010, 50 (4): 554-559.

[122] PAN F, LU X, WANG T, et al. Synthesis of large-mesoporous γ-Al_2O_3 from coal-series kaolin at room temperature [J] . Materials Letters, 2013, 91: 136-138.

[123] PAN F, LU X, WANG T, et al. Triton X-100 directed synthesis of mesoporous γ-Al_2O_3 from coal-series kaolin [J] . Applied Clay Science, 2013, 85: 31-38.

[124] DU Y, SHI S, DAI H. Water-bathing synthesis of high-surface-area zeolite P from diatomite [J] . Particuology, 2011, 9 (2): 174-178.

[125] 孙燕, 陶红, 张章堂, 等. 废弃硅藻土制备 MCM-41 介孔分子筛的表征及吸附性能研究 [J] . 水资源与水工程学报, 2013, 24 (5): 189-192.

[126] JIN S, CUI K, GUAN H, et al. Preparation of mesoporous MCM-41 from natural sepiolite and its catalytic activity of cracking waste polystyrene plastics [J] . Applied Clay Science, 2012, 56: 1-6.

[127] 杨建利, 杜美利, 于春侠, 等. 煤矸石制备 4A 分子筛的研究 [J] . 西安科技大学学报, 2013, 33 (1): 61-65.

[128] YANG H, DENG Y, DU C, et al. Novel synthesis of ordered mesoporous materials Al-MCM-41 from bentonite [J] . Applied Clay Science, 2010, 47 (3-4): 351-355.

[129] YANG H, DENG Y, DU C. Synthesis and optical properties of mesoporous MCM-41 containing doped TiO_2 nanoparticles [J] . Colloids and Surfaces A: Physicochemical and Engineering Aspects, 2009, 339 (1-3): 111-117.

[130] DU E, YU S, ZUO L, et al. Pb (II) sorption on molecular sieve analogues of MCM-41 synthesized from kaolinite and montmorillonite [J] . Applied Clay Science, 2011, 51 (1-2): 94-101.

[131] LEE S H, KOCHAWATTANA S, MESSING G L, et al. Solid-state reactive sintering of transparent polycrystalline Nd: YAG ceramics [J] . Journal of the American Ceramic Society, 2006, 89 (6): 1945-1950.

[132] LI G, CAO Q, LI Z, et al. Photoluminescence properties of YAG: Tb nano-powders under vacuum ultraviolet excitation [J] . Journal of Alloys and Compounds, 2009, 485 (1-2): 561-564.

[133] YU L, ZHANG Y, ZHANG B, et al. Enhanced antibacterial activity of silver nanoparticles/halloysite nanotubes/graphene nanocomposites with sandwich-like structure [J] . Scientific Reports, 2014, 4: 4551.

[134] 程宏飞, 吉雷波, 李阔, 等. 插层剥片对高岭土/橡胶纳米复合材料阻隔性能影响研究 [J] . 非金属矿, 2014, 27 (2): 12-18.

[135] RYBIŃSKI P, JANOWSKA G. Thermal properties and flammability of nanocomposites based on nitrile rubbers and activated halloysite nanotubes and carbon nanofibers [J] . Thermochimica Acta, 2012, 549 (23): 6-12.

[136] BANEA M D, SILVA L F M D, CAMPILHO R D S G. The effect of adhesive thickness on the mechanical behavior of a structural polyurethane adhesive [J] . The Journal of Adhesion, 2015, 91 (5): 331-346.

[137] BELVISO C, CAVALCANTE F, FIORE S. Synthesis of zeolite from Italian coal fly ash: differences in crystallization temperature using seawater instead of distilled water [J] . Waste Manag, 2010, 30 (5): 839-847.

[138] 廖立兵. 矿物材料的定义与分类 [J] . 硅酸盐通报, 2010, 29 (5): 1067-1071.

[139] 董发勤, 杨玉山. 生态环境矿物功能材料 [J] . 功能材料, 2009, 40 (5): 713-716.

[140] WANG J, ZHANG X, ZHANG B, et al. Rapid adsorption of Cr（Ⅵ）on modified halloysite nanotubes [J]. Desali-nation, 2010, 259 (1-3): 22-28.

[141] OHASHI F, UEDA S, TAGURI T, et al. Antimicrobial activity and thermostability of silver 6-benzylaminopurine montmorillonite [J]. Applied Clay Science, 2009, 46 (3): 296-299.

[142] WANG X, DU Y, LUO J, et al. A novel biopolymer/rectorite nanocomposite with antimicrobial activity [J]. Carbohydrate Polymers, 2009, 77 (3): 449-456.

[143] 王小英, 杜予民, 孙润仓, 等. 壳聚糖季铵盐/有机累托石纳米复合材料的抗菌性能研究 [J]. 无机材料学报, 2009, 24 (6): 1236-1242.

[144] PAPOULIS D, KOMARNENI S, NIKOLOPOULOU A, et al. Palygorskite- and Halloysite-TiO$_2$ nanocomposites: Synthesis and photocatalytic activity [J]. Applied Clay Science, 2010, 50 (1): 118-124.

[145] GATICA J M, VIDAL H. Non-cordierite clay-based structured materials for environmental applications [J]. Journal of Hazardous Materials, 2010, 181 (1-3): 9-18.

[146] CAO J L, SHAO G S, WANG Y, et al. CuO catalysts supported on attapulgite clay for low-temperature CO oxidation [J]. Catalysis Communications, 2008, 9 (15): 2555-2559.

[147] BINEESH K V, CHO D R, KIM S Y, et al. Vanadia-doped titania-pillared montmorillonite clay for the selective cata-lytic oxidation of H$_2$S [J]. Catalysis Communications, 2008, 9 (10): 2040-2043.

[148] 刘杰凤, 蒋维, 卓少钟, 等. 铕配合物-蒙脱土复合发光材料的合成与表征 [J]. 安徽大学学报, 2008, 32 (1): 65-69.

[149] HU P, YANG H. Controlled coating of antimony-doped tin oxide nanoparticles on kaolinite particles [J]. Applied Clay Science, 2010, 48 (3): 368-374.

[150] LIU Y, LIU P, SU Z, et al. Attapulgite-Fe$_3$O$_4$ magnetic nanoparticles via co-precipitation technique [J]. Applied Surface Science, 2008, 255 (5): 2020-2025.

[151] 庆承松, 宋浩, 陈天虎, 等. 凹凸棒石/γ-Fe$_2$O$_3$/C 纳米材料的制备与表征 [J]. 硅酸盐学报, 2009, 37 (4): 548-553.

[152] GAO Z, PENG X, ZHANG H, et al. Montmorillonite-Cu (Ⅱ) /Fe (Ⅲ) oxides magnetic material for removal of cy-anobacterial Microcystis aeruginosa and its regeneration [J]. Desalination, 2009, 247 (1-3): 337-345.

[153] SUDHA J D, SIVAKALA S, PRASANTH R, et al. Development of electromagnetic shielding materials from the conductive blends of polyaniline and polyaniline-clay nanocomposite-EVA: Preparation and properties [J]. Composites Science and Technology, 2009, 69 (3-4): 358-364.

[154] FANG X M, ZHANG Z G, CHEN Z H. Study on preparation of montmorillonite-based composite phase change mate-rials and their applications in thermal storage building materials [J]. Energy Conversion and Management, 2008, 49 (4): 718-723.

[155] 施韬, 孙伟, 王倩楠. 凹凸棒土吸附相变储能复合材料制备及其热物理性能表征 [J]. 复合材料学报, 2009, 26 (5): 143-147.

[156] LIU S, YANG H. Stearic acid hybridizing coal-series kaolin composite phase change material for thermal energy storage [J]. Applied Clay Science, 2014, 101: 277-281.

[157] JIN J, OUYANG J, YANG H. One-step synthesis of highly ordered Pt/MCM-41 from natural diatomite and the supe-rior capacity in hydrogen storage [J]. Applied Clay Science, 2014, 99 (9): 246-253.

[158] JIN J, ZHANG Y, OUYANG J, et al. Halloysite nanotubes as hydrogen storage materials [J]. Physics and Chemis-try of Minerals, 2013, 41 (5): 323-331.

[159] HELIX. 化妆品中的矿物质 [J]. 科学 Fans, 2013, (4): 50-51.

[160] ZHOU C H. Emerging trends and challenges in synthetic clay-based materials and layered double hydroxides [J]. Applied Clay Science, 2010, 48 (1-2): 1-4.

[161] 鲍康德, 周春晖. 非金属矿物在医药行业的应用与前景 [J]. 中国非金属矿工业导刊, 2012, (2): 12-15.

[162] 国家药典委员会. 中国药典 [M]. 北京: 中国医药科技出版社, 2010.

[163] 张树清. 非金属矿物在农业中的应用 [J]. 中国农资, 2013, (46): 23-23.

[164] 徐国栋, 杜谷, 葛建华. 非金属矿物分析技术发展现状及趋势 [J]. 资源环境与工程, 2010, 24 (6): 716-720.

[165] 崔庆刚, 谭桂英. 几种医药用非金属矿物的研究设想 [J]. 中国非金属矿工业导刊, 2007, (4): 24-24.

[166] 秦宏宇. 宝石材料性质及其对宝石加工质量的影响 [J]. 河南科技, 2014, (19): 65-65.

[167] BELVISO C, CAVALCANTE F, LETTINO A, et al. Effects of ultrasonic treatment on zeolite synthesized from coal fly ash [J]. Ultrason Sonochem, 2011, 18 (2): 661-668.